化学工业出版社"十四五"普通高等教育规划教材

国家级一流本科专业建设成果教材　　高等院校智能制造人才培养系列教材

智能机器人导论

张自强　宁萌　张锐　主编

Introduction to
Intelligent Robotics

化学工业出版社

·北京·

内容简介

本书对智能机器人的关键技术及应用进行了较为全面的阐述。全书共分 10 章，包括绪论、机器人机构设计、机器人感知系统、智能机器人控制技术、机器人运动规划、工业机器人、智能服务机器人、智能特种机器人、群体机器人和智能机器人发展趋势。全书给出了智能机器人相关的大量案例，使读者能够较为全面地了解智能机器人所涉及的关键技术、应用场景及使用效果，同时对智能机器人发展脉络及未来发展趋势有一个详细的了解。

本书是机器人工程、智能制造工程等相关专业的教材，也可作为机器人行业的工程技术人员的参考书。

图书在版编目（CIP）数据

智能机器人导论/张自强，宁萌，张锐主编. —北京：化学工业出版社，2024.3
高等院校智能制造人才培养系列教材
ISBN 978-7-122-45134-7

Ⅰ.①智… Ⅱ.①张… ②宁… ③张… Ⅲ.①智能机器人-高等学校-教材 Ⅳ.①TP242.6

中国国家版本馆 CIP 数据核字（2024）第 044096 号

责任编辑：金林茹　　　　　　　　　　　文字编辑：张　宇　袁　宁
责任校对：王鹏飞　　　　　　　　　　　装帧设计：韩　飞

出版发行：化学工业出版社（北京市东城区青年湖南街 13 号　邮政编码 100011）
印　　装：大厂聚鑫印刷有限责任公司
787mm×1092mm　1/16　印张 24¾　字数 608 千字　2024 年 6 月北京第 1 版第 1 次印刷

购书咨询：010-64518888　　　　　　　　售后服务：010-64518899
网　　址：http://www.cip.com.cn
凡购买本书，如有缺损质量问题，本社销售中心负责调换。

定　价：69.00 元　　　　　　　　　　　　　　　　版权所有　违者必究

序

党的二十大报告指出，要建设现代化产业体系，坚持把发展经济的着力点放在实体经济上，推进新型工业化，加快建设制造强国、质量强国、航天强国、交通强国、网络强国、数字中国。实施产业基础再造工程和重大技术装备攻关工程，支持专精特新企业发展，推动制造业高端化、智能化、绿色化发展。推动战略性新兴产业融合集群发展，构建新一代信息技术、人工智能、生物技术、新能源、新材料、高端装备、绿色环保等一批新的增长引擎。其中，制造强国、高端装备等重点工作都与智能制造相关，可以说，智能制造是我国从制造大国转向制造强国、构建中国制造业全球优势的主要路径。

制造业是一个国家的立国之本、强国之基，历来是世界各主要工业国高度重视和发展的重要领域。改革开放以来，我国综合国力得到稳步提升，到 2011 年中国工业总产值全球第一，分别是美国、德国、日本的 120%、346%和 235%。党的十八大以来，我国进入了新时代，发展的格局更为宏大，"一带一路"倡议和制造强国战略使我国工业正在实现从大到强的转变。我国不但建立了全球最为齐全的工业体系，而且在许多重大装备领域取得突破，特别是在三代核电、特高压输电、特大型水电站、大型炼化工、油气长输管线、大型矿山采掘与炼矿综采重点工程建设项目、重大成套装备、高端装备、航空航天等领域取得了丰硕成果，补齐了短板，打破了国外垄断，解决了许多"卡脖子"难题，为推动重大技术装备高质量发展，实现我国高水平科技自立自强奠定了坚实基础。进入新时代的十年，制造业增加值从 2012 年的 16.98 万亿元增加到 2021 年的 31.4 万亿元，占全球比重从 20%左右提高到近 30%；500 种主要工业产品中，我国有四成以上产量位居世界第一；建成全球规模最大、技术领先的网络基础设施……一个个亮眼的数据，一项项提气的成就，勾勒出十年间大国制造的非凡足迹，标志着我国迎来从"制造大国""网络大国"向"制造强国""网络强国"的历史性跨越。

最早提出智能制造概念的是美国人 P.K.Wright，他在其 1988 年出版的专著 *Manufacturing Intelligence*（《制造智能》）中，把智能制造定义为"通过集成知识工程、制造软件系统、机器人视觉和机器人控制来对制造技工们的技能与专家知识进行建模，以使智能机器能够在没有人工干预的情况下进行小批量生产"。当然，因为智能制造仍处在发展阶段，各种定义层出不穷，国内外有不同专家给出了不同的定义，但智能机器、智能传感、智能算法、智能设计、解决制造过程中不确定问题的智能方法、智能维护是智能制造的核心关键词。

从人才培养的角度而言，实现智能制造还任重道远，人才紧缺的局面很难在短时间内扭转，相关高校师资力量也不足。据不完全统计，近五年来，全国有 300 多所高校开办了智能制造专业，其中既有双一流高校，也有许多地方院校和民办高校，人才培养定位、课程体系、教材建设、实践环节都面临一系列问题，严重制约着我国智能制造业未来的长远发展。在此情况下，如何培养出适应不同行业、不同岗位要求的智能制造专业人才，是许多开设该专业的高校面临的首要任务。

智能制造的特点决定了其人才培养模式区别于其他传统工科：首先，智能制造是跨专业的，其所涉及的知识几乎与所有工科门类有关；其次，智能制造是跨行业的，其核心技术不仅覆盖所有制造行业，也适用于某些非制造行业。因此，智能制造人才培养既要考虑本校专业特色，又不能脱离社会对智能制造人才的需求，既要遵循教育的基本规律，又要创新教育体系和教学方法。在课程设置中要充分考虑以下因素：

- 考虑不同类型学校的定位和特色；
- 考虑学生已有知识基础和结构；
- 考虑适应某些行业需求，如流程制造，离散制造，混合制造等；
- 考虑适应不同生产模式，如多品种、小批量生产、大批量生产等；
- 考虑让学生了解智能制造相关前沿技术；
- 考虑兼顾应用型、技能型、研究型岗位需求等。

改革开放 40 多年来，我国的高等教育突飞猛进，高等教育的毛入学率从 1978 年的 1.55% 提高到 2021 年的 57.8%，进入了普及化教育阶段，这就意味着高等教育担负的历史使命、受教育的对象都发生了深刻的变化。面对地方应用型高校生源差异化大，因材施教，做好智能制造应用型人才培养，解决高校智能制造应用型人才培养的教材需求就是本系列教材的使命和定位。

要解决好这个问题，首先要有一个好的定位，有一个明确的认识，这套教材定位于智能制造应用人才培养需求，就是要解决应用型人才培养的知识体系如何构造，智能制造应用型人才的课程内容如何搭建。我们知道，应用型高校学生培养的主要目的是为应用型学科专业的学生打牢一定的理论功底，为培养德才兼备、五育并举的应用型人才服务，因此在课程体系、基础课程、专业教育、实践能力培养上与传统综合性大学和"双一流"学校比较应有不同的侧重，应更着眼于学生的实用性需求，应培养满足社会对应用技术人才的需求，满足社会实际生产和社会实际发展的需求，更要考虑这些学校学生的实际，也就是要面向社会发展需求，为社会各行各业培养"适销对路"的专业人才。因此，在人才培养的过程中，对实践环节的要求更高，要非常注重理论和实践相结合。据此，在应用型人才培养模式的构建上，从培养方案、课程体系、教学内容、教学方式、教材建设上都应注重应用型人才培养的规律，这正是我们编写这套智能制造相关专业教材的目的。

这套教材的突出特色有以下几点：

① 定位于应用型。这套教材不仅有适应智能制造应用型人才培养的专业主干课程和选修课程教

材，还有基于机械类专业向智能制造转型的专业基础课教材，专业基础课教材的编写中以应用为导向，突出理论的应用价值。在编写中引入现代教学方法和手段，结合教学软件和工业仿真软件，使理论教学更为生动化、具象化，努力实现理论课程通向专业教学的桥梁作用。例如，在制图课程中较多地使用工业界成熟设计软件，使学生掌握比较扎实的软件设计能力；在工程力学教学中引入有限元软件，实现设计计算的有限元化；在机械设计中引入模块化设计的概念；在控制工程中引入 MATLAB 仿真和计算机编程内容，实现基础教学内容的更新和对专业教育的支撑，凸显应用型人才培养模式的特点。

② 专业教材突出实用性、模块化、柔性化。智能制造技术是利用先进的制造技术，以及数字化、网络化、智能化等知识和控制理论来解决制造过程中不确定和非固定模式的问题，使得制造过程具有智能的技术，它的特点是综合性和知识内涵的丰富性以及知识本身的创新性。因此，在教材建设上与以前传统的知识技术技能模式应有大的区别，更应注重对学生理念、意识、认知、思维方式和系统解决问题能力的培养。同时考虑到各行业、各地和各校发展阶段和实际办学水平的不同，希望这套教材尽可能为各校合理选择教学内容提供一个模块化、积木式结构，并在实际编写中尽量提供项目化案例，以便学校根据具体情况做柔性化选择。

③ 本系列教材注重数字资源建设，更多地采用多媒体的互动方式，如配套课件、教学视频、测试题等，使教材呈现形式多样化，数字内容更为丰富。

由于编写时间紧张，智能制造技术日新月异，编写人员专业水平有限，书中难免有不当之处，敬请读者及时批评指正。

高等院校智能制造人才培养系列教材建设委员会

前　言

　　智能机器人是先进制造与新一代信息技术融合的前沿方向，是全球科技竞争与产业升级的重要领域。工业和信息化部等多部门印发的《"十四五"智能制造发展规划》中明确指出，到 2025 年，中国将成为全球机器人技术创新策源地、高端制造集聚地和集成应用新高地，机器人产业营业收入年均增长超过 20%，制造业机器人密度实现翻番。为此，有必要大力发展智能机器人技术，不断推动智能机器人在生产生活中的应用。

　　智能机器人的研发涉及机构设计、环境感知、智能控制、运动规划等关键技术，与机械工程、控制工程、计算机科学与技术、仪器科学与技术、材料科学与工程等多个学科息息相关，是一个多学科交叉融合系统。从应用角度而言，智能机器人种类繁多、结构形式多样，可应用于工业、农业、服务业、航空航天、军事等众多领域，可根据不同领域的特殊需求进行定制化设计，代替人完成特定的复杂任务。

　　近年来，机器人领域相关专业书籍种类繁多，但主要聚焦机器人某一细分领域所涉及的关键技术及应用，对于智能机器人整体发展现状及趋势进行系统描述的书籍相对较少，为此，笔者编写了《智能机器人导论》一书。在编写的过程中，主要遵循以下原则：

　　① 系统性与全面性。力求对智能机器人的关键技术、应用场景、发展趋势等内容进行较为系统的概述，以尽力展现智能机器人领域的全貌。

　　② 基础性与前沿性。作为智能机器人领域的入门类书籍，对内容的描述力求深入浅出，突出其基础性作用。同时，兼顾智能机器人的前沿性，对智能机器人所涉及的尖端技术进行分析。

　　③ 工程化与实用性。以实际应用案例为背景，结合智能机器人关键技术，对其现阶段应用领域及应用效果进行分析，使读者了解智能机器人具体应用现状及前景。

　　本书共 10 章。第 1 章对机器人的发展历程及机器人的组成和分类进行概述，使读者对智能机器人有一个宏观认识。第 2~5 章对智能机器人所涉及的关键技术进行详细阐述，第 2 章介绍了机器人的机构设计技术，主要包括串联机构、并联机构及其他新型机器人机构；第 3 章介绍了智能机器人的感知系统，主要包括各类典型传感器及感知信息的处理方法；第 4 章介绍了智能机器人的控制技术，主要包括位置控制、力控制等传统控制技术，以及模糊控制、神经网络控制和专家控制等智能控制技术；第 5 章介绍了智能机器人的运动规划，主要包括机械臂运动规划及移动机器人运动规划。第 6~9 章对智能机器人的实际应用场景及应用效果进行了详细阐述，第 6 章介绍了工业机器人的基本组成及应用场景；第 7 章介绍了智能机器人在服务领域的应用，包括护理机器人、手术机器人、康复机器人等；第 8 章介绍了智能机器人在特种领域的应用，包括空间机器人、搜救机器人、巡检机器人、仿生机器人，以及折纸机器人、微纳机器人等其他类型机器人；第 9 章介绍了群体机器人的关键技术及应用。第 10 章在对智能机器人前沿热点技术进行阐述的基础上，对其未来发展趋势进行了展望。

本书第 1~3 章由宁萌撰写；第 4~6 章由张锐撰写；第 7~10 章由张自强撰写。本书由张自强统稿与审校。北京工业大学的王智、杨尚昆、康天宇、刘晓朔、吴启才，以及江南大学的王雨芊、马泓睿、陈义亮、蔡礼扬参与了部分内容的编写，在此表示衷心的感谢。同时，本书在编写过程中，引用并参考了大量机器人领域相关专业书籍及文献，在此一并表示感谢。

《智能机器人导论》一书涉及众多专业领域，由于编者水平有限，若有不妥之处，敬请各位同行和广大读者批评指正。

编者

扫码获取配套资源

目　录

第3章 机器人感知系统   60

第4章 智能机器人控制技术   114

第 1 章

绪论

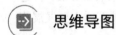

思维导图

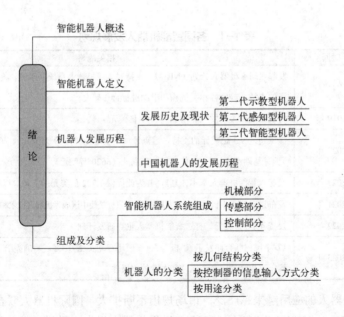

扫码获取配套资源

学习目标

1. 掌握机器人的定义、发展历程及发展现状。
2. 理解智能机器人的组成及分类。
3. 了解智能机器人未来发展趋势。

1.1 概述

机器人是一种半自主或全自主工作的机器，是智能制造的典型技术之一。伴随着机械设计、人工智能、新材料、自动控制、信息通信以及微电子等多个技术领域的融合发展，机器人技术实现了快速进步。相较于基于可编程的程序实现相关作业能力的传统机器人，智能机器人在感知、判断、决策到行动的多个环节的智能化水平得到了大幅提升，可以替代人类执行重复性和高危性任务，甚至能够在深海或太空等人类难以生存的环境下持续工作。智能机器人的发展水平是一个国家科技创新发展的重要体现，相关研究已成为世界各个国家科技发展的重要战略领域。

美国、日本、中国等主要国家均依据自身的生产力发展需求开展了智能机器人的战略研究与部署。美国先后发布了先进制造业伙伴计划机器人路线图和国家机器人计划等，明确了智能机器人的战略地位，系统规划了技术发展方向，强调了加速智能机器人在制造业和医疗健康领域的应用发展。日本政府将机器人作为经济增长战略的重要支柱，于2015年发布的《机器人新战略》中提出了机器人与人工智能、大数据、网络通信等多技术融合发展规划，旨在建设世界一流的机器人应用社会。中国于2016年发布了《机器人产业发展规划（2016—2020年）》，又于2021年发布了《"十四五"机器人产业发展规划》，以促使新一代机器人技术取得突破，推进工业机器人向中高端迈进，促进服务机器人向更广领域发展。各国在机器人领域的主要发展规划如表1-1所示。

表1-1 各国智能机器人发展规划

国家	时间	相关战略
美国	2021年	发起《国家机器人计划（NRI）》，支持对集成机器人系统的研究。美国政府提供1400万美元的支持，鼓励各相关机构和组织进行合作研发
日本	2019年	将机器人相关研发预算增加到3.51亿美元
	2022年	提供超过9.3亿美元的支持，重点领域是制造业（7780万美元）、护理和医疗（5500万美元）、基础设施（6.432亿美元）和农业（6620万美元）
韩国	2022年	发起《智能机器人基本计划》，并为此提供1.722亿美元的支持，以推动机器人技术发展
中国	2021年	发布《"十四五"机器人产业发展规划》，目标是使中国成为机器人技术和产业进步的全球领导者
	2022年	投资4350万美元，打造智能机器人重点研发计划
	2023年	17个部门联合印发了《"机器人+"应用行动实施方案》，明确提出了机器人产业发展的目标，这也调动了各个地方和企业的积极性

现阶段，机器人的应用越来越广泛，市场规模不断扩大。国际机器人联合会（International Federation of Robotics，IFR）发布的《2022年世界机器人报告》显示，得益于在工业机器人领域的大量投资，2021年，全球工业机器人新增装机量达517385台，同比增长31%，增加幅度为22%，全球历年机器人安装量如图1-1所示。根据IFR的预测，截至2025年年底，全球工业机器人的年安装量将达到69万台。《中国机器人产业发展报告（2022年）》指出，2017～2022年，全球机器人市场的年均增长率达到14%。其中，工业机器人市场规模达到195亿美元，服务机器人达到217亿美元，特种机器人超过100亿美元。预计到2024年，全球机器人市场规模将有望突破650亿美元。

图 1-1　全球历年机器人安装量

近些年，我国机器人市场规模持续快速增长，"机器人+"应用不断拓展深入。在工业机器人领域，近年来我国工业机器人市场规模屡创新高，机器人在汽车、电子、金属制品、塑料及化工产品等行业已经得到了广泛的应用。在市场需求和国家政策的双重刺激下，中国的机器人市场取得了前所未有的快速发展，已发展成为全球第一大工业机器人市场，引发全球工业机器人制造企业的关注，同时也促进了本土工业机器人企业的迅速崛起。截至 2022 年，中国工业机器人市场规模约为 553.02 亿元，我国工业机器人市场规模趋势如图 1-2 所示。在服务机器人领域，2018～2022 年，我国服务机器人市场从家用服务机器人为主导，逐渐转变至商用服务机器人占据上风，市场规模从 109.19 亿元增长至 742.4 亿元，复合年均增长率高达 61.48%。公共服务、教育等领域需求已成为推动服务机器人发展的主要动力。2014 年，我国与服务机器人有关的公司只有 6342 家，2016 年达 10000 多家，2018 年超过 20000 家，2020 年超过 50000 家，2021 年到达 105506 家，中国服务机器人相关企业注册量如图 1-3 所示，新增企业量持续快速增长。中国服务机器人市场规模及预测如图 1-4 所示，到 2024 年，国内服务机器人市场规模将有望突破千亿元。我国机器人产业已经基本形成了从零部件到整机再到集成应用的全产业链体系，但还存在创新能力不强、技术积累不足、产业基础薄弱及高端供给缺乏等问题，机器人产业高质量发展刻不容缓。

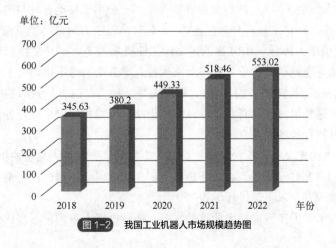

图 1-2　我国工业机器人市场规模趋势图

图 1-3　中国服务机器人相关企业注册量图

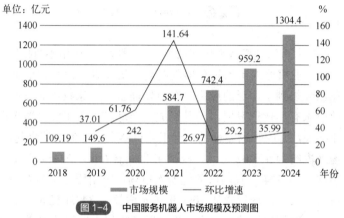

图 1-4　中国服务机器人市场规模及预测图

1.2　智能机器人的定义

现阶段，对于机器人并没有一个统一的定义，国际上关于机器人的定义主要有如下几种：

① 英国简明牛津字典的定义：机器人是"貌似人的自动机，具有智力的和顺从于人的但不具人格的机器"。

② 美国机器人协会（RIA）的定义：机器人是"一种用于移动各种材料、零件、工具或专用装置的，通过可编程动作来执行种种任务的，并具有编程能力的多功能机械手（manipulator）"。

③ 日本工业机器人协会（JIRA）的定义：工业机器人是"一种装备有记忆装置和末端执行器的，能够转动并通过自动完成各种移动来代替人类劳动的通用机器"。

④ 国际标准化组织（ISO）的定义："机器人是一种自动的、位置可控的、具有编程能力的多功能机械手，这种机械手具有几个轴，能够借助于可编程操作来处理各种材料、零件、工具和专用装置，以执行种种任务"。

⑤ 我国机器人的定义：蒋新松院士把机器人定义为"一种拟人功能的机械电子装置"；我国国家标准（GB/T 12643—2013）将工业机器人定义为"自动控制的，可重复编程、多用途的操作机，可对三个或三个以上轴进行编程"。

随着传感器技术、人工智能技术的蓬勃发展，传统机器人得到进一步优化，智能机器人应运而生。智能机器人具备形形色色的内部信息传感器和外部信息传感器，能够理解人类语言，用人类语言同操作者对话；能调整自己的动作以满足操作者所提出的全部要求；能拟定操作者所希望的动作，并在信息不充分的情况下和环境迅速变化的条件下完成这些动作。关于智能机器人，目前尚无统一定义。日本工业机器人学会对智能机器人的解释是："机器人具有感知和理解外部环境的能力，即使其工作环境发生变化，也能够成功地完成任务。"英国皇家两院院士 Michael Brady 给出的定义为："智能化机器人：从感知到行为的智能联系。"清华大学张钹院士认为，智能机器人应该具备三方面的能力："感知环境的能力，即感知；执行某种任务而对环境施加影响的能力，即行动；最后是把感知与行动联系起来的思考能力，即思考。"智能机器人涉及多个领域的技术融合，其发展经历了漫长的过程，总结各时期技术特点发现，其基本遵循"感知—行动—思考"这一发展过程。

1.3　机器人的发展历程

1.3.1　机器人的发展历史及现状

自 20 世纪 40 年代末至今，机器人的研究已经从低级到高级经历了共三代的发展历程。

（1）第一代机器人——示教型机器人（1946—1967 年）

示教型机器人也称为程序控制机器人，这类机器人具有内部位移传感器，只能在固定环境中或针对固定物体进行操作。1946 年，自学成才的美国发明家乔治·德沃尔开发出磁控制器，它是一种示教再现装置。1952 年，第一台数控机床在麻省理工学院诞生，数控机床和操作机的结合为第一代机器人的诞生铺平了道路。1954 年，乔治·德沃尔开发出了世界上第一台可编程机器人，并在当年向美国政府提出专利申请，该申请于 1961 年获得了美国专利授权，专利号为 2988237。这项专利技术是 Unimate 机器人的基础，也奠定了当代机器人工业的基础。毕业于哥伦比亚大学的美国机器人专家约瑟夫·恩格尔伯格在 1956 年购买了这项专利，并于 1959 年制

造出了世界第一台工业机器人——Unimate 机器人（图 1-5）。它是一台 5 个关节串联的液压驱动机器人，可以完成简单的拾放任务和示教动作。约瑟夫·恩格尔伯格因此被称为"工业机器人之父"。1962 年，约瑟夫·恩格尔伯格与乔治·德沃尔联合创立了世界上第一家机器人公司——Unimation 公司。此后，Unimation 公司在 1967 年进一步推出世界首台喷涂机器人 Mark Ⅱ。一般来讲，第一代机器人只能按照预先编写的程序或通过人工"示教"进行工作，如果任务或环境发生了变化，则要重新编

图 1-5　Unimate 机器人

写程序或"示教"。这一代机器人能模仿人类完成拿取、放置、搬运以及包装等简单的作业任务。其最大缺点是，由于没有视觉等外部传感器，它不能适应变化的环境，一旦环境发生变化，就会出现问题，甚至对现场人员的安全造成危害。

（2）第二代机器人——感知型机器人（1968—1984 年）

感知型机器人也称为自适应型机器人。这类机器人具有初级智能，能够在局部变化的环境中工作，能够利用视觉传感器、摄像头和声呐等外部传感器采集信息并进行实时控制。1968 年，世界上第一台移动机器人 Shakey 在斯坦福研究所（SRI）研制成功（图 1-6），它带有视觉传感器，能根据人的指令发现并抓取积木，但其控制计算机有一个房间那么大。一年之后，斯坦福人工智能研究所（SAIL）开发出 Stanford 机器人（图 1-7），它具有 5 个转动关节和 1 个移动关节，采用电机驱动，是世界上第一台完全由计算机控制的机器人。同年，美国数字设备公司研制出了第一台可编程控制器——PLC，并在美国通用汽车公司的生产线上试用成功。从此，PLC取代了传统的继电器控制装置，成为工业自动化领域应用最为广泛的控制装置。1973 年，Cinicinnati Milacron 公司研制出 T3 型机器人（图 1-8），它是第一台由微型计算机控制的商用机器人，性能优越，广受工业界欢迎。同年，德国 KUKA 公司在 Unimate 机器人的基础上，研制出世界上第一台电机驱动 6 轴商用机器人 Famulus。1978 年，Unimation 公司推出更为先进的通用工业机器人 PUMA（图 1-9），它是一种关节型、6 自由度电机驱动机器人，采用 VAL 专用机器人语言，并配有视觉、触觉和力传感器，完全由 CPU 二级微机控制。PUMA 系列机器人的批量生产以及在汽车、电子等行业中的广泛应用，标志着工业机器人技术已经完全成熟。至今，在一些大学和工业生产线上依然可以看到 PUMA 机器人的身影，由此可见其对工业机器人发展史的重要影响。1979 年，日本三梨大学的牧野洋研制出具有平面关节的 SCARA 机器人（图 1-10），它具有 3 个轴平行的转动关节和 1 个移动关节，在水平方向上具有顺从性，而在垂直方向上具有良好的刚度，主要用于完成各类装配工作。

图 1-6　第一台自适应机器人 Shakey

图 1-7　Stanford 机器人

图 1-8　T3 型机器人

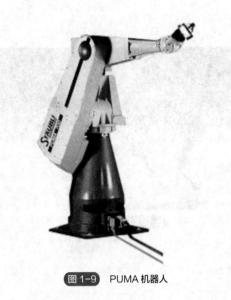

图 1-9　PUMA 机器人

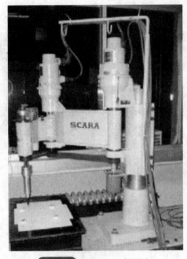

图 1-10　SCARA 机器人

第二代机器人能够通过视觉等外部传感器获取环境信息，所以它能随着环境的变化而改变自己的行为，故称为自适应机器人。与示教型机器人相比，自适应机器人能够胜任焊接、装配以及检测等更为复杂的工作。由于新技术不断涌现，机器人的性能得以迅速提高，它的应用也越来越广泛。截至 1980 年，机器人在全世界的装机量超过了 2 万台，已成为大规模工业化生产的主力军。因此，1980 年被大多数人认为是"机器人元年"。

（3）第三代机器人——智能型机器人（1985 年至今）

智能型机器人拥有触觉、视觉和接近觉等完备的感知系统或"大脑"，能够实时进行环境建模，还可以进行复杂的逻辑推理、判断、决策以及自主决定自身行为。不难看出，智能型机器人与感知型机器人的本质区别在于它具有逻辑推理、判断与决策能力。由于智能机器人涵盖的范围非常广泛，目前很难给出一个比较严格的界定。在这里，只以世界上颇具影响力的波士顿动力的四足机器人、日本的 ASIMO 为例对智能机器人的发展过程做一简要叙述。

麻省理工学院教授马克·雷波特于 1992 年创建了美国波士顿动力公司，在 2005 年首次向世人发布了四足机器人 Big Dog 的宣传视频。Big Dog 如图 1-11 所示，其正式名称为"步兵班组支援系统"，它高度约为 1m，质量约为 109kg，采用汽油发动机，最快移动速度可达 6.4km/h，能够适应雪地或泥泞等多种复杂路况。有人在其侧面施加外力时，Big Dog 能快速调整四足动作以保持身体稳定，避免摔倒。在此之后的十年里，波士顿动力公司又相继推出了一系列四足机器人：在

图 1-11　Big Dog

2012 年研制出 LS3（图 1-12），它负载能力更强，移动速度也更快；在 2013 年研制出 Wild Cat（图 1-13），其移动速度高达 32km/h；在 2015 年和 2017 年分别研制出更加小型轻便的 Spot（图 1-14）和 Spot Mini（图 1-15），它们都采用了电机驱动，配备了更加完备的感知系统。这些成果都引起了业界的强烈关注和大众的极大兴趣。

图 1-12　LS3

图 1-13　Wild Cat

图 1-14　Spot

图 1-15　Spot Mini

　　研制出一种能够像人一样利用双足行走的机器人，是人类长久以来的梦想。1986 年，日本本田公司研制出世界上第一台双足行走类人机器人 E0，它成功实现了双腿的交替运动，但行走速度缓慢，且只能走直线。1987—1993 年，本田公司研制出机器人 E1～E6 实现了双腿的快速、稳定行走。1993—1997 年，进一步推出机器人 P1～P3，在拟人化、小型化与轻量化方面又迈进了一大步。在强大资金的不断支持下，本田公司于 2000 年 11 月为人类带来了全球首台真正意义上的人形机器人——第一代 ASIMO（advanced step innovative mobility）[图 1-16（a）]，它身高120cm，体重 52kg，可以完成上、下台阶等动作，还可以握手、挥手和进行简单的对话。之后又经过进一步改进，本田公司分别在 2006 年和 2011 年先后推出第二代和第三代 ASIMO [图1-16（b）、（c）]，它们身高均为 130cm，体重分别为 54kg 和 48kg。第三代 ASIMO 无论在运动能力还是在智能化方面都有大幅提高，它可以跑、跳，在人群中自由穿梭，还能听取并理解三个人同时讲话。当然，ASIMO 远没有达到人类的智力和体力水平。2018 年，就在人们期盼着新一代 ASIMO 的出现时，一个令人遗憾的消息传来：由于 ASIMO 的研发与制造成本高昂，同时，又难以通过市场推广达到盈利，本田公司对外宣布停止对 ASIMO 的研究。尽管 ASIMO 已退出历史舞台，但它所带来的技术创新与突破依然是人类的宝贵财富，这些技术完全可以用于新一代机器人的研发。

(a) 第一代ASIMO　　　　(b) 第二代ASIMO　　　(c) 第三代ASIMO

图 1-16　ASIMO 人形机器人

进入 21 世纪，随着劳动力成本的不断提高、技术的不断进步，各国陆续进行制造业的转型与升级，出现了机器人替代人的热潮。世界上许多机器人科技公司都在大力发展智能机器人技术，机器人的特质与有机生命越来越接近。目前的智能机器人已经能够执行一系列复杂的任务，应用范围包括工业生产、医疗卫生、农业、清洁服务等领域。这些机器人在自主导航、物体识别、人机交互和决策制定等方面都取得了显著的进展。总体来说，随着技术的不断进步和应用场景的扩大，智能机器人的发展及应用前景非常广阔。

1.3.2　中国机器人的发展历程

我国从 20 世纪 70 年代初期开始对机器人技术进行研究，起步时间相对较晚。表 1-2 展示了中国机器人发展从 20 世纪 70 年代初期开始所经历的理论研究阶段、样机研发阶段、示范应用阶段以及初步产业化阶段。

表 1-2　中国机器人发展历程

年代	阶段	意义	标志性事件
20 世纪 70 年代	理论研究阶段	为我国机器人技术的发展奠定了基础	开展了机器人编程语言、机器人机构的运动学/动力学等相关理论知识的研究，机器人基础理论研究取得了一定进展
20 世纪 80 年代	样机研发阶段	完成基础技术、元器件、机器人样机的开发工作	1982 年 4 月，我国第一台示教再现工业机器人样机研制成功
			1983 年，我国第一台亿次巨型电子计算机研制成功
			1986 年，国家"七五"科技攻关计划将工业机器人技术列为第 72 项攻关课题
			1988 年 2 月，国防科技大学研制成功六关节平面运动型"两足步行机器人"
			1989 年，中国科学院研制出了绝对式光电编码器
20 世纪 90 年代	示范应用阶段	在机器人技术与自动化工艺装备等方面取得了突破性进展	1990 年，中国第一台工业机器人通用控制器研制成功
			1994 年，我国第一台无缆水下机器人"探索者"研制成功
			1995 年，我国第一台高性能精密装配智能型机器人"精密一号"研制成功
			1997 年，自主开发的国内第一条机器人冲压自动化生产线用于一汽大众生产工作

续表

年代	阶段	意义	标志性事件
21世纪	初步产业化阶段	增强自主创新能力，产业新局面基本形成	2000年4月，中国科学院沈阳自动化研究所成立新松机器人公司，标志着中国工业机器人走上了产业化发展道路
			2000年11月，我国第一台真正意义上的仿人机器人"先行者"研制成功
			2013年，中国成为全球第一大工业机器人市场，往后连续九年位居世界首位
			2014年，天津大学等单位联合研制的"妙手S"手术机器人首次应用于临床，打破了国外少数公司对手术机器人的技术垄断

20世纪70年代，随着微机和模糊控制系统的开发，我国国内先后有大大小小200多个单位自发进行机器人研究，开展了机器人编程语言、机器人机构的运动学/动力学、机器人内外部传感器等相关理论的研究与开发，为我国机器人技术的发展奠定了基础。

20世纪80年代，随着改革开放方针的实施，我国机器人技术的发展得到政府的重视和支持。1983年12月，我国在广州成立了中国机械工程学会工业机器人专业委员会。1985年9月，在沈阳成立了中国自动化学会机器人专业委员会。1986年，国家"七五"科技攻关计划将工业机器人技术列为第72项攻关课题，开始组织研究机器人基础理论、关键元器件及整机产品，拨款在沈阳建立了全国第一个机器人研究示范中心。1986年年底开始实施的国家863计划，在自动化领域成立了专家委员会，其下设立了CIMS和智能机器人两个主题组。这两个计划的实施，使我国机器人产业从自发、分散、低水平重复的起步状态，进入了有组织、有计划的规划发展阶段。该阶段，国家投入相当的资金，进行了工业机器人基础技术、基础元器件，几类工业机器人整机及应用工程的开发研究，完成了示教再现式工业机器人成套技术（包括机械手、控制系统、驱动传动单元、测试系统和小批量生产的工艺技术等）的开发，研制出喷涂、弧焊、点焊和搬运等工业机器人整机，以及几类控制系统及关键元器件，如交/直流伺服电机驱动单元、机器人专用薄壁轴承、谐波传动系统、焊接电源和变压器等，并在生产中经过实用考核，其主要性能指标达到20世纪80年代初国际同类产品的水平，且形成小批量生产能力。在应用方面，我国在第二汽车厂建立了第一条采用国产机器人的生产线——东风系列驾驶室多品种混流机器人喷涂生产线，该生产线由7台国产PJ系列喷涂机器人和PM系列喷涂机器人以及周边设备构成，运行十余年，完成喷涂20万辆东风系列驾驶室的生产任务，成为国产机器人应用的一个窗口。与此同时，我国研制了几种SCARA型装配机器人样机，并进行了试应用。此外，我国在机器人单元模块技术和基础元器件开发方面取得巨大进展。1983年11月，我国第一台被命名为"银河"的亿次巨型电子计算机在国防科技大学诞生，它的研制成功宣告了中国成为继美国、日本等之后，能够独立设计和制造巨型计算机的国家。1989年，中国科学院长春光学精密机械与物理研究所研制出了23位的绝对式光电编码器，测角精度达到0.51″，分辨率为0.15″。

20世纪90年代，经过国家863计划的实施，我国在机器人技术与自动化工艺装备等方面取得了突破性进展，缩短了同发达国家之间的差距。1994年，中国科学院沈阳自动化研究所等单位研制成功我国第一台无缆水下机器人"探索者"，标志着我国水下机器人技术已走向成熟。1995年，我国第一台高性能精密装配智能型机器人"精密一号"在上海交通大学诞生，整机主要功能和技术性能达到国际上同类高性能精密装配机器人的水平，标志着我国已具有开发第二代工业机器人的技术水平，为我国拥有自己的高性能精密装配机器人产品打下了坚实的技术基础。

进入21世纪，国内越来越多的高校、科研院所、企业开展工业机器人的研发项目，例如沈阳新松（SIASUN）、上海新时达（STEP）等企业，为国内工业机器人技术的发展作出了重大贡献。随着科学技术的不断发展和综合国力的不断提升，我国工业机器人产业逐渐走向国际市场，工业机器人技术也逐渐达到国际先进水平。同时，我国在服务机器人、仿生机器人、空间机器人等领域取得技术突破，在医疗机器人、民用无人机、家庭服务机器人、教育机器人等领域实现了产业化。例如，在服务机器人方面，2014年3月，由天津大学等单位联合研制的"妙手S"机器人首次用于临床（图1-17），成功为3位患者进行了胃穿孔修补术和阑尾切除术，并于2017年9月通过了国家食品药品监督管理总局（2018年改为"国家市场监督管理总局"）的创新医疗器械特别审批。在仿生机器人方面，国防科技大学在2000年11月研制成功我国第一台真正意义上的仿人机器人"先行者"，如图1-18所示。这台具有人类外观特征的类人型机器人可以完成原地扭动，平地前进、后退和左右转弯等动作。2023年，杭州宇树科技有限公司发布了Unitree Go2四足机器人，如图1-19所示。该四足机器人能够360°×90°全方位感知环境，具备极低的盲区，能够在多种地形中实现全方位感知；能够充分理解主人的意图，并结合传感器信息更好地理解世界并做出决策；最大扭矩可达到45N•m，支持机器人完成更复杂的动作；支持实时视频图像传输和雷达高度图显示功能，用户可以随时随地查看周围环境。在空间机器人方面，2022年1月6日6时59分，由航天科技集团五院研发的空间站机械臂转位货运飞船试验取得圆满成功（图1-20），空间站机械臂的试验成功代表了我国已突破相关技术瓶颈，具备了研制大型空间复杂机器人系统的能力。

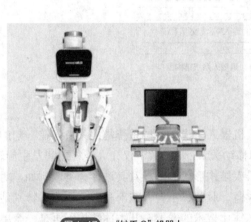

图1-17 "妙手S"机器人

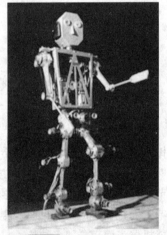

图1-18 "先行者"机器人

图1-19 Unitree Go2四足机器人

图1-20 中国空间站机械臂

现如今，我国机器人技术在基础研究、产品研制等方面均实现了突破与跨越，机器人的种类已从原来的工业机器人逐步转变为各类型机器人的发展齐头并进，并朝智能化的方向发展。但智能化技术仍然有待于进一步研究，机器人在各个领域的应用仍然处于初级阶段。

1.4 智能机器人的组成及分类

1.4.1 智能机器人系统组成

智能机器人是一个复杂系统，其功能由多个子系统来实现，一般具备机械部分、传感部分和控制部分三部分。其中，机械部分包括机械系统和驱动系统；传感部分包括感知系统和机器人-环境交互系统；控制部分包括控制系统和人机交互系统，如图 1-21 所示。

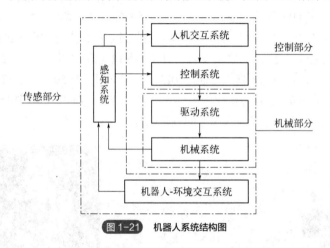

图 1-21 机器人系统结构图

（1）机械部分

机械系统是机器人的本体。对于大多数机器人来说，机械系统是由关节连在一起的许多机械连杆的集合体。关节通常分为转动关节和移动关节，转动关节仅允许连杆之间发生旋转运动，移动关节允许连杆做直线运动。可根据机器人结构形式的差异对其进行分类，例如，对于典型的六关节工业机器人，其由机座、腰部、大臂、肘部、小臂、腕部和手部构成。特别地，对于许多智能机器人而言，随着结构、材料的一体化技术的发展，其本体结构不再是一个单纯的机械系统，而可能为柔性结构、软体结构或其他新型结构，甚至是多种不同类型结构的融合，以赋予机器人新的功能。

驱动系统的作用是提供机器人各部位、各关节动作的原动力。常规的驱动系统有电机驱动、液压驱动和气压驱动。其可以直接地与关节连接在一起，也可以使用齿轮、带、链条等机械机构间接传动。

① 电机驱动方式。电机驱动是利用各种电机产生的力或力矩，直接或经过减速机构去驱动机器人关节。目前越来越多的机器人采用电机驱动方式，不仅因为电机品种较多，为机器人设计提供了多种选择，也因为它们可以运用多种灵活的控制方式。相对于液压驱动和气压驱动而言，电机的结构也比较紧凑简单。

② 液压驱动方式。液压驱动的机器人具有比较大的抓举能力,可高达上千牛顿。液压系统介质的可压缩性小,因此液压传动式机器人结构紧凑、传动平稳、动作灵敏,可以得到较高的位置精度,但对密封要求较高,对制造精度要求较高,不宜在高温或低温的环境中工作。

③ 气压驱动方式。气压驱动的机器人以压缩空气来驱动执行机构,优点是空气来源方便,压缩空气黏度小,气动元件工作压力低,结构简单、成本低;缺点是空气具有可压缩性,导致机器人的稳定性较差,且机器人的抓举力较小,一般在 200N 以下。

此外,随着科技的快速发展,除上述三种驱动方式外,研究人员对超声波驱动器、磁致伸缩驱动器、静电驱动器等多种新型驱动方式开展研究,并在各类新型的机器人当中得到应用。

(2) 传感部分

机器人感知系统担任着机器人"神经系统"的角色,将机器人各种内部状态信息和环境信息从信号转变为机器人自身或者机器人之间能够理解和应用的数据、信息甚至知识,它与机器人控制系统组成机器人的核心。感知系统由一个或多个传感器组成,用来获取内部和外部环境中的有用信息,通过这些信息确定机械部件各部分的运行轨迹、速度、位置和外部环境状态,使机械部分的各部分按预定程序或者工作需要进行动作。机器人的感知系统包括视觉系统、听觉系统、触觉系统等。对于不同的传感器,原理各不相同,但无论是哪种原理的传感器,最后都需要将被测信号转换为电阻、电容、电感等电量信号,经过信号处理变为计算机能够识别、传输的信号。一个机器人的智能程度在很大程度上取决于它的感知系统,没有感知系统的支撑,机器人就相当于人失去了眼睛、鼻子等感觉器官。

智能机器人要求其能够应用自身的感官与外界环境进行交互,获得与任务有关的感知数据,并根据这些数据完成一系列自主性操作。较低智能的机器人的感官系统只可以单一地获取数据完成任务,而更智能的机器人能够通过感知信息之间的交互与融合,生成更加精准可靠的数据,提高与环境交互的准确性。感知系统的智能化融合是提升机器人智能性的重要手段。

(3) 控制部分

控制系统是机器人的大脑,其任务是根据机器人的作业指令程序以及从传感器反馈回来的信号,支配机器人的执行机构去完成规定的运动和功能。随着科学技术的发展,被控对象变得越来越复杂,被控对象的非线性、时变性、不确定性等特点使得难以建立其精确的数学模型,这就使得基于被控对象精确数学模型的经典控制理论和现代控制理论受到了严峻挑战。在缺少精确数学模型的情况下,研究人员以人工控制系统中人的智能决策行为为基础,将人工智能和自动控制相结合,逐渐创立了智能控制理论。智能控制系统就是基于智能控制理论创建的,具有学习功能、适应功能和组织功能,能够有效地克服被控对象和环境所具有的难以精确建模的高度复杂性和不确定性,并且能够达到所期望的控制目标的智能控制方式。

智能机器人不仅能够独立完成运动,还能够在融入人类生产生活的过程中进行人机交互,从而可以与人进行无缝沟通与合作。它在交互过程中涉及以下技术:

① 人的行为的感知。智能机器人通过各种传感器获得人的行为数据,为机器人提供与用户交互所需的输入信号。

② 语音识别和语音合成。语音识别技术使机器人能够将语音指令或对话内容转化为可理解的文本或指令。而语音合成技术则将机器人的回应或反馈转化为可听的人工语音。

③ 自然语言处理。自然语言处理技术使机器人能够理解和解释人类自然语言的含义。它可以对用户发出的指令或问题进行理解和分析，并做出相应的回应或执行相应的任务。

④ 手势和表情识别。智能机器人人机交互系统还可以通过识别人类的手势和表情来进行交流。一方面，通过手势识别技术使机器人能够理解用户通过手势传达的意图；另一方面，通过表情识别技术使机器人能够识别和理解人类的面部表情。

⑤ 触摸界面和虚拟现实。智能机器人还可以通过触摸屏、虚拟现实头盔等交互界面与用户直接进行多模式的互动。

对于智能机器人而言，上述三部分不是独立的，而是相互之间存在交叉关系，通过各部分的相互作用，共同组成了机器人系统。

1.4.2　机器人的分类

机器人的分类方法很多。这里介绍三种较为普遍的分类方法。

（1）按机器人的几何结构分类

该分类方式主要针对串联型机器人。串联型机器人的机械配置形式多种多样，多用其坐标特性来进行描述。这里简单介绍柱面、球面和关节式球面坐标结构三种最常见的机器人。

① 柱面坐标机器人。柱面坐标机器人主要由垂直柱子、水平手臂（或机械手）和底座构成。水平机械手装在垂直柱子上，能自由伸缩，并可沿垂直柱子上下运动。垂直柱子安装在底座上，并能与水平机械手一起（作为一个部件）在底座上转动，由此形成一段圆柱面的工作区间，如图 1-22 所示。因此，把这种机器人叫作柱面坐标机器人。

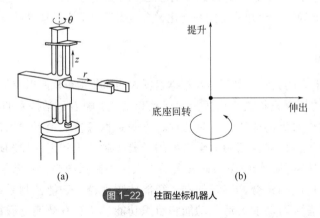

(a)　　　　　　　　　　　　　　(b)

图 1-22　柱面坐标机器人

② 球面坐标机器人。球面坐标机器人如图 1-23 所示，机械手能够做里外伸缩移动、在垂直平面上摆动以及绕底座在水平面上转动。这种机器人的工作区间形成球面的一部分，被称为球面坐标机器人。

③ 关节式球面坐标机器人。如图 1-24 所示，关节式球面坐标机器人主要由底座（或躯干）、上臂和前臂构成，在前臂和上臂间存在肘关节，在上臂和底座间存在肩关节。这种机器人的工作轨迹形成球面的大部分，称为关节式球面机器人。

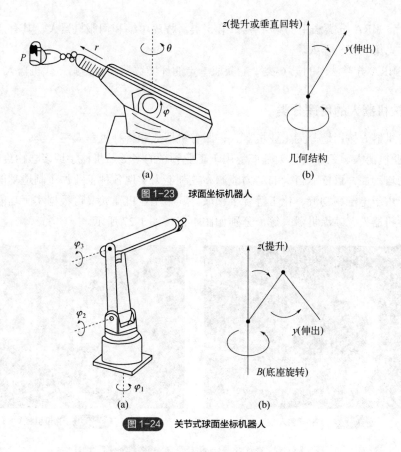

图 1-23　球面坐标机器人

图 1-24　关节式球面坐标机器人

（2）按机器人控制器的信息输入方式分类

在采用这种分类法进行分类时，不同国家也略有不同。这里主要介绍日本工业机器人协会（JIRA）、美国机器人协会（RIA）和法国工业机器人协会（AFRI）所采用的分类法。

① JIRA 分类法。JIRA 把机器人分为六类：

第 1 类：手动操作手。它是一种由操作人员直接进行操作的具有几个自由度的加工装置。

第 2 类：定序机器人。它是按照预定的顺序、条件和位置，逐步地重复执行给定的作业任务的机械手，其预定信息（如工作步骤等）难以修改。

第 3 类：变序机器人。它与第 2 类机器人一样，但其工作次序等信息易于修改。

第 4 类：复演式机器人。这种机器人能够按照记忆装置存储的信息来复现原先由人示教的动作。这些示教动作能够被自动地重复执行。

第 5 类：程序控制机器人。操作人员并不是对这种机器人进行手动示教，而是向机器人提供运动程序，使它执行给定的任务。其控制方式与数控机床一样。

第 6 类：智能机器人。它能够采用传感信息来独立检测其工作环境或工作条件的变化，并借助其自我决策能力，成功地进行相应的工作，而不管其执行任务的环境条件发生了什么变化。

② RIA 分类法。RIA 的分类包含了 JIRA 分类法中的后四类。

③ AFRI 分类法。AFRI 把机器人分为四种型号：

A 型：包括 JIRA 分类法中第 1 类手控或遥控加工设备。

B 型：包括 JIRA 分类法中的第 2 类和第 3 类，具有预编工作周期的自动加工设备。

C 型：含 JIRA 分类法中的第 4 类和第 5 类，程序可编和伺服机器人，具有点位或连续路径轨迹，称为第一代机器人。

D 型：JIRA 分类法中的第 6 类，能获取一定的环境数据，称为第二代机器人。

（3）按机器人的用途分类

通常将机器人按用途分为工业机器人、服务机器人和特种机器人三大类。

① 工业机器人。工业机器人是广泛用于工业领域的多关节机械手或多自由度的机械装置，具有一定的自动性，可依靠自身的动力能源和控制能力实现各种工业加工制造功能。工业机器人被广泛应用于电子、物流、化工等各个领域。其中工业机器人又可根据实际功能分为焊接机器人、搬运机器人、喷涂机器人等，分别如图 1-25～图 1-27 所示。

图 1-25　焊接机器人

图 1-26　搬运机器人

图 1-27　喷涂机器人

② 服务机器人。服务机器人是指用于非制造业、以服务为核心的机器人，可从事导诊、清洁、陪护、运输等工作，在养老、医疗、康复等领域应用广泛。服务机器人主要包括护理机器人、手术机器人、康复机器人等。其中，护理机器人旨在提供各种护理和支持服务，如协助日常活动、康复治疗、监测病情、提供药物、交互娱乐等，不仅可以帮助老年人、残疾人等人群获取更好的生活质量，还可以提供社交互动和心理支持。图 1-28（a）所示为世界上第一个能够读取情绪的自主导诊机器人 Pepper，它能够识别人类的面部表情、语音声调、讲话内容等，并且可根据人类情绪进行灵活反应。图 1-28（b）所示为患者转运机器人 ROBEAR，其不仅可以将患者从床铺提升至轮椅上，同时还能够完成帮助患者站立、翻身以避免长褥疮等任务，提供个性化服务。手术机器人能够辅助医生开展各类手术，具有精度高、稳定性好等优点。图 1-29

所示为达·芬奇手术机器人，作为目前世界上最先进的手术机器人之一，该机器人系统被广泛应用于腹部外科、泌尿外科、妇产科以及心脏手术。康复机器人主要用于辅助患者进行康复治疗，包括上肢康复机器人、下肢康复机器人等。图 1-30 所示为瑞士苏黎世联邦工业大学研制的步态康复训练机器人 Lokomat，其每条机械腿均具有髋关节和膝关节 2 个自由度，分别由独立的伺服电机进行驱动，可带动患者下肢实现矢状面内的运动，从而实现康复训练。

(a) 导诊机器人Pepper　　　　(b) 患者转运机器人ROBEAR

图 1-28　护理机器人

 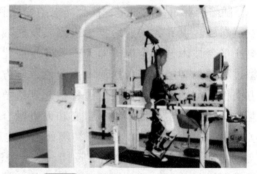

图 1-29　Da Vinci（达·芬奇）手术机器人　　　图 1-30　下肢康复机器人 Lokomat

③ 特种机器人。特种机器人是指应用于专业领域，一般由经过专门培训的人员操作或使用的，辅助或代替人执行任务的机器人。特种机器人种类繁多，包括空间机器人、搜救机器人、巡检机器人、仿生机器人等。其中，空间机器人是指用于代替人类在太空环境中执行各种任务的机器人系统，包括空间科学实验、出舱操作、空间探测、卫星维修、航天器组装等任务。图 1-31 所示为美国航空航天局（NASA）和通用电气联合开发的空间机器人 Robonaut 2。该机器人从结构上十分接近人类，拥有类似人类的躯干、头部和臂部，可协助宇航员在国际空间站完成零星工作和维修任务。搜救机器人是指灾害发生后可代替营救人员进入地形复杂的灾害现场完成环境监测、生命搜索、道路清理等任务，在实施救援的过程中协助救援人员对被困者进行营救、保障救援人员自身安全的一类机器人。搜救机器人的应用不仅能够大幅提高救援工作的效率和准确性，而且能够有效减少救援人员的伤亡，具有广阔的应用前景。图 1-32 所示为美国 iRobot 公司生产的 PackBot 系列机器人。该机器人变结构履带底盘的设计提升了其对复杂环境的适应性，可执行炸弹处理、侦察以及监视等任务，被广泛应用于灾难救援等领域。巡检机

器人是一种具备自主导航和巡视能力的机器人系统,用于日常常态化的监测、评估,以及检查各种设备、基础设施或环境条件。图1-33所示为一款典型的室外巡检机器人,其能够完成监测预警、巡逻执勤、智能识别以及360°全景监控等任务。

图1-31　空间机器人

图1-32　PackBot系列机器人

图1-33　室外巡检机器人

1.5　本章小结

随着产业革命的推进、社会需求的变化和技术的进步,全球机器人产业呈现全面爆发的发展态势,世界各国纷纷推出机器人发展战略。以云计算、大数据、移动和社交为代表的第三平台技术带动全球机器人产业向智能化、创新化和数字化迅速迈进。在机器人产业转型过程中,智能机器人扮演双重角色,一方面作为传统制造业的代表进行转型升级,另一方面作为创新加速器在转型过程中起到重要的催化和推动作用。新一代智能机器人将具备互联互通、虚实一体、软件定义和人机融合的特征,具体为:通过多种传感器设备采集各类数据,快速上传云端并进行初级处理,实现信息共享;虚拟信号与实体设备的深度融合,实现数据收集、处理、分析、反馈、执行的流程闭环,实现"实-虚-实"的转换;依托对海量数据进行分析运算的智能算法及软件,新一代智能机器人将向软件主导、内容为王、平台化、API中心化方向发展;通过深度学习技术实现人机音像交互,乃至机器人对人的心理认知和情感交流。

我国是世界第一大机器人市场,随着国家战略的推进和产业链的发展,大量的组织和个人参与到机器人研发与生产中,形成了"政、产、学、研、用、资"多方共建的发展格局,为机器人的生态化发展奠定了良好基础。智能机器人产业逐步规模化、体系化,已基本建立完整的机器人产业链,技术创新成果显著,智能机器人市场迎来重大发展机遇。

然而,智能机器人在未来发展中同样面临众多挑战,包括关键及前沿技术的突破、应用的创新与推广、资源的整合与协同等。因此,在今后的发展中,努力提高各方面的技术及其综合应用,大力提高智能机器人的智能化程度,提高智能机器人的自主性和适应性,是智能机器人发展的关键。同时,智能机器人涉及多个学科的协同工作,不仅包括技术基础,甚至还包括心理学、伦理学等社会科学,从而让智能机器人完成有益于人类的工作,而不仅仅是成为反人类的工具。相信在不远的将来,各行各业都会充满形形色色的智能机器人,很好地提高人类的生活品质和对未知事物的探索能力。

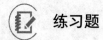 练习题

1. 简述机器人及智能机器人的定义。
2. 简述机器人三个发展阶段及典型成果。
3. 简述智能机器人系统组成及各组成部分的功能。
4. 按几何结构的不同，机器人可以分为哪几类？

参考文献

[1]　熊有伦, 等. 机器人学: 建模、控制与视觉[M]. 武汉: 华中科技大学出版社, 2018.

[2]　祁若龙. 机器人的智能化方向与实际应用研究[M]. 长春: 吉林出版集团股份有限公司, 2021.

[3]　褚君浩, 乔红, 等. 类脑智能机器人[M]. 上海: 上海科学技术文献出版社, 2022.

[4]　张玉. 工业机器人技术及其典型应用研究[M]. 北京: 中国原子能出版社, 2018.

[5]　蔡自兴. 机器人学[M]. 北京: 清华大学出版社, 2000.

[6]　李士勇, 李研. 智能控制[M]. 北京: 清华大学出版社, 2016.

[7]　高昱. 新型人机交互技术在指控系统的应用[J]. 火力与指挥控制, 2021, 46(7): 6-10.

[8]　蔡永娟. 机器人感知系统标准化与模块化设计[D]. 合肥: 中国科学技术大学, 2010.

[9]　王震. 面向机器人抓取任务的视-触觉感知融合系统研究[D]. 北京: 中国科学院大学, 2020.

[10]　邓欣, 熊林森, 董志飞, 等. 用于移动机器人听觉导航的光纤麦克风阵列研制[J]. 光学与光电技术, 2023, 21(1): 118-128.

[11]　郝博. 机器人嗅觉系统的研究[D]. 哈尔滨: 哈尔滨工业大学, 2005.

[12]　邓小锋. 智能机器人关键技术及控制技术分析[J]. 中国高新区, 2019(19): 22.

[13]　黄华. 基于多传感器数据融合仿真系统的人机交互技术研究[D]. 武汉: 武汉理工大学, 2010.

[14]　金亮. 智能机器人的现状及发展趋势[J]. 工业设计, 2017(1): 163.

[15]　陶永, 王田苗, 刘辉, 等. 智能机器人研究现状及发展趋势的思考与建议[J]. 高技术通讯, 2019, 29(2): 149-163.

[16]　丁良宏. BigDog 四足机器人关键技术分析[J]. 机械工程学报, 2015(7): 1-22, 23.

[17]　谢胜强, 明兴. 工业机器人产业发展历史与未来趋势的文献综述[J]. 决策与信息（中旬刊）, 2016(2): 80.

第 2 章

机器人机构设计

 思维导图

扫码获取配套资源

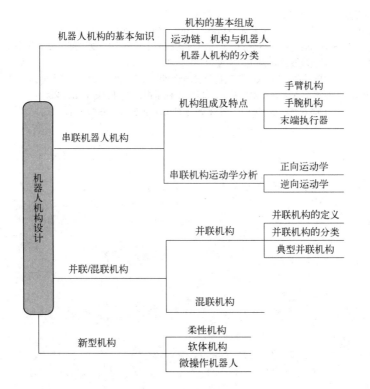

学习目标

1. 掌握机器人机构的基本组成及分类。
2. 理解串联机器人的机构特点与运动学建模方法。
3. 理解并联/混联机器人的机构特点及典型应用。
4. 了解新型机器人机构的技术特点。

2.1　机器人机构设计概述

机构是机器人重要的和基本的组成部分，是机器人实现各类运动、完成各种指定任务的主体。机构的类型、布局、传动方式将会直接影响机器人的性能。

机器人机构的发展是现代智能机器人发展的一个重要的组成部分。例如：由传统的串联关节型操作臂（工业机器人的典型机构）发展成多分支的并联机器人或混联机器人；由纯刚性机器人发展成关节柔性机器人再到软体机器人；由全自由度机器人发展到少自由度机器人、欠驱动机器人、冗余度机器人；由宏尺度机器人发展到微型机器人、纳米机器人等。随着工程应用的发展，越来越复杂的作业任务和环境对机器的环境适应能力和交互特性等方面提出了新的要求，机构与机器人学的研究进入多学科交叉的新阶段。通过将机械学科与生命、材料、传感、控制等学科交叉，机器人的机构向着刚-柔-软耦合、变刚度、变形态等方向发展。

2.2　机器人机构的基本知识

2.2.1　机构的基本组成

（1）构件

构件是机械系统中能够进行独立运动的单元体。机器人中的构件多为刚性连杆，但在某些特定应用中，构件拥有弹性或柔性。图 2-1 所示为机器人机构的基本组成。图 2-1（a）中的所有构件都可以看作是由刚性杆组成的，图 2-1（b）中连接两平台的四根杆为柔性杆。两个机器人机构中都有一个固定不动的构件，称为机架（frame）或基座（base）。

（2）运动副

运动副（kinematic pair）是指两构件既保持接触又有相对运动的活动连接。在机器人学领域，通常又称运动副为铰链或者关节（joint）。机器人运动学特性主要由运动副类型和运动副空间布局决定。通常把运动副分为两类：高副和低副。其中，将通过点或线接触的运动副称为高副；将通过面接触的运动副称为低副。机器人多采用低副连接，常见的低副包括旋转副、移动副、螺旋副、圆柱副、平面副和球面副。

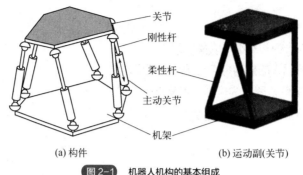

关节

刚性杆

柔性杆

主动关节

机架

(a) 构件   (b) 运动副(关节)

图2-1　机器人机构的基本组成

旋转副（revolute joint）是一种能使两个连杆发生相对转动的连接结构。它约束了连杆的 5 个自由度，仅有 1 个转动自由度，并使得两个连杆在同一平面内运动。常用的虎克铰（universal joint）是一种特殊的低副机构，它是由 2 个轴线正交的旋转副连接而成的，因而具有 2 个自由度。

移动副（prismatic joint）是一种能使两个连杆发生相对移动的连接结构。它约束了连杆的 5 个自由度，仅有 1 个移动自由度，并使得两根连杆在同一平面内运动。

螺旋副（helical joint）是一种能使两个连杆发生螺旋运动的连接结构。它约束连杆的 5 个自由度，仅有 1 个自由度，并使得两个连杆在同一平面内运动。

圆柱副（cylindrical joint）是一种能使两连杆发生同轴转动和移动的连接结构，通常由同轴的旋转副和移动副组合而成。它约束了连杆的 4 个自由度，具有 2 个独立的自由度，并使得连杆在空间内运动。

平面副（planar joint）是一种允许两连杆在平面内任意移动和转动的连接结构，可以看成由 2 个独立的移动副和 1 个旋转副组成。它约束了连杆的 3 个自由度，只允许两个连杆在平面内运动。

球面副（spherical joint）是一种能使两个连杆在三维空间内绕同一点做任意相对转动的运动副，可以看成由轴线交于一点的 3 个旋转副组成。它具有 3 个自由度。

表 2-1 对以上六种常用运动副进行了总结。

表2-1　机器人中常见运动副的类型及其代表符号

名称	符号	类型	自由度	图形示意
旋转副	R	平面 V 级低副	1R	
移动副	P	平面 V 级低副	1T	
螺旋副	H	空间 V 级低副	1R 或 1T	

续表

名称	符号	类型	自由度	图形示意
圆柱副	C	空间Ⅳ级低副	1R1T	
平面副	E	平面Ⅲ级低副	1R2T	
球面副	S	空间Ⅲ级低副	3R	

注："R"表示转动，"T"表示移动，字母前面的数字表示自由度数目。

2.2.2　运动链、机构与机器人

（1）运动链

两个或两个以上的构件通过运动副连接而成的可动系统称为运动链。各构件构成首末封闭系统的运动链称为闭链；反之称为开链；既含有闭链又含有开链的运动链称为混链。图 2-2 所示为典型的开链、闭链和混链的结构示意图。

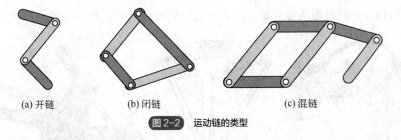

(a) 开链　　　　　(b) 闭链　　　　　　　(c) 混链

图 2-2　运动链的类型

完全由开链组成的机器人称为串联机器人（serial manipulator），完全由闭链组成的机器人称为并联机器人（parallel manipulator），开链中含有闭链的机器人称为串并联机器人（serial-parallel manipulator）或混联机器人（hybrid manipulator）。图 2-3 所示为串联、并联与混联三类典型机器人的结构示意图。

（2）机构

将运动链中的某一个构件加以固定，而让另一个或几个构件按给定运动规律相对固定构件运动，如果运动链中其余各活动构件都具有确定的相对运动，则此运动链称为机构，其中的固定构件称为机架或基座。常见的机构类型有连杆机构、凸轮机构、齿轮机构等。

根据机构中各构件间的相对运动，可将其分为平面机构、球面机构和空间机构。此外，根据构件或运动副的变形程度，还可以将机构分为刚性机构、弹性机构及柔性机构等。

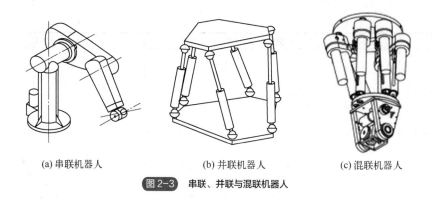

(a) 串联机器人　　　　　　(b) 并联机器人　　　　　　(c) 混联机器人

图 2-3　串联、并联与混联机器人

（3）机器人

从机构学的角度出发，大多数机器人都是由一组通过运动副连接而成的刚性连杆构成的特殊机构。机器人的驱动器安装在驱动副处，并在机器人的末端安装末端执行器。

2.2.3　机器人机构的分类

机器人根据结构特征可分为串联机器人与并联机器人，这些概念在前面已经提过。早期的工业机器人，如 PUMA 机器人［图 2-4（a）］、SCARA 机器人等，都是串联机构。而 Delta 机器人［图 2-4（b）］、Z3 主轴头等则属于并联机构。相比串联机构，并联机构具有高刚度、高负载惯性比等特点，但工作空间相对较小，结构较为复杂。混联机器人作为一种新兴机构，是以并联机构为基础，在并联机构中嵌入具有多个自由度的串联机构，构成一个复杂的混联系统，属于对并联机构的补偿和优化。如图 2-4（c）所示，Tricept 机器人是一种典型的混联机构，它包含了串联机构与并联机构两者的特点，并在航空航天和汽车工业中得到了广泛应用。

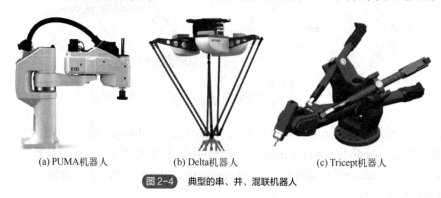

(a) PUMA机器人　　　　　　(b) Delta机器人　　　　　　(c) Tricept机器人

图 2-4　典型的串、并、混联机器人

机器人根据构件（或关节）的柔度特征可分为刚性机器人、柔性机器人与刚柔耦合机器人。当前实际应用中的机器人多为硬质机械结构，由刚体部件构建而成。刚性机器人一直是机器人发展的重点，它能够提高生产效率并且具有极强的可控性，上文提及的 PUMA 机器人、Delta 机器人等均为刚性机器人。柔性机器人是指具有柔性结构和柔性关节的机器人，是一类具有环境适应性、运动灵活性、更高的安全性和人机互动性的新一代机器人，它们常用于协作机器人、医疗机器人和救援机器人等领域。图 2-5 所示为 Festo 公司研发的柔性机械臂 BionicSoftArm，它具有柔性关节和弹性结构，能够精确地进行操作和适应不同的工作环境。刚柔耦合机器人是一种新兴的机器人技术，它将刚性和柔性元素结合起来，使机器人具有更好的适应性和灵活性，刚性结构主要负责控制机器人的位置和姿态，而柔性结构则负责吸收冲击和振动，从而提高机器人的稳定性和精度。图 2-6 所示为哈佛大学采用 3D 打印技术研制的一种弹跳机器人，该机器人将不同刚度的材料组合到一起，拥有刚性驱动部件的可靠性和柔性材料的多自由度等特性，大大提高了自身的跳跃技能。

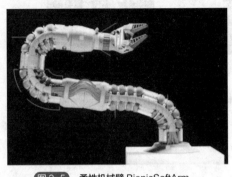

图 2-5　柔性机械臂 BionicSoftArm

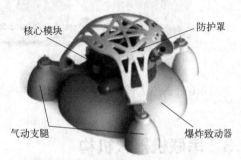

核心模块　　防护罩　　气动支腿　　爆炸致动器

图 2-6　采用刚柔耦合结构的弹跳机器人

机器人根据自由度数目可分为非冗余度机器人和冗余度机器人。非冗余度机器人是指机器人系统的自由度与其运动约束的数目相等，通常是指自由度数目小于等于 6 的机器人。常见的工业机器人均为非冗余度机器人。如图 2-7 所示，装配线上用于精确定位或搬运任务的机械臂通常采用非冗余度机构。冗余度机器人是指机构的自由度多于其运动约束的数目，即关节空间的维数大于操作空间的维数，常是指自由度数目大于 6 的机器人。由于冗余度机器人具有自运动特性，其具有较高灵活性和容错性，能够适应更加复杂的环境，但控制难度较大。目前，冗余度机器人主要应用于对机器人灵活性要求较高的特殊领域，如图 2-8 所示的我国空间站上的 7 自由度冗余度机械臂，能够辅助航天员完成各类复杂任务。

图 2-7　非冗余度机器人

图 2-8　冗余度机械臂

机器人根据驱动方式可分为全驱动机器人和欠驱动机器人。全驱动机器人是指机器人的各关节分别用电机独立驱动。如图 2-9 所示，YuMi 机器人的两条机械臂各个关节均配备了电驱动系统，可以在常规生产环境中与人类并肩协作。欠驱动机器人是指机器人的各个关节不是独立驱动，而是由少量的驱动元件以差动的方式驱动，驱动元件的数量小于关节的数量。欠驱动机器人一般具有良好的形状自适应能力且控制简单，但是运动模式相对来说不如全驱动机器人丰富。如图 2-10 所示，麻省理工学院开发的双足步行机器人 Toddler 的每条腿有 6 个自由度（踝关节 4 个，髋关节 2 个），只有踝关节由电机和弹簧驱动，采用强化学习控制，能够在线学习行走。

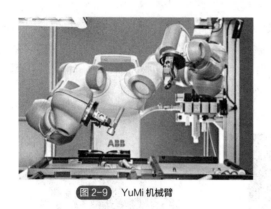

图 2-9   YuMi 机械臂

图 2-10   Toddler 机器人

下面结合机器人的结构特征，对几类机器人机构进行详细介绍。

2.3   串联机器人机构

2.3.1   机构组成及特点

串联机器人是一种开式运动链机器人，它是由一系列连杆通过转动关节或移动关节串联形成的，并采用驱动器驱动各个关节的运动，从而带动连杆做相对运动，使末端执行器到达合适的位姿。在机器人的发展史上，串联机器人扮演了先驱者的角色。其具有结构简单，制造成本低，运动空间大等优点，已成功应用于多个领域，尤其是广泛应用于工业生产线中，用以代替人完成具有大批量、重复性要求的工作，如汽车制造、摩托车制造、舰船制造、自动化生产线中的焊接工作等。其中得到广泛应用的串联机器人包括 SCARA 机器人、Standford 机器人以及 PUMA 机器人等。

一个典型的串联机器人通常由手臂机构、手腕机构和末端执行器 3 个部分组成，如图 2-11 所示。

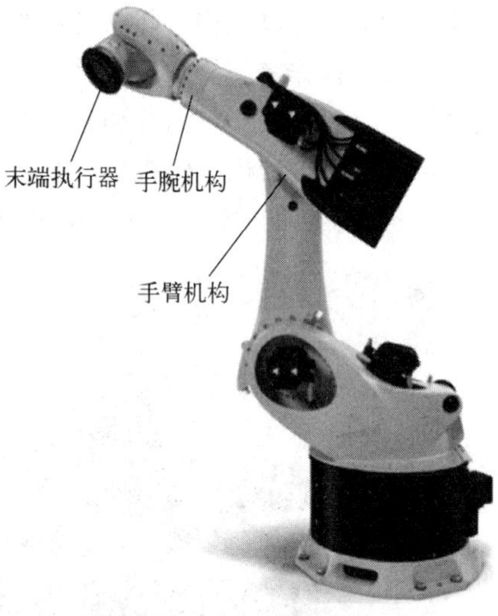

末端执行器   手腕机构

手臂机构

（1）手臂机构

手臂机构通常都是由一系列刚性连杆通过刚性关

图 2-11   典型串联机器人的组成

节连接而成，具有 3~4 个自由度，关节和自由度具有离散分布特性。手臂机构是机器人机构的主要部分，其可分为直角坐标式、圆柱坐标式、球面坐标式、关节式等类型。

（2）手腕机构

手腕机构连接手臂机构和末端执行器，其作用主要是改变和调整末端执行器在空间的方位，从而使握持的工具或工件到达某一指定的姿态。因此，手腕机构通常也称为定向机构或调姿机构。串联机器人一般需要 6 个自由度才能使手部到达目标位置并处于期望的姿态。为使手部能处于空间任意方向，要求腕部能实现对空间三个坐标轴 x、y、z 的转动，即具有翻转、俯仰和偏转 3 个自由度。手腕的结构一般比较复杂，直接影响机器人的灵巧性。随着机器人技术的不断进步，各国学者研发出多种不同类型的机械手腕，按构型基本分为三类：球形手腕、非球形手腕、并联手腕。

① 球形手腕。球形手腕即三个关节的旋转轴线交于一点的机械手腕。这类手腕满足 Pieper 理论，即机器人存在封闭解的充分条件是相邻的三个关节轴线交于一点。其根据两相邻关节轴线的相互位置关系又可分为正交球形手腕——两相邻关节的轴线相互垂直，如图 2-12（a）所示；斜交球形手腕——两相邻关节的轴线相交成非 90°的交角，如图 2-12（b）所示。国内外学者对球形手腕方面的结构和理论做了大量研究，从早期的串联球形手腕到如今的高集成度球形手腕，推进了机器人技术飞速发展。球形手腕的机器人具有运动学分析简单、集成度高、质量小等优点，实际应用相对较多。其缺点是手腕第二关节角度受结构限制，不能周转，工作空间较为狭小，因此，球形手腕不适用于喷涂机器人。

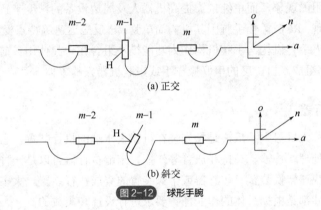

图 2-12　球形手腕

② 非球形手腕。非球形手腕是从球形手腕演变而成，其三个关节的轴线不交于一点，而是相交于两点。非球形手腕可分为两类：一类为正交非球形手腕——两相邻关节轴线相互垂直，如图 2-13（a）所示；第二类为斜交非球形手腕——两相邻关节轴线相交成非 90°的交角，如图 2-13（b）所示。这类机械手腕的关节在转动过程中不受结构的限制，具有良好的灵活性，工作空间大，每个关节的转动角度都能达 360°以上，但它的逆向运动学没有解析解，离线编程控制比较困难，一般用于喷漆机器人。

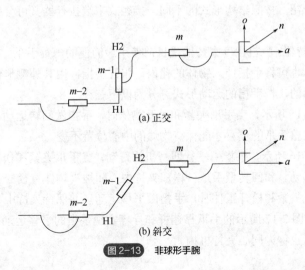

图 2-13　非球形手腕

③ 并联手腕。并联结构的手腕实际上是一种小型化的并联机构。并联结构型手腕的刚度大、负载能力强，缺点是耦合性很强、运动学和动力学分析复杂、工作空间小。例如，美国 Ross Hime Design 公司设计了一款 2 自由度 Omni-Wrist V 并联手腕，如图 2-14 所示，该手腕架构简单，具有高速度、高加速度、大刚度及半球内（±90°）无奇异自由运动等优点。

图 2-14 Omni-Wrist V 并联手腕

除了上述三类典型的手腕机构外，还有更多其他类型的手腕机构被相继研发。例如，RCC（remote center of compliance）柔性手腕是一种辅助机器人装配作业，在接触力作用下能自动调整装配零件相互位姿的多自由度弹性装置，主要应用于机器人孔轴装配作业中。在装配过程中，各类误差的存在很容易引起装配零件出现卡阻的现象，而单纯依靠提高机器人及周边设备的精度来解决该问题在技术上和经济上都难以实现。RCC 柔性手腕因其机构简单紧凑、反应迅速等特点受到广泛重视。通常，将上述所讲的机器人手臂机构与手腕机构作为功能模块组合在一起使用（前者用于定位，后者用于定向或调姿），组成 6 自由度的串联操作手或串联机器人的本体。

（3）末端执行器

末端执行器也称为机器人手爪，是指安装在机器人末端的执行装置，它直接与工件接触，用于实现对工件的处理、传输、夹持和放置等作业。末端执行器可以是一种单纯的机械装置，也可以是包含工具快速转换装置、传感器或柔顺装置的集成执行装置。大多数末端执行器的功能、构型及结构尺寸都是根据具体的作业任务要求进行设计和集成的。

根据其设计原理不同，末端执行器一般可分为接触式、穿透式、吸取式以及黏附式四种类型。接触式末端执行器直接将夹紧力作用于工件表面实现抓取；穿透式一般需要穿透物料进行抓取，如用于纺织品、纤维材料等抓取的末端执行器；吸取式主要利用吸力作用于被抓取物体表面实现抓取，如真空吸盘、电磁装置等；黏附式一般利用末端执行器对被抓取对象的黏附力来实现抓取，如利用胶黏、表面张力等原理所产生的黏附力进行抓取。

在上述不同类型的末端执行器中，接触式末端执行器在智能机器人中应用最为广泛，下面着重对该类型进行介绍。按照结构形式的不同，接触式末端执行器又分为少自由度夹持器和多指灵巧手。

① 少自由度夹持器。少自由度夹持器是目前使用最简便的一种手爪。它既可用手指的内侧面夹持物体的外部，也可将手指伸入物体的孔内，张开手指，用其外侧卡住物体。这种手爪大多是二手指或三手指的，按手指的运动形式可分为以下三种。

回转型：如图 2-15 所示，当手爪夹紧和松开物体时，手指做回转运动。当被抓物体的直径大小变化时，需要调整手爪的位置才能保持物体的中心位置不变。

平动型：如图 2-16 所示，手指由平行四杆机构传动，当手爪夹紧和松开物体时，手指姿态保持不变并做平移运动。和回转型手爪一样，夹持中心随被夹物体直径的大小而变。

平移型：当手爪夹紧和松开工件时，手指做平移运动，并保持夹持中心固定不变，不受工件直径变化的影响。图 2-17 所示的手爪靠连杆和导槽实现手指的平移运动，并使夹持中心位置保持不变，这类手爪也称为同心夹持机构。

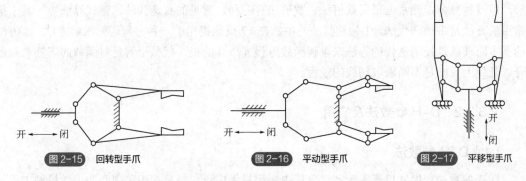

图 2-15　回转型手爪　　　图 2-16　平动型手爪　　　图 2-17　平移型手爪

② 多指灵巧手。多指灵巧手通常是模拟人手的高灵活性设计而成,其一般由多根手指构成,每根手指有 3 个或 4 个关节,与人的手十分相似。各关节分别用电机独立驱动。多指灵巧手多用于抓取复杂形状的物体,实现精细操作,广泛应用于服务机器人等领域。例如,图 2-18 所示为德国宇航中心为新型仿人手臂系统而研制的一款在尺寸、重量及性能上与人手相近的多指灵巧手 DLR Hasy Hand。该款灵巧手综合考虑了灵巧性和操作性能,包含 19 个自由度,手指的结构被设计为一种具有仿生关节的内骨骼,每个关节分别由直流电机独立驱动,所有的关节在过载时都可以通过脱臼以防止损坏。然而,多指灵巧手结构

图 2-18　DLR Hasy Hand 灵巧手

复杂、控制难度大,成本相较于少自由度夹持器有明显提高。特别地,部分多指灵巧手的各关节不是由电机独立驱动,而是由少量的电机以差动的方式驱动,形成了欠驱动系统。

2.3.2　串联机构运动学分析

2.3.2.1　串联机构运动学概述

串联机构的运动学分析通常包括两个方面:正向运动学与逆向运动学。一般情况下,已知运动输入量求输出量称为正向运动学;反之,已知输出量求输入量称为逆向运动学。其求解过程中涉及刚体位姿描述和齐次变换等相关基础知识,在此不再多做赘述。

其中,求解串联机器人正向运动学的意义在于:作为后续逆向运动学、速度分析、动力学分析的理论基础;在设计阶段,根据关节驱动电动机特性和结构参数评估机器人的工作空间、末端速度和加速度。求解串联机器人逆向运动学的意义在于:机器人在实际应用中,通常给定末端位姿,需要求解关节变量,然后通过控制关节变量到指定值,使得末端工具到达给定位姿。例如,对于焊接机器人,工件上的焊缝位置事先是已知的,为控制机器人按已知轨迹进行作业,需要通过位移分解求出各关节变量,再将其输入控制器,进而完成预期的焊接任务,因此说,逆向运动学是机器人控制的基础。

对于串联机器人,运动学分析通常可以采用解析法与数值法两种。对于能建立相应的代数方程的机构,通常可以采用解析法得到解析解。若建立的模型为高次方程、超越函数等形式,解析法无法解决,则可采用数值法得到数值解。有时,即使一些高次方程的求解能够得到解析

解，但过程复杂，通常也采用数值法。数值法有多种，常见的有迭代法、链式算法等，其中最常用的方法是牛顿迭代法。牛顿迭代法是牛顿在 17 世纪提出的一种方程近似求解方法。该方法的基本原理就是使用迭代的方法来求解函数方程 $f(x)=0$ 的根，代数上看是对函数的泰勒级数展开，几何上看则是不断求取切线的过程。

2.3.2.2 D-H 参数法及应用

（1）D-H 参数法

D-H 参数法在串联机器人运动学分析中应用最为广泛，最早是由美国西北大学机械工程系的 Denavit 教授和 Hartenberg 教授于 1955 年提出的。D-H 参数法的核心在于提供了一种在机器人各关节处建立物体坐标系的方法，以此可以建立起相邻杆之间的位姿矩阵（齐次变换矩阵），再通过连续变换的结果最终反映出末端与基座之间的位姿关系。

串联机器人具有多个连杆，连杆的数字从相对不可移动的基体（0）开始，依次增加到末端执行器连杆（n）。对于将第 1 个可移动的连杆连接到基本连杆上的关节来说，关节命名数字是从 1 开始的，并依次增加到 n。因此，连杆（i）通过关节 i 连接到位于其近端的下一个连杆上，然后通过关节 $i+1$ 连接到位于其远端的一个连杆上，如图 2-19 所示。

图 2-20 所示为具有关节 $i-1$、i、$i+1$ 的一个串联机器人连杆（$i-1$）、（i）、（$i+1$）。每个节点均由其轴表示，该轴可以是平动的，也可以是转动

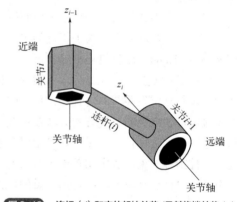

图 2-19　连杆（i）和它的起始关节 i 及其终端关节 $i+1$

的。为了求得机器人零部件的运动信息，基于标准 D-H 参数法，可以在位于关节 $i+1$ 的连杆（i）上建立一个局部坐标系 B_i。

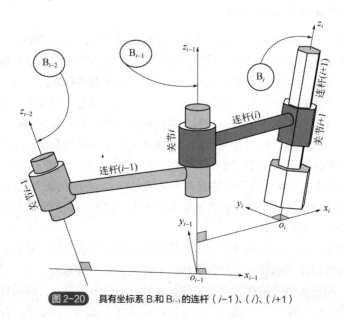

图 2-20　具有坐标系 B_i 和 B_{i-1} 的连杆（$i-1$）、（i）、（$i+1$）

① 确定 z_i 轴。串联机器人的所有关节都可以由 z 轴表述，z_i 轴的确定过程如下：

a. 找出每一个关节的轴，并标出这些轴线的延长线；

b. 找出关节轴 i 和 $i+1$ 之间的公垂线或关节轴 i 和 $i+1$ 的交点，以关节轴 i 和 $i+1$ 的交点或者公垂线与关节轴之间的交点作为连杆坐标系 $\{i\}$ 的原点；

c. 规定 z_i 轴沿关节轴 i 的指向。

② 确定 x_i 轴。x_i 轴由沿着 z_{i+1} 轴和 z_i 轴之间的公共法线所定义，方向从 z_{i-1} 轴指向 z_i 轴。一般来说，z 轴可以是条斜线，然后总有一条直线与其他任何两条斜线相互垂直，我们称之为公共法线。公共法线长度是两条斜线之间最短的距离。

a. 当两个 z 轴平行时，它们之间有无数个公共法线。在这种情况下，我们选择与前面关节的公共法线共线的直线作为公共法线。

b. 当两个 z 轴相交时，它们之间是没有公共法线的，这种情况下，z_{i-1} 和 z_i 两轴线所成平面的法向量即为 x_i 轴。

c. 对于两个 z 轴共线的情况，关节排列要么是 P∥R，要么是 R∥P，其中符号 ∥ 代表两个关节相互平行。因此，在机器人的平衡位置，我们可以建立一个使关节变量等于零（$\theta_i=0$）的 x_i 轴。

③ 确定 y_i 轴。用右手定则确定 y_i 轴，$y_i=z_i×x_i$。一般来说，我们可以将参考坐标系分配至每根连杆上，以便 3 个坐标轴 x_i、y_i、z_i 中的一个坐标轴与远端关节轴对齐。

通过应用标准 D-H 参数法，坐标系 B_i（o_i，x_i，y_i，z_i）中附加到连杆（i）的坐标原点 o_i 可以放置在 z_{i-1} 轴与 z_i 轴之间公共法线与关节 $i+1$ 的交叉点上。

标准 D-H 坐标系可由 a_i、α_i、θ_i、d_i 这 4 个参数来识别。

a. 连杆长度 a_i 是指沿着 x_i 轴的 z_{i-1} 轴和 z_i 轴之间的距离，以使 z_{i-1} 轴和 z_i 轴重合。

b. 连杆扭（旋）转角 α_i 是 z_{i-1} 轴绕着 x_i 轴所转动的角度，以使 z_{i-1} 轴平行于 z_i 轴。

c. 关节距离 d_i 是指沿着 z_{i-1} 轴的 x_{i-1} 轴和 x_i 轴之间的距离，关节距离也称为连杆偏置值。

d. 关节角 θ_i 是 x_{i-1} 轴绕着 z_{i-1} 轴所转动的角度，以使 x_{i-1} 轴平行于 x_i 轴。

对图 2-20 所示的连杆进行 D-H 坐标参数标注，如图 2-21 所示。参数 θ_i 和 d_i 被称为关节参

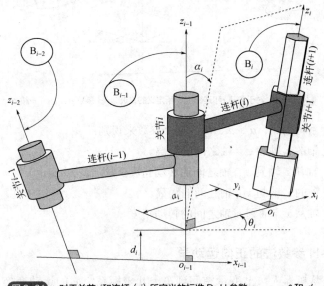

图 2-21　对于关节 i 和连杆（i）所定义的标准 D-H 参数 a_i、α_i、θ_i 和 d_i

数，因为它们确定了由关节 i 所连接的两相邻连杆的相对位置。在机器人设计中，每个关节都是旋转或者平移的。因此，对于每个关节，参数 θ_i 或 d_i 是可变的，其他参数是固定的。若关节 i 处为旋转关节，则参数 d_i 的值是不变的，而参数 θ_i 是唯一的关节变量；若关节 i 处为平移关节，则参数 θ_i 的值是不变的，而参数 d_i 是唯一的关节变量。可变的参数 θ_i 和 d_i 被称为关节变量。关节参数 θ_i 和 d_i 定义螺旋运动，因为参数 θ_i 是绕着 z_{i-1} 轴的一个旋转角，参数 d_i 是沿着 z_{i-1} 轴的一个平动位移。

参数 a_i 和 α_i 被称为连杆参数，因为它们定义了连杆（i）两个末端处的关节 i 和关节 $i+1$ 的相对位置。连杆参数 a_i 和 α_i 定义螺旋运动，因为参数 α_i 是绕着 x_i 轴的一个旋转角，参数 a_i 是沿着 x_i 轴的一个平动位移。

在标准 D-H 参数法中，坐标系 B_i 置于连杆 i 的后端或远端，因此又称之为后置坐标系下的 D-H 参数法。1986 年，Khalil 和 Kleinfinger 提出一种改进的 D-H 参数法，其中每个连杆坐标系被固定在该连杆的前端或近端，因此又称之为前置坐标系下的 D-H 参数法。此变化使得参数符号在某些方面显得更加清晰和简洁，因此，前置坐标系下的 D-H 参数法也更为常用。

如图 2-22 所示，连杆坐标系 B_i 设置在平行关节 i 处，而不是在末梢关节 $i+1$ 处。z_i 轴是沿着关节 i 的轴线，x_i 轴是 z_i 轴和 z_{i+1} 轴的公法线，方向从 z_i 轴到 z_{i+1} 轴。y_i 轴是坐标系 B_i 右手法则所确定的方向。

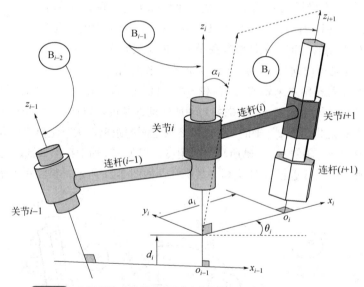

图 2-22 对于关节 i 和连杆（i）所定义的改进 D-H 参数 a_i、α_i、θ_i 和 d_i

改进 D-H 坐标系可由 a_i、α_i、d_i、θ_i 这 4 个参数来识别：

a. a_i 是沿着 x_i 轴的 z_i 轴和 z_{i+1} 轴之间的距离。

b. α_i 是绕着 x_i 轴从 z_i 轴到 z_{i+1} 轴之间的转动角度。

c. d_i 是沿着 z_i 轴的 x_i 轴与 x_{i+1} 轴之间的距离。

d. θ_i 是绕着 z_i 轴从 x_{i-1} 轴到 x_i 轴之间的转动角度。

（2）基于 D-H 参数法的正向运动学

正向运动学是从机器人关节变量空间到笛卡儿坐标系空间的运动变换。对于一组给定的关节变量，求取末端执行器的位置和方向是正向运动学的主要问题。这个问题可以通过求取用于描述基体连杆坐标系中连杆（i）运动信息的变换矩阵 ^0T_i 而得到解决。列写正向运动学方程的传统方法是通过 D-H 标记和坐标系处理连杆而获得。因此，正向运动学是基本的变换运算。

对于一个 6 自由度的机器人来说，有 6 个 D-H 变换矩阵，每根连杆对应一个 D-H 变换矩阵，这就要求将最终的坐标系必须变换到基体坐标系之中。附于最后坐标系的最终坐标系通常设置在手爪的中心处，如图 2-23 所示。对于给定的一组关节变量，可以唯一地确定变换矩阵 ^{i-1}T。因此，末端执行器的位置和方向也是关节变量的唯一函数。

运动学信息包括位置、速度、加速度和突变。然而，正向运动学通常指的是位置分析，因此正向运动学等效于确定一个综合变换矩阵 ^0T_n。

$$^0T_n = {}^0T_1(q_1){}^1T_2(q_2){}^2T_3(q_3){}^3T_4(q_4)\ldots{}^{n-1}T_n(q_n) \tag{2-1}$$

当坐标在最终坐标系中给定时，通过综合变换矩阵 ^0T_n 可以求得点 P 在基体坐标系中的坐标。

$$^0r_P = {}^0T_n{}^nr_P \tag{2-2}$$

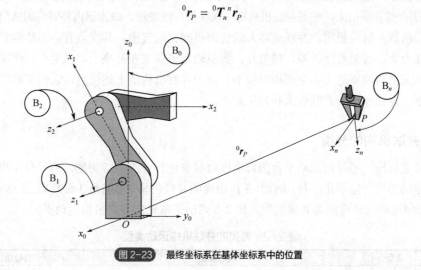

图 2-23   最终坐标系在基体坐标系中的位置

（3）基于 D-H 参数法的逆向运动学

已知末端执行器相对于基体坐标系的位置和姿态，计算满足要求的机器人关节变量，称之为逆向运动学。假设已知 6 自由度机器人末端执行器的变换矩阵 $^0T_6$ 在基体坐标系 B_0 中的定位。通过 D-H 参数和正向运动学，有

$$^0T_6 = {}^0T_1{}^1T_2{}^2T_3{}^3T_4{}^4T_5{}^5T_6 = \begin{pmatrix} r_{11} & r_{12} & r_{13} & r_{14} \\ r_{21} & r_{22} & r_{23} & r_{24} \\ r_{31} & r_{32} & r_{33} & r_{34} \\ 0 & 0 & 0 & 1 \end{pmatrix} \tag{2-3}$$

$^0T_6$ 中的元素 r_{ij} 是关于 q_1、q_2、q_3、q_4、q_5、q_6 的表达式。式中，由 $^0T_6$ 的旋转矩阵分量生成的 9 个方程中，只有 3 个是独立的。将这 3 个方程与由 T 的位置矢量分量生成的 3 个方程联立，6 个方程中含有 6 个未知量。这些方程为非线性超越方程，同任何非线性方程组一样，必须考虑其多解以及求解方法，因此机器人逆向运动学求解难度较大。

2.4 并联/混联机构

2.4.1 并联机构

并联机构是一种多闭环机构，它由动平台、定平台和连接两平台的多个支链组成。并联机构的概念设计可以追溯到 20 世纪 30 年代，Gwinnett 提出了一种基于球面的并联机构；在十年后，Pollard 提出了一种用于工业汽车喷涂的并联机构，上述两种并联机构因为当时技术水平限制，并未实际制造出来。1947 年，英国伯明翰 Dunlop Rubber 公司的汽车工程师 Gough 发表文章提出了一种 6 自由度的并联机构——通用轮胎测试机，在学术界引起了极大反响，该机构可以控制动平台的位置和姿态，从而测量轮胎的磨损、撕裂以及其他多项性能指标。1978 年，著名的澳大利亚机构学家 Hunt 教授用螺旋理论对并联机构的空间自由度进行了分析，并对其结构特性、机构性能进行了总体的研究分析，提出了许多新的结构方案。此后，并联机构被广泛应用于机器人领域。但是随后并联机器人发展进入了瓶颈期，直到 20 世纪 90 年代初期，美国、德国、日本、中国等国家均自主研发了基于 Stewart 平台的并联机床，使得并联机构再一次获得广泛关注，成为国内外研究的热门课题。

与串联机器人机构相比，并联机器人的优缺点都比较突出。其优点有：①结构紧凑，刚度高，承载能力大；②无累计误差，精度高；③驱动器可安装在基座上，惯量小，速度快，运动性能佳。其突出的缺点是工作空间相对较小。由于并联机构的上述优点，它们可被广泛应用于飞行模拟器、微细操作、并联机床和轻工业中。

（1）并联机构的分类

对于并联机构，通常按照动平台的自由度数目来进行分类。特别地，动平台在相同自由度数目下的运动类型可能不止一种。例如，3 自由度的并联机构，可能是 3 维移动、3 维球面转动、3 自由度平面运动，也可能是其他类型。表 2-2 列出了常见的并联机构运动类型。

表 2-2 常见的并联机构运动类型

自由度数	类型	运动类型	典型机构实例
1	1R	1 维转动	—
	1T	1 维移动	Sarrus 机构
2	2R	2 维球面转动，且 2 个转动自由度轴线相交	PantoScope 机构
		2 维球面转动，且 2 个转动自由度轴线相交	Omni-Wrist Ⅲ
	2T	2 维移动	Part2 机构
	1R1T	2 维圆柱运动（转轴与移动方向平行）	—
		1 维转动+1 维移动，且转轴与移动方向垂直	—
3	3R	3 维球面转动	球面 3-RRR 机构
	3T	空间 3 维移动	Delta 机构
	2R1T	2 维转动+1 维移动，移动方向与转轴所在平面垂直	3-RPS 机构
	2T1R	平面 2 维移动+1 维转动，且转轴与移动平面垂直	平面 3-RRR 机构
4	3R1T	3 维球面转动+1 维移动	4-RRS 机构
	3T1R	3 维移动+1 维转动	H4 机器人
5	3R2T	空间 3 维球面转动+2 维移动	5-RRRRR 机构
	3T2R	空间 3 维移动+2 维球面转动	5-RPUR 机构
6	3R3T	3 维转动+3 维移动	Stewart 平台

常见的并联机构通常满足以下4个条件：①可以实现连续运动；②分支运动链结构相同；③所有分支对称布置在定平台上；④各分支中驱动器数目相同且安装位置相同。全部满足上述4个条件的是全对称并联机构；同时满足条件①、②、③的并联机构是对称并联机构；同时满足①、②、④的并联机构是输入对称并联机构；同时满足前两个条件的并联机构为分支对称机构；只满足第一个条件的并联机构为非对称并联机构。

（2）典型并联机构

① Stewart 平台。Stewart 并联机构如图2-24所示，其由上部的动平台，下部的静平台和连接动、静平台的6个完全相同的支链组成。每个支链均由一个移动副驱动，每个支链分别通过两个球面副与上、下两个平台相连。动平台的位置和姿态由6个直线油缸或电机的行程长度所决定，具有运动无奇异、定位精度高、刚度大、负载大的优点，但运动学模型有极强的非线性，工作空间小。这种 Stewart 机构的运动学反解特别简单，但运动学正解十分复杂，有时还不具备封闭的形式。如图2-25所示，Stewart 机构应用非常广泛，如可作为飞行模拟器以及精密定位平台等。

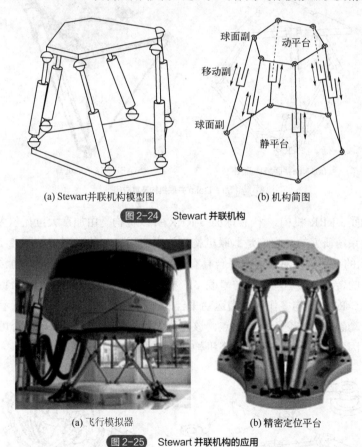

(a) Stewart并联机构模型图　　　　　(b) 机构简图

图2-24　Stewart 并联机构

(a) 飞行模拟器　　　　　(b) 精密定位平台

图2-25　Stewart 并联机构的应用

② Delta 机构。Delta 并联机构由上部的静平台与下部的动平台及3条完全相同的支链组成，如图2-26（a）所示。每条支链都由一个定长杆和一个平行四边形机构组成，定长杆与上面的静平台用旋转副连接，平行四边形机构与动平台及定长杆均以旋转副连接，这三处旋转副轴线相互平行。不同于 Stewart 并联机构，Delta 并联机构的驱动电机安装在静平台上，因而3

条支链具有非常小的质量，使得 Delta 并联机构运动部分的转动惯量很小，满足高速和高精度作业的要求，广泛应用于轻工业生产线。

传统的 Delta 机构只有 3 个平动自由度。由于一些应用场合需要机器人具有转动自由度，即调整姿态的能力，因此具有 4 个或更多自由度的 Delta 并联机构被逐步开发出来。例如，ABB 公司设计了一款高速拾取机器人 IRB 360 FlexPicker，该机器人是在传统 3 自由度 Delta 并联机构的基础上，在动平台底部增加了 1 个自由度的旋转运动，该自由度相对于其他 3 个并联支链是独立的。严格意义上说，这是一个串、并联混合机器人。IRB 360 系列有多个型号，其中紧凑型 IRB 360-1/800 的工作直径为 800mm，有效负载 1kg，占地面积小，能够轻松集成到紧凑包装设备中。图 2-26（b）所示为 IRB 360-8/1130，该机器人有效扩展了 IRB 360 系列机器人的适用范围，其工作直径升级至 1130mm，最高负载升级至 8kg。经过对拾料和包装流程的优化，该机器人可在每分钟内完成 100 个标准取放动作循环，重复定位精度可达±0.02mm，具有卓越的运动性能。

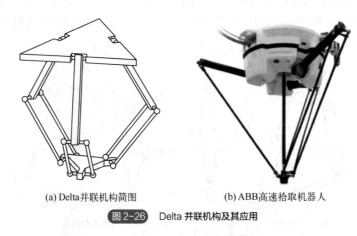

(a) Delta并联机构简图   (b) ABB高速拾取机器人

图 2-26　Delta 并联机构及其应用

③ 平面/球面 3-RRR 机构。平面/球面 3-RRR 并联机构是由加拿大拉瓦尔大学的 Cosselin 教授提出并开始系统研究的，它们是并联机构家族中应用较广的类型。如图 2-27（a）所示，平面 3-RRR 机构的动平台相对于固定平台具有 3 个平面自由度：2 个平面内的移动和 1 个绕垂直于该平面轴线的转动。其运动类型与串联 3R 机器人完全一致。由于其平面特征以及便于一体化加工，平面 3-RRR 机构多作为精密运动平台的机构本体。图 2-27（b）所示为球面 3-RRR 机构，其所有转动副的轴线交于空间一点，该点称为机构的转动中心，动平台可实现绕转动中心的 3 个转动，因此，该机构也称为调姿机构或指向机构。

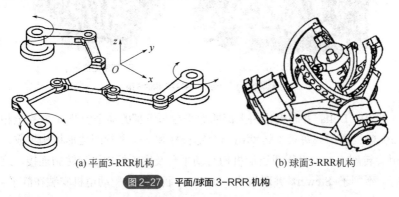

(a) 平面3-RRR机构   (b) 球面3-RRR机构

图 2-27　平面/球面 3-RRR 机构

2.4.2　混联机构

目前，混联机构的构型方式主要有两类：①并联机构与串联机构串联而成，其中，并联机构为混联机器人的本体，串联机构连接末端执行器；②并联机构与并联机构串联而成。

混联机构包含了串联与并联机器人机构的特点，继承了并联机构刚度大、承载能力强、速度快、精度高等特点的同时，兼具串联机构运动空间大、控制简单、操作灵活等优点，多用于高运动精度的场合。因此，近年来混联机构越来越多地进入了研究者的视线，成为机构学和机器人领域的研究热点之一。

混联机器人中最典型的范例当属瑞典 Neumann 博士发明的 Tricept 混联机械手，如图 2-28 所示。该机械手为一种带有从动支链的 3 自由度并联机构与安装在其动平台上的 2 自由度转头串联而成的 5 自由度混联机械手。由于具有刚度高，静、动态特性好，特别是可重构性强等优点，Tricept 混联机械手已在航空航天和汽车工业中得到广泛应用，成为混联机构在并联机床（PKM）工程应用中的典型成功范例。目前，波音、空客、大众、宝马等国际著名制造商均利用 Tricept 混联机械手实现大型铝合金构件和大型模具的高速加工、车身激光焊接、发动机部件装配等。

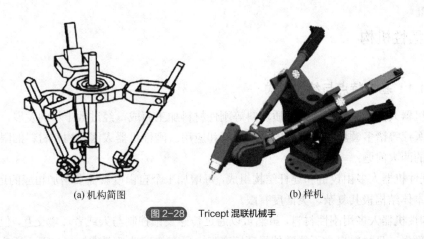

(a) 机构简图　　　　　　　　　(b) 样机

图 2-28　Tricept 混联机械手

日本 FANUC 公司生产的 M-3iA/6A 高速混联机器人如图 2-29 所示，其在 3 自由度 Delta 机构末端串联了一个 3 自由度摆动头，形成一种拥有 6 自由度的新型混联机构。该机构形式有效提高了机器人的灵活性和应用范围，目前主要应用于食品、药品的分拣以及电子产品的装配等领域。

清华大学刘辛军教授团队发明了新型五轴并联机构，并采用"全移动平台+高刚度机械臂+五轴并联加工部件"构型，研制了一套移动式混联加工机器人，如图 2-30 所示。该机器人具备了大范围定位和局部精细加工能力，已在航天制造企业中应用于多种型号产品生产，解决了航天器舱体、卫星结构件等大型构件的高效、高精加工难题，为我国大型航天器结构件的加工制造提供了自主可控的技术装备。

图 2-29　M-3iA/6A 高速混联机器人

图 2-30　移动式混联加工机器人

2.5　新型机构

近年来，随着机器人技术不断发展，出现了许多新型的机器人机构，如柔性机构、软体机构、微操作机器人等。这些新型机器人机构在不同领域中具有广泛的应用前景，可以满足更多复杂任务的需求，并推动机器人技术的进一步发展。下面将简单介绍三类应用较为广泛的新型机构。

2.5.1　柔性机构

2.5.1.1　基本特点与结构形式

传统机器人基本采用钢铁、硬质塑料等刚性材料加工而成，经过数十年的发展，目前已经在工业、医疗等诸多领域有了广泛的技术积累和应用。刚性机器人因结构和材料的限制，存在很难克服的两大问题：

① 刚性机器人多由铰链和连杆结构组成，每增加 1 个自由度就需要增加相应的运动副，导致机器人本体结构极其复杂，灵活度有限。

② 刚性机器人多用刚性材料，虽然可以通过传感反馈控制与人或者环境交互，但仍具有很大的安全隐患，且材料自身不能随外界环境变形，所有的运动都要靠结构实现，适应性较差。

这些缺点使得刚性机器人在一些特殊的应用领域（如复杂易碎物体抓持、人机交互和有限空间作业等）面临极大的挑战。

对柔性单元及具有柔性单元的机构进行理论研究发端于 20 世纪，柔性机构的主要表现形式是柔性铰链。1965 年，Paros 等提出了圆弧缺口型柔性铰链的结构形式，并给出了其弹性变形表达式。20 世纪 80 年代，美国普渡大学的 Midha 等才真正开始对具有柔性单元的机构进行系统性研究，并赋予了该机构一个专门术语——柔性机构。

柔性机构泛指一种利用构件局部或整体的弹性变形所产生的运动，传递某种特定力或运动，最终完成既定功能的机构。与刚性机构相比，柔性机构具有如下优点：

① 可以整体化或一体化设计和加工，故易于轻量化、微（小）型化，免于装配，降低成本，提高可靠性。研究表明：装配成本占整个劳动力成本的 40%，占整个制造成本的 50%。因此，设计者总是尽力减少装配成本，提高产品质量。为减少装配部件份额，一种方法是基于装配设计（design for assembly，DFA），以增大部件的集成度为设计原则；另一种方法是免装配设计，

其特点是满足小运动条件下，将具有相对运动的部件设计成一体化的机械装置，机构中无明显的装配痕迹。采用免装配设计方法进行产品设计，其优点是显然的。以订书机的设计为例，一种方法是采用 DFA，结果是减少了部件数的同时却增加了制造加工的复杂度和成本；而采用免装配设计，利用注模工艺设计成整体式全柔性结构，加工和装配成本都大大减少。尽管免装配设计不是万能的，但在某些应用上确实是个节省成本的好方法。

微机电系统（micro-electro-mechanical system，MEMS）技术为柔性机构微型化提供了一种有效的技术手段，也为微型柔性机构提供了更加广泛的应用前景，如微纳尺度的驱动器、传感器，甚至功能系统等。

② 无间隙和摩擦，可实现高精度运动。间隙和摩擦是影响机构精度的两个主要因素。由传统铰链构成的机构都不可避免地存在着间隙和摩擦。摩擦消耗能量，产生机械迟滞，低速情况下甚至会因为"黏滑现象"而造成运动的中断，从而降低了机构的运动分辨率。而间隙对机构精度的影响就更大些。在以轴承作为支撑的传统机构中，为提高精度，通常采用对轴承进行偏载或者预载的方法消除间隙，但结果却增大了摩擦。消除一方总是以牺牲另一方为代价。而不合适的机械结构对精度的影响基本上是无法消除的，如间隙和摩擦就很难通过传感器和控制器克服掉。由于精巧的柔性设计可以避免间隙和摩擦，因此其很适合精密机械的设计。

③ 免于磨损，减少噪声，提高寿命。在以轴承作为支撑的传统机构中，轴与轴承的磨损是不可避免的。磨损后，接触部位发生几何变形，从而改变了二者之间的接触方式，使机械间隙增大，导致轴承的精度降低；同时，也会极大地降低轴与轴承的寿命。柔性铰链中没有摩擦，从而消除了发生磨损的主要根源，而此时限制其寿命的唯一因素是材料的疲劳。如果设计时保证柔性铰链处所受的最大应力低于材料的疲劳极限，就可极大地提高机构的使用寿命。

④ 免于润滑，避免污染。由轴承作为支撑的传统机构中，为减少磨损，在轴承处加润滑剂是必要的。这些润滑剂在一定程度上会污染环境，同样外界的灰尘等也会对机构正常运转产生不良的影响。而柔性铰链（机构）可避免上述情况的发生。

⑤ 改变结构刚度，增强环境适应性。机构的整体结构刚度越大，其高精度的性能越容易得到保证。对于由滚动轴承作为支撑的机构，其刚性往往受到小半径滚子的限制。在柔性机构中，柔性铰链可设计得比滚动轴承更有刚性。此外，相对刚性机构，柔性机构更容易实现变刚度设计，从而提高对不同工作及作业环境的适应性。

⑥ 便于能量储存和转化，可提高驱动及传动效率。

⑦ 利用柔性可以抵抗冲击和恶劣环境，避免设备损坏。

然而，柔性机构也存在一些问题：

① 其运动由变形产生，运动范围往往受到限制，如目前还没有可以整周旋转的柔性轴承。

② 柔性的引入对系统整体结构刚度带来影响，往往伴随寄生运动，通常无法承受大载荷。

③ 大多数柔性系统都要考虑强度与疲劳寿命的问题。

④ 长时间经受应力或高温的柔性结构可能会出现应力松弛或蠕变现象。

2.5.1.2　基本概念

（1）柔性单元

柔性单元又称变形单元或柔性元件，是柔性机构的变形源。梁是最基本的柔性单元。以梁为基础，衍生出的柔性单元包括缺口型柔性单元、簧片型柔性单元、细长杆型柔性单元等，如图 2-31 所示。

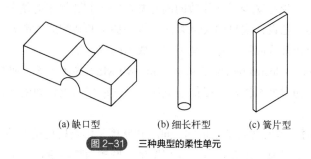

(a) 缺口型　　　(b) 细长杆型　　　(c) 簧片型

图 2-31　三种典型的柔性单元

缺口型柔性单元是一种具有集中柔度的柔性元件，它在缺口处产生集中变形；而簧片型和细长杆型在受力情况下，每个部分都产生变形，它们是具有分布柔度的柔性元件。缺口型柔性单元在缺口处易产生应力集中，局部应力最先达到材料的弹性极限，使得材料的性能不能充分发挥。细长杆和簧片（又称板簧），尽管在其功能方向上具有相当高的柔度，在拉伸和压缩时却存在较高的刚度。这些元件的抗弯刚度与抗拉刚度可能会相差几个数量级。簧片型和细长杆型结构与缺口型结构比较，有以下特点：无严重的应力集中现象；元件的每部分都参与变形，材料的性能得到充分发挥；变形机理复杂，理论推导比较困难。

（2）柔性铰链

柔性铰链是柔性机构中最常见的组成元素。一般来讲，柔性铰链是指在外部力或力矩的作用下，利用材料的变形在相邻杆件之间产生相对运动的一种运动副结构形式，这与传统刚性运动副的结构有很大不同，如图 2-32 所示。此外，具有大变形特征的柔性杆或板簧也通常作为柔性机构（或柔性铰链）中的基本柔性单元，但性能上与柔性铰链有很大不同，应区别开来。

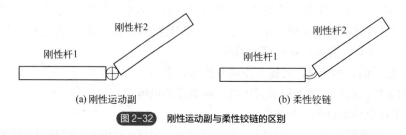

(a) 刚性运动副　　　　　　　(b) 柔性铰链

图 2-32　刚性运动副与柔性铰链的区别

由基本柔性单元可以组合成种类各异的柔性铰链，以实现与之相对应的刚性运动副的运动功能。但是，无论簧片型柔性铰链还是缺口型柔性铰链都存在着较为明显的缺点，如前者轴漂大，后者转角小等。如果将这些基本的柔性单元组合，可以得到性能更佳的柔性运动副构型。例如，由若干簧片的组合可以衍生出多种形式的柔性转动副，如交叉簧片型结构和多簧片型结构等。下面对常用柔性铰链进行介绍。

① 柔性转动副。柔性转动副是指通过材料变形并按照特定的几何方式构建，使与之相连接的两构件发生相对转动的一种结构形式。功能上，用以仿效传统形式的转动副，如图 2-33 所示。柔性转动副是一种最基本的柔性铰链，通过它可以组合成柔性移动副、柔性虎克铰以及柔性球铰等。

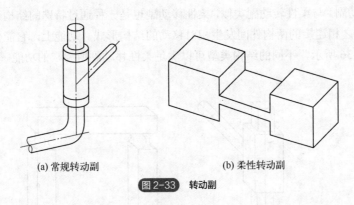

(a) 常规转动副　　　　　(b) 柔性转动副

图 2-33　转动副

柔性转动副中只存在一个功能方向的轴线转动，这个轴线通常称为敏感轴。以缺口型柔性转动副为例，除了敏感轴之外，还存在一个沿铰链切口轮廓变化方向的纵向轴和与敏感轴及纵向轴相垂直的横向轴，如图 2-34 所示。

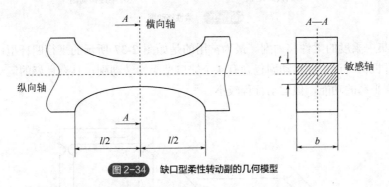

图 2-34　缺口型柔性转动副的几何模型

缺口型柔性转动副的主要特征是：结构简单、加工方便，但运动范围较小，转动角度一般不超过 5°。为了实现更大的转角，通常的做法是：将簧片作为基本柔性单元进行有机组合，形成簧片型柔性转动副。

典型的簧片型柔性转动副是交叉簧片型柔性铰链，如图 2-35（a）所示。交叉簧片型柔性铰链由两个相同的簧片叠合而成，柔性大，转动幅度最大可超过 ±20°。但由于组合装配式结构，因此其不可避免地存在装配误差，且转动轴漂较大。

若将分立的两个簧片有机地整合到一起，可以设计成更为紧凑的一体化对称性结构，如图 2-35（b）所示。该种典型结构称为车轮形柔性铰链，可以有效地消除装配误差，轴漂也很小。

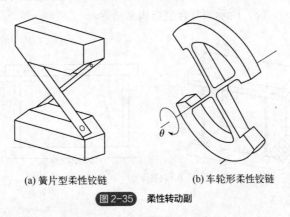

(a) 簧片型柔性铰链　　　　(b) 车轮形柔性铰链

图 2-35　柔性转动副

② 柔性移动副。与柔性转动副类似，柔性移动副也是一种通过特殊的结构设计及基本柔性单元组合，使与之相连接的两构件间发生相对移动的结构形式。功能上，它能仿效常规形式的移动副，如图 2-36 所示，不同的结构类型可以满足柔性移动副所要求的功能。

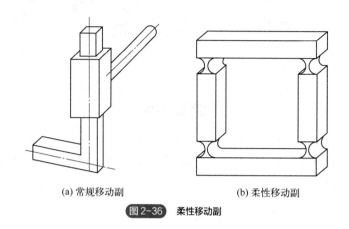

(a) 常规移动副　　　　　(b) 柔性移动副

图 2-36　柔性移动副

　　a．具有集中柔度的柔性移动副。最为常用的是如图 2-37 所示的平行四杆型，其结构源于刚性平行四杆机构。该柔性移动副包含有 4 个缺口型柔性转动副，具有良好的运动性能与导向精度，可实现平动的功能，但运动行程较小。

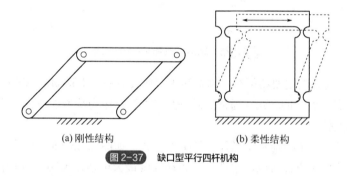

(a) 刚性结构　　　　　(b) 柔性结构

图 2-37　缺口型平行四杆机构

　　b．具有分布柔度的柔性移动副。为扩大柔性移动副的运动范围，可将多个簧片组合成柔性移动副来代替图 2-37 所示的缺口型柔性移动副。如图 2-38（a）所示为平行双簧片型柔性移动副构型，其中两个支链是簧片，运动行程较大。但该柔性铰链在竖直方向存在着明显的寄生误差，可采用图 2-38（b）、（c）所示的复合型结构来消除。

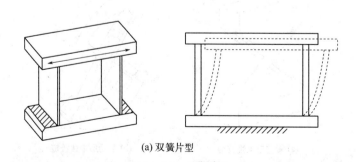

(a) 双簧片型

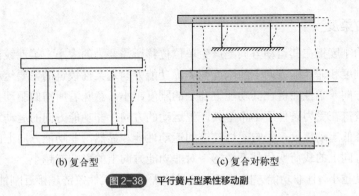

(b) 复合型　　　　　　　　　(c) 复合对称型

图 2-38　平行簧片型柔性移动副

③ 柔性球铰。柔性球铰也是一种常见运动副结构，它可以在小运动范围内实现传统球铰的功能，如图 2-39 所示。

图 2-40 所示的缺口型柔性球铰中存在 3 个功能轴线方向的运动，分别称为瞬时敏感轴、瞬时横向轴和纵向轴。柔性球铰的切口截面为圆形，理想柔性球铰的切口为两个圆锥相对组合而成，三轴的转动中心为圆锥顶点。实际上受加工条件及其他条件的限制，不能将球铰的细颈处加工得很细，否则必然导致误差存在。

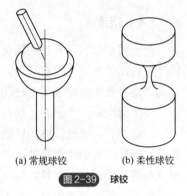

(a) 常规球铰　　　　(b) 柔性球铰

图 2-39　球铰

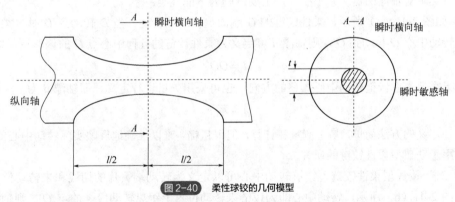

图 2-40　柔性球铰的几何模型

2.5.1.3　柔性铰链的性能评价

(1) 行程

柔性铰链的行程指在线弹性变形范围内沿其功能方向上的最大转动或移动范围，也就是在能恢复到原始位置的前提下，柔性铰链所能达到的最大运动范围。柔性铰链的行程与其材料、尺寸以及拓扑结构相关。

(2) 强度与应力

在柔性机构中，强度特性很重要，因为它反映的是承受负载（或抵抗柔性元素失效）能力的大小，这使得任何柔性元件都有变形的极限（一般以到达屈服强度极限为标志）。另外，疲劳断裂也是许多柔性铰链发生破坏的主要原因。

（3）刚度/柔度

柔性铰链的刚度指在其运动方向上产生单位位移所需要力的大小。柔性铰链的刚度可分为功能方向上的刚度和非功能方向上的刚度两类。功能方向是柔性铰链的主要运动方向，是其发挥使用功能的方向。柔性铰链在其功能方向上的刚度越小，意味着所需的驱动力越小。非功能方向是指柔性铰链在受力条件下不希望其产生运动的方向。非功能方向的运动对柔性铰链来说是消极的，会降低运动精度，影响柔性铰链的运动性能。显然，非功能方向上的刚度越大，柔性铰链对各个方向上的载荷变化越不敏感，对非功能方向上的影响就越小。一个柔性铰链在功能方向上的刚度越小，且非功能方向上的刚度足够大，则该柔性铰链越接近刚性的理想转动副。

（4）精度

对于转动而言，理想的铰链应绕着某个固定的中心以固定的半径做旋转运动。由于柔性铰链产生运动的机理为材料变形，而变形的区域是分散的，所以其在转动时不可避免地伴有寄生运动。这种寄生运动表现为转动中心或转动半径随铰链转动角度改变而改变。对于柔性铰链来说，寄生运动是一个固有的缺点，只能想办法减小，而无法完全消除。

一般而言，柔性铰链的转动误差，即寄生运动的大小，可以用转动轴线的漂移（轴漂）来衡量。柔性铰链的轴漂反映了柔性铰链在转动精度上和理想转动铰链之间的差别。轴漂的大小不仅和其拓扑形状、材料特性有关，而且也受到载荷形式的影响。

现有文献对轴漂的定义并不统一，主要可归为下面几类：

① 如图 2-41（a）所示，柔性铰链的 G 端固定，D 端转动。当 D 转动到 D' 时，柔性铰链的实际转动中心 O 移动到 O'，则轴漂 d 可定义为柔性铰链的几何中心点 O 的偏移量，即

$$d = OO' \tag{2-4}$$

如果需要考虑铰链转动中心漂移的方向，也可采用矢量进行定义，即轴漂 $\boldsymbol{d}$ 为

$$\boldsymbol{d} = \overrightarrow{OO'} \tag{2-5}$$

这种定义的方法简单，易于测量和计算，但很粗糙，难以准确地反映实际转动中心的变化，现主要用于缺口型柔性铰链的研究。

② 对于簧片型柔性铰链，铰链转动中心可以定义为转动端簧片的切线和未转动位置的交点。如图 2-41（b）所示，转动中心即为铰链未转动位置上距离转动段 s 的点 O'，则轴漂可以定义为铰链转动中心点的移动距离，其定义公式与式（2-4）和式（2-5）相同。这种轴漂定义方法仅考虑了簧片末端的方向，而未考虑其转动半径的变化，现主要用于单个簧片（或悬臂梁）构成的柔性铰链中。

③ 将柔性铰链转动中心用一个理想铰链代替，如图 2-41（c）所示。则可将理想转动的转动端和实际转动端之间的偏差 d 定义为柔性铰链的轴漂。这种度量方法由 Howell 等提出，它固定了转动中心，仅考虑转动半径的变化，较为准确、可信。

④ 与定义①相似，转动中心点 O 仍选在未变形铰链的实际转动中心处，但点 O 相对于转动端固定，而非附着于柔性部件上，如图 2-41（d）所示。随着柔性铰链转动，它移动到点 O' 处，则可定义轴漂为中心点 O 的偏移量，定义与式（2-4）和式（2-5）相同。与定义③相比，定义④固定了转动半径，只考虑转动中心的变化，与定义③的效果大致相同，主要用于大变形复合型柔性铰链的分析中。

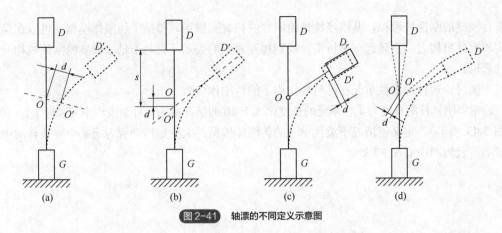

图 2-41　轴漂的不同定义示意图

⑤ 鉴于上面 4 种定义均无法完全反映刚体转动的本质特征，提出一种基于瞬心（instantaneous center of rotation，ICR）的定义：柔性铰链转动时，转动端在每一时刻都可以唯一确定其在无穷小移动范围内的转动中心，该 ICR 对应于不同转动角度所形成的轨迹即为柔性铰链的轴漂曲线，其上任意一点与初始中心位置的距离即为对应转动角度时铰链的轴漂。

上述 5 种定义中，定义①和②忽略了柔性铰链转动中转动半径的变化，因此可在小变形情况下使用，但随着变形增大，误差也会增大。定义③固定了转动中心，仅考虑转动半径的变化，而定义④固定了转动半径，仅考虑转动中心位置的变化，它们都比较简单、准确，可用于大变形柔性铰链。定义⑤反映了刚体转动的实质，最为准确，但计算复杂，且难以用实验验证。

2.5.1.4　柔性机构建模

柔性机构的建模方法有很多，如伪刚体模型法、有限元法、椭圆积分及数值算法、梁约束模型法等。这里仅对大变形柔性单元的伪刚体模型进行举例说明。

伪刚体模型概念是用具有等效力-变形关系的刚性机构来模拟柔性机构的变形，使刚性机构的理论可以用来分析柔性机构，同时将非线性、大变形问题转化为简单的线性问题。由于簧片的变形较大，往往难以满足小变形假设，而分析几何非线性条件下柔性单元的变形往往需要用到椭圆积分或数值积分，过程比较复杂。为此美国杨百翰大学的 Howell 等提出一种简化求解的 1R 伪刚体模型方法，可以预测大变形柔性单元的变形情况，该模型已成为柔性机构建模与综合最重要的方式之一。

如图 2-42 所示，将两根杆铰接并添加扭簧来模拟悬臂梁的变形，通过建立铰接点位置和弹簧刚度在不同载荷情况下的关系，以刚性杆的位移近似逼近柔性杆的变形。这样，柔性杆的运动特性

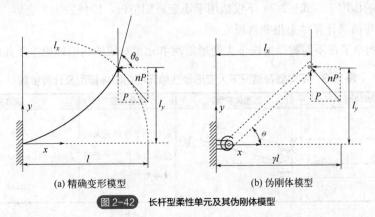

(a) 精确变形模型　　　　　　　(b) 伪刚体模型

图 2-42　长杆型柔性单元及其伪刚体模型

由带有铰链的刚性杆模拟，其刚度特性由附加的扭簧来描述，借助于伪刚体模型，可以在柔性机构和刚性机构之间搭建起一座桥梁，找到相互对应的关系，有利于借鉴成熟的刚性机构分析设计理论。

下面讨论短杆型柔性单元在纯弯矩作用下的伪刚体模型。

通常将刚体杆的长度与柔性单元的长度比大于10的情况称为短杆型柔性单元（即 $L/l > 10$，如图2-43所示）。定义该情况下柔性单元的伪刚体模型：大变形转动视为绕某个特征转动中心的转动，且转动中心在 $l/2$ 处。

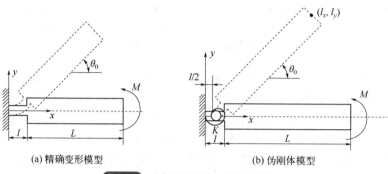

(a) 精确变形模型　　　　　　　　(b) 伪刚体模型

图2-43　短杆型柔性单元及其伪刚体模型

柔性杆的弯曲变形方程为

$$\theta_0 = \frac{Ml}{EI} \tag{2-6}$$

这时，可建立与柔性单元对应的伪刚体模型的相关参数表达式

$$\begin{cases} \Theta = \theta_0 \\ l_x = \dfrac{l}{2} + \left(L + \dfrac{l}{2}\right)\cos\Theta \\ l_y = \left(L + \dfrac{l}{2}\right)\sin\Theta \\ M = \dfrac{EI}{l}\theta_0 \\ K = \dfrac{EI}{l} \end{cases} \tag{2-7}$$

在纯弯矩的作用下，式（2-7）不仅适用于小变形的情况，即使发生大变形，利用伪刚体模型所得的结果与精确计算结果也非常相近。

表2-3中列举了在不同载荷情况下大变形柔性单元相对应的伪刚体模型及其计算参数。

表2-3　不同载荷情况下大变形柔性单元的伪刚体模型及计算参数

序号	基本模型	伪刚体模型	负载特征	基本关系式
1			短杆型柔性单元末端受常力矩作用（悬臂梁模型）	$\gamma = \dfrac{l}{2}$ $l_x = \dfrac{l}{2} + \left(L + \dfrac{l}{2}\right)\cos\Theta$ $l_y = \left(L + \dfrac{l}{2}\right)\sin\Theta$

序号	基本模型	伪刚体模型	负载特征	基本关系式
2			长杆型柔性单元末端受到竖直方向的常力作用（悬臂梁模型）	$\gamma = 0.85$ $l_x = l[1 - 0.85 \times (1 - \cos\Theta)]$ $l_y = 0.85l\sin\Theta$ $K = 2.25\dfrac{EI}{l}$
3			长杆型柔性单元末端受到常力作用（悬臂梁模型）	$l_x = l[1 - \gamma(1 - \cos\Theta)]$ $l_y = \gamma l\sin\Theta$ $K = \gamma K_\Theta \dfrac{EI}{l}$
4			长杆型柔性单元末端受到常力矩作用（悬臂梁模型）	$\gamma = 0.7346$ $l_x = l[1 - 0.7346 \times (1 - \cos\Theta)]$ $l_y = 0.7346l\sin\Theta$ $K = 1.5164\dfrac{EI}{l}$
5			长杆型柔性单元末端同时受常力和力矩作用（固定导向梁模型）	$l_x = l[1 - \gamma(1 - \cos\Theta)]$ $l_y = \gamma l\sin\Theta$ $K = 2\gamma K_\Theta \dfrac{EI}{l}$

  伪刚体模型的优点是简单、计算效率高，可以用于快速预测柔性机构的整体运动和力学行为，以及进行初步的设计和优化。然而，伪刚体模型也存在一些局限性，由于忽略了柔性变形，因此无法准确预测柔性机构的局部应力和变形分布，导致无法捕捉到柔性构件的模态耦合和振动特性。

2.5.2　软体机构

2.5.2.1　软体机器人简介

  随着 3D 打印技术和智能材料的发展，一种新型的机器人——软体机器人得以产生并迅速发展。麻省理工学院计算机与人工智能实验室主任 Daniela Rus 教授在其发表的综述文章中将软体机器人定义为："具有自主行为能力，主要模量由在软体生物材料范围内的材料组成的系统。"在本书中，软体机器人定义为核心部件（如结构、驱动和传感等）由软体材料制成的机器人。如

图2-44所示的Festo公司设计的仿人手臂Airic's arm,通过30个气动肌腱来控制人工骨骼结构,实现了对人类手臂结构的高度仿真。

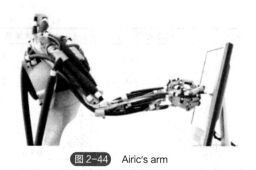

材料上的优势使得软体机器人具备了与生俱来的柔顺性与安全性,加上其自身可变形,具备无限多的自由度,弥补了刚性机器人在环境自适应性和操作安全性方面的不足。

软体机器人具有以下四个方面的特点:

① 软体机器人可以大幅度弯曲、扭转和伸缩,并且可以根据障碍物改变自身的运动形态,适用于在微创腹腔手术和灾难救援等有限空间下作业;

② 因采用类生物特性材料加工而成,在仿生结构和仿生运动等方面可以更好地模仿生物原型,揭示生物的运动机理;

③ 通过化学反应或者外界物理场的刺激可以改变自身的颜色,在伪装逃生和隐形侦察等方面具有极大的应用前景;

④ 可以根据周围的环境主动或被动地改变自身形状,并且材料具备很好的抗高温、抗冲击、耐酸碱等特性,在复杂易碎物体抓持和极端环境下作业等方面具有极大的优势。

软体机器人作为一项多学科交叉领域的研究方向,其研究不但有利于推动各类作业机器人新型样机的研发,还有利于揭示自然界生物在形态学、材料学、力学、运动学等方面的科学问题。来自各个不同研究领域的科研人员越来越多地开始对软体机器人展开探索,近年来有多篇软体机器人相关论文相继发表在 *Science* 和 *Nature* 上,软体机器人已然成为一个国际前沿的基础性研究热点。

2.5.2.2　软体机器人的材料

材料的软硬程度一般用弹性模量加以表征,金属、硬塑料等常用工程材料的弹性模量大多在 10^9Pa 以上,而橡胶、聚二甲基硅氧烷、聚酯类弹性体和有机生物体,如皮肤、肌肉组织等,其弹性模量大多在 $10^4 \sim 10^9$Pa。在工程语境下"软"和"硬"有时是个相对概念,很难明确定义,但通常以 10^9Pa 为界,将弹性模量在该量级以下的材料视为软体材料。

大多数软体机器人是由软体材料制作的,由于软体材料有比较大的拉伸率,因此软体机器人能够灵活运动,具有多个自由度。随着研究的深入,多种软体材料被应用到了软体结构的设计和制造中,包括弹性体、水凝胶、形状记忆聚合物、电活性聚合物和液态金属等,不同性能的软体材料在软体机器人的设计中发挥着不同的作用。

（1）弹性体

弹性体是一种弹性聚合物,具有机械柔性和高弹性应变极限。柔顺性通常与弹性模量（E）有关,弹性模量与将材料拉伸至规定量所需的拉应力成比例。在传统的工程应用中,应变通常较小,在应力和应变近似为线性关系的小变形区域,可以确定 E。然而,用于软体机器人的弹性体和其他软聚合物通常承受较大的应变。在这种情况下,它们的应力响应通常是非线性的。一般来说,需要额外的弹性系数来捕捉弹性体的应力-应变行为。尽管如此,在小应变时,整个非线性响应将收敛为线性化关系,因此弹性模量仍然是比较材料刚度的一个有用的量。一般来说，弹性体的模量在 0.1～10MPa。

如果一种材料在施加的拉伸载荷下被拉伸后能恢复到原来的长度，那么它就是弹性的。弹性体被认为是超弹性的，因为它们在很大的应变范围内表现出弹性响应，并且具有可以由应变能密度（W）导出的应力-应变关系。通常，W 用拉伸比 λ_i 来表示，其中 $i \in \{1,2,3\}$ 对应于与弹性变形的主方向相关联的正交方向。对于边缘沿主方向定向的体积单元，拉伸比定义为边缘的最终长度（l_i）除以初始长度（l_0）。同样地，（柯西）应力 σ_i 定义为沿相应主方向作用的内部压力（单位为 Pa）。对于不可压缩（即体积保持不变）的超弹性固体，$\lambda_1\lambda_2\lambda_3=1$，计算得到应力为：

$$\sigma_i = \lambda_i(\partial W / \partial \lambda_i) - p \tag{2-8}$$

式中，p 值称为静水压力，在第一次推导本构关系时通常是未知的。它可以根据 σ_i 或 λ_i 的边界条件以及不可压缩性约束来确定。

弹性应变能密度（W）可以由固体的 Helmholtz 自由能推导出来。对于大多数软弹性体来说，它是由聚合物链的熵决定的，并且可以用统计力学从第一性原理得到。这包括常用的 Neo-Hookean 本构模型：

$$W = C_1\{\lambda_1^2 + \lambda_2^2 + \lambda_3^2 - 3\} \tag{2-9}$$

式中，弹性系数 $C_1=E/6$。应变能函数的形式也可以通过实验测量得到。超弹性固体的一种唯象表示是 Ogden 模型。

在软体机器人技术中，有许多弹性体因其柔性、拉伸性和弹性回弹而广受欢迎。聚二甲基硅氧烷等聚硅氧烷因模量低、应变极限高、加载和卸载循环之间的迟滞相对较小而被广泛用于软体微流体和机器人领域。聚氨酯、聚丙烯酸酯、氢化苯乙烯-丁二烯嵌段共聚物和液晶弹性体也引起了人们的兴趣。在选择弹性体时，工程师通常会关注应变极限、模量和制造加工性等性能。但是，考虑蠕变、应力松弛和其他形式的非弹性变形等因素也很重要，这些非弹性变形可能会在连续加载和卸载过程中导致迟滞和能量损失。

（2）水凝胶

水凝胶是一种高含水量［通常为 80%～90%（质量分数）］的交联聚合物网络，能够通过氢键吸附和保留大量的水分子，并以可逆的方式释放水。与其他软体材料相比，由水分子和聚合物网络组成的混合结构赋予了水凝胶液固耦合的特性。自 20 世纪 60 年代首次提出亲水性凝胶的生物应用以来，由于其具有柔软性、可拉伸性、透明性、黏附性、刺激响应性、自愈性、生物相容性等优点，水凝胶取得了快速发展，目前已成为在软体机器人领域具有广阔应用前景的软体材料之一。

传统的水凝胶合成方法包括通过共价键和离子相互作用进行化学交联，以及通过缠结进行物理交联。化学交联的水凝胶通常表现出优异的力学性能，包括韧性、刚度和强度。另一方面，强而不可逆的共价键往往导致刺激响应缓慢，拉伸性有限，自愈性差。氢键等物理交联方法比化学键更容易断裂和重建，为自愈提供了一种有效的途径。物理交联水凝胶通常具有较低的力学性能，这给其在软体机器人领域的应用带来了挑战。

（3）形状记忆聚合物

能够被编程为任意形状并在特定外界刺激（如热和光）下恢复记忆形状的响应材料通常被

称为形状记忆材料。目前，形状记忆材料主要包括形状记忆聚合物（shape memory polymer，SMP）、形状记忆合金（shape memory alloy，SMA）、形状记忆陶瓷等几种类型。与后两种刚性形状记忆材料相比，SMP 不仅具有固有的柔软性和顺应性，还具有密度小（密度一般为 $1.0\sim1.3g/cm^3$）、价格低廉、变形量大、赋形容易、临时形状多样化、形状恢复温度可调、模量变化可逆等优异的性能。

SMP 是一类能够记忆初始形状，并能够在特定外部环境（如光、电、磁、热溶剂等）的刺激下恢复到初始形状的高分子材料。SMP 具有优异的形状记忆功能，主要是由于 SMP 网络体系中具有不随外界环境条件变化使其能恢复初始形状的固定相（化学交联、结晶、氢键及分子缠连等）和赋予其变形能力随外界环境条件变化的可逆相（玻璃化转变、结晶熔融转变及液晶相转变等）。与其他外界刺激相比，热驱动型 SMP 已经得到了广泛的研究。

典型的热驱动型 SMP 的形状记忆机制为：加热 SMP 至玻璃化转变温度 T_g 以上，施加额外的作用力赋予 SMP 特定的形状；在持续外力的作用下将 SMP 降温至 T_g 以下，撤掉外力作用后其形状得以固定；重新加热 SMP 到 T_g 以上时，SMP 分子链可自由活动，材料将自发地恢复到其原始形状。

多功能刺激响应特性使 SMP 成为一种新兴的候选材料，特别是在软体机器人驱动方面。SMP 除了固有的柔软性外，还具有刚度可调的特性，弹性模量可发生 $2\sim3$ 个数量级的变化。可逆的刚度可调性，对于需要克服低负载能力和窄刚度范围限制的软体机器人系统具有重要意义。

（4）液态金属

液态金属是一类在室温下呈现流动特性的低熔点合金或金属材料。液态金属由于其固有的性质，同时兼具了导电性和变形性。有五种已知的金属元素在室温或接近室温时呈液态：钫（Fr）、铯（Cs）、铷（Rb）、汞（Hg）和镓（Ga）。

液态金属通常嵌入弹性体的流体通道中，形成本质上可拉伸的导体。液态金属由于具有流动性，不会给弹性体增加任何机械载荷，因此，所得导体的力学性能主要取决于弹性体。将液态金属和高度可拉伸的三嵌段共聚物凝胶相结合的超可拉伸导体经实验证明是可行的。液态金属可以注入中空纤维中，从而实现大量生产具有良好可拉伸性、可忽略应力-应变循环滞后和金属导电性的导电纤维，如图 2-45 所示。

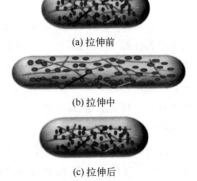

(a) 拉伸前

(b) 拉伸中

(c) 拉伸后

图 2-45　内部填充液态合金的可拉伸导电纤维

除了可拉伸导体外，液态金属还可以用作软体传感器、电子元件和可重构器件。液态金属变形时电阻或电容的相关变化可用于检测触摸、压力和应变，如基于镓基液态金属的柔性传感器等。

上述软体材料通常存在机械强度有限的问题，这阻碍了它们在机器人领域中的商业化和长期性应用。可以引入自愈能力强的材料来增强软体机器人的鲁棒性和适应性。然而，可自愈材料大多还处于概念验证阶段，需要对其自愈机制和性能进行进一步的研究。与刚性材料相比，软体材料的重复性引起的迟滞可能导致传感器的信号基线漂移和软体驱动器的不期望输出。目前，需要在软体材料的各种性能之间进行权衡，以实现所开发的软体机器人的最优化。迄今为止，现有的软体机器人系统的实际应用仍然有限。其中一个主要问题是基于全软体材料的驱动器的输出力相对较低。与许多由骨骼支承的生物类似，在不久的将来，将软体材料与刚性框架相结合将是一个有吸引力的方向，具有变刚度能力的功能材料也有利于实现驱动器刚柔耦合的设计。

2.5.2.3　软体结构设计

生物软组织结构和运动机理一直是科学家们研究和学习的对象。生物肌肉可以通过肌纤维的收缩带动骨骼运动。气动肌肉就是模仿生物肌肉而研发的，这种驱动器是一种由编织网密封弹性橡胶的多层结构，通过改变编织网的缠绕角度和绕线密度，可以使其在高压下实现伸长、收缩或者弯曲等运动，将不同运动形式的气动肌肉并联组合，可以产生更为复杂的三维弯曲和扭转运动。气动肌肉在机器人领域已有了广泛的应用，但受橡胶材料弹性模量的限制，这种结构运动幅度较小。利用超弹性硅胶材料制成的软体机器人因材料自身可以伸长数百倍，从而可以产生极大的变形。目前这种结构主要有两大类：非对称几何结构的弹性驱动器和纤维增强型驱动器。

（1）非对称几何结构的弹性驱动器

非对称几何结构的弹性驱动器因高延展性、高适应性和低能耗等优势受到广泛关注。这种驱动器一般由两部分组成：内嵌气道网络的可延展层和不可延展的限制层，如图 2-46 所示。在充气过程中，限制层不能伸长只能弯曲，从而限制可延展层的伸长趋势产生弯曲运动。改变驱动器内部气道的形状、几何角度和排布方式，或者采用智能材料作为限制层，可以实现更为复杂的双向弯曲、三维弯曲、伸长和扭转等运动。该驱动器在抓持器、仿生机器人、医疗机器人等领域得到了较为广泛的应用。

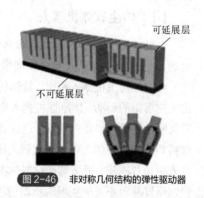

图 2-46　非对称几何结构的弹性驱动器

非对称几何结构也存在一定的缺陷：由于橡胶材料外部没有约束膨胀的结构，过大的流体压力会导致腔体显著的径向膨胀，从而导致腔壁破裂，所以非对称几何结构往往驱动压力不能过大；重力对非对称几何结构的弹性驱动器的影响较大，使其无法在供气前保持姿态，这限制了驱动器的安装方式与应用范围。因此，可以使用硬度较高的硅橡胶材质或改变尺寸等方式来减少重力带来的影响，但这会导致体积增大或弯曲性能变差。另外，由于柔顺性与供气压力的限制，非对称几何结构的弹性驱动器的末端输出力较小，往往需要根据应用需求，选择轴向长度较短的多腔体驱动器来提升输出力，并降低重力对姿态的影响。

（2）纤维增强型驱动器

纤维增强型驱动器是一种类似静水骨骼的仿生结构。这种结构一般由弹性密封腔、纤维增强层和纤维限制层三部分组成，其中弹性密封腔一般采用单一的腔体结构。其通过改变纤维线的缠绕方式和数量或者将多种驱动器并联组合，可以实现轴向伸长、径向膨胀、扭曲和弯曲等动作或多种动作的组合。目前，纤维增强型驱动器在仿生机器人、可穿戴康复机器人等领域得到了应用。

纤维增强型驱动器的优势是纤维缠线大幅限制了径向的腔体膨胀，因此在充入气体或水后体积变小，硅橡胶材质的硬度选择范围更广；另外腔体可以通入更高压强的流体介质，使软体驱动器有更大的输出力。纤维增强型结构的缺点是制作步骤较为复杂，制作过程中腔体壁排泡非常困难，容易产生气泡或漏气问题，因此对腔体壁厚有一定要求，并且纤维增强型结构的柔顺性不如非对称几何结构高。

随着软体机器人相关技术的发展，软体机器人结构向着多功能、多驱动自由度、小/微型化与模块化的方向所发展，这使得软体机器人所用材质种类与结构复杂程度都有了大幅提升。

2.5.2.4 软体机器人的应用

水下生物灵巧的结构与高效的运动机理为软体机器人的设计提供了丰富的灵感。基于软体材料的仿生机器人能够和生物体一样通过不同结构、不同形态变化获取不同的运动模式。目前，形状记忆合金、介电弹性体、离子聚合物-金属复合材料、水凝胶等智能材料与纤维增强结构、气动网络结构、颗粒阻塞结构等软体结构已经应用于软体机器人的构件与驱动，使软体机器人实现了爬行、跳跃、滚动、游动等多种仿生运动。同时，软体机器人凭借出色的安全性和目标物适应性，在抓持、医疗康复等领域有着巨大的应用前景。

（1）仿生软体机器人

在仿生软体机器人方面，软体机器人已经实现爬行、跳跃、游动、蠕动和滚动等多种仿生运动，进一步加强了人类对软体组织和软体结构等的生物运动学和力学的理解。

与刚性仿生机器人相比，软体仿生机器人不仅实现了生物的某些运动和功能，而且通过材料模仿生物组织的运动，比刚性机器人更能贴近生物原型。从类生物材料和结构上对仿生机器人进行研究是刚性机器人很难完成的，这比功能上的仿生更能揭示生物体的运动学和力学特性。并且类生物材料和结构上的仿生可以使机器人像生物体一样思考和决策，衍生新的仿生机器人算法，使仿生机器人更加智能化。随着智能材料的不断突破，机器人的能源、驱动、传感反馈等有了更好的解决途径，研发从前不可能实现的新型仿生机器人也成为可能，如微纳机器人、自愈机器人等。

（2）软体机械手

机械手一直是众多科研人员的研究热点。经过数十年的发展，传统刚性机械手的研究已经日趋成熟，并且在工业上得到了应用。大部分的刚性机械手设计将电机、力矩传感器和位置传感器等布置在关节处，将压力传感器等布置在手指表层或指尖，机械结构设计复杂，并且需要将多传感器融合，运用复杂的控制算法才能完成抓取任务。尽管如此，因为自身缺乏柔性和适应性，它们极有可能损坏易碎的、易变形的和柔软的物体。为了提高机械手的适应性，人们开始研究基于软体材料的机械手设计。比如通过减少驱动器而增加自由度的欠驱动机械手，通过线缆驱动或者欠驱动结构，可以部分实现对物体的适应包裹。

近期，软体机器人领域和材料科学领域的不断突破将机械手的研究推向了一种更简单、更通用的研究方向——软体机械手。软体机械手大多由弹性硅胶材料制成，可以连续变形，所以它们可以轻松地环抱物体和适应物体。根据软体机械手不同的驱动策略，可以将软体机械手分为四类：线缆驱动、智能材料驱动、表面吸附和流体驱动。表 2-4 中列举了较为典型的软体机械手及其具体信息。

表 2-4 典型的软体机械手及其具体信息

图示	具体信息
(图片)	团队：东芝公司 时间：1992 年 材料：橡胶 驱动方式：电动液压系统 主要性能：每个柔性微致动器（flexible micro actuator，FMA）对应 3 个自由度，即俯仰、偏航和伸展，运动灵活性好
(图片)	团队：纳沙泰尔大学、洛桑联邦理工学院 时间：2015 年 材料：硅弹性材料 驱动方式：EAP 驱动 主要性能：负载为 100g，抓持力为 1N（静电驱动）或 3.5N/cm²（电附着力驱动）
(图片)	团队：佛罗里达大学、新加坡科技设计大学、哥伦比亚大学 时间：2020 年 材料：硅胶 驱动方式：气动式（真空驱动） 主要性能：负载为 3kg，手掌可主动控制，以 15m/s² 的加速度移动时物体不掉落，稳定性好
(图片)	团队：美国密歇根州立大学、北华大学 时间：2020 年 材料：ABS 塑料 3D 打印 驱动方式：气动式 主要性能：负载为 1.3kg，抓持力为 12N，具有刚柔耦合特性，响应速度快、抓握力大、成本低、重量轻
(图片)	团队：哈佛大学 时间：2010 年 材料：PDMS（聚二甲基硅氧烷）和 Ecoflex（共聚酯） 驱动方式：气动式 负载：300g 主要性能：采用海星状结构，内部植入充气管道网络，负载为 300g
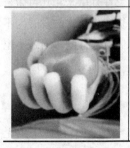	团队：康奈尔大学 时间：2016 年 材料：尼龙网布和硅橡胶 驱动方式：气动式 主要性能：负载为 500g，内部安装有光纤，可通过光电探测器反馈接触物体的形状

续表

图示	具体信息
	团队：北京航空航天大学 时间：2016 年 材料：硅胶 驱动方式：气动式 主要性能：抓持力为 13.5N，可针对不同的物体改变软体手指的长度，以便更牢固地抓住物体
	团队：北京航空航天大学、加州大学圣巴巴拉分校 时间：2020 年 材料：低黏度铂催化硅树脂 驱动方式：气动式 主要性能：负载为 2kg，抓持力为 20N，具有仿生壁虎刚毛结构，可实现 3 种抓取模态

软体机器人具有高度的自由度和灵活性，在很大程度上弥补了传统刚性机器人的不足，已经有了一定的发展，在工业、军事、医疗、勘探等领域具有独特的优势。然而，软体机器人的发展也面临着诸多挑战，从材料选择、结构设计，到感知与控制均存在许多问题需要深入研究。因此，研制具有多功能、高集成度、高智能化的软体机器人，需要仿生、材料、机械、控制等多方面的共同努力。

2.5.3 微操作机器人

2.5.3.1 简介

1959 年 12 月，Richard P. Feynman 首次提出微型制造技术，标志着微操作概念的诞生。20世纪中后期以来，微操作系统的研究一直作为机器人技术的一个热门研究分支，具有广阔的应用前景和深远的研究价值。许多国家的高等院校和科研机构都投入了大量的资源和人力，对微操作的相关领域进行积极研究，并取得了丰硕的科研成果。20 世纪 80 年代末期，微机械电子学的突破性进展使得科学家和工程技术人员可以利用微加工和微封装技术将微驱动器、微传感器、微执行器，以及信号处理、控制、通信、电源等集成于一体，成为一个完整的机电一体化的微机电系统，整个系统的物理尺寸也缩小到微米级甚至纳米级。借助 MEMS 技术，机械从一个最初的宏观概念进入微观范畴，这也使得机器人微型化和微操作成为可能。

微操作机器人是机器人技术在微操作领域的延伸，是指机器人的运动位移在几微米和几百微米范围内，其分辨率、定位精度和重复定位精度在亚微米至纳米级的范围内。微操作技术的发展为不断拓展研究领域的广度和深度提供了极为重要的技术基础，同时，操作对象特征尺寸的不断减小也对微操作关键技术及集成技术提出了更高的要求，对微操作机器人的设计、制作提出了新的要求。

2.5.3.2 微操作机器人的机械系统

微操作机器人的机械系统应具有以下特点：具有较高位移分辨率和一定工作行程；采用无

摩擦和间隙的传动方式，具有较高重复定位精度和微运动精度；具有 3 个或 3 个以上的自由度，便于改变微操作工具的位置和姿态；具有较高的固有频率和动态性能，以保证系统的响应速度和稳定性；能在显微视觉视场范围内和在狭小空间内进行微细作业；体积小，重量轻，结构紧凑。

机械系统的核心是微操作机构，要设计或者选择一套结构紧凑、可达域大、运动分辨率高、累计误差小的机构，但整体化结构的完美型机构在理论和技术上都是难以实现的。在微操作机构的选择中，以必要的运动学设计原则和冗余原则为基础，综合微对象的微观特性和机械系统的一般特点，在各项技术指标之间折中考虑，从而在结构、自由度及工作空间等方面做出合理选择。具体而言要考虑以下内容：

① 最短传动链原则。传动链越短，传动层次越少，机构就越简单紧凑，性能越稳定可靠，精度越容易保证。为了增强抗振能力，减小装配误差，提高结构刚度，系统应尽量减少传动环节。这也有利于机构的运动学和动力学建模，便于机器人的标定与控制。

② 以任务需求为原则。合理决定机构的自由度数目，在满足任务要求的前提下，自由度数越少越好。微操作空间中，大范围转角不易实现，执行器的位置远比姿态重要。综合考虑，在工作空间得到满足的前提下首选简单的 3 自由度平动并联机构。

③ 以足够的工作空间为前提，实现工作空间与精度及分辨率之间矛盾的平衡。一般而言，机构的平动工作空间尺度要大于微对象尺度一个数量级以上，而精度和分辨率则往往要达到或优于微米级。为实现两者的平衡，需要以最大工作空间为目标对机构的参数进行优化。

同时，在微结构中，摩擦是一个非常严重的问题。在微尺寸效应下，摩擦力正比于表面积并且超过惯性力成为占主导地位的力。传统旋转关节的表面结构显然不适合于微系统的要求。因此，在微纳机械系统中，通常采用柔性铰链作为运动副。柔性铰链采用超弹性材料制成，它依靠自身的受力弹性变形来传递微小的运动，从而实现末端执行器所需运动。但柔性铰链也存在着诸多不足。从工作空间的角度，机器人的可达工作域受到柔性铰链弹性极限的限制；从系统建模和控制的角度，柔性铰链结构是位移和力相互耦合的弹性体，精确控制难度大，柔性铰链还存在恢复力，这些都使得机器人建模与控制变得更加复杂。上述缺陷仍待进一步解决优化。

从机构形式上，并联机构一直是微操作机器人研究中的一个热点，目前微操作机器人大多采用 Stewart 和 Delta 两种较为传统的并联机构。

2.5.3.3 微夹持器

作为微操作机器人的末端执行器，微夹持器完成对微小物体的夹取、运送与放置操作。由于微器件通常具有轻、小、薄、软等特点，这就要求微夹持器不仅能够实现对器件有效安全地夹取和放置，避免微夹持器与操作对象产生黏着效应，同时还要控制合适的夹持力避免器件变形或损坏。因此，微夹持器的设计好坏是决定微操作成功与否的关键因素。按照能量供给和驱动方式的不同，目前主要有以下几种类型的微夹持器。

（1）静电式微夹持器

这种微夹持器主要通过梳齿状或叉指状平行板电容器产生的侧向静电吸引力作为夹持力。当微夹持器通直流电时，平行板电容器产生侧向吸引力使钳口夹紧物体；当电容器放电时，吸引力消失，夹钳靠侧壁弹性恢复到原来位置，钳口松开释放物体。静电式微夹持器输出力和位移较小，断电后由于电荷效应产生的黏着力影响，不能迅速释放物体。

图 2-47 所示为瑞士苏黎世联邦理工学院 Beyeler 等人提出的一种静电驱动夹持器，该夹持器集成有电容式力传感器，可以提供高灵敏度的实时力反馈，并且由于其为一体加工制造，集成度较高，有利于实现小型化。该夹持器能提供的最大输出位移为 100μm，因此能够实现对较多种类目标物的微操作。

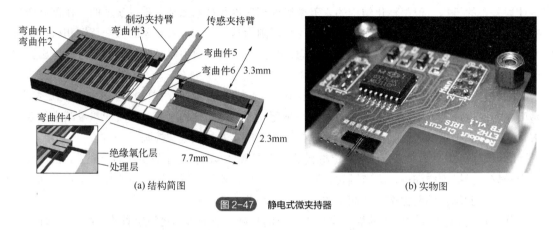

(a) 结构简图　　　　　　　　　　　　　　　　(b) 实物图

图 2-47　静电式微夹持器

（2）电磁式微夹持器

这种微夹持器是利用洛伦兹力驱动末端手指完成夹持动作，可以获得较大的钳口开合位移，动作响应快、无磨损、承载能力大，但是电磁线圈体积较大，难以实现微型化。

图 2-48 所示为瑞典的 Giouroudi 等人提出的一种电磁式微夹持器，其最大工作范围可达 250μm，钳尖所能提供的最大夹持力为 130mN，在光学显微镜下，该微夹持器顺利完成了对光纤（直径 125μm）和键合线（直径 50μm）的拾取-释放动作。

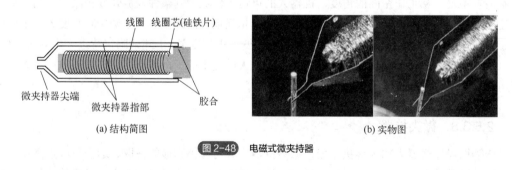

(a) 结构简图　　　　　　　　　　　　　　　　(b) 实物图

图 2-48　电磁式微夹持器

（3）形状记忆合金微夹持器

形状记忆合金功能材料（SMA）具有两种不同的金属相，在不同温度范围内可以稳定存在。根据 SMA 的形状记忆特性，通过对其进行加热、冷却产生形变，完成夹钳的开合动作，实现对物体的夹持与放置。SMA 微夹持器的优点在于变形率大，利用 SMA 丝绕制成的螺旋弹簧可以输出较大的位移，适合小负载、高精度的微操作领域，但是它冷却时反应较慢，易造成释放不及时，而且疲劳寿命短。

图 2-49 所示为韩国机械与材料研究所的 J. H. Kyung 等人提出的一种形状记忆合金微夹持器，同时考虑了 SMA 线具有对加热/冷却的滞后响应特性，基于实验分析的结果设计并制造了用于控制微夹持器夹持力的控制器，实现了对夹持力轨迹的跟踪。

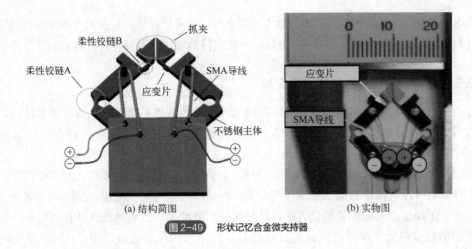

(a) 结构简图　　　　　　　　　　　(b) 实物图

图 2-49　形状记忆合金微夹持器

（4）压电式微夹持器

压电陶瓷是一种应用较为普遍的微夹持器驱动元件。压电式微夹持器大致可分为直线型和弯曲型两类。直线型微夹持器利用压电陶瓷驱动力大、输出位移小的特点，通过机械放大机构产生输出位移，实现夹钳末端的开合动作，实现夹取与放置操作。弯曲型微夹持器采用压电陶瓷双晶片构成双悬臂梁结构，在驱动电压的作用下悬臂梁自由端产生形变位移，构成开合动作，实现夹取与放置操作。两种方式都可在压电元件上贴附应变片检测微夹持力。

图 2-50 所示为 Quan Zhou 等人利用两套超声电机和两组陶瓷堆叠，设计出的六自由度的微夹持器。通过贴片电阻对操作过程中末端的形变进行检测，可以形成压电陶瓷的闭环控制。通过平版印刷工艺制作夹持器的末端，可以将末端形状和尺寸制作得更加精确，更好地满足微操作的要求。

图 2-50　六自由度压电陶瓷驱动微夹持器

（5）吸附式微夹持器

上述几种微夹持器在夹持方式上都属于夹镊式。除此之外，还有另一种夹持方式的微夹持器，即吸附式微夹持器，包括真空吸附和静电吸附两种。真空吸附式微夹持器被认为是最理想的微操作工具，它利用真空吸附原理产生正、负气压实现对微小物体的吸取与放置操作。真空吸附式微夹持器对于被操作物体的形状、材质和大小都有着严格的要求，主要适用于一些易碎、表面光滑、重量较轻的物体。静电吸附式微夹持器是利用电荷产生的吸引力或排斥力，实现对微粒物体的吸附和释放的一种微夹持器。由于对材料的性质、表面积的大小和环境温度与湿度的要求很高，静电吸附式微夹持器应用相对较少。

图 2-51 所示为奥地利维也纳科技大学的 Dragan Petrovic 等人研制的一种真空吸附式作业工具。

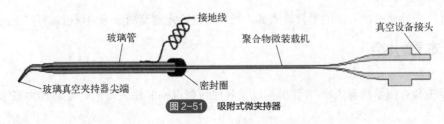

图 2-51　吸附式微夹持器

该工具通过溅射技术在微玻璃管的表面镀上一层金膜，并通过接地，减少微夹持器与目标物之间的静电力作用；玻璃管末端做弯曲30°处理，可使夹持器在进行微操作时很容易到达操作位置。

2.5.3.4 微操作机器人的主要应用

近年来，随着科学技术的突飞猛进，生物工程、遗传技术、微机电设备、纳米材料、微外科手术等领域的需求使得微纳米操作技术成为热点，常见的操作对象有：生物细胞（10～150μm）、微机电系统零件（10～100μm）、光导纤维（62.5μm/125μm）等。

生物工程是微操作机器人应用的重要领域，如染色体提取、基因转移、人工授精等。操作过程主要分为微注射操作和微切割操作两大类，而操作对象为生物组织、细胞以及细胞内的物质等，其手工操作要求操作者经验丰富，且时间长、强度大、成功率低。具有高定位精度、高稳定性的微操作机器人可以提高此类操作的效率，增加操作稳定性。图 2-52 所示是由瑞士 Cytosurge 公司自主研发推出的单细胞显微操作系统 FluidFM OMNIUM，该技术打开了传统细胞实验手段无法触及的领域的大门，突破了单细胞研究、药物开发、细胞系开发中的障碍，主要功能包括单细胞提取、单细胞分离、单细胞注射等，采用了纳米级中空探针，轻松实现了单个细胞水平、FL 级别超高精度、自动化的细胞操作，深度应用于 CRISPR 基因组编辑、单克隆细胞系开发、病毒学、神经科学和生物力学等领域。

在现代工业技术中，微操作机器人作为精密加工技术的重要组成部分，能够提供微米级甚至纳米级的定位精度，实现微齿轮装配、微轴-孔装配和光纤耦合对接等工作。图 2-53 所示为美国劳伦斯·利弗莫尔国家实验室研制的低温靶装配机器人系统。该系统由 6 台微操作机械手、多视角显微视觉系统以及光标测量机组成，并且配备有 4 种不同类型的微夹持器。该系统可在 1cm³ 的空间范围内实现多物体装配操作，重复定位精度可达 100nm，可以实现在微米级精度下对微型零件的无间隙装配。

图 2-52　瑞士 Cytosurge 的单细胞显微操作系统
　　　　　 FluidFM OMNIUM

图 2-53　低温靶装配机器人系统

此外，微操作机器人在纳米材料测试、光学调整、光刻及测量等领域也具有广泛的应用。

2.6　本章小结

本章主要介绍了机器人串/并联机构以及其他新型机构的相关知识。传统串/并联机器人依靠高刚度的传动结构设计和高位置精度的控制器设计,充分满足了机器人在各类环境中高效率、高精确度的工作要求,被广泛应用于制药业、航天航空等各类领域。机器人应用领域的不断扩展,对机器人柔顺性和微操作提出了更高的要求,机器人机构也由刚性机构向柔性机构方向、由宏观领域向微观领域发展。为此,本章还对柔性机构、软体机构以及微操作机构进行了介绍,上述机构均已成为当前机器人领域的研究热点,为机器人在不同领域的应用带来了更广阔的发展前景。未来,机器人机构将更加注重精确化、模块化、柔性化以及集成化,为智能机器人的应用提供更多可能。

 练习题

1. 简述机器人机构的分类及典型应用。
2. 串联机器人的手腕机构有哪些?不同机构的主要特点是什么?
3. 什么是并联机构?并联机构的优缺点有哪些?
4. 什么是混联机构?混联机构的优点有哪些?
5. 柔性机构有哪些优缺点?
6. 简述微操作机器人的技术特点及主要应用。

参考文献

[1] 熊有伦,等. 机器人学:建模、控制与视觉[M]. 武汉:华中科技大学出版社,2018.
[2] 蔡自兴. 机器人学[M]. 北京:清华大学出版社,2000.
[3] 刘辛军,于靖军,孔宪文. 机器人机构学[M]. 北京:机械工业出版社,2021.
[4] 约翰 J. 克雷格. 机器人学导论[M]. 北京:机械工业出版社,2018.
[5] 于靖军,等. 柔性设计:柔性机构的分析与综合[M]. 北京:高等教育出版社,2018.
[6] 翼晶晶,李国民. 柔性构件:变形场分析、重构及其应用[M]. 武汉:华中科技大学出版社,2018.
[7] 豪厄尔,玛格莱比,奥尔森. 柔顺机构设计理论与实例[M]. 北京:高等教育出版社,2015.
[8] 文力,王世强. 软体机器人导论[M]. 北京:清华大学出版社,2022.
[9] 黄心汉. 微装配机器人[M]. 北京:国防工业出版社,2020.
[10] 范凯. 机器人学基础[M]. 北京:机械工业出版社,2019.
[11] 杜云磊. 柔性构件大变形分析及其在柔顺机构建模中的应用[D]. 西安:西安电子科技大学,2012.
[12] 屈淑维. 广义混联机构解耦的统一理论模型与型综合方法[D]. 太原:中北大学,2018.
[13] 王波,武建新,党大伟. Stewart 平台 6-UPS 并联机构动力学建模与仿真[J]. 机械工程与自动化,2008(2):1-3,6. DOI: 10. 3969.
[14] 何斌,王志鹏,唐海峰. 软体机器人研究综述[J]. 同济大学学报(自然科学版),2014,42(10):1596-1603. DOI: 10. 11908/ j. issn. 0253-374x. 2014. 10. 021.
[15] Wang Y Z, Gupta U, Parulekar N, et al. A soft gripper of fast speed and low energy consumption[J]. 中国科学:技术科学(英文版),2019,62(1):31-38.
[16] Phillips B T, Becker K P, Kurumaya S, et al. A dexterous, glove-based teleoperable low-power soft robotic arm for delicate deep-sea biological exploration. [J]. Scientific Reports, 2018, 8(1).
[17] 程俊森,吴文荣,杨毅,等. 智能微装配技术研究综述[J]. 现代制造工程,2022(06):142-152. DOI: 10. 16731.
[18] 武敏. 压电驱动柔性双摇杆式微夹持器设计与性能研究[D]. 杭州:浙江大学,2015.
[19] Giouroudi I , Hotzendorfer H , Kosel J, et al. Development of a microgripping system for handling of microcomponents[J]. Precision Engineering,2008,32(2):148-152.

第 3 章

机器人感知系统

 思维导图

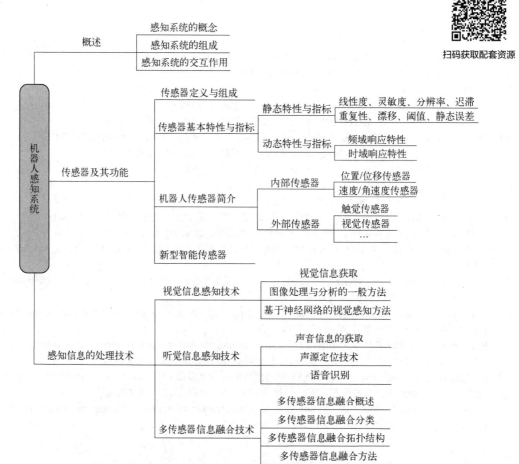

1. 掌握感知系统的概念及组成。
2. 理解传感器的特性及指标。
3. 理解不同类型传感器的基本原理。
4. 了解感知信息的处理技术。

3.1 机器人的感知系统概述

3.1.1 感知系统的概念

机器人的感知系统可以被广义地理解为其对自身和环境进行感知的系统。具体而言，机器人利用各种传感器检测自身的位置、运动状态以及周围环境，并从中提取有价值的特征信息进行分析和建模，以表达自身的状态和环境的信息。感知系统具有两个层次的功能。首先，感知系统能够检测到环境信息和内部状态所对应的物理量。其次，在检测到这些物理量后，智能机器人需要正确地构建环境和状态模型，从而理解自身的实际状态和所处环境的信息。通过感知系统，智能机器人能够与周围环境进行交互，并根据所感知到的信息做出相应的决策，完成既定任务。因此，感知系统是智能机器人实现智能和自主性的关键组成部分。

3.1.2 感知系统的组成

图 3-1 所示为智能机器人感知系统组成与功能示意图，包括硬件模块和软件模块。硬件模块由传感器、信号调理、接口电路等构成。传感器是智能机器人感觉自身状态和环境信息的关

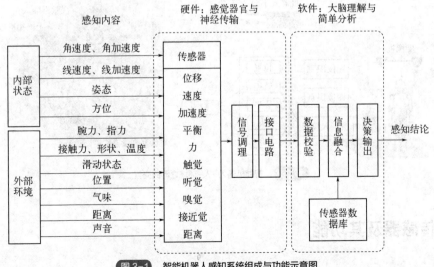

图 3-1　智能机器人感知系统组成与功能示意图

键器件,信号调理用于对传感器所接收的信号进行简单的预处理,接口电路则是用于将预处理的信号输送给下一个部分。软件模块由数据校验、信息融合、决策输出等构成,其中数据校验、信息融合是对预处理的信号进行进一步的处理和融合,为智能机器人决策提供决定性的依据。将处理好的信号通过一系列接口输入机器人"大脑"的系统,从而进行决策的输出。

3.1.3 感知系统的交互作用

智能机器人感知系统的交互包括以下四种形式:智能机器人与环境的交互、智能机器人与人的交互、智能机器人与智能机器人之间的交互,以及智能机器人内部的交互。这些交互关系如图 3-2 所示。在完成某项任务时,通常需要结合多种交互方式进行合作。例如,智能机器人为人类导航这一任务便涵盖了上述四种交互方式。首先,智能机器人内部的交互是必不可少的,它需要通过内部传感器和模块之间的交互来感知自身状态和环境信息。其次,智能机器人通过对人类的信息等进行识别,判断人类是否需要帮助,从而与人进行交互。此外,智能机器人需要与环境进行交互,例如通过感知障碍物的位置等来规划导航路径。最后,智能机器人之间需要通过协作来传递信息,以实现导航任务。

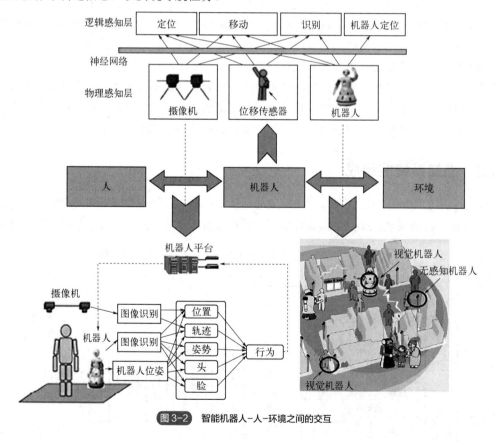

图3-2 智能机器人-人-环境之间的交互

3.2 传感器及其功能

传感器是智能机器人感知系统的重要组成部分,本节主要介绍各类传感器的基本知识。

3.2.1　传感器定义与组成

（1）传感器的定义

传感器是能感受到被测量的信息，并能将感受到的信息按一定规律变换成为电信号或其他所需形式的信息输出，以满足信息的传输、处理、存储、显示、记录和控制等要求的检测装置。通过使用传感器，智能机器人可以感知周围环境的变化，并根据这些信息做出相应的反应和行动。

（2）传感器的组成

根据传感器的定义，传感器的基本组成可分为两个部分：敏感元件和转换元件，如图 3-3 所示。敏感元件将被测量转换为与其相关的非电量，再由转换元件转换为电信号。通常情况下，仅由敏感元件和转换元件输出的信号较弱，还需要信号调理与辅助电路将其放大与转

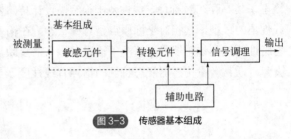

图 3-3　传感器基本组成

换，转换成适合进一步传输和后续进一步测量的电信号。例如，将各种电信号转换成电压、电流等便于测量的电信号，或者进一步将信号处理，转换成计算机方便接收的数字化信号等。

此外，不一定所有的传感器都具备上述结构。有的传感器并不能明显区分敏感元件和转换元件，例如半导体气体传感器、湿度传感器、光电器件、压电晶体等可直接将感受到的被测量转换为电信号输出，将敏感元件和转换元件的功能合在一起。市场上的传感器，有的只有基本组成部分，使用时便于集成到特定的传感器系统中，可自行根据需要设计信号处理和转换放大电路；有的将基本组成部分和信号调理部分封装在一起，构成标准传感器产品；也有的传感器产品配备后续的信号调理、放大、显示等更加复杂和丰富的后端信号处理模块，可供实验室测试和分析使用。

智能机器人系统的构建需要利用各种传感器来实现内部和外部的感知。通常可以使用通用的单一传感器产品来进行感知，比如通过热敏传感器检测环境温度，从而实现机器人的热觉感知。在某些情况下，为了构建机器人的感知系统，需要合理设计、组合和转换多种传感器元件，例如用于构建机器人视觉系统的摄像头，可能集成了由多个光敏器件阵列构成的图像传感器和其他信号调理、分析的处理器等部分。为了更好地了解智能机器人传感器并构建感知系统，有必要对传感器的相关知识进行深入了解。

3.2.2　传感器基本特性与指标

传感器的基本特性是指其输入与输出之间的关系特性，它是传感器内部结构参数作用关系的外在表现。传感器所测量的输入量可以分为两大类：稳态和动态。稳态信号，也称为静态或准静态信号，指的是被测量不随时间变化或者变化很缓慢；动态信号指的是周期性变化或瞬态变化的被测量。传感器的基本功能是尽量准确地反映被测输入量的状态，也就是说传感器的输出量要及时跟随和反映输入量的变化。传感器对稳态和动态信号所表现的输入与输出特性可能不同，可分为静态特性和动态特性。

3.2.2.1　静态特性与指标

传感器静态特性是指它在稳态信号输入时的输入与输出关系。传感器的静态模型可用下式表示：

$$y = a_0 + a_1 x + a_2 x^2 + \cdots + a_n x^n \tag{3-1}$$

式中　x——输入量；

　　　y——输出量；

　　　a_0——零位输出；

　　　a_1——传感器的线性灵敏度；

$a_2, \cdots, a_n$——非线性待定常数。

对应不同的模型参数，传感器会表现出不一样的输入与输出关系，如图 3-4 所示。其中，图 3-4（a）表示的是线性特性，通常存在于理想情况下；图 3-4（b）为只具有偶次非线性项的模型，其不存在对称性，线性范围很窄，设计传感器时一般很少采用；图 3-4（c）为具有奇次非线性项的模型，其相对坐标原点呈对称状态，在输入量 x 较大范围内具有线性关系。传感器的静态特性曲线是传感器稳态情况下输出对输入的反映与体现，此时其输入与输出关系式中不含时间变量。通常衡量传感器静态特性的指标有线性度、灵敏度、分辨率、迟滞、重复性和漂移等。

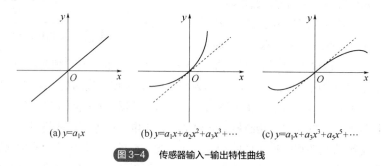

(a) $y=a_1x$　　　(b) $y=a_1x+a_2x^2+a_3x^3+\cdots$　　　(c) $y=a_1x+a_3x^3+a_5x^5+\cdots$

图 3-4　传感器输入-输出特性曲线

（1）线性度

线性度是指传感器输入与输出呈线性关系的程度。理想情况下，传感器的输入与输出响应是线性的。但通常情况下，传感器的实际静态特性输出是条曲线而非直线，如图 3-5 所示。在实际应用中，为使传感器具有均匀刻度的读数，常用一条拟合直线近似地代表实际的特性曲线，评价其近似程度的性能指标就称为线性度（或者叫非线性误差）。这个选取直线的过程称为传感器非线性特性的"线性化"。

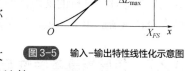

图 3-5　输入-输出特性线性化示意图

在规定条件下，传感器实际特性曲线与拟合直线间的最大非线性绝对误差与满量程输出的百分比称为线性度，可用下式计算：

$$\gamma_L = \pm \frac{\Delta L_{max}}{Y_{FS}} \times 100\% \tag{3-2}$$

式中　γ_L——线性度；

　　ΔL_{max}——最大非线性绝对误差；

　　Y_{FS}——满量程输出。

具有良好线性化静态特性的传感器，可以大大简化分析计算的过程，使处理数据变得很方便，使制作、安装、调试变得很容易，避免非线性补偿。拟合直线的选取有多种方法，如表 3-1 所示。一种常用的方法是将与特性曲线上各点残差的平方和最小的理论直线作为拟合直线，此拟合直线称为最小二乘法拟合直线。

表 3-1　常见传感器线性化方法比较

序号	方法名称	拟合直线的获取	特点
1	理论直线法	理论特性曲线，与测量值无关	简单、方便，非线性误差大
2	端点线法	特性曲线端点连线	简单，非线性误差大
3	"最佳直线"法	与正、反行程特性曲线的正、负偏差	精度高，求解复杂
4	最小二乘法	与特性曲线的残差平方和最小	精度高，普遍推荐的方法
5	硬件线性化法	两只非线性传感器差动法，线性元件和非线性元件的串、并联	实时性好、实现复杂、成本较高

（2）灵敏度

灵敏度是传感器在稳态下输出量变化与输入量变化的比值，可用下式来计算：

$$S = \frac{\mathrm{d}y}{\mathrm{d}x}$$
（3-3）

式中　S ——灵敏度；

$\mathrm{d}y$ ——稳态下输出量的变化；

$\mathrm{d}x$ ——稳态下输入量的变化。

对于线性传感器，它的灵敏度就是它的静态特性曲线的斜率，如图 3-6（a）所示；而非线性传感器的灵敏度为一个变量，如图 3-6（b）所示。

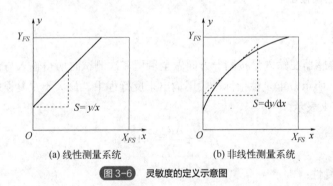

(a) 线性测量系统　　　　(b) 非线性测量系统

图 3-6　灵敏度的定义示意图

如果一个传感器的灵敏度较高，即使被测量变化比较微小，传感器也会有较大的输出。传感器的灵敏度越高，同样的输出信号范围可以感知更小范围的输入量变换。但传感器灵敏度提高时，与测量信号无关的外界噪声也容易被放大。通常用拟合直线的斜率表示传感器的平均灵敏度，一般希望传感器灵敏度高且在满量程内恒定。传感器的灵敏度应根据被测量大小而定，灵敏度和量程是紧密相关的，不应脱离量程单纯看灵敏度。传感器的量程是指传感器在一定的非线性误差范围内所能测量的最大测量值。通常传感器灵敏度越高，其测量范围越小；反之，传感器灵敏度越低，其测量范围越大。

（3）分辨率

分辨率是指当传感器的输入从非零值缓慢增加时，在超过某一增量后输出发生可观测的变化，这个输入增量称为传感器的分辨率，即最小输入增量。例如，某传感器输入量从某一数值开始缓慢地变化，当输入变化值未超过某一阈值时，传感器的输出不会发生变化，即传感器对此输入量的变化是分辨不出来的。只有当输入量的变化超过分辨率时，其输出才会发生变化。可以用这一变化增量的绝对值或增量与满量程的百分比来表示分辨率。对于模拟式传感器（传感器输出量为模拟信号，如电流、电压等），分辨率通常为最小刻度值的一半。对于数字式传感器（传感器输出量为数字信号，如编码、脉冲等），分辨率通常取决于 A/D 转换器的位数，可用最后一位的一个字表示。例如，某压力传感器能够检测 0～100N 的压力，在这一范围内，可以将压力值转变为 0～5V 电压变化值，接下来再经过 10 位 A/D 转换接口变化成数字量供处理器读取。那么分辨率为 $1/2^{10}$，表示能够检测到的输入信号增量为输入量程的 $1/2^{10}$。

（4）迟滞

迟滞是指在相同测量条件下，针对同一大小的输入信号，传感器在输入量从小到大变化到该值（正行程），与从大到小变化到该值（反行程）时，输出信号大小不相等的现象。迟滞特性反映了传感器正、反行程期间输入与输出信号不重合的程度。迟滞也称为回程误差，其大小一般可通过实验方法来确定。如图 3-7 所示，可用正、反行程的最大输出差值与满量程输出的百分比来表示：

$$\gamma_H = \pm\frac{\Delta H_{\max}}{Y_{FS}}\times 100\% \tag{3-4}$$

式中　γ_H——迟滞特性；
　　　$\Delta H_{\max}$——正、反行程的最大输出差值；
　　　Y_{FS}——满量程输出。

（5）重复性

重复性表示传感器在输入量按同一方向做全量程多次测试时所得输入与输出特性曲线一致的程度。如图 3-8 所示，重复性指标一般用输出正反行程中，最大不重复误差 $\Delta R_{\max}$ 与满量程输出 Y_{FS} 的百分比来表示：

$$\gamma_R = \pm\frac{\Delta R_{\max}}{Y_{FS}}\times 100\% \tag{3-5}$$

式中　γ_R——重复性；
　　　$\Delta R_{\max}$——输出最大不重复误差；
　　　Y_{FS}——满量程输出。

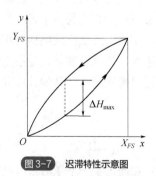

图 3-7　迟滞特性示意图

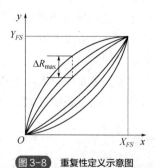

图 3-8　重复性定义示意图

（6）漂移

漂移是指传感器在输入条件不变的情况下，输出随时间或者温度变化的现象。漂移产生的原因一般有两个：一是传感器自身结构发生老化；二是传感器使用过程中周围环境，如温度、压力、湿度等发生变化。漂移一般包含时间漂移（时漂）、温度漂移（温漂）、零点漂移、灵敏度漂移等。图 3-9 所示为零点漂移和灵敏度漂移示意图。传感器结构参数变化，一般会导致零点漂移，即在规定的条件下，输入一个恒定的信号，在规定的时间内，输出在标称范围最低值处（零点）的变化。环境温度变化导致的漂移简称温漂，通常用传感器工作环境温度偏离标准环境温度（25℃）时的输出值变化量与温度变化量之比来表示。

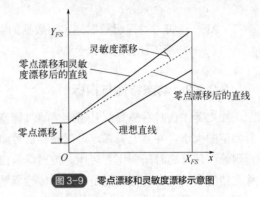

图 3-9 零点漂移和灵敏度漂移示意图

（7）阈值

如果传感器的输入信号小于某一个量值时，输出信号特别微小或者没有信号输出，导致传感器输出变化不明显而无法准确检测出被测量，则将产生可测输出变化量时的最小输入量值称为阈值，如图 3-10 所示。

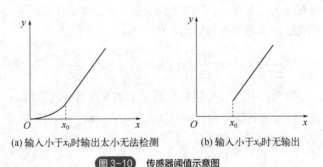

(a) 输入小于 x_0 时输出太小无法检测   (b) 输入小于 x_0 时无输出

图 3-10 传感器阈值示意图

（8）静态误差（精度）

静态误差是评价传感器静态特性的综合指标，指传感器在满量程内，任一点输出值相对其理论值的可能偏离（逼近）程度，通常由线性度和迟滞构成的系统误差与随机重复性误差综合计算得到。例如，式（3-6）、式（3-7）将非线性、滞后、重复性误差进行几何或者代数法综合，这样计算的数值偏大；式（3-8）、式（3-9）将全部校准数据相对于拟合直线求标准偏差，作为传感器误差，这样计算的数值偏小。

$$\gamma_S = \sqrt{\gamma_L^2 + \gamma_H^2 + \gamma_R^2} \tag{3-6}$$

$$\gamma_S = \pm\left(\gamma_L + \gamma_H + \gamma_R\right) \tag{3-7}$$

$$\sigma = \sqrt{\dfrac{\sum\limits_{i=1}^{p}(\Delta y_i)^2}{p-1}} \tag{3-8}$$

$$\gamma_S = \pm\frac{(2\sim3)\sigma}{Y_{FS}}\times100\% \qquad (3\text{-}9)$$

式中 γ_S——静态误差；

$\quad\sigma$——标准误差；

$\quad\Delta y_i$——每一对理想数据与实际数据的误差；

$\quad p$——用于计算的数据个数。

3.2.2.2 动态特性与指标

在实际工作时，被测信号通常是随时间变化的动态信号。我们希望传感器可以迅速测出信号幅值的大小，并且无失真地再现被测信号随时间变化的波形，即输出信号的变化曲线应该能再现输入信号随时间变化的规律。传感器输出信号对动态输入信号（激励信号）的响应特性，称为传感器的动态特性。但是，由于传感器敏感材料对不同的输入变化会产生惯性，输出信号并不具有与输入信号完全一致的时间函数，这种输入与输出之间的差异称为动态误差。可以从时域和频域两个方面分析，获得传感器的动态特性指标。

（1）传感器模型

要分析每个传感器的动态特性，需要首先写出传感器的数学模型。在工程测试实践中，大多数检测系统属于线性时不变系统（在时间平移变换下保持形式不变的系统），从数学上可以用常系数线性微分方程表示传感器输入与输出量的关系：

$$a_n\frac{\mathrm{d}^n y}{\mathrm{d}t^n}+a_{n-1}\frac{\mathrm{d}^{n-1} y}{\mathrm{d}t^{n-1}}+\cdots+a_1\frac{\mathrm{d}y}{\mathrm{d}t}+a_0 y=b_m\frac{\mathrm{d}^m x}{\mathrm{d}t^m}+b_{m-1}\frac{\mathrm{d}^{m-1} x}{\mathrm{d}t^{m-1}}+\cdots+b_1\frac{\mathrm{d}x}{\mathrm{d}t}+b_0 x \qquad (3\text{-}10)$$

式中，a_0，$\cdots$，a_n 和 b_0，$\cdots$，b_m 分别是与系统结构参数有关的常数。

对于传感器来说，可以将其简化为低阶系统。零阶、一阶与二阶传感器的微分方程分别为：

$$\begin{cases} a_0 y=b_0 x \\ a_1\dfrac{\mathrm{d}y}{\mathrm{d}t}+a_0 y=b_0 x \\ a_2\dfrac{\mathrm{d}^2 y}{\mathrm{d}t^2}+a_1\dfrac{\mathrm{d}y}{\mathrm{d}t}+a_0 y=b_0 x \end{cases} \qquad (3\text{-}11)$$

设 $x(t)$ 和 $y(t)$ 及它们各阶导数的初始值为零，对式（3-10）进行拉普拉斯变换，可得：

$$\left(a_n s^n+a_{n-1}s^{n-1}+\cdots+a_1 s+a_0\right)Y(s)=\left(b_m s^m+b_{m-1}s^{m-1}+\cdots+b_1 s+b_0\right)X(s) \qquad (3\text{-}12)$$

式中，$Y(s)$ 为输出量的拉普拉斯变换；$X(s)$ 为输入量的拉普拉斯变换。

由此，可以得到初始条件为零时，输出量（响应函数）的拉普拉斯变换与输入量（激励函数）的拉普拉斯变换之比，这一比值 $H(s)$ 被定义为传感器的传递函数：

$$H(s)=\frac{Y(s)}{X(s)}=\frac{b_m s^m+b_{m-1}s^{m-1}+\cdots+b_1 s+b_0}{a_n s^n+a_{n-1}s^{n-1}+\cdots+a_1 s+a_0} \qquad (3\text{-}13)$$

输入量 x 按正弦函数变化时，微分方程式（3-10）的特解（强迫振荡），即输出量 y 也是同频率的正弦函数，其振幅和相位随着频率的变化而变化，这一性质就称为频率特性。对于稳定的常系数线性系统，可用傅里叶变换代替拉普拉斯变换，则有：

$$H(j\omega) = \frac{Y(j\omega)}{X(j\omega)} = \frac{b_m(j\omega)^m + b_{m-1}(j\omega)^{m-1} + \cdots + b_1(j\omega) + b_0}{a_n(j\omega)^n + a_{n-1}(j\omega)^{n-1} + \cdots + a_1(j\omega) + a_0} \qquad (3\text{-}14)$$

$H(j\omega)$ 称为频率响应特性，通常是一个复函数，用指数表示为：

$$H(j\omega) = \frac{Y(j\omega)}{X(j\omega)} = H_R(\omega) + jH_I(\omega) = A(\omega)e^j \qquad (3\text{-}15)$$

式中，$H_R(\omega)$ 为复函数的实部；$H_I(\omega)$ 为复函数的虚部；$A(\omega)$ 为传感器幅频特性，可表示为：

$$A(\omega) = |H(j\omega)| = \sqrt{\left[H_R(\omega)\right]^2 + \left[H_I(\omega)\right]^2} \qquad (3\text{-}16)$$

$A(\omega)$ 体现了传感器的输入与输出的幅度比值随频率变化的程度，也称为传感器的动态灵敏度（或增益）。此外，传感器输出信号的相位随频率变化的关系可用频率特性的相位角 $\Phi(\omega)$ 来表示。故 $\Phi(\omega)$ 也称为传感器相频特性，可用下式计算：

$$\Phi(\omega) = \arctan\frac{H_I(\omega)}{H_R(\omega)} = \arctan\frac{\mathrm{Lm}\dfrac{Y(j\omega)}{X(j\omega)}}{\mathrm{Re}\dfrac{Y(j\omega)}{X(j\omega)}} \qquad (3\text{-}17)$$

对于传感器来讲，$\Phi(\omega)$ 通常是负的，表示传感器输出相位滞后于输入相位。

（2）频率响应特性指标

在频域内利用频率响应法来分析传感器动态特性时，可以采用正弦函数形式的输入信号作为传感器输入，观察其输出信号。传感器稳定输出后，其输出信号也是同频率的正弦信号。在不同的频率激励下，其输出信号的幅值和相位都有所不同。用不同频率的正弦信号激励传感器，如果传感器的动态性能好，那么输出信号的幅值衰减和相位滞后的程度就会较低。因此，可以用不同频率的正弦信号去激励传感器，观察其输出信号幅值大小和相位滞后情况，从而得到系统的动态特性。

① 零阶传感器的频率响应。零阶传感器的微分方程为：

$$y(t) = \frac{b_0}{a_0}x(t) \qquad (3\text{-}18)$$

经过拉普拉斯变换和傅里叶变换后，零阶传感器的频率响应函数可表示为：

$$H(s) = \frac{Y(s)}{X(s)} = \frac{b_0}{a_0} = \frac{Y(j\omega)}{X(j\omega)} = H(j\omega) \qquad (3\text{-}19)$$

为方便分析，若设 $s_0 = b_0/a_0 = 1$，则其幅频函数和相频函数分别为 $A(\omega)=1$，$\Phi(\omega)=0$。可见，零阶传感器的输出值与输入值成恒定的比例关系，与输入量的频率无关，即零阶系统具有理想的动态特性，无论被测量 $x(t)$ 如何随时间变化，零阶系统的输出都不会失真，在时间上也无任何滞后，所以零阶系统又称比例系统。

② 一阶传感器的频率响应。一阶传感器的微分方程为：

$$a_1\frac{\mathrm{d}y}{\mathrm{d}t} + a_0 y = b_0 x(t) \qquad (3\text{-}20)$$

设 $\tau = a_1/a_0$，$s_0 = b_0/a_0 = 1$，则对上式进行拉普拉斯变换，得：

$$(\tau s + 1)Y(s) = X(s) \tag{3-21}$$

则傅里叶变换后，得到频率响应函数为：

$$H(\mathrm{j}\omega) = \frac{1}{\tau\omega\mathrm{j} + 1} \tag{3-22}$$

根据式（3-16）和式（3-17），可以得到传感器的幅频特性和相频特性为：

$$\begin{cases} A(\omega) = \dfrac{1}{\sqrt{(\tau\omega)^2 + 1}} \\ \Phi(\omega) = \arctan(-\tau\omega) \end{cases} \tag{3-23}$$

当 $\tau\omega \ll 1$ 时，有 $A(\omega) = 1$，$\Phi(\omega) \approx -\tau\omega$。

③ 二阶传感器的频率响应。二阶传感器是指由二阶微分方程所描述的传感器。很多传感器如振动传感器、压力传感器等属于二阶传感器，其微分方程为：

$$a_2 \frac{\mathrm{d}^2 y}{\mathrm{d}t^2} + a_1 \frac{\mathrm{d}y}{\mathrm{d}t} + a_0 y = b_0 x(t) \tag{3-24}$$

若令 $s_0 = b_0/a_0$，$\omega_n = \sqrt{a_0/b_0}$，$\xi = \dfrac{a_1}{2\sqrt{a_0 a_2}}$，则有：

$$a_2 \frac{\mathrm{d}^2 y}{\mathrm{d}t^2} + 2\xi\omega_n \frac{\mathrm{d}y(t)}{\mathrm{d}t} + \omega_n^2 y(t) = s_0 \omega_n^2 x(t) \tag{3-25}$$

为方便讨论，设传感器的静态灵敏度 $s_0 = 1$，则式（3-25）可经拉普拉斯变换为：

$$\left(\frac{1}{\omega_n^2} s^2 + \frac{2\xi}{\omega_n} s + 1 \right) Y(s) = X(s) \tag{3-26}$$

由此可得到传感器频率特性的表达式，即：

$$H(\mathrm{j}\omega) = \frac{\omega_n^2}{(\mathrm{j}\omega)^2 + 2\xi\omega_n(\mathrm{j}\omega) + \omega_n^2} = \frac{1}{1 - \left(\dfrac{\omega}{\omega_n}\right)^2 + \mathrm{j}2\xi\dfrac{\omega}{\omega_n}} \tag{3-27}$$

进而，可以得到传感器的幅频特性和相频特性为：

$$\begin{cases} A(\omega) = \left| H(\mathrm{j}\omega) \right| = \dfrac{1}{\sqrt{\left[1 - \left(\dfrac{\omega}{\omega_n}\right)^2 \right]^2 + \left(2\xi\dfrac{\omega}{\omega_n} \right)^2}} \\ \\ \Phi(\omega) = -\arctan\left[\dfrac{2\xi\dfrac{\omega}{\omega_n}}{1 - \left(\dfrac{\omega}{\omega_n}\right)^2} \right] \end{cases} \tag{3-28}$$

式中　ω_n——传感器的固有频率；

　　　ξ——传感器的阻尼比。

（3）时域阶跃响应特性指标

在时域内，如果传感器的输入信号突然有一个阶跃变化，则称输入信号的时间函数形式是阶跃函数，如式（3-29）所示。其输出信号即为传感器的阶跃响应。

$$b_0 x(t) = \begin{cases} 0, & t \leq 0 \\ b_0, & t > 0 \end{cases} \tag{3-29}$$

式中　b_0——阶跃输入信号的幅值。

当 $b_0 = 1$ 时，输出信号为单位阶跃信号，而输出信号由于惯性延迟并不能马上跟随输入信号的变化而输出，而是会逐步变化到能够反映输入量幅值的稳定值附近。动态特性不同的传感器，其输出信号的响应曲线也不同，动态特性好的传感器会快速跟随输入信号达到稳定值附近，其输出可以再现输入量的变化规律，即具有相同的时间函数。为描述传感器的动态响应情况，可以输入阶跃信号，观察传感器的输出信号是否快速跟随输入信号来评估传感器的动态特性。一般可用延迟时间、上升时间、超调量、响应时间等来表征传感器的动态特性。

① 一阶传感器阶跃响应。对于一阶传感器，若微分方程为：

$$\tau \frac{dy(t)}{dt} + y(t) = s_0 x(t) \tag{3-30}$$

则经拉普拉斯变换后，该一阶传感器的传递函数为：

$$H(s) = \frac{Y(s)}{X(s)} = \frac{s_0}{\tau s + 1} \tag{3-31}$$

对初始状态为零的传感器，当输入一个单位阶跃信号，由于单位阶跃信号 $x(t)=1$，$X(s)=1/s$，则传感器输出的拉普拉斯变换为：

$$Y(s) = H(s)X(s) = \frac{s_0}{\tau s + 1} \times \frac{1}{s} \tag{3-32}$$

经拉普拉斯反变换，可得一阶传感器时域内的单位阶跃响应信号为：

$$y(t) = s_0 \left(1 - e^{-\frac{t}{\tau}} \right) \tag{3-33}$$

式中　s_0——传感器静态灵敏度；

　　τ——传感器时间常数，传感器输出上升到稳态值的 63.2%所需要的时间。

为方便讨论，灵敏度一般可进行归一化。相应地，由式（3-33）可得一阶传感器时域动态特性曲线，如图 3-11（a）所示。

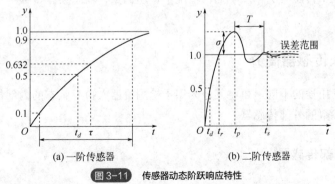

(a) 一阶传感器　　　(b) 二阶传感器

图 3-11　传感器动态阶跃响应特性

② 二阶传感器阶跃响应。二阶传感器的阶跃响应函数可表示为：

$$a_2 \frac{\mathrm{d}^2 y(t)}{\mathrm{d}t^2} + a_1 \frac{\mathrm{d}y(t)}{\mathrm{d}t} + a_0 y(t) = b_0 x(t) \tag{3-34}$$

若设 $s_0 = b_0/a_0$，$\omega_n = \sqrt{a_0/b_0}$，$\xi = \dfrac{a_1}{2\sqrt{a_0 a_2}}$，则有：

$$\frac{\mathrm{d}^2 y(t)}{\mathrm{d}t^2} + 2\xi\omega_n \frac{\mathrm{d}y(t)}{\mathrm{d}t} + \omega_n^2 y(t) = s_0 \omega_n^2 x(t) \tag{3-35}$$

设传感器的静态灵敏度 $s_0 = 1$，对上式进行拉普拉斯变换和整理，则二阶传感器传递函数为：

$$H(s) = \frac{\omega_n^2}{s^2 + 2\xi\omega_n s + \omega_n^2} \tag{3-36}$$

单位阶跃输入下，传感器输出的拉普拉斯变换为：

$$Y(s) = H(s)X(s) = \frac{\omega_n^2}{s^2 + 2\xi\omega_n s + \omega_n^2} \times \frac{1}{s} \tag{3-37}$$

再经过拉普拉斯反变换后可得二阶传感器时域内的单位阶跃响应信号为：

$$y(t) = 1 - \frac{\mathrm{e}^{-\xi\omega_n t}}{\sqrt{1-\xi^2}} \sin\left(\sqrt{1-\xi^2}\,\omega_n t + \arctan\frac{\sqrt{1-\xi^2}}{\xi}\right) \tag{3-38}$$

相应地，可得二阶传感器时域动态特性响应曲线，如图 3-11（b）所示。综上所述，从图 3-11 中可以观察以下指标来描述传感器的动态特性。

- 时间常数 τ：一阶传感器输出上升到稳态值的 63.2% 所需的时间。
- 延迟时间 t_d：传感器输出达到稳态值的 50% 所需的时间。
- 上升时间 t_r：对有振荡的传感器，指从 0 上升到第一次达到稳态值所需的时间；对无振荡的传感器，指从稳态值的 10% 上升到 90% 所需的时间。
- 峰值时间 t_p：二阶传感器输出响应曲线达到第一个峰值所需的时间。
- 超调量 σ：二阶传感器量的最大值输出超过稳态值的比值。
- 稳态误差 $e(\infty)$：当 $t \to \infty$ 时，传感器阶跃响应的实际值与期望值之差。
- 响应时间 t_s：响应曲线衰减到与稳态值之差不超过阈值 5%（或 2%）所需的时间，有时称为过渡过程时间。

在上述几项指标中，超调量反映了传感器的稳定性能，响应时间反映了传感器响应的快速性，稳态误差反映了传感器的精度。通常情况下，超调量、稳态误差、振荡次数和响应时间等指标越小越好。

3.2.3 机器人传感器简介

按照传感器的用途的不同，可将其分为用于检测机器人自身状态的内部传感器和用于检测机器人外部环境参数的外部传感器。

3.2.3.1 内部传感器

（1）位置/位移传感器

智能机器人关节的位置控制是智能机器人最基本的控制要求，而对位置和位移的检测也是智能机器人最基本的感知要求。位置和位移传感器根据其工作原理和组成的不同有多种形式，常见的有光电开关、编码器、电阻式位移传感器等。

① 光电开关。光电开关是一种由 LED 光源和光敏元件组成的透明式开关。它的特点是可以实现非接触检测，其精度可达到 0.5mm。一般来说，光电开关可以分为对射式和反射式两种类型。对射式光电开关和反射式光电开关的外观和原理如图 3-12 所示，它们主要由发光器、受光器和检测电路等部分组成。发光器可以由半导体光源、发光二极管、激光二极管或红外发射二极管等组成，它会发出光束，当光束被物体阻断或部分反射时，受光器会接收到相应的光信号。受光器可以由光电二极管、光电晶体管、光电池等光电元件组成。检测电路能够根据受光器接收到的光信号情况，控制回路是否导通，从而输出开关信号。

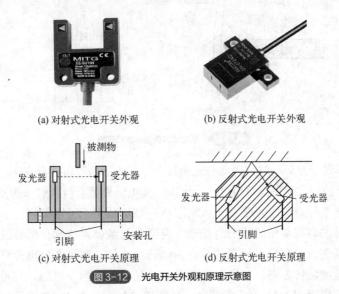

(a) 对射式光电开关外观　　　　(b) 反射式光电开关外观

(c) 对射式光电开关原理　　　　(d) 反射式光电开关原理

图 3-12　光电开关外观和原理示意图

图 3-13 所示为某个 NPN 型光电开关的接线示意图，当受光器接收到光束时，检测电路会控制输出接口处的晶体管导通，2、3 引脚将产生低电平信号，从而控制负载所在的回路导通。除了用于规定位置检测，光电开关还可以用于物体位移检测、液位控制、产品计数、宽度判别、速度检测、孔洞识别、信号延时、自动门传感以及安全防护等许多领域。

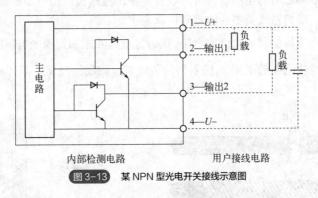

图 3-13　某 NPN 型光电开关接线示意图

② 编码器。编码器（encoder）是通过测量位置、速度或角度等物理量的变化来获得数字信号输出的装置。它通过将平移或旋转运动转化为数字信号的形式，实现位置、速度、角度等参数的监测和控制，根据其输出信号的类型、测量范围，可以分为绝对式、增量式、混合式三种。

图 3-14 所示是一种增量式编码器原理示意图。码盘上开有相等角度的缝隙（分为透明和不透明部分），相邻窄缝之间的角度称为栅距角。此外，为了保证光电元件检测到的信号变化更明显，在光路中增加一个固定的、与光电元件的感光面几何尺寸相近的遮光板（也称光栏板），并且板上开有与码盘（主光栅）的几何尺寸相同的窄缝。在码盘和光栏板两边分别安装有光源及光电元件。此外，码盘上还开有一个（或一组）特殊的窄缝，用于产生零位信号，测量装置或运动控制系统可以利用该信号产生回零或复位操作。

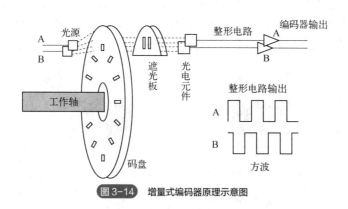

图 3-14　增量式编码器原理示意图

当码盘随工作轴一起转动时，码盘与光栅板上遮挡光栅的覆盖就会变化，导致光电元件上的受光量产生明显的变化。码盘每转过一个缝隙，光电元件就会检测到一次光线的明暗变化，光电元件输出的电信号近似于正弦波。该波形再经整形放大，可以得到一定幅值和功率的电脉冲输出信号，脉冲数就等于转过的缝隙数。再通过计数器对该脉冲信号进行计数，从测得的脉冲数可知码盘转过的角度。码盘的分辨率以码盘旋转一周可在光电检测部分产生的脉冲数来表示。为了检测旋转方向，一般在光栅板上设置 A、B 两个狭缝，并设置两组对应的光电元件，其距离为栅距的 1/4，对应输出 A、B 两相信号。根据 A、B 信号的先后可推测出旋转方向。

③ 电阻式位移传感器。电阻式位移传感器由一个线绕电阻（或碳膜电阻）和一个滑动触点组成。如图 3-15 所示，当被检测物体的位置量发生变化时，滑动触点也发生位移，从而改变滑动触点与线绕电阻各端之间的电阻值，进而改变其输出电压值。传感器根据这种输出电压值的变化，可以检测出智能机器人关节的位置和位移量。

为了使传感器产生与位移成比例的电压，我们将电压 E 施加到线绕电阻的两端上。如图 3-16 所示，导体一端与滑块之间的电压 V_0 随着滑块的位置 x 做线性变化，即 $V_0 = \dfrac{r}{R}E = x\dfrac{E}{D}$。

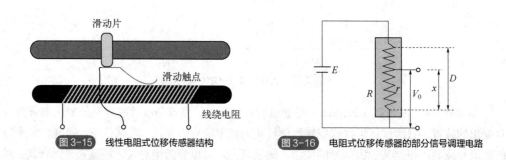

图 3-15　线性电阻式位移传感器结构　　　图 3-16　电阻式位移传感器的部分信号调理电路

（2）速度/角速度传感器

① 测速发电机。测速发电机（tachogenerator）是一种把机械转速变换为电压信号，输出电压与输入的转速成正比的机电式信号元件。测速发电机按照输出信号的形式，可分为直流和交流测速发电机。

a. 直流测速发电机。图 3-17 所示为某型号直流测速发电机原理示意图，导体 ab、cd 切割磁力线产生感应电动势，N 极处的导体 ab 中电动势方向由 b 指向 a，S 极处的导体 cd 中电动势由 c 指向 d，因此电刷 A 为正，B 为负；当线圈转动 180° 时，导体 cd 处于 N 极，电动势由 d 到 c，S 极处的导体 ab 电动势由 a 到 b，仍然是电刷 A 为正，B 为负。电枢连续旋转，导体 ab、cd 轮流交替地切割 N 极和 S 极的磁力线，ab、cd 中产生交变电动势。但是由于换向器的作用，使电刷通过换向片只与处于一定极性下的导体相连接，从而使电刷两端得到的电动势极性不变。当励磁磁通恒定时，其输出电压和转子转速成正比，即 $U=kn$，其中，U 为测速发电机输出电压（V）；k 为比例系数；n 为测速发电机转速（r/min）。

由 $U=kn$ 可知，电刷两端的感应电动势与测速发电机的转速成正比。由于直流测速发电机能够把转速信号转换成电动势信号，因此，其可用来测速。测速发电机在智能机器人控制系统中的应用如图 3-18 所示，工作时测速发电机总是与驱动电动机同轴连接，这样就能测出驱动电动机的瞬时速度。

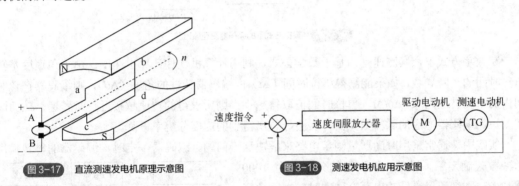

图 3-17　直流测速发电机原理示意图　　　图 3-18　测速发电机应用示意图

b. 交流测速发电机。图 3-19 所示为交流测速发电机工作原理图。励磁磁通是沿着励磁绕组轴线方向（直轴方向）的，即与输出绕组的轴线方向垂直，因而当发电机的转子不动时，是不会在输出绕组中产生感应电动势的，所以此时输出绕组的电压为零，如图 3-19（a）所示。励磁磁通在转子绕组中会产生变压器电动势和电流，并产生相应的转子磁通，该磁通位于直轴方向，与输出绕组轴线方向垂直，所以也不会在输出绕组中产生感应电动势。转子可以看作由无数条并联的导体组成，所以当转子以转速 n 旋转时，转子导体在励磁磁场中就会产生运动电动势，其方向如图 3-19（b）所示。

在图 3-19 中，$U_2 \propto \Phi_q \propto I_r \propto E_r = C_r \Phi_d\, n \propto U_f n$（$C_r$ 为电动势系数），由此可以看出：当交流测速发电机励磁绕组施加恒定的励磁电压，发电机以转速 n 旋转时，输出绕组的输出电压 U_2 与转速 n 成正比；当发电机反转时，由于相应的感应电动势、电流及磁通的相位都与原来相反，因此输出电压的相位也与原来相反。这样，交流测速发电机就能将转速信号转换成电压信号，实现测速的目的。

② 编码器。编码器既可以测直线位移，又可以测角位移。在智能机器人中，编码器既可以作为位置传感器测量关节相对位置，又可以作为速度传感器测量关节速度。其作为速度传感器时，既可以在模拟方式下使用，又可以在数字方式下使用。

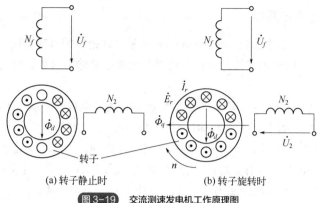

图 3-19　交流测速发电机工作原理图

在模拟方式下，必须有一个频率-电压（*F/V*）变换器，用来把编码器测得的脉冲频率转换成与速度成正比的模拟电压，其原理如图 3-20 所示。*F/V* 变换器必须有良好的零输入、零输出特性和较小的温度漂移，这样才能满足测试要求。

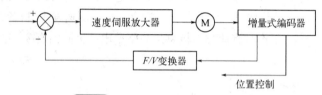

图 3-20　模拟方式下的编码器测速原理图

在数字方式下，其测速是指基于数学公式，利用计算机软件计算出速度。由于角速度是转角对时间的一阶导数，如果能测得单位时间（Δt）内编码器转过的角度（$\Delta \theta$），则编码器在该时间内的平均转速为 $\omega = \Delta \theta / \Delta t$，单位时间值取得越小，则所求得的转速越接近瞬时转速。然而时间太短，编码器通过的脉冲数太少，又会导致所得到的速度分辨率下降。

实践中，通常采用时间增量测量电路来解决这一问题。编码器一定时，编码器的每转输出脉冲数就确定了。设某一编码器的分辨率为 1000 脉冲/转，则编码器连续输出两个脉冲时转过的角度为 $\Delta \theta = 2/1000 \times 2\pi$，而转过该角度的时间增量可用图 3-21 所示的时间增量测量电路测得。

| 高频脉冲 | → | 门电路 | → | 计数器 |

| 增量式编码器 |

图 3-21　时间增量测量电路

测量时，高频脉冲源（设该脉冲源的周期为 0.1ms）发出连续不断的脉冲，用计数器测出在编码器发出两个脉冲的时间内高频脉冲源发出的脉冲数。门电路在编码器发出第一个脉冲时开启，发出第二个脉冲时关闭，这样计数器计得的计数值就是时间增量内高频脉冲源发出的脉冲数。设该计数值为 100，则得时间增量为 $\Delta t = 0.1\text{ms} \times 100 = 10\text{ms}$，所以，角速度为：

$$\omega = \frac{\Delta \theta}{\Delta t} = \frac{(2/1000) \times 2\pi}{10 \times 10^{-3}} \text{rad/s} = 1.256 \text{rad/s} \qquad (3\text{-}39)$$

3.2.3.2　外部传感器

（1）触觉传感器

触觉传感器是用来判断智能机器人是否接触物体的器件，一般装于智能机器人运动部件或末端执行器（手爪）上，以确保智能机器人实现合理抓握或防止碰撞。下面介绍几种常用的触觉传感器。

① 微动开关。微动开关是一种最简单的触觉传感器，它主要由弹簧和触头构成。触头接触外界物体后动作，造成信号通路断开或者闭合，从而检测到与外界物体的接触。微动开关的触点间距小、动作行程短、按动力小、通断迅速，具有结构简单、性能可靠、成本低、使用方便等特点。缺点是易产生机械振荡和触点易发生氧化，并且只有两个信号。在实际应用中，通常以微动开关和相应的机械装置（如探头、探针等）结合构成一种触觉传感器。图 3-22 所示为猫须传感器结构示意图。该传感器的控制杆用柔软的弹性物质制成，相当于微动开关的触头，当触及物体时接通回路，输出电压信号。

② 导电橡胶传感器。导电橡胶传感器以导电橡胶为敏感元件，当触头接触外界物体受压后，会压迫导电橡胶，使它的电阻发生改变，从而使流经导电橡胶的电流发生变化。如图 3-23 所示，该传感器为三层结构，外边两层分别是传导塑料层 A 和 B，中间夹层为导电橡胶层 S，相对的两个边缘装有电极。传感器的构成材料柔软而富有弹性，在大块表面积上容易形成各种形状，可以实现触压分布区中心位置的测定。这种传感器的优点是具有柔性，缺点是由于导电橡胶的材料配方存在差异，会出现漂移和滞后特性不一致的情况。

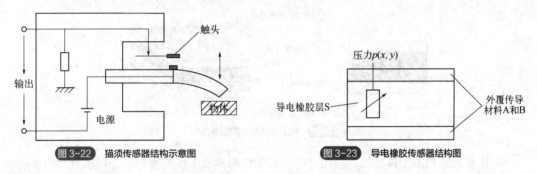

图 3-22 猫须传感器结构示意图　　图 3-23 导电橡胶传感器结构图

③ 电容式阵列触觉传感器。电容式触觉传感器由电路、敏感单元、检测电路组成，传感器在受到外力作用下，电极层的距离发生改变，导致电容发生变化，通过检测电路中电容变化来间接测量触觉力，具备灵敏度高、温度独立和适用于大面积应用等特点。图 3-24 所示为某种电容式触觉传感器结构，主要由电极层、柔性绝缘介质、弹性介电层组成。忽略边缘效应，电容式触觉传感器的电容量为：

$$C = \frac{\varepsilon S}{l} \tag{3-40}$$

式中　S——电极层的面积，m^2；

　　　C——两电极层间的电容量，F；

　　　ε——两电极层间的介电常数，F/m；

　　　l——两电极层的间距，m。

通常情况下，传感器的 ε 和 S 为常数，初始间距设定为 l_0 时，则电容量 C_0 为：

$$C_0 = \frac{\varepsilon S}{l_0} \tag{3-41}$$

传感器的柔性绝缘介质是线弹性体，为胡克型材料，即材料的应力与应变之间呈线性关系。受外力时，电极之间由初始距离 l_0 减少 Δl，则电容式触觉传感器的初始电容值由 C_0 增加 ΔC，

变为 C_x，则

$$C_x = C_0 + \Delta C = \frac{\varepsilon S}{l_0 - \Delta l} = \frac{\varepsilon S}{l_0 \left(1 - \frac{\Delta l}{l_0}\right)} = \frac{C_0}{1 - \frac{\Delta l}{l_0}} \quad (3\text{-}42)$$

当 $\Delta l \ll 1$ 时，由上式可以得到电容的变化量近似为 $C = C_0 + \Delta C$。其中

$$\Delta C = C - C_0 = \frac{C_0}{1 - \Delta l / l_0} - C_0$$

$$\frac{\Delta C}{C_0} = \frac{\Delta l / l_0}{1 - \Delta l / l_0}$$

将 $\Delta C / C_0$ 用泰勒级数展开成级数形式为

$$\frac{\Delta C}{C_0} = \frac{\Delta l}{l_0} \left[1 + \frac{\Delta l}{l_0} + \left(\frac{\Delta l}{l_0}\right)^2 + \left(\frac{\Delta l}{l_0}\right)^3 + \cdots \right] \quad (3\text{-}43)$$

忽略高次项，有 $\Delta C = C_0 \Delta l / l_0$。由此可知，电容的变化量 ΔC 与极限距离变化量 Δl 趋近于线性关系。柔性绝缘介质具有弹性，当撤去外力时，极板可返回初始位置，电容值恢复为 C_0。

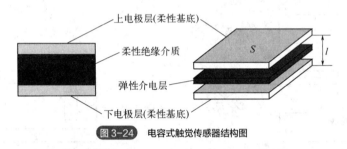

图 3-24 电容式触觉传感器结构图

④ 压阻式阵列触觉传感器。压阻式阵列触觉传感器的工作原理是基于机械材料的压阻效应，即受到压力时，弹性材料的电阻率发生变化的现象。压阻式阵列触觉传感器主要采用半导体、单晶硅等材料作为敏感元件。例如，当单晶硅受到外力时，晶体晶格产生形变，载流子的迁移率发生变化，导致晶体电阻率变化，通过检测敏感元件的电阻值，间接获得触觉信息。压阻式阵列触觉传感器一般结构简单、制造成本低、动态范围宽、负载能力好、信号处理电路简单。压阻式阵列触觉传感器多采用电极层-中间传感层-电极层的夹层结构，如图 3-25 所示。现阶段，基于压敏电阻材料的人工触觉传感材料主要有压敏导电橡胶、压敏电阻纤维和压敏电阻泡沫等。

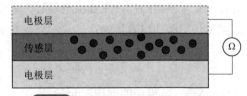

图 3-25 压阻式阵列触觉传感器原理示意图

（2）视觉传感器

视觉传感器是将景物的光信号转换为电信号的器件。通过对视觉传感器所获得的图像信号进行处理，即可得出被测对象的特征量（如面积、长度、位置等）。视觉传感器具有从一整幅图像中捕获数以千计的像素（Pixel）的功能。图像的清晰和细腻程度通常用分辨率来衡量，以像素数量表示。在捕获图像之后，视觉传感器将其与内存中存储的基准图像进行比较，以做出分析与判断。

① CCD 图像传感器。CCD（charge coupled device）图像传感器是最为常用的图像传感器，全称电荷耦合器件。它集光电转换及电荷存储、电荷转移、信号读取功能于一体，是典型的固体成像器件。如图 3-26 所示，CCD 图像传感器相当于把多个光敏检测单元排列起来的阵列光敏元件，阵列光敏元件将环境的光像信息转换成电荷的空间分布，CCD 电荷耦合器件可以记录每个单元的电荷强度并保持一段时间，在转移控制栅的控制下，实现电荷转移及串行输出。

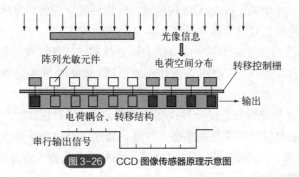

图 3-26　CCD 图像传感器原理示意图

CCD 工作一般包括四个过程：

a. 信号电荷产生：CCD 可以将入射光信号转换为电荷输出，其原理是半导体内光生伏特效应（光电效应）。

b. 信号电荷存储：将入射光子激励出的电荷收集起来成为信号电荷包的过程。

c. 信号电荷传输：将所收集起来的电荷包从一个像元转移到下一个像元，直到全部电荷包输出完成的过程。

d. 信号电荷检测与输出：将转移到输出级的电荷转化为电流或者电压的过程。输出类型主要有以下三种：电流输出、浮置栅放大器输出和浮置扩散放大器输出。

CCD 图像传感器具有尺寸小、工作电压低（DC 7～9V）、使用寿命长、坚固、耐冲击、信息处理容易和在弱光下灵敏度高等特点，可以广泛应用于工业检测和机器人视觉系统。

② CMOS 图像传感器。CMOS（complementary metal oxide semiconductor）图像传感器是一种数字图像采集设备，常被应用于数码相机、智能手机和监控摄像头等领域。图 3-27 所示为 CMOS 图像传感器的功能框图，其工作流程主要分为以下三步：

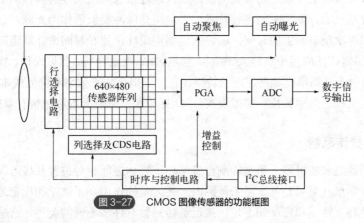

图 3-27　CMOS 图像传感器的功能框图

a. 外界光照射像素阵列，发生光电效应，在像素单元内产生相应的电荷。景物通过成像透镜聚焦到图像传感器阵列上，而图像传感器阵列是一个二维的像素阵列，每一个像素上都包括一个光敏二极管，每个像素中的光敏二极管将其阵列表面的光强转换为电信号。

b. 通过行选择电路和列选择电路选取希望操作的像素，并将像素上的电信号读取出来。在选通过程中，行选择逻辑单元可以对像素阵列逐行扫描也可隔行扫描，列同理。行选择逻辑单元与列选择逻辑单元配合使用可以实现图像的窗口提取功能。

c. 对相应的像素单元进行信号处理。行像素单元内的图像信号通过各自所在列的信号总线，传输到对应的模拟信号处理单元以及 A/D 转换器，转换成数字图像信号输出。其中，模拟信号处理单元的主要功能是对信号进行放大处理，并且提高信噪比。

CMOS 图像传感器的优势在于其集成电路的可靠性和低功耗，使得它比 CCD 图像传感器更适合用于移动端设备。此外，CMOS 图像传感器还拥有高帧率和高分辨率等优势，可用于高速摄影和视频采集。

③ 红外热像仪。红外热像仪也是一种视觉传感器，它能够对物体的热成像信息进行检测和捕捉，进而提取物体的温度分布和热能状态。红外热像仪主要由以下组件组成。

a. 光机组件，主要由红外物镜和结构件组成，红外物镜主要实现景物热辐射的汇聚成像，结构件主要用于支撑和保护相关组部件。

b. 调焦/变倍组件，主要由伺服机构和伺服控制电路组成，实现红外物镜的调焦、视场切换等功能。

c. 内校正组件，由内校正机构和内校正控制电路组成，用于实现红外热像仪的内（非均匀性）校正功能。

d. 成像电路组件，通常由探测器接口板、主处理板、制冷机驱动板和电源板等组成，协同实现上电控制、信号采集、信号传输、信号转换和接口通信等功能。

e. 红外探测器组件，主要将经红外物镜传输汇聚的红外辐射转换为电信号。

红外热像仪能够对物体表面分布的热量进行快速、准确的测量和分析，并且热量分布图像带有丰富的温度和密度信息，可以广泛地应用于工业生产、科学实验、医学、军事等领域。

④ 3D 视觉传感器。3D 视觉传感器是一种能够获取物体三维信息的视觉传感器，它可以捕捉物体的深度、宽度和高度等多个不同维度的数据点，生成物体的三维模型。3D 视觉传感器的工作原理一般是使用红外、结构光或者时间飞行（time of flight）等方式进行测量。例如，结构光方案会将光源发出的条纹投射到被观测物体上，通过摄像机记录投射到物体上的光的形状进行测量。另一种常见的方案是时间飞行技术，它利用光脉冲发射器作为光源，记录光从发射位置到反射物体和再次反射回去的时间，最终通过测量采样位置和时间来计算距离。

3D 视觉传感器广泛应用于机器人定位和运动控制、视觉导航、抓取操作、物体尺寸和形状的测量等领域。由于其高精度和高速度的特性，它可以提高生产效率和降低成本。同时，3D 视觉传感器在逆向工程、医学扫描、虚拟现实、3D 打印和航空航天等领域也有着广泛的应用。

（3）接近觉传感器

接近觉传感器是智能机器人用来探测自身与环境物体之间相对位置和接近程度的传感器，测量距离一般在零点几毫米到几十厘米范围内。接近觉的作用介于触觉和视觉之间，在许多情况下能够很好地补充触觉和视觉的不足。接近觉传感器有许多不同的类型，这些传感器的工作原理和应用领域各不相同，但它们都能通过感知物体的靠近，提供与之相关的重要信息给智能机器人系统，以便进行适当的反应和决策。本节主要介绍光学式、超声波式、感应式、电容式以及气压式等几种接近觉传感器。

① 光学接近觉传感器。光学接近觉传感器由用作发射器的光源和接收器两部分组成,其中,光源可以是内置或外置的。接收器能够感知光线的有无,通常采用光敏晶体管作为接收器。发射器通常采用发光二极管,当发射器和接收器结合在一起时,就形成了光学接近觉传感器,可以用于机器人导航和避障等场合。作为接近觉传感器,发射器和接收器的配置准则是:发射器发出的光只有在物体接近时才能被接收器接收。如图 3-28 所示,当能反射光线的物体处于传感器的作用范围内时,接收器才能接收到光线,并产生相应的信号。这种设计保证了只有物体接近传感器时才能触发信号的产生。

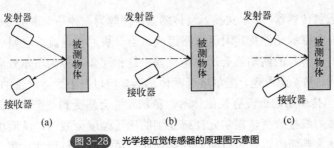

图 3-28　光学接近觉传感器的原理图示意图

② 超声波接近觉传感器。超声波传感器的发射器能够间断地发出高频声波(一般在 20kHz 以上),其配置形式有两种:反射型[如图 3-29(a)]和透射型[如图 3-29(b)]。在反射型中,接收器放置在发射器旁边或者与发射器集成为一体,负责接收反射回来的声波;而透射型中,接收器放置在发射器对面。若接收器在其工作范围内(透射型)或声波被靠近传感器的物体表面反射(反射型),则接收器会检测到声波,并产生相应的电信号;反之,接收器检测不到声波,也就没有信号。所有的超声波传感器在发射器表面附近都有盲区,在此盲区内,传感器不能测距,也不能检测物体的有无。在反射型中,超声波传感器不能探测表面是橡胶和泡沫材料的物体,因为这些物体不能很好地反射声波。图 3-29 是超声波接近觉传感器的原理图。

③ 感应式接近觉传感器。该类传感器又可分为以下几类:

a. 涡流感应式接近觉传感器。当导体放置在变化的磁场时,内部会产生电动势,导体中就会有电流流过,这种电流称为涡流。涡流感应式接近觉传感器有两组线圈。第一组产生作为参考用的变化磁通,在有导电材料接近时,其中将会感应出涡流,感应出的涡流又会产生一个反向的磁通使得总的磁通减少。总的磁通量与导电材料的接近程度成正比,它可以由第二组线圈检测出来。涡流感应式接近觉传感器不仅能检测是否有导电材料,还能够对材料的空隙、裂纹、厚度等进行非破坏性的检测。

b. 电磁感应式接近觉传感器。电磁感应式接近觉传感器主要是由感应线圈和永磁铁构成。当传感器中永磁铁远离铁磁体时,磁力线如图 3-30(a)所示;当永久磁铁靠近铁磁体时,会引起磁力线的变化,如图 3-30(b)所示。由于磁力线的变化,从而在线圈中产生感应电流。该传感器只在与外界物体产生相对运动时有信号输出。磁通量的变化引起的电脉冲,其幅值和曲线形状正比于磁通量的变化,因此可通过观测线圈输出的电压波形实现接近觉检测。该传感器一般只用于很短距离(零点几毫米)的检测。

(a) 反射型　　　　　　　(b) 透射型

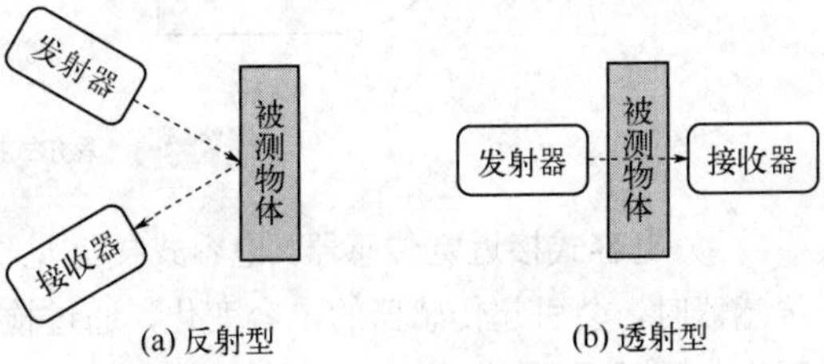

图 3-29　超声波接近觉传感器原理示意图

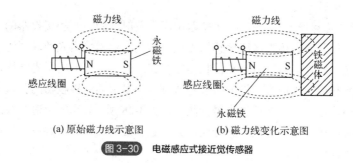

(a) 原始磁力线示意图   (b) 磁力线变化示意图

图 3-30 电磁感应式接近觉传感器

c. 霍尔式接近觉传感器。霍尔式接近觉传感器可理解为一种基于霍尔效应的现象进行工作的传感器，其结构由霍尔元件及其附属电路组成。当一块通有电流的金属或者半导体薄片垂直地放在磁场中时，薄片的两端就会产生电位差，这种现象就称为霍尔效应，两端的电位差值称为霍尔电动势。基于此原理，霍尔接近觉传感器就可以对磁性体产生的微位移进行测量。如图 3-31 所示，当传感器附近没有铁磁体时，霍尔元件会感受到一个强的磁场；当有铁磁体靠近传感器时，磁力线被改变，霍尔元件感受到的磁场强度会减弱，从而引起输出的霍尔电动势的改变，以此来判断附近是否有磁性物体存在。由于其材料特性，故其只能检测有磁性的物体。

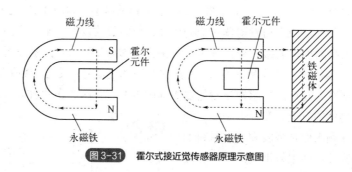

图 3-31 霍尔式接近觉传感器原理示意图

④ 电容式接近觉传感器。电容式接近觉传感器可以探测固体和液体材料，当被测物体靠近传感器时，会引起传感器的电容变化，通过检测该电容变化量即可测算距离信息。如图 3-32 所示为一种基于同面双电极原理的电容式接近觉传感器。它的电极都处于同一平面上，易于阵列化，且电极可以任意排布。实际工作中，极板 1 与正弦激励相连，极板 2 与一个电荷放大器相连，当被检测物体接近时，其与极板间的距离变化影响两极板间的电场，电容 C_{12} 也随之发生变化。电容的变化又导致极板 2 上电荷的变化，经放大器放大后，输出相应的电压值，从而由电压反映出被测物体与极板间的距离。同面双电极电容式接近觉传感器电容值的计算是一个电动力学的应用问题，其电容方程具有非线性特征，很难用理论模型进行计算，因此大多数采用数值模型公式，根据实验数据进行拟合。

⑤ 气压接近觉传感器。气压接近觉传感器通过检测气体喷射遇到物体时的压力变化来检测和物体之间的接近情况，基本原理如图 3-33 所示。气源送出具有一定压力 P_1 的压缩空气，并使其从喷嘴中喷出，喷嘴与物体的距离 x 越小，气流喷出的面积就越窄，气流阻力就越大，反馈到检测器内的压力 P_2 就越大。因此，可以通过压力 P_2 的大小变化来检测前方是否存在物体以及物体的远近。

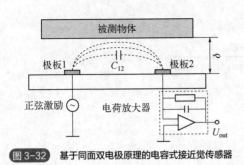

图 3-32 基于同面双电极原理的电容式接近觉传感器

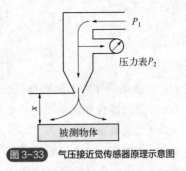

图 3-33 气压接近觉传感器原理示意图

（4）测距仪

与接近觉传感器不同，测距仪用于测量较长的距离，它可以探测障碍物和物体表面的形状，并且用于向系统提供早期的信息。测距仪一般是基于光学原理，常见的测量方法有三角法、测量传输时间法、相位法以及光强法。

① 三角法。三角法测距是一种基于平面三角几何关系进行距离测量的方法。在这种方法中，发光器件将将光束投射到被测物体上，物体表面会反射部分光线，而光敏器件能够感受到这些反射光线。当被测物体相对于光源移动一定距离时，光敏器件上的光斑也会产生相应的移动，光斑的位移与被测物体的移动距离相关。因此，通过光斑的移动距离，可以推算出被测物体与基线之间的距离。由于入射光和反射光构成一个三角形，通过运用几何三角定理来计算光斑的位移，因此该方法被称为三角法测距。按入射光束与被测物体表面法线的角度关系，三角法测距可分为斜射式和直射式两种。图 3-34 所示为直射式和斜射式测量原理示意图。

如图 3-34（a）所示，根据几何关系近似有：

$$D = \frac{f}{x}L \tag{3-44}$$

式中　D——被测物体到光源的距离；

　　　L——发光器件和光敏器件中心的距离；

　　　f——透镜焦距；

　　　x——成像点在光敏器件成像平面上的偏移。

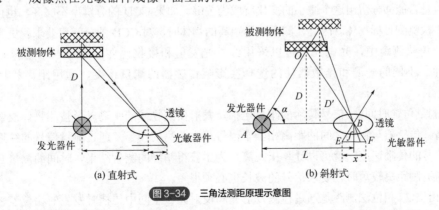

(a) 直射式　　　　(b) 斜射式

图 3-34 三角法测距原理示意图

如图 3-34（b）所示，当入射光束与被测表面呈一定的角度时，依据几何关系，$\triangle AOB$ 与 $\triangle EBF$ 相似。当系统的光路确定后，也可以有：

$$\begin{cases} \dfrac{D}{f} = \dfrac{L}{x} \\[3mm] AO = \dfrac{D}{\sin\alpha} = \dfrac{Lf}{x\sin\alpha} \end{cases} \tag{3-45}$$

式中　D——被测物体到光源的垂直距离；

　　　L——发光器件和光敏器件中心的距离；

　　　f——透镜焦距；

　　　α——入射方向 AO 与基线 AB 的夹角；

　　　x——成像点在光敏器件的像 F 与成像极限位置 E 之间的偏移，极限位置 E 为被测物体距离基线无穷远处时反射光线在光敏器件上成像的极限距离。

根据以上公式，距离的灵敏度 S 可表示为：

$$S = \frac{\Delta x}{\Delta D} = \frac{fL}{D^2} \tag{3-46}$$

可见，三角法测距中距离灵敏度与距离的二次方成反比。在远距离测距时，为保证灵敏度，需要增加 L，传感器尺寸会很大。因此，该方法限制传感器的动态检测范围。实际工作中，当物体远近移动时，像点会产生相应位移。当像点位置由 x 变为 x'，则可以计算出被测物体的移动距离 y 为：

$$y = \frac{Lf(x'-x)}{xx'} \tag{3-47}$$

无论是直射式还是斜射式三角法测距，均可以实现被测物体的高精度、非接触距离测量，其特点有：

- 斜射式具有较高的测量精度。
- 直射式适用于光斑小、光强集中、对干扰的误差较小的情况，因此在机器人上的应用较为广泛。
- 三角测距方法存在最小检测距离的限制。当距离 D 非常近时，光敏器件（如 CCD）可能无法检测到像点。因此，若物体很近，则传感器无法感知到它。
- 当距离 D 非常远时，三角法测距所产生的像素位移量 x 非常小，这时光敏器件（如 CCD）是否能够分辨出这个微小的变化就成为关键。如果 CCD 的分辨率不够高，也可能无法检测到目标物体。因此，测量较远距离的物体时，对 CCD 的分辨率要求就更高。

在三角法测距中，光电元件可以采用红外光发射和接收元件，也可以采用激光发射和接收元件。不同的光源和光敏器件的选择会影响传感器的测量精度、适用距离和具体应用场景。

② 测量传输时间法。信号传输的距离包括从发射器到物体的距离以及被测物体反射到接收器的距离。传感器与物体之间的距离相当于信号行进距离的一半。通过测量信号的往返时间，并了解信号的传播速度，就可以计算出距离。为了获得精确的测量结果，时间的测量必须非常快速。当被测距离较短时，要求信号的波长也必须很短。

③ 相位法。相位法测距是通过检测发射光和反射光在空间中传播时发生的相位差来检测距离。如图 3-35 所示，发光器发出高频率的光，假设波长为 λ 的光束经过分光镜后被分为两束，一束经过距离 L 到达检测装置，另一束经过距离 d 先到达物体反射表面，然后经过多次反射后

到达检测装置，反射光束经过的总距离为 $d' = L + 2d$。假定 $d=0$，此时 $d' = L$，参考光束（即另一束经过被测物体后的反射光）和反射光束同时到达相位检测装置。

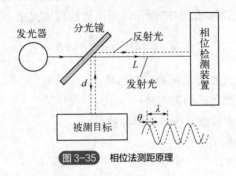

图 3-35　相位法测距原理

若令 d 增大，则反射光束经过的路径较长，在测量点处的两束光之间将产生相位移 θ。且有

$$d' = L + \frac{\theta}{2\pi}\lambda \tag{3-48}$$

将 $d' = L + 2d$ 代入上式得

$$d = \frac{\theta}{4\pi}\lambda = \frac{\theta}{4\pi} \times \frac{c}{f} \tag{3-49}$$

式中　c——光的传播速度；

　　　f——光的频率；

　　　d'——目标距离；

　　　L——发光器与相位检测装置之间的距离；

　　　λ——波长；

　　　θ——反射光与入射光的相位移。

由此可见，在光波频率一定的情况下，目标距离与相位移有关。因此，可以通过检测相位移的变化来测量目标距离。

④ 光强法。光强法测距原理主要利用反射光的强度随着物体表面位置不同而变化的现象进行距离的测量。如图 3-36 所示，发光器可以用二极管制作，接收器可使用光电晶体管。此外，相关元器件还包括光学透镜、光信号接收器以及信号处理器。接收器所接收到的信号强度反映了目标物体到接收器的光强，这个信号既取决于距离，也取决于被测物体表面的一些客观因素，如表面倾斜度、透光性等。在进行光强法测距时，接收器的输出 y 可以近似表示为目标距离和与被测物体表面有关的因素的函数，即 $y = f(d,p)$，其中，d 为目标距离，p 为与被测物体表面特性有关的系数。

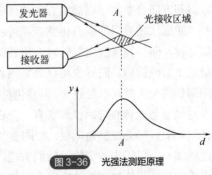

图 3-36　光强法测距原理

一般此类传感器的输出信号 y 与目标距离 d 之间呈非线性关系。当被检测目标为平面时，若发光器与接收器的轴线近似平行、距离很近，且目标距离 d 在 A 的一定范围内时，其输出信号 y 通常可以近似为：

$$y = \frac{p}{d^2} \qquad (3-50)$$

当目标为 p 值一定的同类物体时，传感器输出与目标距离成对应关系。例如，一种基于光强调制原理的光纤距离传感器如图3-37所示，采用光纤传输光束，光强调制公式为：

$$\psi = \frac{\pi\gamma}{3d^2}\left(1 - \cos^6 \beta\right) + b \qquad (3-51)$$

式中　ψ——发射光和接收光信号之间的调制函数；

　　　d——传感器与被测物体表面的距离；

　　　γ——取决于传感器和被测目标光度特性的系数；

　　　β——传感器结构所决定的系数；

　　　b——传感器输出补偿。

当然，在 β、γ、b 确定的情况下，光强就仅为距离 d 的函数。实际上，如果被测目标的颜色、方位角和光源信号强弱不同，β、γ、b 等参数都要相应地改变。在知道这些参数的情况下，该传感器的精度可达±0.02mm。

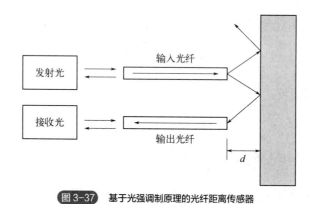

图 3-37　基于光强调制原理的光纤距离传感器

（5）姿态传感器

姿态传感器是一种用于测量物体在空间中的姿态的传感器。它可以检测和记录物体的旋转、倾斜和方向等参数，以提供有关物体姿态的信息。

陀螺仪是典型的姿态传感器，可用于测量和检测物体角速度。其工作原理是基于角动量守恒定律，即当物体发生旋转时，旋转部件会产生一个与旋转角速度成正比的力或位移。通过测量这个力或位移，陀螺仪可以计算出物体的角速度。尽管机械陀螺仪的全盛时期已经过去，但它仍然是目前最著名的陀螺仪，也是最容易理解的陀螺仪。它有一个在框架轴上旋转的重轮，且重轮的旋转会提供角动量，如图3-38所示。如果外部环境通过施加一个扭矩来改变输入轴的方向，那么这个扭矩将会在垂直于旋转轴和施加扭矩的方向上，迫使物体运动。物体运动的动力便是陀螺仪的输出，并与施加的扭矩成比例。

在图3-38中，如果一个扭矩被施加到陀螺仪的输入轴，输出轴将会发生旋转。这种进动成为所施加的扭矩的量度，并可

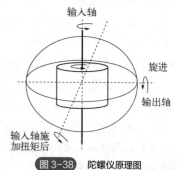

图 3-38　陀螺仪原理图

以用作输出。例如，想要修正飞机的方向或卫星天线的位置，就要向相反方向施加扭矩，使进动的方向相反。作用扭矩与进动角速度的关系为 $T = I\omega\Omega$，其中，T 为所施加的扭矩（N·m），I 为旋转轮的惯量（kg·m²），ω 为角速度（rad/s），$I\omega$ 为角动量（kg·m²·rad/s），Ω 为进动角速度 [1/(rad·s)]，也称为转速。显然，Ω 是施加在设备框架上的扭矩的量度，且有 $\Omega = T/I\omega$。

姿态传感器需要测出智能机器人在运动过程中的姿态的变动，保持其规定的预设姿态，并根据任务要求完成相应动作，因此它通常安装在智能机器人动作频率较多的部位。此外，还有气体速率陀螺仪、光学陀螺仪。气体速率陀螺仪通过姿态变化对气流的影响这一原理来对姿态进行测量。光学陀螺仪的原理是沿环路状光径传播的光会在惯性空间向右旋转时出现速度的变化。

（6）力觉传感器

力觉传感器是一种用于测量物体受力或施加力的传感器。它可以感知物体受到的力的大小和方向，并将这些信息转化为电信号输出。力觉传感器根据其安装位置的不同，主要分为三种：基座力传感器、关节力/力矩传感器、腕力/力矩传感器等。

① 基座力传感器。基座力传感器安装在固定的加工平台上。当智能机器人末端执行器在执行装配、打磨、切削等任务时，基座力传感器可以检测出智能机器人施加于工件上的作用力。基座力传感器具有刚性好、专用性强、灵敏度较高等优点，但其专用性太强，加上基座力传感器大多较笨重，使其应用范围受到限制。

② 关节力/力矩传感器。关节力/力矩传感器安装在智能机器人的关节上，用来测量智能机器人关节受到的作用力和力矩。用关节力/力矩传感器组成的力伺服系统具有频带宽、响应速度快、抗干扰性好等优点，但力和力矩受机器人手臂质量、传动机构及摩擦力的影响大，且计算过程中工作量大。对于多关节智能机器人，问题变得更加复杂。

刚体在空间的运动可以用 6 个坐标来描述，包括表示刚体质心位置的 3 个直角坐标和分别绕 3 个直角坐标轴旋转的角度坐标。可以用多种结构的弹性敏感元件来感知机器人关节所受的 6 个自由度的力或力矩，再由粘贴其上的应变片将力或力矩的各个分量转换为相应的电信号。常用弹性敏感元件的形式有十字交叉式、3 根竖立弹性梁式和 8 根弹性梁的横竖混合结构等。例如，图 3-39 所示为竖梁式 6 自由度关节力/力矩传感器原理图，在每根梁的内侧粘贴张力测量应变片，外侧粘贴剪切力测量应变片，从而构成 6 个自由度的力和力矩分量输出。

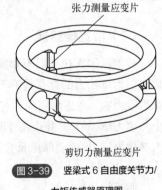

图 3-39　竖梁式 6 自由度关节力/力矩传感器原理图

③ 腕力/力矩传感器。腕力/力矩传感器是安装在智能机器人末端与机械手爪连接的传感器，用于测量机械手爪受到的作用力和力矩。从力的获取方式可以大致将腕力/力矩传感器分为直接输出型（无耦合型）和间接输出型（耦合型）两类。

例如，图 3-40 所示为 SRI 六维腕力传感器，该传感器利用一段直径为 75cm 的铝管加工成串联的弹性梁，共有 8 个窄长的弹性梁。每一个梁颈部开有小槽，使颈部只传递力，扭矩作用很小。梁的另一端两侧粘贴一对应变片（其中一片用于温度补偿）。

令 $w_1, w_2, \cdots, w_8$ 为图中所示的 8 根对应梁的变形信号输出，则六维力（力矩）可表示为：

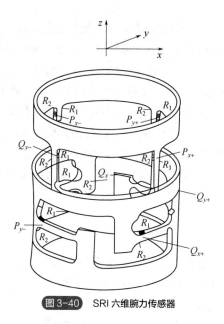

图 3-40 SRI 六维腕力传感器

$$
\begin{bmatrix}
F_x \\
F_y \\
F_z \\
M_x \\
M_y \\
M_z
\end{bmatrix}
=
\begin{bmatrix}
0 & 0 & K_{13} & 0 & 0 & 0 & K_{17} & 0 \\
K_{21} & 0 & 0 & 0 & K_{25} & 0 & 0 & 0 \\
0 & K_{32} & 0 & K_{34} & 0 & K_{36} & 0 & K_{38} \\
0 & 0 & 0 & K_{44} & 0 & 0 & 0 & K_{48} \\
0 & K_{52} & 0 & 0 & 0 & K_{56} & 0 & 0 \\
K_{61} & 0 & K_{63} & 0 & K_{65} & 0 & K_{67} & 0
\end{bmatrix}
\begin{bmatrix}
w_1 \\
w_2 \\
w_3 \\
w_4 \\
w_5 \\
w_6 \\
w_7 \\
w_8
\end{bmatrix}
\qquad (3\text{-}52)
$$

  该传感器为直接输出型力传感器，不需要进行运算，并能进行温度自动补偿。其主要缺点是维间有一定耦合，传感器弹性梁的加工难度大，且传感器刚性较差。

（7）滑觉传感器

  智能机器人在抓取不知属性的物体时，其自身应能确定最佳紧握力。当紧握力足够时，物体会因为摩擦力的存在而不下滑。把物体运动约束在一定面上的力（即垂直作用在这个面的力）称为阻力 R。考虑作用面上有摩擦时，摩擦力 F 作用在这个面的切线方向阻碍物体运动，其大小与阻力 R 有关。静止物体刚要运动时，假设 μ_0 为静摩擦系数，则 $F \leqslant \mu_0 R$（$F = \mu_0 R$ 称为最大摩擦力）；设滑动摩擦系数为 μ，运动时，摩擦力 $F = \mu R$。

  假设物体的质量为 m，重力加速度为 g，如图 3-41 所示的物体看作是处于滑落状态，则机器人手爪的把持力 F' 是为了把物体束缚在手爪面上，垂直作用于手爪面的把持力 F' 相当于阻力 R。当向下的重力 mg 比最大摩擦力 $\mu_0 F'$ 大时，物体会滑落。重力 $mg = \mu_0 F'$ 时的把持力 $F'_{min} = mg/\mu_0$，

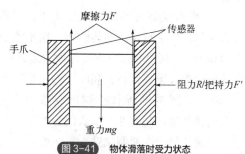

图 3-41 物体滑落时受力状态

称为最小把持力。

在不损害物体的前提下,利用检测到的信号来判断被握物体是否发生滑动,实现这种判别方式的传感器称为滑觉传感器,以下介绍的是光纤滑觉传感器和球形滑觉传感器。

① 光纤滑觉传感器。由于光纤传感器具有体积小、不受电磁干扰、本质上防燃防爆等优点,因而在机械手作业过程中可靠性较高。光纤滑觉传感器结构如图3-42所示。传感器壳体中开有一球冠形槽,可使滑球在其中滑动。滑球的一小部分露出并与弹性膜相接触,滑动物体通过弹性膜与滑球发生相互作用。滑球中心平面与一个内嵌平面反射镜的刚性圆板固接。该圆板通过8个仪表弹簧与传感器壳体相连,构成了该滑觉传感器的弹性恢复系统。

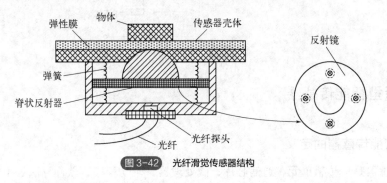

图 3-42　光纤滑觉传感器结构

在光纤滑觉传感系统中,利用滑球的微小转动来进行切向滑觉的转换。在滑球中心嵌入一平面反射镜,光纤探头由中心的发射光纤和对称布设的4根光信号接收光纤组成,来自发射光纤的出射光经平面镜反射后,被发射光纤周围的4根光纤所接收,形成同一光场的4象限光探测,所接收的4象限光信号经前置放大后被送入信号处理系统。当传感器的滑球在有滑动趋势的物体作用下绕球心产生微小转动时,由此引起反射光场发生变化,导致4象限接收光纤所接收到的光信号受到调制,从而实现全方位光纤滑觉检测。光纤滑觉传感系统框图如图3-43所示。

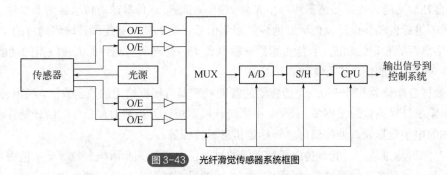

图 3-43　光纤滑觉传感器系统框图

② 球形滑觉传感器。图3-44所示为机器人所使用的一种球形滑觉传感器。它由一个金属球和触针组成,金属球表面分别间隔地排列着许多导电球和绝缘格。触头针很细,每次只能触及一个格。当工件滑动时,金属球也随之转动,在触针上输出脉冲信号。脉冲信号的频率反映了滑移速度,脉冲信号的个数反映了滑移的距离。球与握持的物体相接触时,无论滑动方向如何,只要球一转动,传感器就会产生脉冲输出。该球体在冲击力作用下不转动,因此抗干扰能力强。

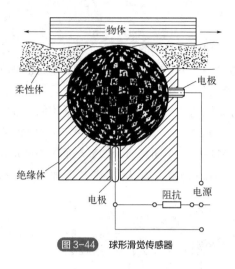

图 3-44　球形滑觉传感器

3.2.4　新型智能传感器

（1）智能传感器的定义

智能传感器是集传感单元、通信芯片、微处理器、驱动程序、软件算法等于一体的系统级产品，具有信息采集、信息处理、信息交换、信息存储等功能。相对于传统传感器，智能传感器更具有智能化和自主性特征。

（2）智能传感器的主要特点

与前述常用传感器相比，智能传感器一般具有微型化、结构一体化、多功能集成等特点，在性能上也具有高精度、高可靠性、高稳定性、高信噪比、高分辨率、较强自适应性等特点。设计目标包括以下功能：

① 自补偿功能。根据传感器和环境先验知识，可通过软件算法对传感器的非线性、温漂、响应时间等进行自动补偿，以便更好地恢复被测信号，达到软件补偿硬件缺陷的目的。

② 信息存储和记忆功能。智能传感器一般具备实时处理所检测到的大量数据的功能，可以根据需要对接收到的信息进行存储和记忆。

③ 数据自动计算和处理功能。传感器的智能处理器可根据给定的数学模型，利用补偿的数据计算出无法直接测量的物理量。例如，根据统计模型可计算被测对象总体的统计特性和参数；利用已知的电子数据表，处理器可重新标定传感器特性等。

④ 自学习与自适应功能。传感器处理器通过对已有被测量和影响参数等样本值进行学习，利用软件算法可具备认知新的被测量的能力，并可通过判断准则自适应地重构结构和重置参数。

⑤ 自诊断、自校准功能。传感器接通电源后，可自动检查传感器各部分是否正常；若遇到传感器性能下降或失效等故障，可依据检测数据，通过电子故障字典或有关算法预测、检测和定位故障。自校准即操作者输入零值或某一标准量值后，自校准软件可以自动地对传感器进行在线校准。

⑥ 双向通信功能与多种接口。智能传感器一般具有标准数字式通信接口、无线协议等，通过此接口可以向上位机发送数据，也可以接收上位机指令，对测量过程进行调节和控制。此外，

许多带微处理器的传感器能通过编程提供模拟量输出、数字量输出或同时提供两种形式的数据输出接口，并且各自具有独立的检测窗口。最新的智能传感器都能提供两个互不影响的输出通道。

⑦ 复合敏感功能。智能传感器一般可集成多个敏感单元，在处理器的控制协调下能够同时测量多种物理量或化学量，具有复合敏感功能。

⑧ 断电保护功能。智能传感器一般集成备用电源，当系统断电时，能自动将后备电源接入内存，保证数据不会丢失。

（3）新型智能传感器示例——电子皮肤

电子皮肤是一种类似人类皮肤的柔软、可伸缩的电子装置。它通常由柔性电子材料制成，具有高度可伸缩性和透明性，可以贴合在人体或其他物体表面，通过感应和测量环境中的温度、湿度、压力、光线等参数，实现对外部环境的感知。电子皮肤作为一种具有巨大潜力的新型电子装置，可以为医疗、机器人、虚拟现实等领域带来许多创新应用。随着材料科学和电子技术的不断进步，电子皮肤将在未来得到更广泛的应用和发展。下面介绍几款最先进的电子皮肤。

① 新型水凝胶电子皮肤。水凝胶是一种不溶于水但含有大量水分的凝胶，具有很好的柔韧性和生物相容性。图 3-45 所示为剑桥大学开发的一种基于水凝胶的电子皮肤，通过使用一系列基于电极的硬件系统和无模型计算方法重建触觉刺激，能够使智能机器人检测损伤、感知物体或人类的触摸，并监测其周围环境。与传统的基于神经网络的人造皮肤系统不同，这种水凝胶皮肤不需要复杂的计算模型来分析电极数据，而是使用少量真实数据的简化方法为基于水凝胶的系统生成变形图。在初步评估中，研究人员发现基于水凝胶的系统明显优于基于传统神经网络的人造皮肤系统，在 170mm 的圆形皮肤上实现了 12.1mm 的平均分辨率。该电子皮肤可广泛应用于软体机器人。

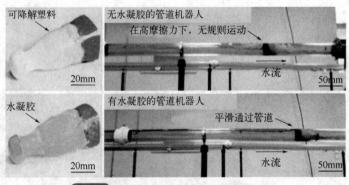

图 3-45　水凝胶电子皮肤在软体机器人上的应用

② 生物燃料驱动的柔软电子皮肤。图 3-46 所示为加利福尼亚理工学院研发的一种完全由汗液驱动的集成电子皮肤（PPES），其通过独特的三维纳米材料的集成，实现了高功率强度和长期稳定性。PPES 利用未经处理的人体汗液为生物燃料电池，提供的功率密度达到 $5mW/cm^2$，并在连续运行 60h 的测试中展示出非常稳定的性能。此外，它还能够选择性地监测体育锻炼过程中的关键代谢分析物，例如尿素、NH_4^+、葡萄糖和 pH 值，并将数据通过蓝牙无线传输到用户界面。除了代谢分析，PPES 还能监测肌肉收缩，并充当人机界面，实现运动过程中的人机交互。未来，PPES 有望在医疗诊断、运动生理学和康复工程等领域展示出更广泛的应用潜力。

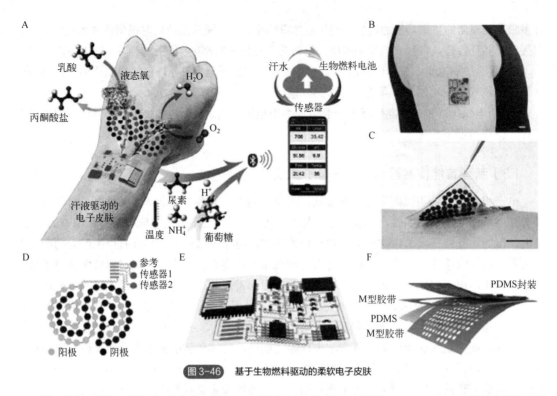

图 3-46　基于生物燃料驱动的柔软电子皮肤

③ 自修复的多功能电子皮肤。图 3-47 所示为以色列理工学院 Hossam Haick 教授团队研发的一种电子皮肤，该电子皮肤能够对温度、压力和 pH 值进行高度感知。这种电子皮肤具备创新的自我修复能力，包括小范围损伤的自我修复以及特定位置的大范围损伤的按需修复。

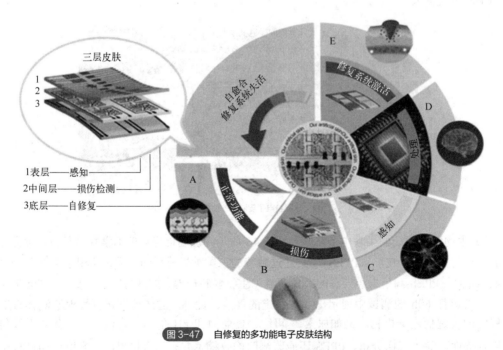

图 3-47　自修复的多功能电子皮肤结构

该电子皮肤所采用的柔性高分子材料由一系列微小的感应器和电路组成，这些感应器和电路之间通过柔性的基底相连。当电子皮肤受到损坏时，感应器会立即检测到损坏部位，并发送信号给电路。电路收到信号后，会根据预先编程的指令，通过电磁波或电流传输到损坏部位。这些能量会激活特殊的自修复材料，使其重新连接并修复损坏的部分。修复完成后，电子皮肤恢复正常工作。

3.3　感知信息的处理技术

通过对传感器获取的图像、声音、压力等感知信息进行处理，提取到有用的特征信息，可使得智能机器人理解自身及环境的变化，为机器人的控制提供参考。下面对典型的感知信息处理技术进行简要介绍。

3.3.1　视觉信息感知技术

智能机器人视觉感知技术是指机器人通过摄像头、传感器等感知设备获取到视觉信息，并通过算法和模型进行分析和理解，从而实现对环境、物体和人的感知能力。这项技术是实现自主导航、环境认知和交互能力的重要基础，也是实现智能机器人应用的关键技术之一。

3.3.1.1　视觉信息获取

（1）单目视觉

单目视觉测量就是利用一台视觉成像设备采集图像，对目标的几何尺寸，目标在空间的位置、姿态等信息进行提取。单目视觉测量的原理是基于二维平面的小孔成像模型。小孔成像模型是一种简化的光学成像模型，也被称为孔径模型或针孔相机模型。它描述了光线从被摄体上的不同点通过一个非常小的光圈孔径（即小孔）进入相机的过程，并形成一个倒立、缩小、颜色可逆的像在成像平面上。图3-48所示为小孔成像模型示意图。

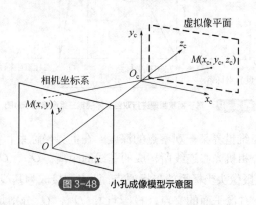

图 3-48　小孔成像模型示意图

目标点在成像平面的像坐标 $M(x, y)$ 与相机坐标系中的目标点空间坐 $M(x_c, y_c, z_c)$ 之间的关系如下：

$$\begin{cases} x = -f \dfrac{x_c}{z_c} \\[2mm] y = -f \dfrac{y_c}{z_c} \end{cases}$$

(3-53)

利用齐次坐标，将其改为矩阵的形式：

$$z_c \begin{bmatrix} x \\ y \\ 1 \end{bmatrix} = \begin{bmatrix} -f & 0 & 0 & 0 \\ 0 & -f & 0 & 0 \\ 0 & 0 & 1 & 0 \end{bmatrix} \begin{bmatrix} x_c \\ y_c \\ z_c \\ 1 \end{bmatrix} \tag{3-54}$$

以上分析可知，由三维空间到二维空间的映射并不是一对一的，给定的 $M(x,y)$ 不能唯一确定其在空间上的点 $M(x_c, y_c, z_c)$。

（2）双目视觉

由于二维图像成像过程中丢失深度信息，因此很难通过二维图像来还原三维世界信息，本小节介绍如何基于两台相机拍摄的图像获得图像的深度信息，来重建三维世界中的点。

① 视差原理。研究表明，人依靠两只眼睛就能判断深度（物体离眼睛的距离），这主要是基于视差原理来实现的。例如，将手指置于双目之间，分别开闭左右眼，会发现手指不在同一个位置，这就是视差现象。如果用两台相机模拟人眼，计算两幅图像对应点间的位置差异，就可以基于视差原理得到物体的三维几何信息。

图 3-49 所示为基于视差原理进行双目立体视觉三维测量的示意图。该图相当于将两台相机的透视模型投影到 xOz 平面，而且世界坐标系和相机坐标系 x 轴对齐，两台相机处于同一基线上，距离为 T。

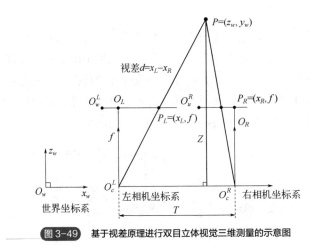

图 3-49 基于视差原理进行双目立体视觉三维测量的示意图

在图 3-49 中，Z 是三维世界某一观察点的深度，在世界坐标系和相机坐标系下 z 向距离相等，可理解为 P 点到两个相机光心连线所构成的基线的距离；O_c^L、O_c^R 分别是左右两个摄像头的光学中心位置，即两个摄像头坐标系的坐标原点，两点连接成为基线；P_L、P_R 分别是光心 O_c^L、O_c^R 与 P 点的连线，与左右像平面的交点（投影点）；O_c^L、O_c^R 分别是左右相机像平面坐标原点；x_L、x_R 分别是观察点 P 在两个相机坐标系下 x 向坐标；T 是左右相机光心的距离；f 是相机焦距。

在图 3-49 所示的两个相机构成的视觉系统中，将同一观察点 P 在两个相机坐标系下的图像坐标的差值 $x_L - x_R$ 定义为视差。基于几何关系可以得到：

$$\frac{T - x_L - (-x_R)}{T} = \frac{Z - f}{Z} \tag{3-55}$$

整理上式，可得：

$$Z = \frac{Tf}{x_L - x_R} \tag{3-56}$$

从上式可以看出，在焦距和相机间距一定的情况下，视差 $x_L - x_R$ 和深度 Z 成反比关系。视差越大，探测的深度越小，且在同一深度平面上的点在左右成像平面上的视差是相同的。

② 3D 坐标计算。图 3-50 所示为双目立体视觉系统投影成像原理示意图，假设点 $P(x_c, y_c, z_c)$ 是在 O_c^l 左相机坐标系下的坐标。P 点在世界坐标系下的坐标可以根据相机的位姿得到。根据两幅分别由左、右相机拍摄的 P 点图像坐标，可确定其在三维空间中的坐标。

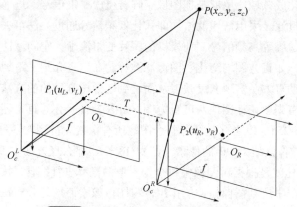

图 3-50　双目立体视觉系统投影成像原理示意图

图 3-50 中，(u_L, v_L) 为左像点的图像坐标，(u_R, v_R) 为右像点的图像坐标，x_L 和 x_R 为像点在两个相机坐标系下的水平 x 向坐标（$x_L = u_L$，$x_R = u_R$），y_L 和 y_R 为像点在两个相机坐标系下的垂直 y 向坐标（$v_L = y_L$，$v_R = y_R$），$P(x_c, y_c, z_c)$ 为 P 点在左相机坐标系中的坐标，T 是基线长度，f 是相机焦距。

那么，理想情况下可以进一步推理得到：

$$\begin{cases} x_c = \dfrac{u_L T}{u_L - u_R} \\[2mm] y_c = \dfrac{u_L T}{u_L - u_R} \\[2mm] z_c = \dfrac{f T}{u_L - u_R} \end{cases} \tag{3-57}$$

可见，当左右相机光轴平行放置时，依据式（3-57），根据像点的视差，就可以知道 P 点在左、右相机坐标系中的坐标，进一步根据 z_c 估算该像素点深度（P 点到相机机座距离），以及根据式（3-54）的转换矩阵计算该点在世界坐标系下的空间坐标，实现三维重建。

3.3.1.2　图像处理与分析的一般方法

图像处理和分析是指将图像信号转换成数字信号并利用计算机对其进行处理和分析。常用的图像处理包括图像增强、图像平滑、边缘锐化、图像分割、图像识别等。在图像处理中，输入的是原始的图像，输出的是经过一系列处理后的图像。对图像进行处理，既可改善图像的视觉效果，又便于计算机对图像进行分析、处理和识别。

（1）图像增强

图像增强（image enhancement）是图像处理中一种常用的技术，它的目的是增强图像中全局或局部有用的信息。合理利用图像增强技术能够针对性地增强图像中感兴趣的特征，抑制图像中不感兴趣的特征，这样能够有效地改善图像的质量，增强图像的特征。例如，由于光照等原因，原始图像的对比度往往不理想，可以利用各种灰度变换处理来增强图像的对比度。

图像增强算法大体可分为频域法和空间域法两类。频域法就是利用傅里叶、小波变换等算法把图像从空间域转化成频域，也就是把图像矩阵转化成二维信号，进而使用高通滤波器或低通滤波器对信号进行过滤。采用低通滤波（即只让低频信号通过）法可去掉图中的噪声；采用高通滤波法则可增强边缘等高频信号，使模糊的图片变得清晰。空间域法则在图像空间进行灰度变换实现图像增强，如直方图均衡化、图像滤波等。在这里介绍一下经常使用的直方图均衡化方法，它是一种借助直方图实现灰度映射从而达到图像增强目的的方法。

直方图均衡化时首先要统计图像灰度直方图。如图 3-51 所示，直方图横坐标是图片所有像素的可能值，比如 0～255；纵坐标是统计整个图像所有像素后得到的各种像素值对应的概率，比如 1000 个像素中，像素值为 90 的像素个数为 13 个，那么直方图中 90 对应的纵坐标就是 13/1000。直方图均衡化就是根据对图像中每个像素值的概率进行统计，按照概率分布函数对图像的像素进行重新分配来达到图像拉伸的作用，将图像像素值均匀分布在最小和最大像素级之间。如图 3-51（a）、（b）所示，从原图像的直方图可以看出原来图像的像素值居于 0～150 范围较多，直方图均衡化后，直方图跨越整个灰度范围。这种方法对于背景和前景都太亮或者太暗的图像非常有用。

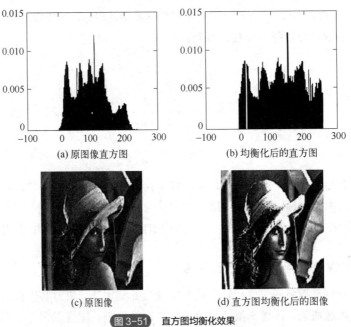

(a) 原图像直方图　　　　　　　　(b) 均衡化后的直方图

(c) 原图像　　　　　　　　(d) 直方图均衡化后的图像

图3-51　直方图均衡化效果

（2）图像平滑

图像平滑（image smoothing）处理技术即图像的去噪声处理技术。实际获得的图像在形成、传输、接收和处理的过程中，不可避免地存在外部干扰和内部干扰，如光电转换过程中，敏感元件灵敏度的不均匀性、数字化过程的量化噪声、传输过程中的误差及人为因素等，均会使图像失真，使图像变得模糊、特征不清晰。去除噪声主要是为了去除实际成像过程中因成像设备和环境所造成的图像失真，提取有用信息，恢复原始图像，这是图像处理中的一个重要内容，可通过邻域平均法滤波、中值法滤波、空间域低通滤波等算法实现。

以邻域平均法滤波为例，滤波会对图像中的每个像素的像素值进行重新计算。如图 3-52 所示，假设窗口大小为 3 个像素，则图像中像素 P 滤波后的像素则是利用在 3×3 的窗口内邻域的像素值进行计算。式（3-58）是一种领域平均法滤波算法的表达式。按照该算法，图 3-52 中原像素 P 点的灰度值 $f(x,y)$ 用图像上像素 P 点 $f(x,y)$ 及其邻域像素的灰度平均值来代替，所以该滤波方法也称为均值滤波方法。

$$\overline{f}(x,y)=\begin{cases}\dfrac{1}{8}\sum\limits_{i=1}^{8}P_i, & \left|f(x,y)-\dfrac{1}{8}\sum\limits_{i=1}^{8}P_i\right|>\varepsilon \\ f(x,y), & \left|f(x,y)-\dfrac{1}{8}\sum\limits_{i=1}^{8}P_i\right|\leqslant\varepsilon\end{cases} \tag{3-58}$$

式中　$f(x,y)$——像素的实际灰度值；

　　　P_i——邻域像素灰度值；

　　　ε——设定的阈值。

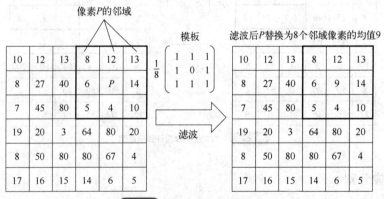

图 3-52　邻域平均法滤波示意图

将上述过程形式化，平均法滤波处理可以看成空间滤波器与原始图像卷积作用后产生的输出图像。空间滤波器又称加权函数、模板、卷积核、掩膜等。

（3）边缘锐化

边缘锐化（image sharpening）处理主要是指加强图像中的轮廓边缘和细节，形成完整的物体边界，达到将物体从图像中分离出来或将表示同一物体表面的区域检测出来的目的。由于边缘和轮廓都位于灰度突变处，可以借用梯度的概念，用像素的一阶或者二阶导数来描述、检测边缘和轮廓。

图像 $f(x,y)$ 在位置 (x,y) 处的梯度定义为 $\boldsymbol{G}\left[f(x,y)\right]$ 的二维矢量：

$$\boldsymbol{G}\left[f\left(x,y\right)\right]=\begin{pmatrix} G_x \\ G_y \end{pmatrix}=\begin{pmatrix} \dfrac{\partial f}{\partial x} \\ \dfrac{\partial f}{\partial y} \end{pmatrix} \tag{3-59}$$

式中　$\dfrac{\partial f}{\partial x}$——$x$ 方向的灰度变化率；

$\dfrac{\partial f}{\partial y}$——$y$ 方向的灰度变化率。

梯度指向函数 $f(x,y)$ 最大增长率的方向。对于边缘检测，重要的是矢量幅值，又称为梯度幅值，其值为：

$$\left|\boldsymbol{G}\left(f\right)\right|=\sqrt{\left(\dfrac{\partial f}{\partial x}\right)^2+\left(\dfrac{\partial f}{\partial y}\right)^2} \tag{3-60}$$

为了获取每一个像素的梯度，采用梯度算子对图像区域进行窗口扫描计算。如图 3-53 所示，用（-1 0 1）的算子对每一个 1×3 图像像素区域进行加权求和运算，可以得到行方向上每一个像素位置处的梯度；同理，利用（-1 0 1）^{T} 对每个 3×1 的图像像素区域进行加权求和运算，可以得到列方向上每一个像素位置处的梯度。进行梯度计算后，可以更好地区分图像的边缘。常见的梯度算子还有 Robert 算子、Prewitt 算子、Sobel 算子等。

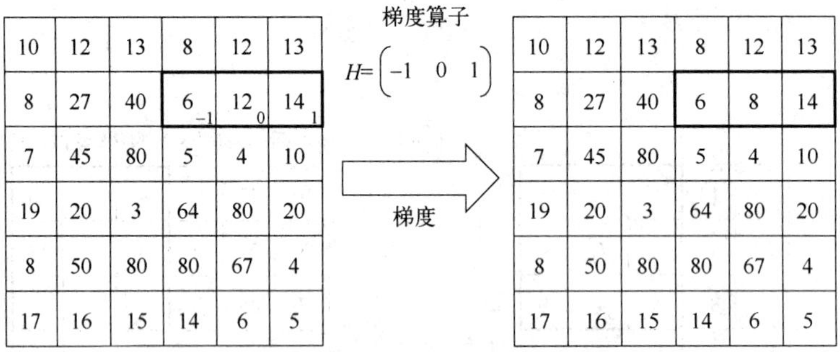

图 3-53　方向图像梯度计算示意图

（4）图像分割

图像分割（image division）是将图像分成若干部分，每一部分对应于某一物体表面。在进行分割时，每一部分的灰度或纹理符合某一种均匀测试度量标准。其本质是将像素进行分类，把人们对图像中感兴趣的部分或目标从图像中提取出来，以进行进一步的分析和应用。图像分割通常有以下两种方法。

① 阈值处理法。以区域为对象进行分割，根据图像的灰度、色彩和图像的灰度值或色彩变化得到的特征的相似性来划分图像空间。通过把同一灰度级或相同组织结构的像素聚集起来而形成区域，这一方法依赖于相似性准则的选取。

② 边缘检测法。以物体边界为对象进行分割，首先通过检测图像中的局部不连续性得到图像的边缘（通常将画面上灰度突变部分当作边缘），把边界分解成一系列的局部边缘，再按照一些策略把这些边缘确定为一定的分割区域。

（5）图像识别

图像识别（image recognition）实际上可以看作一个标记过程，即利用识别算法来辨别景物中已分割好的各个物体，给这些物体赋予特定的标记。它是机器视觉系统必须完成的一个任务。按照图像识别的难易程度，图像识别问题可分为以下三类。

① 图像中的像素表达了某一物体的某种特定信息。如遥感图像中的某一像素代表地面某一位置上物体的一定光谱波段的反射特性，通过它即可判别出该位置上物体的种类。

② 待识别物是有形的整体。通过二维图像信息已经足够识别该物体，如文字识别、某些具有稳定可视表面的三维体识别等。但这类问题不像第一类问题容易表示成特征矢量，在识别过程中，应先将待识别物体正确地从图像的背景中分割出来，再设法建立起图像中物体的属性图与假定模型库的属性图之间的匹配。

③ 由输入的二维图、要素图等，得出被测物体的三维表示。如何将隐含的三维信息提取出来是当今研究的热点问题。

3.3.1.3 基于神经网络的视觉感知方法

神经网络（neural network）是一种模拟人脑神经系统结构和功能的计算模型。它由大量的人工神经元（或称为节点）组成，这些神经元通过连接（或称为权重）相互作用，形成复杂的网络结构。由于神经网络模型的层次较深，具有更好的表达能力，因此可用于大规模图像数据的学习。

（1）经典的视觉感知网络

图 3-54 所示为基本 CNN 结构框架，可以用于图像数据的分类。其采用卷积层与池化层交替设置，这样卷积层提取出特征，再进行组合，形成对图片描述更抽象的特征，最后将所有特征参数归一化到一维数组中形成连接层，进行目标特征训练或检测。

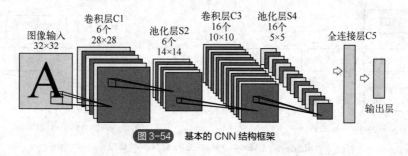

图 3-54 基本的 CNN 结构框架

以输入像素 32×32 的图像为例，10 类数字类判别为输出。网络接收的特征图经过卷积层特征提取步骤后将被传递到池化层进行特征的选择与过滤，池化函数将特征图中某个点的值近似替代为按一定规则计算的变量。池化层的数学模型可以表示为：

$$A_k^l(i,j) = \left[\sum_{x=1}^{f} \sum_{y=1}^{f} A_k^l(s_0 i + x, s_0 j + y)^p \right]^{1/p} \qquad (3\text{-}61)$$

式中　f——过滤器大小；

　　　s_0——步幅；

p——预先设定的参数。$p = 1$ 时即为平均池化，当 p 接近无穷时则为最大池化。池化层通常有最大池化、最小池化和平均池化。

（2）改进的 CNN 结构

① VGGNet 结构。2014 年，Simonyan 等学者在 AlexNet 网络结构的基础上提出了 VGGNet 结构。本质上，VGGNet 属于更深层的 AlexNet，其相较于后者，主要探索了卷积神经网络的深度与其性能的关系，通过堆叠 3×3 的小卷积核和 2×2 的最大池化，使得网络可以达到与更大卷积核（如 7×7 卷积核）一样的感受野。此外，VGGNet 没有使用 LRN 结构。VGGNet 因为其结构规整，卷积核较小，可以应用在机器人视觉任务中的特征提取、场景理解、姿态估计等。机器人从视觉传感器中获得图像信息后，通过在 VGGNet 的网络结构中进行训练，学习到具有判别性的特征表示，从而提高机器人对图像的理解能力。

② GoogLeNet 结构。2014 年，在 VGGNet 被提出的同一年，GoogLeNet 结构也被提出来。AlexNet、VGGNet 等结构都是通过增大网络的深度来获得更好的训练效果，但是层数增加会带来一定的副作用，比如过拟合、梯度消失或梯度爆炸等问题。GoogLeNet 结构的提出从另一种角度更高效地利用了计算机资源，在相同计算量下能提取到更多的特征，从而提升训练效果。GoogLeNet 与 AlexNet 和 VGGNet 的显著不同在于其构建了一个 Inception 的结构。由于 Inception 模块的设计，机器人可以进行输入图像的多尺度特征提取和不同层级的特征融合。Inception 的最初期版本的结构 Inception V1 是一个稀疏网络结构，但是能够产生稠密的数据，既能增加神经网络表现，又能保证计算资源的使用效率。如图 3-55（a）所示，该结构将 CNN 中常用的卷积（1×1，3×3，5×5）、池化操作（3×3）堆叠在一起（卷积、池化后的尺寸相同，将通道相加），一方面增加了网络的宽度，另一方面也增加了网络对尺度的适应性。这样，网络卷积层中的网络能够提取输入的每一个细节信息，同时 5×5 的滤波器也能够覆盖大部分接收层的输入。

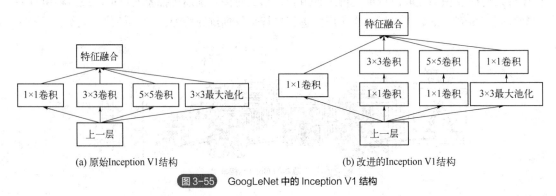

(a) 原始Inception V1结构　　　　　　　　　　　(b) 改进的Inception V1结构

图 3-55　GoogLeNet 中的 Inception V1 结构

然而在 Inception 原始版本中［见图 3-55（a）］，所有的卷积核都在上一层的所有输出数据上进行，5×5 的卷积核所需的计算量较大。为了避免这种情况，在 Inception V1 结构 3×3 卷积前、5×5 卷积前、3×3 最大池化后分别加上了 1×1 的卷积，以起到降低特征图厚度的作用，这样使得机器人能够更高效地进行视觉的感知任务。基于改进的 Inception V1 结构［见图 3-55（b）］，多个 Inception 模块串联起来就形成了 GoogLeNet。

一般来说，使用 1×1 的卷积可以整合各个通道的信息，同时可以对卷积核的通道数进行增加或者降低。GoogLeNet 虽然有 2×2 层的参数，但参数量是同期 VGG16（138million）的 1/27，以及 AlexNet（60million）的 1/12，同时准确率却较 AlexNet 有一定提升。

③ ResNet 结构。卷积神经网络不断加深，也使得模型准确率不断下降，但是这种准确率下降却不是由过拟合现象造成的。为此，有学者提出了残差网络（ResNet）。ResNet 假定某段神经网络的输入为 x，期望网络输出的结果为 $H(x)$，如果把 x 传出作为初始的结果，那么此时需要学习的 x 目标就是 $F(x)=H(x)-x$。在图 3-56 中，通过捷径连接（曲线）的方式，把 x 传到输入作为初始结果，残差单元输出结果为 $H(x)=F(x)+x$。ResNet 改变了网络的学习目标，不是学习完整的输出，而是学习目标值 $H(x)$ 和 x 之间的差值，训练时主要是将残差结果向 0 逼近。残差网络的主要思想是去掉相同的主体分来学习残差，突出网络中小的变化。

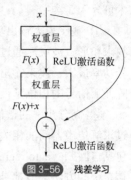

图 3-56　残差学习

ResNet 网络中残差学习通过捷径连接实现，通过捷径将输入和输出进行一个元素层面上（element-wise）的叠加，ResNet 网络中没有引入额外的参数和计算复杂度，所以这种方法不会增加网络的计算量，同时能够加快网络训练速度，减少训练时间，并且使用该结构能够解决由网络层数过深导致的模型退化问题。ResNet 网络结构容易优化，它解决了增加网络深度带来的副作用（模型退化），可以通过增加网络的深度来提高准确率，在后来的图像分类、检测、定位等多种视觉感知任务中获得广泛应用。

3.3.2　听觉信息感知技术

听觉信息感知技术是指机器人通过麦克风、传感器等听觉设备获取到声音和声音相关的信息，并通过算法和模型进行分析和理解，从而实现对环境声音、语音命令等的感知能力。该技术在环境响应和语音识别方面具有重要研究意义。

3.3.2.1　声音信息的获取

智能机器人通过麦克风或其他音频传感器获取周围环境中的声音信号。麦克风是常用的声音获取设备，它能将声音波动转换为相应的电信号，通常由一个薄膜和一个电荷放大器组成。薄膜可以感知到空气中的声音波动，当声音波动引起薄膜振动时，电荷放大器将振动转换为电信号。这个电信号可以传输给智能机器人的声音处理模块进行进一步处理和分析。在声音获取过程中，智能机器人可以通过使用单个麦克风或者麦克风阵列之间的时间差和相位差来实现声音的定位和跟踪。

3.3.2.2　声源定位技术

声源定位技术是通过相关的传感器获取语音信号，并采用数字信号处理技术对其进行分析和处理，继而确定和跟踪声源的空间位置。常用的声源定位方法有：基于传声器阵列的声源定位和基于人耳听觉机理的定位方法。相比于智能机器人视觉研究，智能机器人听觉研究还处于初期阶段。

（1）基于传声器阵列的声源定位

传声器阵列是指由若干传声器（也称麦克风）按照一定的方式布置在空间不同位置上组成

的阵列。传声器阵列声源定位是指用传声器阵列采集声音信号，通过对多道声音信号进行分析和处理，在空间中定出一个或多个声源的平面或空间坐标，得到声源的位置。现有声源定位技术可分为 3 类：

① 基于最大输出功率的可控波束形成技术。它的基本思想是将各阵元采集来的信号进行加权求和形成波束，通过搜索声源的可能位置来引导该波束，修改权值使得传声器阵列的输出信号功率最大，波束输出功率最大的点就是声源的位置。在传统的波束形成器中，权值取决于各阵元上信号的相位延迟，相位延迟与声达时间延迟有关，因此称为延时求和波束形成器。

② 高分辨率的谱估计技术。高分辨率的谱估计技术是利用接收信号相关矩阵的空间谱，通过求解传声器间的相关矩阵来确定方向角，进而确定声源位置的一种技术。这种定位技术主要包括自回归（auto regressive，AR）模型法、最小方差（MV）谱估计法和特征值分解算法等。该定位的方法一般都具有很高的定位精度，但计算量比较大。与传统的波束形成方法相比，其对声源和传声器模型误差的鲁棒性不强，因此在当代声源定位系统中的使用越来越少。

③ 基于声达时间差的定位技术。该方法是利用不同传声器接收到的声源信号的差异性来估计方向并最终确定实际声源位置的方法，就好比人的两只耳朵像两个不同的声音观测器，能够使人判断声源位置。声达时间延迟估计法计算量较小，利于智能机器人实时处理。该方法定位是先进行声达时间差估计，并从中获取传声器阵列中阵元间的声延迟（即估计时延）；再利用获取的声达时间差，结合已知传声器阵列的空间位置进一步进行声源的位置搜索。图 3-57 所示为某一具体的传声器阵列和声源位置关系。

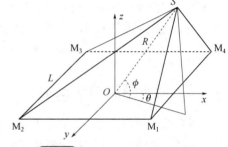

图 3-57　传声器阵列和声源位置关系

首先进行时延估计，而后根据式（3-62）、式（3-63）估计声源的位置参数。

$$\cos\theta = \frac{c}{2L}\sqrt{\left(2\tau_{31} - \tau_{41} + \tau_{21}\right)^2 + \left(\tau_{41} - \tau_{21}\right)^2} \tag{3-62}$$

$$R = \frac{c\left(2\tau_{31} - \tau_{41} + \tau_{21}\right)\left(\tau_{41} - \tau_{21}\right)}{4\tau_{41} + \tau_{21}} \tag{3-63}$$

式中　τ_{ij}——任意两个传声器之间的时间延迟；

　　　c——声速，一般情况下取 340m/s；

　　　R——声源和传声器阵列中心的距离；

　　　θ——方位角；

　　　L——传声器阵列的正方形边长，图 3-57 中 L=0.2m。

（2）基于人耳听觉机理的定位方法

该类方法从人的听觉生理和心理特性出发，研究人在声音识别过程中的规律，寻找人听觉表达的各种线索，建立数学模型并用计算机来计算和分析听觉场景，探索声源空间信息感知分析。例如，人耳听觉系统能够同时定位和分离多个声源，这种特性经常被称为"鸡尾酒会效应"。通过这一效应，一个人在复杂的环境中能集中听取一个特定的声音或语音。从人类听觉生理和心理特性出发，研究人在声音或语音识别过程中的规律，称为听觉场景分析。用计算机模仿人类听觉生理和心理机制建立听觉模型的研究范畴，称为计算听觉场景分析。

目前研究表明，人耳听觉中枢系统中的橄榄核复合体对以上两项指标进行判断和分析，再传入下丘脑或听觉皮质进行更高级的整合，从而完成声源的空间定位。人类一般利用双耳进行声音刺激的捡拾、处理，进而形成听觉感知的过程。利用单耳听觉感知时，单侧大脑皮层的听觉中枢会对声音刺激进行处理，主要形成响度、音色、音高等感知现象；而利用双耳听觉感知时，两侧大脑皮层的听觉中枢将同时对声音刺激进行综合处理，进而形成声源的空间方位信息。

现阶段，基于人耳听觉机理的定位线索主要有双耳时间差（ITD）和双耳声级差（ILD）。考虑到头部的影响，当频率约小于 1500Hz 时，双耳时间差是方向定位的主要因素；频率为 1500～4000Hz 时，双耳时间差和双耳声级差对方向定位共同起作用；频率为 4000～5000Hz 的高频情况下，双耳声级差是方向定位的主要因素。双耳时间差的计算方法有多种，常用的方法有双耳声压相延时差和相关法定义的双耳时间差等。

3.3.2.3 语音识别

语音识别是以语音为研究对象，利用语音信号处理、模式识别等技术让智能机器人能"听懂"人类的自然语言。语音识别技术也称为自动语音识别技术（ASR）或语音到文本（STT）技术，是指机器人通过识别和理解将人类语言的词汇内容转变为机器人系统中可读输入文本或命令的技术。图 3-58 给出了一个语音识别系统的通用框架，主要包括 4 个部分：信号预处理和特征提取、声学模型（AM）、语言模型（LM）和解码器搜索。

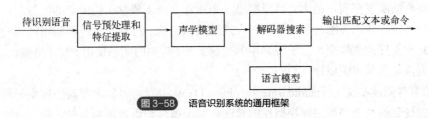

图 3-58　语音识别系统的通用框架

（1）信号预处理和特征提取

① 预处理。在声音获取之后，对声音信号进行预处理，以提高信号的质量和准确性。最常用的预处理方法有抗混叠滤波、预加重、极端点检测。抗混叠滤波是为了防止混叠失真和噪声干扰，在采样前可使用具有锐截止特性的模低通滤波器；在预处理中进行预加重处理的目的是提升高频部分，使信号的频谱变得平坦；极端点检测的目的是判断一段带噪语音的纯噪声段和含有噪声的语音段，以及判断各个语音段的起点和终点。

② 特征提取。经过前期的预处理之后，需要对语音信息进行特征的获取，特征提取直接影响整个识别系统的质量和效率。孤立词语音识别系统的特征提取一般需要解决的问题是从语音信号中提取有代表性的特征参数并进行适当压缩。非特定人语音识别系统则希望特征参数尽可能减少说话人的个人信息，尽量反映语义信息。语音识别中提取的特征主要是频域特征，常见的语音信号频率特征参数有线性预测系数（LPC）、线性预测倒谱系数（LPCC）和 Mel 频率倒谱系数。

线性预测算法速度快、实现简单，是最有效和最流行的特征参数提取技术之一。其基本思想是，语言信号的每个取样值可以由它过去的若干个取样值的加权和来表示。各加权系数应使实际语音采样值与线性预测采样值之间的误差平方和最小，加权系数就是线性预测系数。如果

利用过去 p 个采样值来进行预测，就称为 p 阶线性预测。

线性预测倒谱系数是计算语音信号的倒谱时根据自回归模型对线性预测系统进行递推得到的。其优点是彻底地去掉了语音产生过程中的激励信号，反映了声道响应，而且往往只需要几个倒谱系数就能够很好地描述语音的共振峰特性。

频率倒谱系数是受人的听觉系统研究成果推动而导出的声学特征。其计算要点是将线性功率谱转换成 Mel 频率下的功率谱，这需要计算前在语音的频谱范围内设置若干个带通滤波器。首先用快速傅里叶变换将时域信号转化成频域信号，然后在频域应用一组 Mel 频率上平均分布的同态滤波器组进行卷积，得到类似人耳听觉特性的非线性频谱分辨率。通过对数处理可使之化为可分离的相加成分，最后进行离散余弦变换即得到 Mel 频率倒谱系数。

（2）声学模型

声学模型是识别系统的底层模型，其目的是提供一种计算语音的特征矢量序列和每个发音模板之间的距离的方法。也就是说，提取到的语音特性，与某个发音之间的差距越小，越有可能是这个发音。常见的声学建模方法有以下几种。

① 隐马尔可夫模型法（HMM）。隐马尔可夫模型包含双重随机过程：一个是具有有限状态数的马尔可夫链，来模拟语音信号统计变化隐含的随机过程；另一个是与马尔可夫链的每一个状态相关联的观测序列的随机过程。人的言语过程正是一个双重随机过程，其中语音信号本身是一个可观测的实变序列，是由大脑根据语法知识和言语需要发出的因素的参数流，而言语需要则是不可观测的状态。隐马尔可夫模型合理地模仿了这一过程，是一种利用已知的观测序列来推断未知变量序列的模型，由于观测序列变量 x 在 t 时刻的状态仅由 t 时刻隐藏状态 y 决定，其状态序列满足马尔可夫属性。

② 动态时间规整法（dynamic time warping，DTW）。动态时间规整是一种用于测量可能随时间或速度变化的两个序列之间相似性的算法，对于孤立词语音识别简单而有效。该算法的基本原理是，对输入语音信号进行伸长或缩短直到与标准模式的长度一致，通过非线性地"规整"语音序列以使之相互匹配，解决了不同说话人对同一音的发音长短不一的模板匹配问题。

③ 基于神经网络的语音识别法。近年来，长短时记忆网络（long short-term memory，LSTM）、递归神经网络和时延神经网络（TDNN）在语音识别领域的表现引人注目，深度神经网络与自动去噪编码器正成为研究热点。2009 年，Hinton 和 D. Mohamed 将深度置信网络（deep belief network，DBN）用于语音识别声学建模，并在 TIMIT 这样的小词汇量连续语音识别数据库上获得成功。2011 年，DNN 在大词汇量连续语音识别上获得成功，从此基于深度神经网络的建模方式逐渐成为主流的语音识别建模方式。目前深度学习理论已成功应用于音素识别、大词汇量连续语音识别中，其应用主要集中在利用深度学习方法提取更具表征能力的特征，以及对现有基于 HMM 的声学模型进行加强上。

（3）语言模型

机器人将识别出的词汇组成有逻辑的句子，需要用到语言模型，以避免出现语言歧义现象。

由于语音信号存在时变性、噪声和其他一些不稳定因素，单纯靠声学模型无法达到较高的语音识别的准确率。在人类语言中，每一句话的单词之间有密切的联系，这些单词层面的信息可以减少声学模型上的搜索范围，有效地提高识别的准确性。要完成这项任务，语言模型是必不可少的，它提供了语言中词与词之间的上下文信息以及语义信息。随着统计语言处理方法的发展，统计语言模型成为语音识别中语言处理的主流技术，统计语言模型有很多种，如 N-Gram 语言模型、马尔可夫 N 元模型、指数模型等。而 N 元语言模型是最常被使用的统计语言模型，特别是二元语言模型（bigram）和三元语言模型（trigram）。

（4）解码器搜索

解码器搜索是语音识别技术中的识别过程，根据输入的语音信号，将其与训练好的声学模型、语言模型建立一个可搜索空间，根据相关的搜索算法找到最合适的路径，从而找到最可能的词序列或语音识别结果。

3.3.3　多传感器信息融合技术

传感器信息融合技术又称为多模态融合技术，是利用多种传感器收集的信息进行综合处理和优化的方法。该技术从多元化的视角处理传感器收集到的信息，得到各种信息之间的关联和规律，同时排除无用或错误的信息，保留正确和有用的成分，最终提升信息处理效果。该技术提供了一种基于人类大脑获取和处理信息的技术解决方案，将多个同类型或不同类型的传感器集成在智能机器人的传感系统中，帮助智能机器人完成复杂任务并实现多维度的感知能力。传感器信息融合技术为智能信息处理技术提供了新的思路和方法，拓展了传感器应用领域，具有重要的研究价值和广泛的应用前景。

3.3.3.1　多传感器信息融合概述

（1）多传感器信息融合的基本原理

信息融合技术是通过对人类的生物信息处理能力的模仿来实现的。人类可以通过身体器官获取周围环境的影像、气味、声音等信息，并进行判断和决策。这个信息处理过程非常复杂，但具有自适应性，能够将不同类型的信息转化为解释周围环境的有价值信息。为实现这一目的，信息融合技术需要具备多元化的处理能力和类型，并满足基于知识库的组合信息的诠释意义，从而生成更准确、可靠的信息结果。

（2）多传感器信息融合的核心

信息融合是对多源信息进行处理和整合的过程，其中包括多个层次，每个层次代表着不同级别的信息抽象。信息融合处理的内容包括探测、互联、相关、估计以及信息组合等。同时，信息融合的内容也涵盖了较低层次上的状态和身份估计，以及较高层次上的整个战术态势估计等方面。

（3）多传感器信息融合的过程

图 3-59 所示为典型的多传感器信息融合过程框图，主要由传感器信息协调管理、数据预处理、特征提取与融合计算、结果输出等过程组成。首先，信息协调管理模块根据需求与任务的不同，协调选择传感器与传感器模型库。智能机器人传感器的数据是系统融合的对象，传感器

一般将被测信息换成电信号，再经过 A/D 转换、状态转换等转换成便于计算机处理的数据。数字化后的信号经过滤波和一致性检验等预处理环节，消除干扰和噪声后送入融合中心，经过信号特征提取以及算法融合处理，给出融合结果。

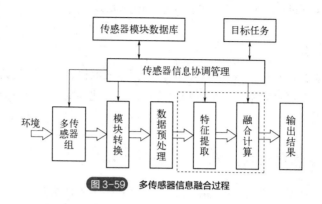

图 3-59　多传感器信息融合过程

3.3.3.2　多传感器信息融合的分类

按照融合对象的不同，多传感器信息融合可分为数据级融合、特征级融合和决策级融合。其中，数据级融合直接对原始数据进行融合，特征级融合则对提取的特征向量进行融合，而决策级融合则对最终的决策结果进行融合。这三级融合在层次上存在递进关系。

（1）数据级融合

数据级融合，又称为像素级融合，它的融合对象是各传感器的原始数据。完成数据级融合后，通常会进行特征提取和身份识别等处理，基本结构如图 3-60 所示。该层次融合的优点是可以充分利用原始信息，提供更加详细的信息；但该层信息处理量较大、处理代价高、实时性差，要求所有传感器信息所测量的物理量相同。此外，由于来自多个传感器的数据可能受到噪声或干扰的影响，存在误差甚至错误，因此直接在最低层次进行融合，可能会影响系统的性能，需要融合系统具有一定的纠错能力。以航迹数据为例，数据融合中心会将各传感器侦测到的局部航迹进行关联和融合，从而形成更加完整、更加准确的航迹数据。

（2）特征级融合

特征级融合的融合对象是各传感器的特征向量。相较于数据级融合直接利用原始数据，特征级融合结构如图 3-61 所示，其核心在于对提取的特征向量进行融合。在特征级融合中，融合性能取决于所提取的特征向量的质量，每部传感器提取的特征应能够充分地表征或反映数据或目标的特征。

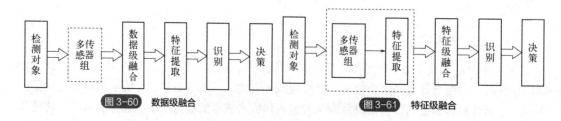

图 3-60　数据级融合　　　　　　　　　　图 3-61　特征级融合

特征级融合通过各传感器预提取特征，实现了对数据的分布式处理，降低了对融合系统通信能力的要求，同时也提高了系统的实时性。然而，由于特征级融合无法接触到原始数据，有时会忽略部分细微信息，导致了一定信息的损失，从而可能影响最终的融合结果。

（3）决策级融合

决策级融合的融合对象是每个传感器独立得出的决策结果。融合中心通过对各传感器的决策结果进行整合，得到一个更为合理、更准确的最终决策。整个融合的结构如图 3-62 所示。与数据级融合和特征级融合不同的是，决策级融合对各传感器独立得出的决策结果进行整合，而不直接利用原始数据或特征向量。这种融合方法的缺点在于数据损失量大、融合结果精度较低，性能最差。然而，决策级融合对系统的通信能力的要求最低，系统稳定性较好，并且不要求传感器是不同的。因此，在一些特定的应用场景中，决策级融合也能够发挥其独特的优势。

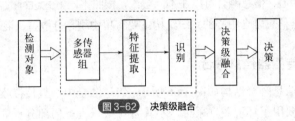

图 3-62　决策级融合

此外，若是按照信息传递形式不同，信息融合还可以分为串联型、并联型和串并混合型。

① 串联型。串联型多传感器融合结构如图 3-63 所示，信息融合时每个传感器先与前一级传感器输出的信息进行融合，然后再将融合结果传递给下一级传感器，每一级传感器都这样依次与上一输出结果进行融合，最后一级传感器输出综合所有前级传感器的信息。串联融合时各级融合单元的输出信息形式可以不相同，前一级传感器融合输出对后一级传感器融合影响较大。

② 并联型。并联型多传感器融合结构如图 3-64 所示，信息融合时所有传感器的输出数据都同时输入到融合中心，传感器之间没有影响。融合中心对各类型的数据按照适当的方法进行综合处理，最后输出结果。

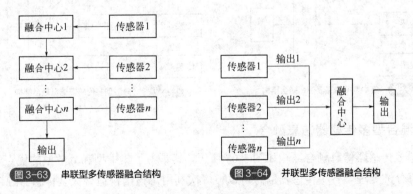

图 3-63　串联型多传感器融合结构　　图 3-64　并联型多传感器融合结构

③ 串并混合型。串并混合型多传感器信息融合是串联和并联两种形式的混合，可以先局部串联，在初级融合中心进行融合，再将初级融合中心的结果并联融合成最终结果输出；也可以先局部并联，在初级融合中心融合出结果，再将初级融合中心的结果串联融合成最终结果输出，如图 3-65 所示。

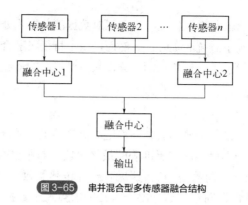

图 3-65　串并混合型多传感器融合结构

3.3.3.3　多传感器信息融合的拓扑结构

完成多传感器信息融合的信息综合处理器，通常被称为信息融合中心。一个信息融合中心可能包含另一个信息融合中心，信息融合可以在不同层次，按照不同方式进行融合。根据信息融合处理方式的不同，多传感器信息融合中心的系统结构主要有集中型、分散型、混合型和反馈型四种。

（1）集中型多传感器信息融合

集中型多传感器信息融合结构如图 3-66 所示，信息融合中心直接接收来自待融合传感器的原始信息，传感器主要用于环境数据采集，不具备对数据进行局部分析处理的功能。因此，其也称为前处理融合，该结构下系统信道容量较高，一般小规模融合系统采用此结构。

（2）分散型多传感器信息融合

分散型多传感器信息融合结构如图 3-67 所示，各个传感器已经完成初步的数据处理，将处理后的信息送入融合中心。融合中心负责把多维信息进行组合和分析，最终获得融合结果。分散型融合的冗余度高，计算负载分配较合理，信道压力轻，但也会导致部分信息丢失。

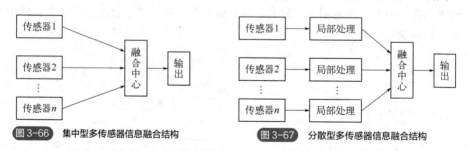

图 3-66　集中型多传感器信息融合结构　　　　图 3-67　分散型多传感器信息融合结构

（3）混合型多传感器信息融合

混合型多传感器信息融合结构如图 3-68 所示，其具备了集中型和分散型的优点，既有集中处理，也有分散处理。各个传感器信息可以被多次利用。该结构适合大型传感器融合系统，结构比较复杂，计算量很大。

（4）反馈型多传感器信息融合

当对感知系统实时性要求很高时，如果总试图强调以最高的精度去融合多传感器信息，则无论融合的速度多快都不可能满足要求。如图 3-69 所示，可利用信息的相对稳定性和原始极积累，将已融合信息进行反馈再处理来提高融合速度。这是因为多传感器系统对外部环境经过一段时间的感知，传感系统的融合信息已能够表达环境中的大部分特征，该信息对新的传感器原始信息融合具有很好的指导意义。

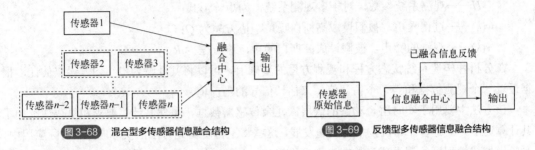

图 3-68　混合型多传感器信息融合结构　　　　图 3-69　反馈型多传感器信息融合结构

3.3.3.4　多传感器信息融合的方法

多传感器信息融合的核心问题是选择合适的融合算法，目前尚无一种通用的信息融合方法可以针对各种类型传感器进行融合处理，需要依据不同应用情况选择合适的方法。目前常用方法有加权平均法、卡尔曼滤波法、贝叶斯推理法、dempster-shafer（D-S）证据推理、产生式规则、模糊推理、神经网络、粗糙逻辑推理、专家系统等。下面对几种常见方法进行简要描述。

（1）加权平均法

加权平均法是一种简单、实时的信息融合方法，该方法将来源于不同传感器的冗余信息先进行加权处理，将得到的加权值或者加权平均后的取值作为融合的结果输出。常用的加权公式为：

$$\hat{x} = a_1 x_1 + a_2 x_2 + \cdots + a_n x_x \tag{3-64}$$

式中　　　　$\hat{x}$——利用不同传感器信息融合后估计出的被测信息数值；
x_1，x_2，$\cdots$，x_n——不同传感器数据计算出的被测信息数值；
a_1，a_2，$\cdots$，a_n——不同传感器数据加权平均后的权系数，总和为 1。

该方法可以直接对数据源进行操作，适用于动态环境，但使用该方法必须先对传感器进行分析，获得准确权值。

（2）卡尔曼滤波法

如果系统具有线性动力学模型，且系统噪声和传感器噪声是符合高斯分布的白噪声，那么可利用卡尔曼滤波法，基于测量模型的统计特性递推决定在统计意义下最优的融合数据估计。其本质是最小方差估计，通过构造真实值与估计值的误差协方差矩阵，使得误差最小，从而进行最优统计。标准卡尔曼滤波算法适用于线性系统，其计算步骤如下：

首先，构建系统的离散状态方程：

$$X(k) = AX(k-1) + BU(k) + w(k) \tag{3-65}$$

其次，构造系统观测方程：

$$Z(k) = HX(k) + v(k) \tag{3-66}$$

式中　$X(k)$——k 时刻系统状态；

　　　　$U(k)$——k 时刻对系统的控制量；

　　　　$Z(k)$——k 时刻观测值；

　　A，B——系统参数，对于多模型系统，为矩阵形式；

　　　　H——观测系统参数，对于多观测系统，为矩阵形式；

　　$w(k)$——过程噪声，被假设成高斯白噪声，协方差为 Q；

　　$v(k)$——观测的噪声，被假设成高斯白噪声，协方差为 R。

在分析并构造系统状态方程和观测方程的基础上，可以将其理解为最小均方误差估计，根据最近一个观测数据和其一个估计值，来估计信号的当前值。

该方法主要用于实时融合动态的低层次冗余传感器数据，虽然其计算要求和复杂性影响了其计算速度，但随着计算机技术的飞速发展，这些将不再阻碍此方法的实际应用。实际应用中，系统模型线性程度的假设或者数据处理不稳定时，常常采用扩展卡尔曼滤波法。现在也有很多研究者将其和其他融合算法相结合，在实际应用中也取得了较好的效果。卡尔曼滤波法可用于传感器定量信息融合，在移动智能机器人的多传感器定位等领域得到广泛应用。

（3）贝叶斯推理法

贝叶斯推理法属于统计融合算法，是融合静态环境中多传感器高层信息的常用方法。它在假定已知相应的先验概率的前提下，根据概率与统计技术中的贝叶斯规则获得每个输出假设的概率。设融合系统可能的决策为 A_1，A_2，$\cdots$，A_n，当一个传感器对系统进行检测时，得到的检测结果为 B。如果能够利用先验知识和传感器的特性，事先得到各种决策的先验概率 $P(A_i)$ 和条件概率 $P(B|A_i)$，可理解为各种决策事先估计发生的概率和在某种决策 A_i 发生时检测到结果 B 的概率。这样，利用贝叶斯条件概率公式，可以根据实际传感器观测结果 B，结合先验概率 $P(A_i)$，来更新后验概率 $P(A_i|B)$。这可理解为根据实际检测结果再次反推出事件 A_i 发生的概率。

当两个传感器对系统进行观测时，除了观测结果 B，还有另外一个观测结果 C。在 B 和 C 同时发生的条件下，决策 A_i 发生的条件概率表示为 $P(A_i|B \wedge C)(i=1, 2, \cdots, n)$，则贝叶斯概率条件公式可表示为：

$$P(A_i|B \wedge C) = \frac{P(A_i)P(B \wedge C|A_i)}{\sum_{j=1}^{n} P(A_j)P(B \wedge C|A_j)} \tag{3-67}$$

上式中，需要事先知道 B 和 C 同时发生的先验概率 $P(B \wedge C|A_i)(i=1, 2, \cdots, n)$，在实际应用中很难获得。为了简化计算，可以假设决策事件 A 和检测事件 B、C 之间是相互独立的，即有：

$$P(B \wedge C|A_i) = P(B|A_i)P(C|A_i) \tag{3-68}$$

则式（3-67）可以改写为：

$$P(A_i|B \wedge C) = \frac{P(B|A_i)P(C|A_i)P(A_i)}{\sum_{j=1}^{n} P(B|A_j)P(C|A_j)P(A_j)} \tag{3-69}$$

这一结果还可以推广到多个传感器的情况。当有 k 个传感器，检测结果分 B_1，B_2，$\cdots$，B_n

时，假设它们之间相互独立且与被检测对象条件独立，则可以得到融合系统有 k 个传感器时各个决策 A_i 的后验概率为：

$$P(A_i|B_1 \wedge B_2 \wedge \cdots \wedge B_k) = \frac{\left[P(B_1|A_i)P(B_2|A_i)\cdots P(B_k|A_i) \right]P(C|A_i)}{\sum\limits_{j=1}^{n}\left[P(B_1|A_j)P(B_2|A_j)\cdots P(B_k|A_j) \right]P(C|A_j)} \quad (3\text{-}70)$$

其中，$i=1, 2, \cdots, n$。

通过上式的计算，可以得到在某种传感器检测结果情况下，不同决策 A_i 发生的后验概率。基于贝叶斯方法的多传感器信息融合过程可以用图 3-70 表示。

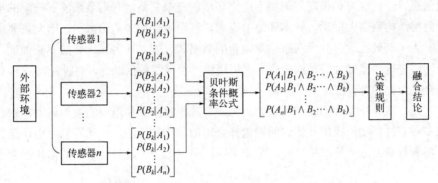

图 3-70　基于贝叶斯方法的多传感器信息融合过程示意图

贝叶斯推理适用于测量结果具有正态分布或具有可加高斯噪声的系统，常用于传感器定量信息融合，如依据多传感器信息进行目标识别等场合。此方法的局限性在于先验概率的获得比较困难，特别是当数据来自低档传感器，而未知命题的数量大于已知命题的数量时，先验概率是非常不稳定的。

（4）D-S 证据推理

D-S 证据推理是贝叶斯推理法的一种扩展，该方法用概率区间和不确定区间来确定多证据下假设的似然函数，也能计算任意假设为真条件下的似然函数值。它在定义识别框架、基本可信度分配、信任函数、似真度函数、怀疑度函数、信任区间的基础上，应用 D-S 合成规则进行证据推理。D-S 方法能融合来自多个传感器的数据，判别不确定信息和未知性信息，容错性较强，在不确定性决策等领域得到广泛应用。但是，该方法一般情况下计算量较大，且要求合并的证据相互独立，这在实际应用中有时很难满足。在实际工程应用中，如何有效获取基本概率的值也是有待于进一步深入研究的问题。

（5）产生式规则

产生式规则是人工智能领域中常用的控制方法，该方法采用符号表示目标特征和相应传感器信息之间的联系，与每一个规则相联系的置信因子表示它的不确定性程度。在同一个逻辑推理过程中，两个或多个规则形成一个联合规则时，可以产生融合。应用产生式规则进行融合的主要问题是每个规则的置信因子的定义与系统中其他规则的置信因子相关，如果系统中引入新的传感器，需要加入相应的附加规则。

（6）模糊推理

在应用于多传感器信息融合时，模糊理论用隶属度来表达各传感器检测数据是否属于某种条件（传感器模板）的可能程度，将一系列推理规则表达为关系矩阵，然后通过输入的传感器模糊集合与关系矩阵之间的关系运算，得出关于各条结论的模糊集合，即关于各条决策的可能性。最后，对各种可能的决策，按照一定规则进行选择，得出最终的结论。

（7）神经网络

基于神经网络的信息融合实质上是一个不确定性推理过程，它对于传感器自动获取的大量外部环境信息，经过学习和推理，可将不确定环境的复杂关系融合为系统能够理解的符号。传统的神经网络结构需要大量学习样本和隐节点数，甚至需要很多的隐藏层，因此需要很大的计算工作量。为了有效地改善神经网络信息融合的效果和速度，许多新颖算法不断涌现，如利用阵列神经网络进行信息融合的结构模型；采用模糊神经网络数据融合，将神经网络和 D-S 证据推理相结合的数据融合算法；等等。

目前为止，现有技术还不能对一般的信息融合过程建立一种通用的数学模型，融合的结构和算法也多种多样。如何根据具体的问题选择合适的结构和算法，在实际应用中还是有待研究的问题。将各种数据融合算法相结合，是未来算法研究的一个趋势。常用的信息融合方法比较见表 3-2。

表 3-2　常用的信息融合方法比较

融合算法	运行环境	信息类型	信息表示	不确定性表达	融合技术	适用范围
加权平均法	动态	冗余	原始读数	—	加权平均	低层数据融合
卡尔曼滤波	动态	冗余	概率分布	高斯噪声	系统模型滤波	低层数据融合
贝叶斯推理	静态	冗余	概率分布	高斯噪声	统计融合	高层数据融合
D-S 证据推理	静态	冗余互补	命题	—	逻辑推理	高层数据融合
产生式规则	静态	冗余互补	命题	置信因子	逻辑推理	高层数据融合
模糊推理	动/静态	冗余互补	命题	隶属度	逻辑推理	高层数据融合
神经网络	动/静态	冗余互补	神经元	学习误差	神经元网络	高/低层数据融合

3.4　本章小结

本章较为详细地介绍了机器人感知系统的框架和知识体系。一方面，详细介绍了各类内部传感器和外部传感器的工作原理和应用场景；另一方面，介绍了机器人常见的感知方法和技术，包括视觉信息的处理、听觉定位、多传感器融合等。基于各类传感器及多信息感知方法，智能机器人可以实时感知并理解周围环境的信息，为运动规划及智能控制提供准确的数据支持。随着机器人技术的不断发展，感知系统向着动态的多信息融合的方向发展，应用场景也从单一结构化环境向着复杂的非结构化环境发展，恶劣条件下感知的准确程度也在不断提升，从而使得机器人能模拟人类丰富的感知能力，具有更高的智能化水平，以便更好地融入人类社会。

 练习题

1. 简述感知系统的组成。

2. 传感器的静态特性是指什么？主要的静态指标有哪些？

3. 常见的内部传感器和外部传感器有哪些？

4. 什么是编码器？其基本结构及工作原理是什么？

5. 新型的智能传感器的主要特点有哪些？

6. 按照融合对象的不同，多传感器信息融合可分为哪几类？不同类型的信息融合的对象分别是什么？

7. 常见的多传感器信息融合的方法有哪些？

参考文献

[1] 申时凯, 佘玉梅. 人工智能时代智能感知技术应用研究[M]. 长春：吉林大学出版社，2023.

[2] 范凯. 机器人学基础[M]. 北京：机械工业出版社，2019.

[3] 刘亚欣, 金辉. 机器人感知技术[M]. 北京：机械工业出版社，2022.

[4] 苏建华, 杨明浩, 王鹏. 空间机器人智能感知技术[M]. 北京：人民邮电出版社，2020.

[5] 谭永乐. 面向智能机器人的多传感器信息融合技术分析[J]. 无线互联科技，2022，19(21)：43-45.

[6] 苏军平. 多传感器信息融合关键技术研究[D]. 西安：西安电子科技大学，2018.

[7] 蔡永娟. 机器人感知系统标准化与模块化设计[D]. 北京：中国科学技术大学，2010.

[8] Song Y, Min J, Yu Y, et al. Wireless battery-free wearable sweat sensor powered by human motion[J]. Science Advances, 2020, 6(40).

[9] Tang N, Zhang R, Zheng Y, et al. Highly efficient self-healing multifunctional dressing with antibacterial activity for sutureless wound closure and infected wound monitoring[J]. Advanced Materials, 2022, 34(3).

第4章

智能机器人控制技术

 思维导图

扫码获取配套资源

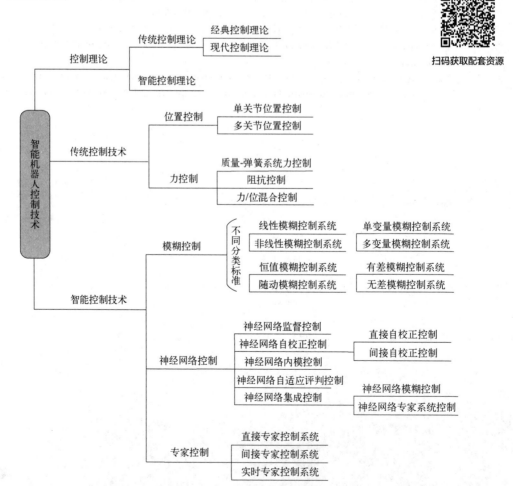

学习目标

1. 了解控制理论的发展历程。
2. 理解机器人位置控制、力控制的基本原理。
3. 了解典型的智能控制技术的基本原理。

4.1　智能机器人控制系统概述

控制系统是决定机器人功能和性能的主要因素，在一定程度上制约着机器人技术的发展。控制系统的主要任务是控制机器人在工作空间中的运动位置、姿态和轨迹、操作顺序及动作的时间等。多数机器人的结构是一个空间开链结构，各关节的运动是相互独立的，为了实现机器人末端执行器的运动，需要多关节协调运动。随着智能技术的引入，智能机器人的控制系统得到了进一步的发展，机器人也具有了更高的智能化程度。

4.1.1　智能机器人控制系统特点

智能机器人系统是多变量、非线性、复杂的耦合系统，与普通控制系统相比，智能机器人控制系统更加复杂，功能也更强大，具体表现在以下几个方面。

① 智能控制系统具有较强的学习能力。系统能对未知环境提供的信息进行识别、记忆、学习、融合、分析、推理，并利用积累的知识和经验不断优化，改进和提高自身的控制能力。这种功能与人的学习过程相类似。

② 智能控制系统具有较强的自适应能力。系统具有适应对象动力学特性变化、环境特性变化和运行条件变化的能力。这种适应能力包括更高层次的含义，除包括对输入输出自适应估计外，还包括故障情况下自修复等。

③ 智能控制系统具有足够的关于人的控制策略、被控对象及环境的有关知识以及运用这些知识的能力。

④ 智能控制系统具有判断决策能力。系统应能够在实时控制过程中具有动态判断能力，并根据实际情况做出精准决策，同时具有高度可靠性。

⑤ 智能控制系统具有较强的鲁棒性和容错能力。针对环境干扰和不确定性因素以及各类故障，系统具有自诊断、屏蔽和自恢复能力。

⑥ 智能控制系统具有较强的组织功能。对于复杂的任务和分散的传感器信息具有自组织和协调功能，使系统具有主动性和灵活性。智能控制器可以在任务要求范围内进行自行决策，主动采取行动，当出现多目标冲突时，在一定限制下，各控制器可以在一定范围内自行解决。

⑦ 智能控制系统的实时性好。系统具有较强的实时在线响应能力。

⑧ 智能控制系统的人机协作性能好。系统具有友好的人机界面，以保证人机通信、人机互助和人机协同工作。

⑨ 智能控制系统具有变结构和非线性的特点。其核心在高层控制，即组织级，能对复杂系

统进行有效的全局控制，实现广义问题求解。

⑩ 智能控制系统具有总体自寻优特性。通过优化算法或搜寻策略来寻找最优解或最优控制策略，其能够在控制过程中持续地调整参数和策略，以使系统的性能指标达到最优值或接近最优值。

⑪ 智能控制系统应能满足多样性目标的高性能要求。现实世界的控制任务通常涉及多种目标和需求，例如，在工业生产中，可能需要控制系统同时满足生产效率、质量稳定性和能源消耗多个目标。智能控制系统可在不同的目标之间进行权衡和优化，并根据实际需要调整控制策略。

4.1.2 控制理论的发展历程

从 1948 年维纳（N. Wiener）创立控制论至今的 70 余年来，由于生产力和科学技术的迅猛发展，尤其是自动化技术和计算机技术的飞速发展，控制理论得到了长足发展。一般认为，控制理论的发展经历了经典控制理论、现代控制理论和智能控制理论三个阶段。下面简要介绍自动控制理论的发展历程。

（1）经典控制理论

经典控制理论时期为 20 世纪 40～50 年代，研究的主要对象为元件状态、系统中各组成环节、特性可以用线性微分方程描述的控制系统。在 18 世纪，自动控制技术逐渐被应用到现代工业生产中，加速了第一次工业革命的步伐，其中最具标志意义的是瓦特（J. Wate）发明的蒸汽机离心调速器。之后推动经典控制理论发展的代表人物及相关控制方法包括 1868 年马克斯韦尔（J. C. Maxwell）的稳定性代数判据，1895 年劳斯（Routh）与赫尔维茨（Hurwitz）先后提出的两个著名的稳定性判据——劳斯判据和赫尔维茨判据，1932 年尼奎斯特（H. Nquist）提出的频率响应法以及 1948 年伊万斯（W. R. Evans）提出的根轨迹法。建立在频率响应法和根轨迹法基础上的理论被称为经典控制理论。1948 年，控制论的奠基人美国数学家维纳（N. Weiner）撰写了《控制论》，为控制理论这门学科奠定了基础，推广了反馈的概念。

经典控制理论主要应用频率法解决单输入单输出、线性定常系统的自动调节问题及局部自动化（单机自动化）问题，被控对象的频率特性是设计系统的主要依据，整个系统的性能指标也是通过引入控制来整定开环系统频率特性的方法实现的。对于低阶非线性系统，常采用相平面法、描述函数法进行分析。由于对象频率特性靠实验测试等手段获得，不可避免带有不确定性，这导致经典控制理论所设计的控制器在很大程度上依赖于现场调试才能得到满意的控制效果。

（2）现代控制理论

现代控制理论时期为 20 世纪 60～70 年代，它是为了克服经典控制理论的局限性而逐步发展起来的。现代控制理论研究的对象范围包含了线性和非线性问题、单入单出、多入多出、鲁棒控制、最优控制等复杂问题，研究范围及应用广泛。

在 1960 年国际自动控制联合会第一届大会上，美国数学家卡尔曼（R. E. Kalman）发表的《控制系统的一般理论》以及相继发表的《线性估计和辨识问题的新成果》奠定了现代控制理论的基础。在这次大会上，正式确定了"现代控制理论"的名称。因此，1960 年被作为现代控制理论创立的标志年。20 世纪 70～80 年代，现代控制理论得到了迅速发展。瑞典奥斯特隆姆（K. J. Astrom）

教授为现代控制理论的发展，尤其是在随机控制、系统辨识、自适应控制和控制理论的代数方法方面做出了重要贡献，并成功将现代控制理论应用于船舶驾驶、惯性导航、造纸、化工等领域。在自适应控制方面，法国朗道（I. L. Landau）教授基于超稳定性理论，成功地建立了模型参考自适应控制器和随机自校正调节器的设计方法和分析理论，并应用于工程实践取得了卓著的成效。

20世纪80年代初，国际控制界享有盛誉的 K. J. Astrom 教授认识到，已建立起来的系统辨识和自适应控制理论在解决一些复杂非线性系统控制问题方面仍存在着严重缺陷。对于一些复杂非线性系统控制问题，他认为仅仅依靠传统的建立精确模型并通过计算机解析方式实现控制的方法是不可取的。于是，他提出将传统控制工程算法与启发逻辑相结合，研究并设计了专家控制系统的结构，为专家控制系统的应用做出了贡献。

20世纪80~90年代以来，现代鲁棒控制得到研究和发展，特别是 H_∞ 控制。与此同时，人们将微分几何、微分代数等数学方法引入非线性系统分析中，在反馈线性化方面取得了许多成果。

（3）智能控制理论

随着科学技术的发展，被控对象变得越来越复杂，难以建立其精确的数学模型。在缺少精确数学模型的情况下，如何进行自动控制呢？为了解决这样的控制问题，控制界的专家学者将人工智能和自动控制相结合，逐渐创立了智能控制理论。

智能控制涉及人工智能、运筹学、控制论和信息论等多学科的交叉，是指驱动智能机器自主地实现其目标的过程。20世纪60年代，由于空间技术、计算机技术和人工智能技术的发展，控制界相关学者探索将人工智能和模式识别技术同自动控制理论相结合。1965年，美国普渡大学傅京孙（K. S. Fu）提出把人工智能中的启发式规则用于学习系统。同年，加利福尼亚大学扎德（L. A. Zadeh）教授创立了模糊集合论，为解决复杂系统的控制问题提供了模糊逻辑推理工具。同年，Mendel 将人工智能技术应用于空间飞行器的学习控制，提出了人工智能的概念。1967年，Leondes 和 Mendel 首次使用了智能控制。可见，20世纪60年代是智能控制的形成期。

20世纪70年代初，傅京孙、Gloriso 和 Saridis 等从控制论角度总结了人工智能技术与自适应、自组织、自学习控制的关系，先后提出智能控制是人工智能与自动控制和运筹学的交叉，并创立了递阶智能控制的结构。

20世纪70年代中期，以模糊集合论为基础，智能控制在规则控制研究上取得了重要进展。1974年，伦敦大学马丹尼（E. H. Mamdani）博士提出了基于模糊语言描述控制规则的模糊控制器，将模糊集和模糊语言逻辑用于工业过程控制，之后又于1979年成功地研制出自组织模糊控制器，使模糊控制器的智能化水平有了较大提高。模糊控制的形成和发展，以及与人工智能的相互渗透，对智能控制理论的形成起到了十分重要的推动作用。

神经网络控制是智能控制的重要分支。自从1943年 McCulloch 和 Pitts 提出形式神经元数学模型以来，神经网络的研究就开始了它的艰难历程。20世纪50~80年代是神经网络研究的萧条期，但仍有不少学者致力于神经网络模型的研究。到了20世纪80年代，神经网络研究进入了发展期。1982年，Hopfield 提出了 HNN（hopfield neural network）模型，解决了回归网络的学习问题。1986年，PDP（parallel distributed processing）小组的研究人员提出的多层前向传播神经网络的 BP 学习算法，实现了有导师指导下的网络学习，从而为神经网络应用开辟了广阔前景。神经网络在许多方面模拟人脑的功能，并不依赖精确的数学模型，因而显示出强大的自学习和自适应功能。神经网络与控制技术有机结合，形成了一系列有效的控制方法。特别是神经网络技术与自适应控制技术、鲁棒控制技术相结合，以及与非线性系统控制理论相结合，形成对非线性系统的鲁棒自适应控制方法，引起了国内外控制界的广泛关注。

同时，在 20 世纪 80 年代，专家控制系统的研究也获得了多项重要成果，其技术的逐渐成熟以及计算机技术的迅速发展，使得智能控制和决策的研究也取得了较大进展。1982 年，Fox 等研制了车间调度专家系统。1983 年，Hayes 等提出专家控制系统。1984 年，LISP 公司成功开发了分布式实时过程控制专家系统 PICON。1986 年，M. Lattimer 和 Wright 开发了混合专家控制器 Hexscon。1986 年，Astrom 将传统控制算法同启发式逻辑相结合研制专家控制系统。1987 年，Foxboro 公司开发了新一代智能控制系统。

20 世纪 90 年代，智能控制研究和应用出现热潮，模糊控制与神经网络先后用于工业过程、家电产品、地铁、汽车、机器人、直升机等领域。在国际上先后由 IFAC 创办了 *Engineering Applications of Artificial Intelligence*，由 IEEE 创办了 *Neural Networks* 和 *Fuzzy System* 等多种有关智能控制的刊物，每年有多个相关的国际学术会议召开。这都表明智能控制理论在控制科学中已经确立了它的重要地位，也是控制理论发展到智能控制阶段的重要标志。

控制理论发展阶段对比如表 4-1 所示。

表 4-1　控制理论发展阶段的对比情况表

类别	经典控制理论	现代控制理论	智能控制理论
创立年代	20 世纪 40 年代	20 世纪 60 年代	20 世纪 70 年代
主要代表人物	N. Wiener, W. R. Asbby H. W. Bode W. R. Evans H. Nyquist N. B. Nichols E. J. Routh J. C. Maxwell H. S. Tsien（钱学森）	R. E. Kalman L. S. Pontryagin R. Bellman, L. D. Landau K. J. Astrom, G. Zames J. C. Doyle, K. Glover S. V. Emelyanov B. Wittenmark 周克敏	K. S. Fu, G. N. Saridis L. A. Zadeh, E. H. Mamdani F. H. George, R. R. Yager J. S. Allbus K. M. Passino K. J. Astrom L. X. Wang（王立新）
被控对象特点	单输入单输出（SISO） 线性定常系统 低阶非线性系统	多输入多输出（MIMO） 线性系统、非线性系统 定常系统、时变系统 连续系统、离散系统	难以精准建模的具有不确定性、非线性的复杂系统
数学工具技术手段	微分方程、Laplace 变换 传递函数、频率响应法 根轨迹法、Bode 图 描述函数法、相平面法 Routh-Hurwitz 稳定判据 Nyquist 稳定判据	矩阵理论、变分法 微分几何、动态规划 状态空间方程 极大值原理 卡尔曼滤波 Lyapunov 稳定理论 线性矩阵不等式	模糊集合论、知识工程 神经网络理论、专家系统 人工智能、计算智能 智能优化算法 定性定量综合集成推理 智能逼近理论

续表

类别	经典控制理论	现代控制理论	智能控制理论
主要控制方法分类	PID 控制 自动镇定系统 伺服系统 顺序调节系统	线性控制理论 最优控制理论 随机控制理论 自适应控制 自校正控制 变结构控制 非线性鲁棒控制 多变量控制 自适应逆控制	模糊控制 神经控制 专家控制 学习控制 递阶智能控制 仿人智能控制 模糊变结构控制 模糊自适应控制 神经自适应控制
控制理论实质	经典控制理论和现代控制理论统称为传统控制理论，它们的共同特点是基于被控对象精准数学模型的控制理论，因此又被称为"模型论"。它揭示了传统控制理论的实质在于被控对象精确建模。如果把反馈控制问题看作精确描述的数学方程求解问题，那么传统控制理论就相当于对控制问题的解析求解		智能控制不基于被控对象精确模型，它是基于知识根据输入输出数据/信息因果关系智能推理的控制理论。智能控制的实质是利用智能逼近对象的逆动态，相当于对控制问题的模拟求解

4.2　机器人传统控制技术

工业机器人是机器人领域最为成熟的产品，因此，传统的控制方式多是围绕工业机器人展开的。总体而言，机器人的控制方式可以分为动作控制方式和示教控制方式。其中，动作控制方式按运动坐标控制可以分为关节空间运动控制和直角坐标空间的运动控制，按照关节的运动控制方式可以分为位置控制、速度控制和力控制（包括位置与力的混合控制以及阻抗控制）。这里根据后一种分类方法，对工业机器人控制方式做具体分析。其中位置控制又可分为点位控制和连续轨迹控制两类。

① 点位控制方式。点位控制方式用于实现点的位置控制，其运动是由一个给定点到另一个给定点，而点与点之间的轨迹却无关紧要。因此，这种控制方式的特点是只控制工业机器人末端执行器在作业空间中某些规定的离散点上的位置和姿态。控制时只要求工业机器人快速、准确地实现相邻各点之间的运动，而对达到目标点的运动轨迹则不做任何规定，如自动插件机在贴片机上安插元件、点焊、搬运、装配等作业。这种控制方式的主要技术指标是定位精度和完成运动所需要的时间，控制方式比较简单，但要达到较高的定位精度则较难。

② 连续轨迹控制方式。这种控制方式主要用于指定点与点之间的运动轨迹所要求的曲线，如直线或圆弧。这种控制方式的特点是连续地控制工业机器人末端执行器在作业空间中的位置和姿态，使其严格按照预先设定的轨迹和速度在一定的精度要求内运动，一般要求速度可控、运动轨迹光滑且运动平稳，以完成作业任务。工业机器人各关节连续、同步地进行相应的运动，其末端执行器可形成连续的轨迹。这种控制方式的主要技术指标是机器人末端执行器的轨迹跟踪精度及平稳性。在用机器人进行弧焊、喷漆、切割等作业时，应选用连续轨迹控制方式。

③ 速度控制方式。对机器人的运动控制来说，在位置控制的同时，还要进行速度控制，即对于机器人的行程要求遵循一定的速度变化曲线。例如，在连续轨迹控制方式下，机器人按照预设的指令，控制运动部件的速度，实现加、减速，以满足运动平稳、定位精确的要求。由于工业机器人是一种工作情况（行程负载）多变、惯性负载大的运动机械，控制过程中必须处理好快速与平稳的矛盾，注意启动后的加速和停止前的减速这两个过渡运动阶段。

④ 力（力矩）控制方式。在进行抓放操作、去毛刺、研磨和组装等作业时，除了要求准确定位之外，还要求使用特定的力或力矩传感器对末端执行器施加在对象上的力进行控制。这种控制方式的原理与位置伺服控制原理基本相同，但输入量和输出量不是位置信号，而是力（力矩）信号，因此系统中必须有力（力矩）传感器。

4.2.1 位置控制

工业机器人位置控制的目的是让机器人各关节实现预期规划的运动，最终保证工业机器人末端执行器沿预定的轨迹运行。对于机器人的位置控制，可将关节位置给定值与当前值相比较得到的误差作为位置控制器的输入量，经过位置控制器的运算后，将输出作为关节速度控制的给定值，如图 4-1 所示。

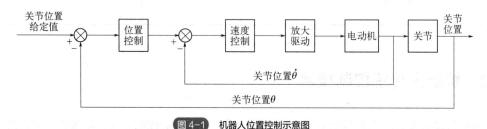

图 4-1 机器人位置控制示意图

工业机器人每个关节的控制系统都是闭环控制系统。对于工业机器人的位置控制，位置检测元件是必不可少的。关节位置控制器常采用 PID 算法，也可采用模糊控制算法等智能方法。

速度控制通常用于对目标跟踪的任务中，机器人的关节速度控制示意图如图 4-2 所示。对于机器人末端笛卡儿空间的位置、速度控制，其基本原理与关节空间的位置和速度控制类似。

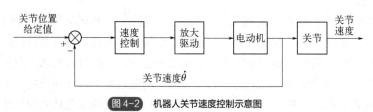

图 4-2 机器人关节速度控制示意图

虽然工业机器人的结构多为串接连杆形式，且其动态特性一般具有高度的非线性，但是在设计其控制系统时，通常把机器人的每个关节当作一个独立的伺服机构来考虑。这主要是因为工业机器人运动速度偏低（一般小于 1.5m/s），因此可以忽略由速度变化引起的非线性响应。另外，由于交流伺服电机都安装有减速器，通常其减速比接近 100，当负载变化时，折算到电机轴上的负载变化值则很小，所以负载变化的影响可以忽略。而且由于减速器的存在，极大地削弱了各关节之间的耦合作用，因此可以将工业机器人系统看成一个由多关节组成的、相互独立的线性系统。

下面分析以伺服电机为驱动器的独立关节的控制问题。

4.2.1.1　单关节位置控制

（1）基于直流伺服电动机的单关节位置控制

单关节控制器是指不考虑关节之间的相互影响，只根据一个关节独立设置的控制器。在单关节控制器中，把机器人看作刚体结构，机器人的机械惯性影响常常作为扰动项来考虑。直流伺服电动机的位置控制有两种方式，一种是位置加电流反馈的双环结构，另一种是位置、速度加电流反馈的三环结构。无论采用哪种结构形式，都需要从直流伺服电动机数学模型入手，对系统进行分析。由电机、齿轮和负载组成的单关节电动机负载模型如图 4-3 所示。

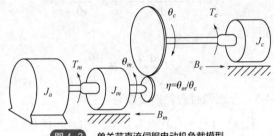

图 4-3　单关节直流伺服电动机负载模型

对图中参数的说明如下：

θ_c——负载轴的角位移，rad；

θ_m——驱动轴的角位移，rad；

η——齿轮减速比，$\eta=\theta_m/\theta_c$；

T_c——负载侧的总扭矩，N·m；

T_m——直流伺服电动机输出扭矩，N·m；

J_c——负载轴的总转动惯量，kg·m²；

J_m——关节部分在齿轮箱驱动侧的转动惯量，kg·m²；

J_a——电动机转子转动惯量，kg·m²；

B_c——负载轴的阻尼系数；

B_m——驱动侧的阻尼系数。

以上参数用来研究负载转角 θ_m 与电动机的电枢电压 U 之间的传递函数，下面这些参数在研究 θ_s 与 U 之间的传递函数时也将会用到，在此一起说明。

I——电枢绕组电流，A；

L——电枢电感，H；

R——电枢电阻，Ω；

K_C——电动机的扭矩常数，N·m/A；

K_e——电动机反电动势常数，V·s/rad；

J_{eff}——电动机轴上的等效转动惯量，$J_{eff}=J_a+J_m+\eta^2 J_c$；

B_{eff}——电动机轴上的等效阻尼系数，$B_{eff}=B_m+\eta^2 B_c$；

K_θ——转换常数，V/rad。

已知电动机输出扭矩为：

$$T_m = K_C I \tag{4-1}$$

电枢绕组电压平衡方程为：

$$U - \frac{K_e \mathrm{d}\theta_m}{\mathrm{d}t} = \frac{L\mathrm{d}I}{\mathrm{d}t} + RI \tag{4-2}$$

对式（4-1）和式（4-2）两边同时做拉普拉斯变化，整理可得：

$$T_m(s) = K_C \frac{U(s) - K_e s\theta_m(s)}{Ls + R} \tag{4-3}$$

驱动轴（即电动机输出轴）的转矩平衡方程为：

$$T_m(s) = \frac{(J_a + J_m)\mathrm{d}^2\theta_m}{\mathrm{d}t^2} + B_m \frac{\mathrm{d}\theta_m}{\mathrm{d}t} + \eta T_c \tag{4-4}$$

负载轴的转矩平衡方程为：

$$T_c = J_c \frac{\mathrm{d}^2\theta_c}{\mathrm{d}t^2} + B_c \frac{\mathrm{d}\theta_c}{\mathrm{d}t} \tag{4-5}$$

对式（4-4）和式（4-5）分别做拉普拉斯变换可得：

$$T_m(s) = (J_a + J_m)s^2\theta_m(s) + B_m s\theta_m(s) + \eta T_c(s) \tag{4-6}$$

$$T_c(s) = (J_c s^2 + B_c s)\theta_c(s) \tag{4-7}$$

对 $\eta = \theta_m/\theta_c$ 进行拉普拉斯变换可得 $\theta_m(s) = \theta_c(s)/\eta$，将其代入式（4-6）并联合式（4-3）和式（4-7）整理可得：

$$\frac{\theta_m(s)}{U(s)} = \frac{K_C}{s[J_{eff}Ls^2 + (J_{eff}R + B_{eff}L)s + B_{eff}R + K_C K_e]} \tag{4-8}$$

式（4-8）描述了输入控制电压与驱动轴角位移 θ_m 的关系。该式右边分母上括号外的 s 表示施加电压 U 后，θ_m 也是对时间 t 的积分；方括号内的表达式表示该系统是一个二阶速度控制系统。由于 $\omega_m = \mathrm{d}\theta_m/\mathrm{d}t$，进行拉普拉斯变换可得 $\omega_m(s) = s\theta_m(s)$，将式（4-8）中右边分母上的 s 移项可得：

$$\frac{s\theta_m(s)}{U(s)} = \frac{\omega_m(s)}{U(s)} = \frac{K_C}{J_{eff}Ls^2 + (J_{eff}R + B_{eff}L)s + B_{eff}R + K_C K_e} \tag{4-9}$$

为了构成对负载轴的角位移控制器，必须进行负载轴的角位移反馈，即用某一时刻 t 所需要的角位移 θ_d 与实际角位移 θ_c 之差所产生的电压来控制该系统。用光学编码器作为实际位置传感器，可以求取位置误差，误差电压为：

$$U(t) = K_\theta(\theta_d - \theta_c) \tag{4-10}$$

同时，令 $E(t) = \theta_d(t) - \theta_c(t)$，$\theta_c(t) = \eta\theta_m(t)$。对这 3 个表达式分别进行拉普拉斯变换可得：

$$U(s) = K_\theta[\theta_d(s) - \theta_c(s)] \tag{4-11}$$

$$E(s) = \theta_d(s) - \theta_c(s) \tag{4-12}$$

$$\theta_c(s) = \eta\theta_m(s) \tag{4-13}$$

从理论上讲，式（4-9）表示的二阶系统是稳定的。要提高响应速度，可以调高系统的增益（如增大 K_θ）及电动机传动轴速度负反馈，把某些阻尼引入系统中，以加强反电动势的作用效果。要做到这一点，可以采用测速发电机，或计算一定时间间隔内传动轴角位移的差值。单关节位置控制器如图 4-4（a）所示。图 4-4（b）所示为具有速度反馈功能的位置控制器，其中，K_t 为测速发电机的传递系数（单位为 V·s/rad），K_l 为速度反馈信号放大器的增益。由于电动机电枢回路的反馈电压已经由 $K_e\theta_m(t)$ 增加为 $K_e\theta_m(t)+K_lK_t\theta_m(t)=(K_e+K_lK_t)\theta_m(t)$，所以其对应的开环传递函数为：

$$\frac{\theta_m(s)}{E(s)} = \frac{\eta K_\theta K_C}{s[LJ_{eff}s^2+(RJ_{eff}+LB_{eff})s+RB_{eff}+K_CK_e]} \tag{4-14}$$

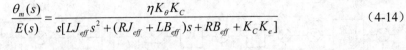

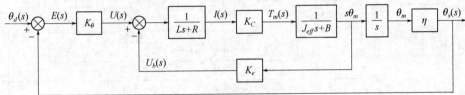

(a) 单关节位置控制器

(b) 具有速度反馈功能的位置控制器

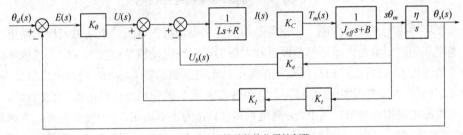

(c) 考虑摩擦力矩、外负载力矩、重力矩及向心力作用的位置控制器

图 4-4 单关节机械臂位置控制器结构

机器人驱动电动机的电感 L（一般为 10mH）远小于电阻 R（约 1 Ω），因此可以略去式（4-14）中的 L，式（4-14）变为：

$$\frac{\theta_m(s)}{E(s)} = \frac{\eta K_\theta K_C}{s[RJ_{eff}s+RB_{eff}+K_CK_e]} \tag{4-15}$$

图 4-4（a）所示的单位反馈位置控制系统的闭环传递函数是

$$\frac{\theta_c(s)}{\theta_d(s)} = \frac{\theta_c/E}{1+\theta_c/E} = \frac{\eta K_\theta K_C}{RJ_{eff}s^2+(RB_{eff}+K_CK_e)s+\eta K_\theta K_C} \tag{4-16}$$

图 4-4（c）所示为考虑了摩擦力矩、外负载力矩、重力矩及向心力作用的位置控制器。以任一扰动作为干扰输入，可写出干扰的输出函数与传递函数。利用拉普拉斯变换中的终值定理，即可求出因干扰引起的静态误差。

（2）带力矩的单关节位置控制

带有力矩闭环的单关节位置控制系统是一个三闭环控制系统，由位置环、力矩环和速度环构成，如图 4-5 所示。

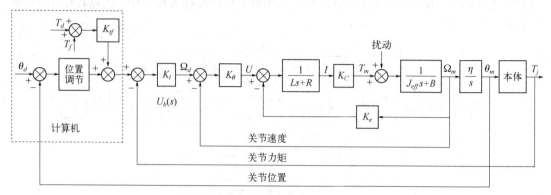

图 4-5　带有力矩闭环的单关节位置控制系统

速度环为控制系统的内环，其作用是通过控制电动机的电压使电动机表现出期望的速度特性，速度环的给定值是力矩环偏差经过放大后的输出（电动机角速度为 Ω_d），速度环的反馈值是关节角速度 Ω_m，将 Ω_d 与 Ω_m 的偏差作为电动机电压驱动器的输入，经过放大后成为电压 U，其中 K_θ 表示转换常数（即比例系数）。电动机在电压 U 的作用下，以角速度 Ω_m 旋转。$1/(Ls+R)$ 为电动机的电磁惯性环节，其中，L 为电枢电感，R 为电枢电阻，I 为电枢电流。考虑到一般情况下，$L \leqslant R$，故一般可以忽略电感 L 的影响，环节 $1/(Ls+R) \approx 1/R$。$1/(J_{eff}+B)$ 是电动机的机电惯性环节，K_C 为电流力矩常数，即电动机力矩 T_m 与电枢电流 I 之间的系数。位置环为控制系统的外环，用于控制关节以达到期望的位置。位置环的给定值是期望的关节位置 θ_d，反馈为关节位置 θ_m，将 θ_d 与 θ_m 的偏差作为位置调节器的输入，经过位置调节器运算后形成的输出作为力矩环给定值的一部分，位置调节器常采用 PID 或 PI 控制器，构成的位置闭环系统为无静差系统。

4.2.1.2　机器人的多关节控制

（1）机器人系统的伺服控制律

因为机器人可能具有多个关节，分别需要相应的驱动电机提供驱动力矩，并输出多个关节的位置、速度和加速度，所以对机械臂进行控制是一个多输入多输出的问题。

将控制律分解为基于模型的控制部分和伺服控制部分，那么它可以表示为：

$$\boldsymbol{F} = \boldsymbol{\alpha}\boldsymbol{F}' + \boldsymbol{\beta} \tag{4-17}$$

式中，$\boldsymbol{F}$，$\boldsymbol{F}'$，$\boldsymbol{\beta}$ 为 $n \times 1$ 的矢量；$\boldsymbol{\alpha}$ 为 $n \times n$ 的矩阵。$\boldsymbol{\beta}$ 为基于模型的控制部分，而 $\boldsymbol{F}'$ 为伺服控制部分，可以表示为：

$$\boldsymbol{F}' = \ddot{\boldsymbol{X}}_d + \boldsymbol{K}_v\dot{\boldsymbol{E}} + \boldsymbol{K}_p\boldsymbol{E} \tag{4-18}$$

式中，$\boldsymbol{K}_v$，$\boldsymbol{K}_p$ 为 $n \times n$ 的增益矩阵；$\boldsymbol{E}$ 为 $n \times 1$ 的位置误差矢量；$\dot{\boldsymbol{E}}$ 为 $n \times 1$ 的速度误差矢量。

（2）基于模型机械臂控制

考虑摩擦等非刚体效应影响的机器人动力学模型为：

$$\tau = M(q)\ddot{q} + C(q,\dot{q})\dot{q} + G(q) + F(\dot{q}) \tag{4-19}$$

式中，q 为关节变量；$\dot{q}$ 为关节速度；$M(q) \in R^{n \times n}$ 为机器人的惯性矩阵；$C(q,\dot{q}) \in R^n$ 为科氏力矩阵；$G(q) \in R^n$ 表示重力矩阵；$F(\dot{q})$ 为摩擦力矩。

令

$$\tau = \alpha \tau' + \beta \tag{4-20}$$

其中：

$$\begin{cases} \alpha = M(q) \\ \beta = C(q,\dot{q})\dot{q} + G(q) + F(\dot{q}) \\ \tau' = \ddot{q}_d + K_v \dot{E} + K_p E \end{cases} \tag{4-21}$$

式中，τ' 为关节力矩；误差为 $E = q_d - q$，$\dot{E} = \dot{q}_d - q$。

控制系统的结构框图如图 4-6 所示。

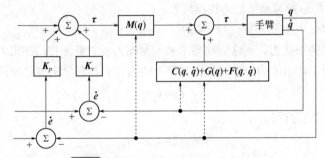

图 4-6　基于动力学模型的控制系统结构框图

由式（4-19）～式（4-21）可以得出表示闭环系统的误差方程：

$$\ddot{E} + K_{vi}\dot{E} + K_p E = 0 \tag{4-22}$$

由于增益矩阵 K_v 和 K_p 是对角形，因而上式是解耦的，并可写成 n 个单关节的形式：

$$\ddot{E}_i + K_{vi}\dot{E} + K_{pi}E = 0, \quad i=1,2,\cdots,n \tag{4-23}$$

实际上，由于系统动态模型不准确等原因，式（4-22）所表示的是理想情况。

4.2.2　力控制

前面所描述的机器人运动是假设其末端执行器与外界环境不相接触的运动。此时，在位置控制下，机器人会严格按照预先设定的位置轨迹进行运动。若机器人运动过程中遇到阻拦，导致机器人的位置跟踪误差变大，此时机器人会加大输出力矩去尽可能跟踪预设轨迹，最终导致机器人与障碍物作用力异常加大。例如：用机器人抓住门的把手开门，由门的制造和安装误差导致的转动轨迹误差，可能损坏门或机器人。此时，希望机器人与环境接触表现出一定的柔性。因此，当机器人的末端执行器与外界环境相接触时，为受限运动控制，即单独用位置控制是无法满足要求的，需要在要求沿着固定轨迹运动的同时还要对与环境的接触力进行控制（力控制）。这种机器人对外表现出来的柔顺性（低刚度特性）分为被动式和主动式柔顺：被动式柔顺通常由机械装置完成；主动式柔顺通过采用适当的控制方法来改变各关节的伺服刚度，使机器人的末端表现出一定的柔顺性。本节主要讨论主动式柔顺，包括力/位置混合控制和阻抗控制两类。

4.2.2.1 质量-弹簧系统力控制

当工业机器人末端执行器与环境相接触时，会产生相互作用的力，如图 4-7 所示。一般情况下，存在接触力时，必须建立某种环境作用模型。为使概念明确，用类似于位置控制的简化方法，假设系统是刚性的，质量为 m，而环境刚度为 k_e，位移为 x，采用简单的质量-弹簧模型来表示受控物体与环境之间的接触作用，如图 4-8 所示。

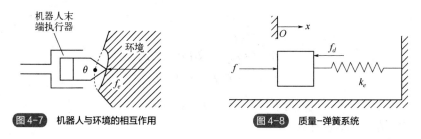

图 4-7　机器人与环境的相互作用　　　　图 4-8　质量-弹簧系统

下面重点讨论质量-弹簧系统的力控制问题。

对图 4-7 与图 4-8 中主要参数的规定如下：

f_d——表示未知的干扰力，通常为模型未知的摩擦力或者机械传动的阻力；

f_e——表示作用于环境的力，即施加在弹簧上的力，它与环境刚度之间的关系如下：

$$f_e = k_e x \tag{4-24}$$

描述该物理系统的方程为：

$$f = m\ddot{x} + k_e x + f_d \tag{4-25}$$

如果用作用在环境上的控制变量 f_e 表示，形式如下：

$$f = mk_e^{-1}\ddot{f}_e + f_e + f_d \tag{4-26}$$

采用控制律分解的方法，令：

$$\begin{cases} a = mk_e^{-1} \\ \beta = f_e + f_d \end{cases} \tag{4-27}$$

从而得到控制律，即：

$$f = mk_e^{-1}(\ddot{f}_h + k_{vf}\dot{e}_f + k_{pf}e_f) + f_e + f_d \tag{4-28}$$

式中，$e_f = f_h - f_e$ 为期望力 f_h 与用力传感器检测到的环境作用力 f_e 之间的误差；k_{vf} 和 k_{pf} 则为力控制系统的增益系数。

如果式（4-28）中干扰 f_d 是已知的，则联立式（4-24），可得闭环系统的误差方程为

$$\ddot{e}_f + k_{vf}\dot{e}_f + k_{pf}e_f = 0 \tag{4-29}$$

一般情况下，在控制律中干扰 f_d 是未知的，因此式（4-28）不可解。但是，可以在指定伺服规则时，去掉干扰 f_d，即令式（4-24）和式（4-28）的右边相等，并且在稳态分析中令对时间的各阶导数都为零，可以得到如下关系

$$e_f = \frac{f_d}{a} \tag{4-30}$$

式中，$a = mk_e^{-1}k_{pf}$ 为有效力反馈增益。如果用 f_h 取代式（4-28）中的 $f_h + f_d$，则可得

$$e_f = \frac{f_d}{1+a} \tag{4-31}$$

一般情况下，环境刚度 k_e 比较大，也就意味着 a 的值可能会比较小，因此优选式（4-31）计算稳态误差。此时，控制律如下

$$f = mk_e^{-1}(\ddot{f}_h + k_{vf}\dot{e}_f + k_{pf}e_f) + f_d \tag{4-32}$$

图 4-9 所示为采用控制律即式（4-32）的闭环力控制系统原理。该图描述的力伺服控制是理想情况，实际的力伺服控制通常有些不同。实际情况中，力轨迹一般为常数，这是由于通常希望接触力为某一常数值，很少将它设置为时间的函数。因此，图 4-9 中系统的输入 $\ddot{f}_h$ 和 f_h 通常设置恒为零。另外，实际情况中检测到的力"噪声"很大，通过数值微分的方法计算 $\dot{f}_e$ 是行不通的，因为 $f_e = k_e x$。因此可以通过求解作用于环境上的力的微分 $\dot{f}_e = k_e\dot{x}$ 来求 $\dot{f}_e$。这是由于大多数机器人都可以测量速度，而且技术成熟。综上，可以将控制律写为：

$$f = m(k_{pf}k_e^{-1}e_f - k_{vf}\dot{x}) + f_d \tag{4-33}$$

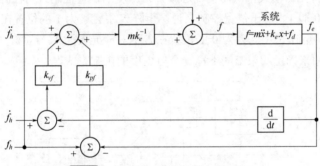

图 4-9　质量-弹簧系统的力控制系统原理图

与式（4-33）对应的原理图为图 4-10。

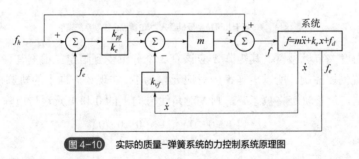

图 4-10　实际的质量-弹簧系统的力控制系统原理图

4.2.2.2　力/位置混合控制

1981 年，雷伯特（Raibert）与克雷格（Craig）提出了经典的力/位置混合控制方法（R-C 控制器），通过设定力控制空间与位置控制空间为互补子空间，在约束子空间内，对机械臂末端执行器的运动进行分解，在存在自然力约束的方向上进行机械臂的位置控制，在存在自然位置约束的方向上进行机械臂的力控制，然后综合实现对机械臂末端的力与位置的混合柔顺控制。

（1）直角坐标机器人力/位置混合控制

针对 3 自由度直角坐标机器人在 x-y-z 空间内进行力/位置混合控制研究。假设关节运动方

向与约束坐标系{C}的轴线方向完全一致，即三个关节的轴线分别沿 x、y 和 z 方向。为简单起见，设每一个连杆质量为 m，滑动摩擦力为零，末端执行器与刚性为 k_e 的表面接触。显然，在 C_y 方向需要力控制，而在 C_x、C_z 方向进行位置控制，如图 4-11 所示。

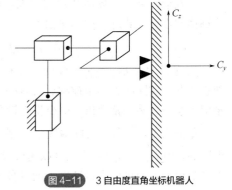

力/位置混合控制的第一步是通过设置矩阵 **S** 来选择力控制环和位置控制环；第二步是根据传感器反馈的力信息和位置信息来完成力回路和位置回路上的闭环控制；最后在约束情况下进行力和轨迹的同时控制，将最终的控制输入分配到各个关节。

图 4-12 所示为笛卡儿直角坐标机器人力/位置混合控制系统框图，该混合控制系统由位置控制律和力控制律来实现力和位置的反馈跟踪。采用变换矩阵 **S**

图 4-11　3 自由度直角坐标机器人

和 **S'** 来决定采用哪种控制模式，从而实现对每个自由度的位置控制或力控制。**S** 为对角矩阵，对角线上的元素非 0 即 1。对于位置控制来说，矩阵 **S** 中元素为 1 的位置在矩阵 **S'** 中对应元素为 0。对于力控制，矩阵 **S** 中元素为 0 的位置在 **S'** 中对应元素为 1。这样，矩阵 **S** 和 **S'** 就形成了一个互锁开关，用来确定约束空间下每一个自由度的控制方式。

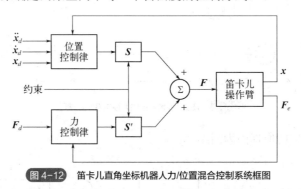

图 4-12　笛卡儿直角坐标机器人力/位置混合控制系统框图

对于 3 自由度关节机械臂，其矩阵 **S** 应该有 3 个分量受到限定。根据其任务描述，在 C_x、C_z 方向实施位置伺服控制，所以矩阵 **S** 中对应元素为 1，实现该方向上的轨迹控制；在 C_y 方向实施力伺服控制，位置轨迹将被忽略，则 **S'** 对角线方向上的 0 和 1 元素与矩阵 **S** 的相反。因此

$$S=\begin{pmatrix}1&0&0\\0&0&0\\0&0&1\end{pmatrix}, S'=\begin{pmatrix}0&0&0\\0&1&0\\0&0&0\end{pmatrix} \tag{4-34}$$

对于机器人机械臂的力/位置混合控制系统，位置反馈主要是利用机械臂安装的编码器来检测关节角位移，求解出机械臂终端位移，完成位置反馈；力反馈通常是利用安装在机械臂末端关节与执行器之间的力/力矩传感器（腕力传感器）来检测末端执行器 6 个方向的力/力矩，并且与期望值比较，完成力反馈控制，从而实现机器人机械臂相互正交的位置和力同时控制。其中，力检测有多种方法，例如关节电动机电流检测、关节扭矩传感器检测、腕力传感器检测等。

（2）一般机器人力/位置混合控制

图 4-13 所示为接触状态的两种极端情况。在图 4-13（a）中，机械臂在自由空间移动，所

有约束力为零，6 自由度的机械臂可以在 6 个自由度方向上实现任意位姿，但是在任何方向上均无法施加力，这种情况属于一般机器人的位置控制问题。图 4-13（b）所示为机器人机械臂末端执行器紧贴墙面运动的极端情况。在这种情况下，机械臂沿垂直墙面方向无法施加位置控制，但可以施加力控制。同样，机械臂沿墙面方向无法施加力控制，但可以施加位置控制。

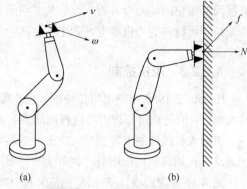

(a)　　　　　　　　(b)

图 4-13　一般机械臂两种极端接触状态

图 4-13 所示的混合控制任务延续了直角坐标控制的概念，即将笛卡儿坐标机械臂的力/位置混合控制方法推广到一般操作。基本思想是采用笛卡儿坐标机械臂的工作空间动力学模型，把实际机械臂的组合系统和计算模型变换成一系列独立的、解耦的单位质量系统，一旦完成解耦和线性化，就可以应用前面章节所介绍的方法来进行控制。

笛卡儿空间下机械臂动力学方程与关节坐标系下类似，可写为

$$F = M_x(\theta)\ddot{x} + V_x(\theta,\dot{\theta}) + G_x(\theta) \tag{4-35}$$

式中，F 为末端的力矢量；x 为末端的位姿；M_x 为惯性矩阵；V_x 为速度项矢量；G_x 为重力项矢量。所有上述量均为笛卡儿空间下的量。

图 4-14 所示为笛卡儿坐标系机械臂的解耦形式。显然，通过这种解耦计算，机械臂将呈现为一系列解耦的单位质量系统。对于这种混合控制策略，笛卡儿坐标的工作空间动力学方程和雅可比矩阵都应在约束坐标系 $\{C\}$ 中描述。

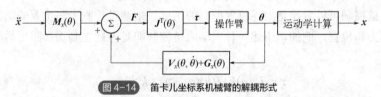

图 4-14　笛卡儿坐标系机械臂的解耦形式

对于机器人机械臂控制系统来说，根据任务描述所建立的约束坐标系与混合控制器解耦方法所采用的笛卡儿坐标是一致的，因此只需要将这二者结合就可以推广到一般的力/位置混合控制器。图 4-15 所示为一般机械臂的力/位置混合解耦控制方法。需要注意的是，这里的动力学

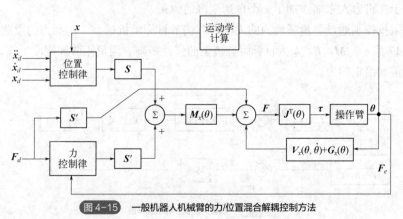

图 4-15　一般机器人机械臂的力/位置混合解耦控制方法

方程为工作空间动力学方程，而非关节空间。这就要求运动学方程中包含工作空间坐标系的坐标变换，所检测的力也要变换到工作空间中。

4.2.2.3 阻抗控制

Hogan 在 1985 年提出阻抗控制（也称隐性力控制）。阻抗控制不直接控制机械臂末端与环境接触力，而是通过分析力与位置的动态关系，将力控制和位置控制综合考虑，实现柔顺控制。

机器人机械臂的末端刚度取决于关节伺服刚度、关节传动和连杆刚度。显然，可以通过适当方法，比如调整伺服增益，调节关节伺服刚度，从而取得适当的末端柔性。

图 4-16 中 δx、k_p、F 都是在笛卡儿空间描述的。$F = k_p \delta x$ 描述了想要得到的末端弹簧刚度特性，是 6×6 的预期刚度矩阵（对角阵），分别对应三个线性刚度和三个扭转刚度。τ 为 6 个关节力矩。容易得到

$$\tau = \boldsymbol{J}^{\mathrm{T}}(\boldsymbol{q}) k_p \boldsymbol{J}(\boldsymbol{q}) \delta \boldsymbol{q} = k_q \delta \boldsymbol{q} \tag{4-36}$$

式中，$k_q = \boldsymbol{J}^{\mathrm{T}}(\boldsymbol{q}) k_p \boldsymbol{J}(\boldsymbol{q})$ 为关节刚度矩阵，它描述了关节力矩和关节误差的关系。因此，只要通过式（4-36）解得 k_p 矩阵，即可得到相应的弹簧刚度特性。

图 4-16　主动刚性位置控制

需要注意的是，k_q 不是对角阵，这意味着 τ_i 不仅与 δq_i 有关，还与 δq_j（$i \neq j$）相关。同时注意，雅可比矩阵是 q 的函数，即关节刚度矩阵与 q 相关。

第一种阻抗控制可以看作是上述位置控制的拓展，是通过控制力与位置的动力学关系，而不是直接控制力和位置。例如，下述一种主动阻抗控制即是上述控制增加阻尼后的控制，其控制策略为

$$\tau = \boldsymbol{J}^{\mathrm{T}}(\boldsymbol{q}) k_p \boldsymbol{J}(\boldsymbol{q})(\boldsymbol{q}_d - \boldsymbol{q}) + k_v(\dot{\boldsymbol{q}}_d - \dot{\boldsymbol{q}}) \tag{4-37}$$

此控制策略在笛卡儿空间的描述为

$$\boldsymbol{F} = \boldsymbol{J}^{\mathrm{T}}(\boldsymbol{q})[k_p(\boldsymbol{x}_d - \boldsymbol{x}) + k_v(\dot{\boldsymbol{x}}_d - \dot{\boldsymbol{x}})] \tag{4-38}$$

式中，$\boldsymbol{J}$ 为雅可比矩阵。由此可见，k_p 与 k_v 可以看作是笛卡儿空间中希望得到的刚度和阻尼。这相当于在机器人末端添加了一个理想刚度的弹簧。

另一种阻抗控制通过测量环境力的大小，并调节目标阻抗模型，达到力的柔顺反馈运动控制。如图 4-17 所示，$\boldsymbol{M}$、$\boldsymbol{B}$、$\boldsymbol{k}$ 为目标阻抗模型的惯性矩阵、阻尼矩阵和刚度矩阵。$\boldsymbol{x}_d$ 和 $\boldsymbol{F}_c$ 为给定运动轨迹和给定的力。

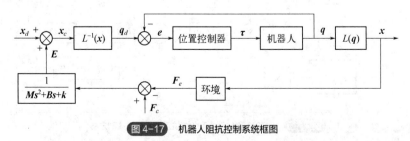

图 4-17　机器人阻抗控制系统框图

图 4-17 所示的控制原理为：当机器人机械臂自由运动，末端与环境未接触时，$F_c = F_e = 0$，$E = 0$，此时，机器人将做精确的位置跟踪控制。当末端与环境接触时，设此时初始位置为 x_c，则有

$$x_d = x_c \tag{4-39}$$

此时，力误差 $F_c - F_e$ 成为阻抗模型的驱动信号，实现力的伺服控制。同时，根据阻抗模型形成位置调节误差 E 修改运动轨迹。此时，E 信号成为位置环的驱动信号实现位置闭环控制。其阻抗模型为

$$E_f = M(\ddot{x}_c - \ddot{x}_d) + B(\dot{x}_c - \dot{x}_d) + k(x_c - x_d) \tag{4-40}$$

$$E_f = F_c - F_e, \quad E = x_c - x_d \tag{4-41}$$

此时，实际接触力为

$$F_e = k_e(x - x_s) \tag{4-42}$$

式中，k_e 为环境刚度。系统稳定时，$F_e \to F_c$，且

$$x_c = x_d + \frac{F_c}{k_e} \tag{4-43}$$

阻抗控制作为一种强大的控制策略，已经在机器人技术领域取得了显著的进展。然而，正如所有控制方法一样，阻抗控制也有其优点和局限性，需要根据具体应用情况来综合考虑。以下是阻抗控制的一些显著优点和潜在缺点。

主要优点包括：

① 自适应性：阻抗控制具有自适应性，能够根据外部力和环境的变化调整机器人的响应，这种自适应性使机器人能够在不同的任务和环境中表现出合适的行为。

② 人机交互：阻抗控制使机器人能够与人类更自然地交互。它允许机器人在与人类合作时表现得像柔软的弹簧，降低了人与机器人合作时的风险。

③ 高精度控制：阻抗控制允许对机器人的运动和力量进行精确的控制。这对于需要高度精确性的任务，如微操作和装配，具有重要意义。

④ 适用于多任务：阻抗控制可适用于多种任务，包括物体抓取、装配、协作和人机合作等，增加了其应用范围。

主要缺点包括：

① 系统复杂性：实现阻抗控制涉及复杂的传感器和控制算法。这可能需要更多的工程开发和调试时间，使系统设计和实施变得复杂。

② 参数调整：要获得理想的阻抗响应，需要仔细调整阻抗控制器的参数。这需要在实际应用中进行试验和优化，可能需要较长时间。

③ 特定应用限制：阻抗控制可能在某些特定应用中不是最佳选择。例如，在需要高速运动或高刚度的情况下，可能需要考虑其他控制策略。

④ 振荡和不稳定性：如果阻抗控制器的参数设置不当，机器人可能会出现振荡或不稳定的行为，这可能影响系统性能和安全性。

在实际应用中，对于每个具体的情况，需要综合考虑阻抗控制的优缺点，并根据应用需求和系统要求做出明智的决策。尽管阻抗控制存在一些挑战，但它在增强人机合作、高精度控制和多任务应用方面的潜力是不容忽视的。随着技术的进一步发展，阻抗控制在机器人领域将继续发挥重要作用。

4.3 机器人智能控制技术

4.3.1 智能控制概述

科学技术的高速发展使得控制的对象日益复杂化。传统的自动控制理论在面临复杂性所带来的困境时，力图突破旧的模式以适应社会对自动化学科提出的新要求。智能控制作为自动控制理论的前沿理论之一，反映了控制理论界近年来在迎接对象复杂性的挑战中做出的种种努力。智能控制是以控制理论、计算机科学、人工智能、运筹学等学科为基础扩展了相关的理论和技术，其中应用较多的有模糊逻辑、神经网络、专家系统等理论。目前，智能控制技术的应用涉及非常广泛的领域，如医学、航空航天、机器人、家电及工业产品、机电设备、交通工具、仪器仪表、核反应堆控制等领域。

4.3.1.1 智能控制的基本概念

（1）智能控制的定义

从一般行为特征来看，智能控制是知识的"行为舵手"，它把知识和反馈结合起来，形成感知-交互式、以目标为导向的控制系统。系统可以进行规划、决策、联想，产生有效、有目的的行为，在不确定的环境中达到既定的目标。从机器智能的角度来看，智能控制是认知科学、数学、编程和控制技术的结合，它把施加于系统的各种算法和数学与语言方法融为一体。

智能控制的定义可以有多种不同的描述，从工程的角度看，有以下几种描述。

智能控制的定义一：智能控制是由智能机器自主地实现其目标的过程。而智能机器则定义为，在结构化或非结构化的、熟悉或陌生的环境中，自主地或与人交互地执行人类规定的任务的一种机器。

智能控制的定义二：K. J. Astrom 则认为，把人类具有的直觉推理和试凑法等智能加以形式化或机器模拟，并用于控制系统的分析与设计中，使之在一定程度上实现控制系统的智能化，这就是智能控制。他还认为自调节控制、自适应控制就是智能控制的低级体现。

智能控制的定义三：智能控制是一类无须人的干预就能够自主地驱动智能机器实现其目标的自动控制，也是用计算机模拟人类智能的一个重要领域。

智能控制的定义四：智能控制实际只是研究与模拟人类智能活动及其控制与信息传递过程的规律，研制具有仿人智能的工程控制与信息处理系统的一个新兴分支学科。

以上虽然给出了智能控制系统的几种定义，但是并没有提出一个明确的界限，即什么样的系统才算是智能控制系统。同时，即使是智能控制系统，其智能程度也有高有低。

（2）智能模拟的三种途径

美国乔治（F. H. George）教授在《控制论基础》一书中指出："控制论的基本问题之一就是模拟和综合人类智能问题，这是控制论的焦点"。著名的过程控制专家 F. Greg Shinskey 指出："有一句时常引用的格言：如果你不能用手动去控制一个过程，那么你就不能用自动去控制它。"通过大量实验发现，在得到必要的操作训练后，由人实现的控制方法是接近最优的，这个方法的得到不需要了解对象的结构参数，也不需要最优控制专家的指导。Saridis 曾在《论智能控制》一文中指出，向人脑（生物脑）学习是唯一的捷径。

智能控制归根到底是要在控制过程中模拟人的智能决策方式，模拟人的智能实质上是模拟人的思维方式。人的思维形式是概念、判断和推理，人的思维类型可分为三种：抽象思维（逻辑思维）、形象思维（直觉思维）、灵感思维（顿悟思维）。

智能控制中的智能是通过计算机模拟人类智能产生的人工智能。通常利用计算机模拟人的智能行为有以下三种途径：

① 符号主义——基于逻辑推理的智能模拟。符号主义是从分析人类思维过程（概念、判断和推理）出发，把人类思维逻辑加以形式化，并用一阶谓词（表述个体常量、变元或函数的谓词）加以描述问题求解的思维过程。基于逻辑的智能模拟是对人脑左半球逻辑思维功能的模拟，而传统的二值逻辑无法表达模糊信息、模糊概念。因此，Zadeh 创立的模糊集合成为模拟人脑模糊思维形式的重要数学工具。把模糊集合理论同自动控制理论相结合，便形成了模糊控制理论。

② 联结主义——基于神经网络的智能模拟。联结主义是从生物、人脑神经系统的结构和功能出发，认为神经元是神经系统结构和功能的基本单元，人的智能归结为联结成神经网络的大量神经元协同作用的结果。这种通过网络形式模拟的方式在一定程度上模拟大脑右半球形象思维的功能。把神经网络理论同自动控制理论相结合，便形成了神经网络控制理论。

③ 行为主义——基于感知-行动的智能模拟。行为主义从人的正确思维活动离不开实践活动的基本观点出发，认为人的智能是由于人与环境在不断交互作用，人在不断适应环境的过程中，就会逐渐积累经验，不断提高感知-行动结果的正确性。从广义上讲，行为主义可以看作人在不断的感知-行动过程中，体现出的智能决策行为在不断进化。将控制专家的控制知识、经验及控制决策行为同控制理论相结合，便形成了专家控制、仿人智能控制理论。

设计一个好的智能控制系统，不仅要有好的智能控制决策（控制规律、控制算法、控制规则），而且还要应用智能优化方法在线自适应地优化控制器的结构及参数。

4.3.1.2　智能控制的基本原理

为了说明智能控制的基本原理，先来回顾一下经典控制与现代控制系统设计的基本思想。

经典控制理论在设计控制器时，需要根据被控对象的精确数学模型来设计控制器的参数，当不满足控制性能指标时，通过设计校正环节改善系统的性能。因此，经典控制理论适用于单变量、线性时不变或慢时变系统，当被控对象的非线性、时变性严重时，经典控制理论的应用受到了限制。

现代控制理论的控制对象已拓宽为多输入多输出、非线性、时变系统，但它还需要建立精确描述被控对象的动态模型，当对象的动态模型难以建立时，往往采取在线辨识的方法。由于在线辨识复杂非线性对象模型，存在难以实时实现及难以收敛等问题，面对复杂非线性对象的控制难题现代控制理论也受到了挑战。

上述传统的经典控制、现代控制理论，它们都是基于被控对象精确模型来设计控制器，当模型难以建立或建立起来复杂得难以实现时，这样的传统控制理论就无能为力。而智能控制系统设计思想将研究重点由被控对象建模转移为智能控制器。设计智能控制器去实时地逼近被控对象的拟动态模型，从而实现对复杂对象的控制。实质上，智能控制器是一个万能逼近器，它能以任意精度去逼近任意的非线性函数。或者说，智能控制器是一个通用非线性映射器，它能够实现从输入到输出的任意非线性映射。实际上，模糊系统、神经网络和专家系统就是实现万能逼近器（任意非线性映射器）的三种基本形式。

图 4-18 给出了经典控制、现代控制与智能控制的原理对比，其中经典控制以 PID 控制为例，现代控制以自校正控制为例，智能控制以模糊控制或神经网络控制为例。

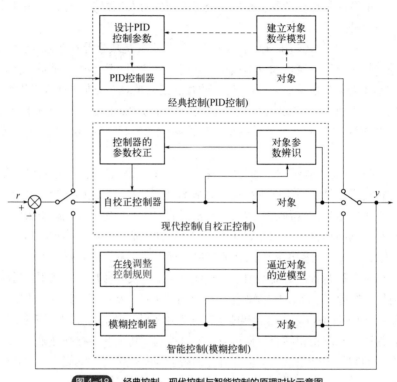

图 4-18　经典控制、现代控制与智能控制的原理对比示意图

4.3.1.3　智能控制系统的结构

智能控制系统典型结构如图 4-19 所示，图中"广义对象"包括通常意义下的控制对象和外部环境。例如对于智能机器人系统来说，机器人的手臂、被操作物体及所处环境统称为广义对象。"传感器"包括关节位置传感器、力传感器、视觉传感器、听觉传感器和触觉传感器等。"感知信息处理"将传感器得到的原始信息加以处理，例如视觉信息要经过复杂的处理才能获得有用的信息。"认知"主要用来接收和存储信息、知识、经验和数据，并对它进行分析、推理，做出行动的决策，送至"规划/控制"部分。"规划/控制"是整个系统的核心，它根据给定的任务要求、反馈的信息以及经验知识进行自动搜索、推理决策、动作规划，最终产生具体的控制作用，经"执行器"作用于控制对象。系统各模块之间的串联工作与人机联系建立由通信接口完成。

智能控制过程一般都比较复杂，尤其是对于大的复杂系统，通常采用分级递阶的结构形式。1977 年，美国普渡大学萨里迪斯（G. N. Saridis）提出了分层递阶结构的智能控制系统，如图 4-20 所示。分层递阶智能控制（hierarchical intelligent control）主要由 3 个控制级组成，按智能控制的高低分为组织级（organization level）、协调级（coordination level）、执行级（executive level），并且这 3 级遵循"伴随智能递降精度递增"原则。图中，C 为输入指令；U 为分类器输出给组织级的输入信号；$f_{E'}^{O}$ 为协调级到组织级的反馈信号；f_{E}^{C} 为执行级到协调级的反馈信号。

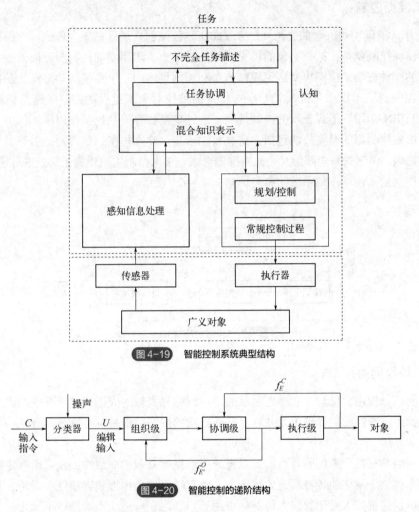

图 4-19　智能控制系统典型结构

图 4-20　智能控制的递阶结构

组织级是智能控制系统的最高智能级，其功能为推理、规划、决策和长期记忆信息的交换以及通过外界环境信息和下级反馈信息进行学习等。实际上，组织级也可以认为是知识的处理和管理，其主要步骤是由论域构成，按照组织级中的顺序定义，给每个活动指定概率函数，并计算相应的熵，决定动作序列。

协调级是组织级和执行级之间的接口，其功能为根据组织级提供的指令信息进行任务协调。协调级对于将组织信息分配到下面的执行级是必需的，它基于短期存储器完成子任务协调学习和决策，为执行级指定结束条件和罚函数，并将反馈信号给组织级。

执行级是系统的最低一级，本级由多个硬件控制器构成，要求具有很高的精度，其理论方法多采用传统的控制理论。

4.3.1.4　智能控制系统的类型

国内外控制界学者普遍认为，智能控制主要包括三种基本形式：模糊控制，神经网络控制和专家控制。因此，它又被分别称为基于模糊控制的智能控制，基于神经网络的智能控制和专家智能控制系统。

（1）模糊控制

1965 年，美国加州大学的扎德（L. A. Zadeh）教授创立了模糊集合理论，为模糊控制奠定了基础。模糊控制就是在被控对象的模糊模型的基础上，运用模糊控制器近似推理手段，实现系统控制的一种方法。模糊模型是用模糊语言和规则描述的一个系统的动态特性及性能指标。

模糊控制的基本思想是把人类专家对特定的被控对象或过程的控制策略总结成一系列以"IF 条件 THEN 作用"形式表示的控制规则，通过模糊推理得到控制作用集，作用于被控对象或过程。模糊控制器的模糊算法包括：定义模糊子集，建立模糊控制规则；由基本论域转变为模糊集合论域；模糊关系矩阵运算；模糊推理合成，求出控制输出模糊子集；进行逆模糊判决，得到精确控制量。模糊控制系统的典型结构如图 4-21 所示。

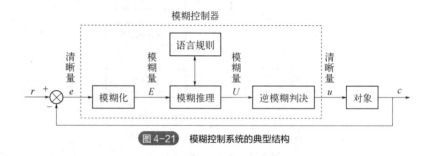

图 4-21　模糊控制系统的典型结构

（2）神经网络控制

神经网络是指由大量与生物神经系统的神经细胞相类似的人工神经元互联而组成的网络，或由大量像生物神经元的处理单元并联互联而组成的网络。这种神经网络具有某些智能和仿人控制功能。

神经网络具有几个突出的特点：可以充分逼近任意复杂的非线性关系；所有定量或定性的信息都分布存储于网络的各神经元的连接上，故有很强的鲁棒性和容错性；采用并行分布处理方法，使得快速进行大量运算成为可能；可用于自学习和自适应不确知或不确定的系统。

神经网络与控制相结合形成了智能控制领域的一个重要分支——神经网络控制。由于神经网络控制系统在许多方面呈现出人脑的智能特点，例如不依赖精确的数学模型、具有自学习能力、对环境的变化具有自适应性等，因此其应用越来越广泛。目前，神经网络已在多种控制结构中得到应用，如自校正控制、模型跟踪自适应控制、预测控制、内模控制等。图 4-22 给出了神经网络控制系统的 3 种典型结构。

（3）专家控制

专家系统主要指的是一个智能计算机程序系统内部含有大量的某个领域专家水平的知识与经验，能够利用人类专家的知识和解决问题的经验方法来处理该领域的高水平难题。它具有启发性、透明性、灵活性、符号操作、不确定性推理等特点。应用专家系统的概念和技术，模拟人类专家的控制知识与经验而建造的控制系统，称为专家控制系统。专家控制系统使知识模型与数学模型相结合、知识信息处理技术与控制相结合，它是人工智能与控制理论方法和技术相结合的典型产物。根据专家系统的方法和原理设计的控制器称为基于知识的控制器。按照基于知识的控制器在整个智能控制系统中的作用，它又可以分为直接专家控制系统和间接专家控制系统两种类型，如图 4-23 所示。表 4-2 为三种基本智能控制类型的对比分析。

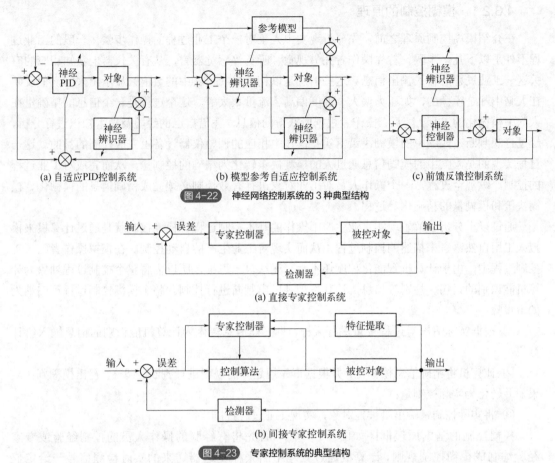

　　(a) 自适应PID控制系统　　　　　(b) 模型参考自适应控制系统　　　　(c) 前馈反馈控制系统

图 4-22　神经网络控制系统的 3 种典型结构

(a) 直接专家控制系统

(b) 间接专家控制系统

图 4-23　专家控制系统的典型结构

表 4-2　智能控制的三种基本类型特点对比

类型	模糊控制系统	神经网络控制系统	专家控制系统
产生年代	20 世纪 70 年代	20 世纪 80~90 年代	20 世纪 80 年代
代表人物	L. A. Zadeh, E. H. Mamdani T. Takagi, M. Sugeno L. X. Wang, Bart Kosko	J. S. Albus, K. M. Passino T. W. Miller, E. Erso Chin-Teng Lin, C. S. Ceoege Lee	E. Feigenbaum Hayes Roth R. L. Moore K. J. Astrom K. E. Arzeen
主要特点	模糊控制不需要被控对象的精确模型，利用语言变量和"IF-THEN"模糊规则表示控制经验、知识，易于理解，便于通过微机实时实现	神经网络具有学习功能，但多数神经网络的学习算法速度较慢，能用于实时控制的神经网络数量较少，较多用于离线的情况	专家控制系统具有实时性、可靠性、灵活性及长期运行的连续性。但建立专家控制系统周期长且需要大量人力和财力，一般可用专家控制器

4.3.2 模糊控制

4.3.2.1 模糊控制的原理

在介绍模糊控制原理之前，先分析现实中人工对一个工业过程的操作步骤。一般的工业过程不外乎以下几个步骤。首先操作者凭借视觉、听觉等感觉器官，从有关仪器上获知相应的有关这一工业过程的输入输出信息。这些信息是以精确量（仪器中的数值）显示出来的，但反映在人脑中却是模糊的，如压力偏大、温度偏高、流量太大等。这个过程是一个信息的精确量在人脑中模糊化的过程。随后，操作者根据所获得的信息，凭借自己的经验及技术知识进行分析，经过直观判断在人脑中的模糊决策落实在操作中相应的调整仪器设备上完成控制的目的。这一过程实现的是人脑中的模糊信息通过人的模糊决策转化为精确的控制量，从而完成对工业过程的控制。纵观全过程，一个操作人员对工业对象进行有效控制必须完成精确信息的模糊化、模糊决策和模糊量的精确化等过程。

通过以上分析了解了现实工业生产中操作的基本控制过程。模糊控制就是通过计算机来模拟人工用自然语言来描述的控制过程，从而实现对工业生产的自动控制。在模拟操作者的人工控制过程中，由于计算机智能化程度还不高，无法自己思维，所以需将整个控制过程抽象为计算机能识别的语句、规则等信息，让其按规则做出判断进行控制。整个模糊控制过程可归纳为如下步骤：

① 根据实际情况对过程变量进行采样，将采样信息转化为计算机能识别的信息输入给计算机；

② 计算机将精确信息模糊化，并根据事先规划好的规则进行判断、调整，得出模糊判决结果，并转化为实际控制量；

③ 将实际控制量输出给被控对象，实现工业过程控制。

模糊控制的基本原理框图如图 4-24 所示。首先将有经验的操作人员的控制经验或专家经验编制成模糊控制规则，计算机通过处理中断采样变送器送来的实时检测信号与给定值信号的差值，得到被调量 e 的精确值，通常选择误差信号 e 作为模糊控制器的一个输入量。然后，将误差 e 进行模糊化处理，得到误差 e 的模糊语言集合的一个子集 E（E 为一个模糊向量），将 E 作为模糊控制器的输入条件，根据模糊关系 R，通过模糊推理、合成，将得到输出的模糊控制向量 U，再经过非模糊化处理转化为实际的输出量 u，然后传送到执行机构。

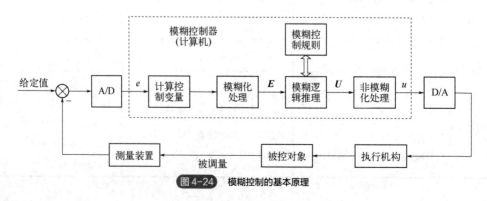

图 4-24　模糊控制的基本原理

4.3.2.2　模糊控制系统的特点

通过上述模糊控制原理的说明,可以看到模糊控制系统具有如下优点:

① 模糊控制系统不依赖于系统的精确数学模型,特别适用于复杂系统(或过程)或具有模糊性的被控对象,因为它们的精确数学模型很难获得或者根本无法找到。

② 模糊控制中的知识表示、模糊规则和合成推理都是基于专家知识或熟练操作者的成熟经验,并且通过学习可不断更新,因此,模糊控制具有智能性和自学习性。

③ 模糊控制系统的核心是模糊控制器,而模糊控制器均以计算机为主体,兼有计算机控制系统的特点(控制的精确性与软件编程的柔性等)。

④ 模糊控制系统的人机界面具有较好的交互性,对于有一定操作经验但对控制理论并不熟悉的工作人员来说,很容易掌握和学会,并且易于使用"语言"进行人机对话,更好地为操作者提供控制信息。

尽管模糊控制系统具有众多优点,但在理论研究和实际应用方面尚有许多问题有待深入探索和开发。如单以偏差 e 为输入量的模糊控制系统达不到控制要求,应引入速度误差 $\dot{e}$,甚至引入加速度误差变化 $\ddot{e}$ 作为输入量,在模糊规则和合成推理等方面也还有待进一步完善。

4.3.2.3　模糊控制系统结构

模糊控制系统具有常规计算机控制系统的结构形式,通常由模糊控制器 FLC、输入/输出(I/O)接口、执行机构、被控对象和测量装置 5 个部分组成,如图 4-25 所示。

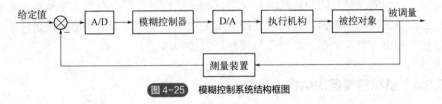

图 4-25　模糊控制系统结构框图

(1)被控对象

在自动控制系统中,工艺变量需要控制的生产设备或机器称为被控对象。模糊控制的被控对象与经典控制和现代控制相比要复杂得多,可以是线性的或非线性的、定常的或时变的,也可以是单变量的或多变量的,还可以是有时滞的或无时滞的,以及有强干扰的等多种情况的某种设备(或装置)或其群体;可以是自然的、生产的物理实体;也可以是社会的、生物的或其他各种状态转移的过程。

(2)执行机构

执行机构接收调节器送来的控制信号,自动改变执行器的状态,从而改变输送给被控对象的能量或物料量。常用的执行机构有电气的(如交、直流电动机,伺服电动机,步进电动机等)、气动的和液压的(气动调节阀和液压马达、液压阀等)等类型。

(3)模糊控制器

模糊控制器也称控制器,是模糊控制系统的核心部分,实际是一台具有特殊算法的微型计算机，将检测元件或变送器送来的信号与其内部对应的工艺参数给定值的信号进行比较得到偏差信号；再根据偏差的大小按一定的控制规律计算出控制信号的大小，而后将控制信号传送给执行器。由于被控对象不同，对系统的要求和控制规则（或策略）亦不同，则可构成各种类型的控制器。在模糊控制理论中，多采用基于模糊知识表示和规则推理的语言型模糊控制器，其主要作用是对输入量进行精确的模糊化处理、完成模糊规则运算、进行模糊推理决策运算及对输出模糊值进行精细化处理等。

（4）输入/输出（I/O）接口

输入/输出接口是模糊控制系统中模糊控制器与对象连接的通道，包括前向通道中的 D/A 转换及反馈通道中的 A/D 转换两个信号转换电路。另外还有适用于模糊逻辑处理的"模糊化"与"解模糊化"（也称"非模糊化"）环节。从模糊控制器输出的信号一般是数字信号，必须经 D/A 转换将其转换为广义对象可以接受的模拟信号，才能控制执行器的动作以实现生产过程的自动控制。

（5）测量装置

将表征被控对象工艺状态的参数，如流量、温度、压力、速度、浓度等参数值，由传感器转换成电信号，再经中间转换、放大、检波和滤波等处理后，转换成控制器所能接收的信号的一类装置。

从结构看，模糊控制系统和传统的负反馈控制系统相似，唯一不同之处是控制装置是模糊控制器，也称模糊逻辑控制器。模糊逻辑控制器采用的模糊控制规则是由模糊条件语句来描述的，因而是一种语言型控制器，故也称为模糊语言控制器。

4.3.2.4 模糊控制器的结构

模糊控制器的基本结构通常由 4 个部分组成：模糊化接口、规则库、模糊逻辑推理和清晰化接口，如图 4-26 所示。

（1）模糊化接口

模糊化就是通过在控制器的输入、输出论域上定义语言变量，将精确的输入、输出值转换为模糊的语言值。模

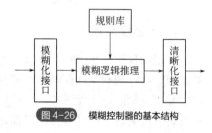

图 4-26　模糊控制器的基本结构

糊化接口的设计步骤事实上就是定义语言变量的过程，可分为以下几步。

① 语言变量的确定。针对模糊控制器每个输入、输出空间，各自定义一个语言变量。通常取系统的误差值 e 和误差变化率 ec 为模糊控制器的两个输入，在 e 的论域上定义语言变量"误差 E"；在 ec 的论域上定义语言变量"误差变化 EC"；在控制量 u 的论域上定义语言变量"控制量 U"。

② 语言变量论域的设计。为了提高实时性，模糊控制器常常以控制查询表的形式出现。该表反映了通过模糊控制算法求出的模糊控制器输入量和输出量在给定离散点上的对应关系。为了能方便地产生控制查询表，在模糊控制器的设计中，通常就把语言变量的论域定义为有限整数的离散论域。例如，可以将 E 的论域定义为{$-m$, $-m+1$, …, -1, 0, 1, …, $m-1$, m}；将

EC 的论域定义为 $\{-n,\ -n+1,\ \cdots,\ -1,\ 0,\ 1,\ \cdots,\ n-1,\ n\}$；将 U 的论域定义为 $\{-l,\ -l+1,\ \cdots,$ $-1,\ 0,\ 1,\ \cdots,\ l-1,\ l\}$。

③ 定义各语言变量的语言值。通常在语言变量的论域上，将其划分为有限的几类。例如，可将 E、EC 和 U 的论域划分为"正大（PB）""正中（PM）""正小（PS）""零（ZO）""负小（NS）""负中（NM）""负小（NB）"七类。

类别越多，规则制定越灵活，规则越细致，但规则多、复杂，编制程序困难，占用的内存较多；类别越少，规则越少，规则实现越方便，但过少的规则会使控制作用粗糙而达不到预期的效果。因此，在选择模糊状态时，要兼顾简单性和控制效果。

④ 定义各语言值的隶属函数。隶属函数决定着模糊集的模糊性。设计合理的隶属函数是运用模糊理论解决实际问题的基础。一般来说，模糊函数的确定方法有例证法、模糊统计法和专家经验法。常用的隶属函数的类型有三角形、梯形和正态分布型（高斯基函数）。

（2）规则库

模糊规则的完善程度和准确程度对系统的作用效果起决定性作用。模糊规则库由若干条控制规则组成，这些控制规则根据人类控制专家的经验总结得出，按照"IF…is…AND…is…THEN…is…"的形式表达，如图 4-27 所示。

其中，E、EC 分别是输入语言变量"误差"和"误差变化率"；U 是输出语言变量"控制量"；A_i、B_i、C_i 是第 i 条规则中与 E、EC、U 对应的语言值。

$$R_1: \text{IF } E \text{ is } A_1 \text{ AND } EC \text{ is } B_1 \text{ THEN } U \text{ is } C_1$$
$$R_2: \text{IF } E \text{ is } A_2 \text{ AND } EC \text{ is } B_2 \text{ THEN } U \text{ is } C_2$$
$$\vdots$$
$$R_n: \text{IF } E \text{ is } A_n \text{ AND } EC \text{ is } B_n \text{ THEN } U \text{ is } C_n$$

图 4-27 规则库示例

（3）模糊逻辑推理

模糊控制的实质是模糊逻辑推理，即根据模糊输入和规则库中蕴含的输入输出关系，通过模糊推理方法得到模糊控制器的输出模糊值。

（4）清晰化接口

由模糊推理得到的模糊输出值 C^* 是输出论域上的模糊子集，只有将其转化为精准控制量 u，才能施加于对象，这种转化的方法称为清晰化/去模糊化/模糊判决。模糊判决的方法有很多，常用的有最大隶属法、重心法和取中位数法。

（5）模糊查询表

模糊控制器的工作过程如下：

① 模糊控制器实时检测系统的误差和误差变化率 e 和 ec；

② 通过量化因子 k_e 和 k_{ec}，将 e 和 ec 分别量化为控制器的精确输入 E 和 EC；

③ E 和 EC 通过模糊化接口分别转化为模糊输入 A 和 B；

④ 将 A 和 B 根据规则库蕴含的模糊关系进行模糊推理，得到模糊控制输出量 C；

⑤ 将 C 进行清晰化处理，得到控制器的精确输出量 U；

⑥ 通过比例因子 k_u 将 U 转化为实际作用于被控对象的控制量 u。

对第③～⑤步离线进行运算，对于每一种可能出现的 E 和 EC 取值，计算出相应的输出量 U，并以表格的形式储存在计算机内存中，这样的表格称为模糊查询表。

如果 E、EC 和 U 的论域均为 $\{-6, -5, -4, -3, -2, -1, 0, 1, 2, 3, 4, 5, 6\}$，则生成的模糊查询表具有如图 4-28 所示的形式。

综上所述，模糊控制器的设计内容主要有以下几个方面：

① 确定模糊控制器的输入变量和输出变量；

② 确定输入、输出的论域和 k_e、k_{ec}、k_u 的值；

③ 确定各变量的语言取值及其隶属函数；

④ 总结专家控制规则及其蕴含的模糊关系；

⑤ 选择推理算法；

⑥ 确定清晰化的方法；

⑦ 总结模糊查询表。

U		EC												
		−6	−5	−4	−3	−2	−1	0	1	2	3	4	5	6
E	−6	−6	−6	−6	−6	−6	−5	−5	−4	−3	−2	0	0	0
	−5	−6	−6	−6	−5	−5	−5	−4	−3	−2	0	0	0	0
	−4	−6	−6	−6	−5	−5	−5	−3	−3	−2	0	0	0	0
	−3	−5	−5	−5	−5	−4	−4	−4	−3	−2	−1	1	1	1
	−2	−4	−4	−4	−4	−4	−4	−4	−2	−1	0	2	2	2
	−1	−4	−4	−4	−3	−3	−3	−3	−1	2	2	3	3	3
	0	−4	−4	−4	−3	−3	−1	0	1	3	3	4	4	4
	1	−3	−3	−3	−2	−2	1	3	3	3	3	4	4	4
	2	−2	−2	0	0	1	2	4	4	4	4	4	4	4
	3	−1	−1	1	2	3	4	5	5	5	5	5	5	5
	4	0	0	1	2	3	4	5	5	5	6	6	6	6
	5	0	0	1	2	3	4	5	5	5	6	6	6	6
	6	0	0	1	2	3	4	5	5	6	6	6	6	6

图 4-28 模糊查询表示例

4.3.2.5 模糊控制系统设计步骤

实际的工业生产过程中，被控对象大都具有一定的非线性和时变特性，设计时通常采用一定的简化动态模型的方法将系统简化后处理，因此复杂控制系统其设计过程大致有以下几个基本步骤：

① 将复杂系统分解为一系列解耦子系统。

② 将对象特性参数的短暂变化看作"缓慢变化"。

③ 根据工作点对非线性对象特性做线性化处理。

④ 分析并利用各子系统的动态关系，从而建立一系列描述系统状态的状态方程。

⑤ 将每个解耦系统设计成简单的负反馈控制系统。

⑥ 控制器的设计应尽可能是在控制专家或有经验的操作人员的知识基础上的最优设计，应具有能观测的输入输出数据和便于分析且直观的表达形式，同时包含有关对象动态特性和外部环境的其他信息。

4.3.2.6　模糊控制系统的类型

由于模糊控制系统有其自己的系统结构特征，故其在分类定义和设计与分析方法上，与一般自动控制系统有所不同。在基本原理不变的前提下，模糊控制器可分为多种类型，可以按控制器的输入量、输出量分类，也可按控制的功能或控制器的智能化程度分类。下面对几种典型分类进行介绍。

（1）线性模糊控制系统和非线性模糊控制系统

按照模糊控制器推理规则是否具有线性特性，模糊控制系统可分为线性模糊控制系统和非线性模糊控制系统。

通常采用线性度 δ 来衡量模糊控制系统的线性化程度。线性度也是一个模糊的概念，当论域一定时，由模糊子集个数 m 和线性化因子 ξ 来决定。m 值越大，δ 值越小，线性模糊控制系统对线性度的定义也就越严格；当 $m \to \infty$ 时，对线性度的要求与确定性系统相一致；另外，当 m 一定时，通过调整因子 ξ，也可改变模糊线性度。

线性模糊控制系统的偏差控制可用一组模糊控制规则来设计控制器。尽管线性模糊控制系统本身具有一定的鲁棒性，但对于非线性严重的被控对象，并不一定能满足控制性能的要求。此时应考虑非线性模糊控制系统，对于有快速跟踪要求的系统，除考虑分阶段采用多值模糊控制规则，还可以采用自适应控制、非线性解耦反馈控制、预测控制等精确控制策略和模糊控制系统相结合的集成控制方法，将会取得满意的动态控制性能。

（2）恒值模糊控制系统与随动模糊控制系统

如果按照系统控制信号的时变特征，则可根据控制系统的目的是维持输出量（被控制量）为恒定值还是以一定精度跟踪输入量函数，将它分为恒值模糊控制系统与随动模糊控制系统两类。

① 恒值模糊控制系统。若系统的给定值恒定不变，控制的目的是输出量保持恒定，而影响被控量变化的干扰是有界扰动，控制的行为是自动地克服扰动影响，则系统被称为恒值模糊控制系统（也称自镇定模糊控制系统）。

② 随动模糊控制系统。若系统的给定值是时间的函数，要求控制系统的输出量按一定精度要求，快速地跟踪给定值函数，则克服扰动影响不是控制的主要目标，这类系统称为随动模糊控制系统或模糊控制跟踪系统，如机器人关节的模糊控制位置随动系统。

两类系统的目的是一致的，都是为了消除偏差，而且在过程控制中两种状态是共存的（一段时间内处于跟踪状态，另一段时间内处于恒值控制状态）。恒值控制系统对控制器的适应性和鲁棒性要求不高（用一般的线性控制器即可）；随动系统要求有较强的适应性和鲁棒性及快速跟踪特性，对控制器的控制策略和算法要求就很高（多采用自适应控制、非线性补偿控制等）。

（3）有差模糊控制系统和无差模糊控制系统

静态误差是控制系统静态精度的重要标志之一，即当系统稳定后，其输出与给定输入所对应的期望输出之间的差值被称为静态误差。静态误差越小，系统的静态精度越高。

模糊控制系统和确定性系统一样，按静态误差是否存在，也可以分为有差模糊控制系统和无差模糊控制系统。对于恒值控制系统，一般要求无静态误差；而随动控制系统，除了对静态误差有一定要求以外，更重要的就是瞬态响应的快速性。

① 有差模糊控制系统。若设计中只考虑系统输出误差的大小及变化率，本质上看相当于非线性的 PD 调节器，加上模糊控制器本身的多级继电特性，一般的模糊控制系统均存在静态误差，因此可称为有差模糊控制系统。

② 无差模糊控制系统。自动控制系统中要实现无差调节，需采用带有积分环节的 PID 调节器，若在模糊控制器中也引入积分作用，则可以将常规 FLC 所存在的余差抑制到最小限度，达到模糊控制系统的无差要求。当然，这里的无差也是一个模糊概念，不可能是绝对的无静态误差，只能是某种限度上的无静态误差。这样的系统称为无差模糊控制系统。

（4）单变量模糊控制器和多变量模糊控制器

按模糊控制器的输入量和输出量，可将系统分为单变量模糊控制器和多变量模糊控制器。

① 单变量模糊控制器。若控制器的输入变量和输出变量都只有一个（这里是指一种类型），则称为单变量模糊控制器。显然，这和经典控制论中只有一个输入的单输入单输出控制系统（SISO）的概念是有区别的。单变量模糊控制器的输入可以是偏差量，也可以是偏差以及偏差的变化两个量，还可以是偏差、偏差的变化和偏差变化的变化三个量。

在单变量模糊控制系统中，通常把单变量模糊控制器的输入量个数称为模糊控制器的维数。这类单变量模糊控制器通常称为常规模糊控制器或基本模糊控制器。

a. 一维模糊控制器。只有一个输入量和一个输出量的模糊控制器称为一维模糊控制器，如图 4-29 所示，图中输入 E 为论域 X 上的模糊集合，输出 U 为论域 Y 上的模糊集合，这类输入变量和输出变量均为一维，控制的实质相当于非线性比例（P）的控制规律。控制器的输入为被调量和输入给定值之间的偏差量 E。这种方法仅采用偏差值作为控制器的输入，很难反映被控过程的动态特性品质，系统动态性能不能令人满意，多用于一阶被控对象。

b. 二维模糊控制器。若模糊控制器的输入有两个，输出为一个，如图 4-30 所示，其中输入 E 为控制系统的偏差，是论域 X 上的模糊集合；输入 EC 为控制系统的偏差变化率，是论域 Y 上的模糊集合；输出 U 为控制系统的输出调节量，是论域 Z 上的模糊集合，这类双输入单输出模糊控制器称为二维模糊控制器。E 和 EC 构成模糊控制器的二维输入，U 是反映控制变量变化的模糊控制器的一维输出。

二维模糊控制器同时考虑到误差和误差变化的影响，性能上优于一维模糊控制器，控制量为系统误差和误差变化的非线性函数，因此可把这种模糊控制器视为一种非线性 PD 控制器。其控制效果比一维模糊控制器好得多，是目前被广泛使用的一种模糊控制器。

c. 三维模糊控制器。若模糊控制器有 3 个输入量，分别为系统偏差 E、偏差变化 EC 和偏差变化的变化率 ECC，则称为三维模糊控制器，其结构如图 4-31 所示。由于这类模糊控制器结构较为复杂，推理运算时间长，因此除非对动态特性要求特别高的场合，一般较少选用三维模糊控制器。

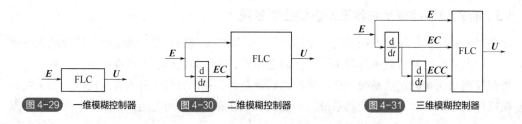

图 4-29　一维模糊控制器　　　图 4-30　二维模糊控制器　　　图 4-31　三维模糊控制器

多维模糊控制器类似 PID 控制，把系统的误差、误差变化和误差的积分分别作为模糊控制器的输入变量；也可以把误差、误差变化和误差变化的速率作为模糊控制器的输入变量。多维模糊控制器能提高控制器的性能，控制规则的确定更加困难，控制算法亦趋于复杂化，在控制系统中并不常用。

② 多变量模糊控制器。若模糊控制器的输入变量和输出变量均为多个物理量，则称为多变量模糊控制器。直接设计多变量模糊控制器是非常困难的，通常是利用模糊控制器本身的解耦性特点，通过模糊关系方程分解。在控制结构上将一个多输入多输出的模糊控制器分解成若干个多输入单输出的模糊控制器以实现解耦，可在模糊控制器的设计和实现上带来很大方便，并得到了简化。

a. 多输入单输出模糊控制器。多输入单输出模糊控制器结构如图 4-32 所示，图中，R_1, R_2,…, R_n 分别为论域 X_1, X_2,…, X_n 上的模糊集合；输出 U 为控制系统的输出调节量，是论域 Y 上的模糊集合，其控制规则通常由以下模糊条件语句描述：

$$\text{If }\ R_1\ \text{and}\ R_2\ \cdots\ \text{and}\ R_n\ \text{then}\ U$$

b. 多输入多输出模糊控制器。多输入多输出模糊控制器结构如图 4-33 所示，R_1, R_2, …, R_n 分别为论域 X_1, X_2,…, X_n 上的模糊集合；输出 U_1, U_2, …, U_m 分别为向不同控制通道同时输出的第 1 控制作用，第 2 控制作用…第 m 控制作用，其控制规则通常由以下模糊条件语句描述：

$$\text{If }\ R_1\ \text{and}\ R_2\ \cdots\ \text{and}\ R_n\ \text{then}\ U_1\ \text{and}\ U_2\ \cdots\ \text{and}\ U_m$$

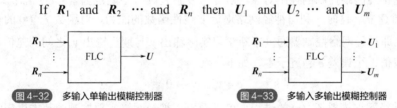

图 4-32　多输入单输出模糊控制器　　图 4-33　多输入多输出模糊控制器

多输入多输出模糊控制器可通过结构解耦成为 m 个（原输出变量个数）多输入单输出模糊控制器。

除了上述类型外，如果按模糊控制器的本质则可将模糊控制器分为单一模糊控制器和复合模糊控制器。将模糊控制方式和其他控制方式有机组合构成的控制器称为复合模糊控制器，常用的有模糊比例控制、模糊 PID 控制等。其中将 PID 控制和模糊控制组合构成的复合型模糊控制器应用较广，主要有并联结构复合模糊控制器、串联结构复合模糊控制器等结构形式。如果按模糊控制器的控制功能则可将其分为变结构模糊控制器、参数自整定模糊控制器、自适应模糊控制器和固定型模糊控制器等。

4.3.3　神经网络控制

4.3.3.1　神经网络控制基本原理

神经网络用于控制系统设计主要针对系统的非线性、不确定性和复杂性。图 4-34 所示为一般反馈控制系统原理，图 4-35 中用神经网络取代图 4-34 中的控制器并完成相同的控制任务。

下面分析神经网络的具体工作过程。

假设某一控制系统，其输入 u 和输出 y 满足以下非线性函数关系

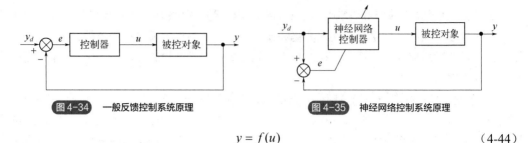

图 4-34 一般反馈控制系统原理   图 4-35 神经网络控制系统原理

$$y = f(u) \tag{4-44}$$

式中，$f(\bullet)$ 是描述系统动态的非线性函数。控制器的任务是确定最优的控制输入量 u，使得控制系统的实际输出 y 能够完全跟随期望输出 y_d。

在神经网络控制系统中，神经网络的功能是对输入输出进行某种非线性映射，或者函数变换，满足以下关系

$$u = g(y_d) \tag{4-45}$$

由于控制系统的目的是实现系统输出 y 等于期望输出 y_d，将式（4-45）代入式（4-44），可得

$$y = f[g(y_d)] \tag{4-46}$$

当 $g(\bullet) = f^{-1}(\bullet)$ 成立时，满足控制目的，即 $y=y_d$。

由于采用神经网络控制的控制对象一般非常复杂且具有不确定因素（如外部扰动等），因此函数 $f(\bullet)$ 很难建立。这时，利用神经网络逼近非线性函数的能力，对函数 $f^{-1}(\bullet)$ 的输入输出特性进行模拟，即神经网络控制器通过不断学习实际输出 y 与期望输出 y_d 之间的差值，调整神经网络的连接权值，至误差 e 趋近于零，如下

$$e = y_d - y \rightarrow 0 \tag{4-47}$$

这就是神经网络模拟 $f^{-1}(\bullet)$ 的过程。可以看出，神经网络实现控制的基本思想实际上就是通过其学习算法实现对被控对象求逆的过程。

4.3.3.2 神经网络控制的特点

从控制的角度看，与传统的控制方法相比，神经网络用于控制的优越性主要有以下几点。

① 具有分布式存储信息的特点。神经网络存储信息的方式与传统的计算机的思维方式是不同的，一个信息不是存储在一个地方，而是分布在不同的位置。网络的某一部分也不只存储一个信息，它的信息是分布式存储的。这种分布式存储方式具有即使当局部网络受损时仍能够恢复原来信息的特点。

② 对信息的处理及推理具有并行的特点。每个神经元都可根据接收到的信息做独立的运算和处理，然后将结果传输出去，这体现了一种并行处理。神经网络对于一个特定的输入模式，通过前向计算产生一个输出模式，各个输出节点代表的逻辑概念被同时计算出来。在输出模式中，通过输出节点的比较和本身信号的强弱而得到特定的解，同时排除其余的解。这体现了神经网络对信息并行推理的特点。

③ 对信息的处理具有自组织、自学习的特点。神经网络各神经元之间的连接强度用权值大小来表示，这种权值可以事先给定，也可以为适应周围环境而不断地变化，这种过程体现了神经网络中神经元之间相互作用、相互协同、自组织的学习行为。神经网络所具有的自学习过程

模拟了人的形象思维方法，这是与传统符号逻辑完全不同的一种非逻辑非语言的方法。

④ 具有从输入到输出非常强的非线性映射能力。因为神经网络具有自组织、自学习的功能，所以通过学习它能实现从输入到输出的任意的非线性映射，即它能以任意精度逼近任意复杂的连续函数。

基于上述优异特性，神经网络在控制系统中既可以充当对象的模型（如在有精确模型的控制结构中）、控制器（如反馈控制系统），也可以在传统控制系统中优化计算环节。另外，将神经网络与专家系统、模糊逻辑、遗传算法等智能控制方法或算法相结合，可构成新型智能控制器。

然而，在神经网络实际应用的同时，有关系统的稳定性、能控性、能观性等理论问题，有关神经网络控制系统的设计方法问题，有关神经网络的拓扑结构问题，以及神经网络与基于规则的系统有机结合问题，还有待于进一步研究和发展。神经网络的局限性，也制约了其在控制系统中的广泛应用。神经网络控制还存在以下问题：

① 一般神经网络的收敛速度很慢，训练和学习时间很长，这是大多数控制系统所不能接受的。

② 在构成控制器时，一般神经网络的结构选取，特别是隐含层单元个数的选取尚无定则，还需要通过反复试验才能确定，这给实际应用带来困难。

③ 一般神经网络突触连接权值的初值多被取为随机数，存在陷入局部极小值的可能，使控制性能难以达到预期的效果；特别是由于连接权值的随机性，很难保证控制系统初始运行的稳定性，而如果控制系统初始运行不稳定则失去了应用的基础。

④ 传统神经网络的结构、参数和机能，难以与控制系统所要求的响应快、超调小、无静差等动态和静态性能指标相联系。

⑤ 传统神经网络在构成控制器时，为了满足系统性能要求，大量增加隐含层神经元个数，网络的计算量很大，在当前的技术水平下很难保证控制的实时性。

⑥ 具有任意函数逼近能力的多层前馈神经网络是应用最多的一种神经网络，但传统的多层前馈神经网络的神经元仅具有静态输入-输出特性，在用它构成控制系统时必须附加其他动态部件。

4.3.3.3　神经网络结构与模型

神经网络连接方式的拓扑结构是以神经元为节点、以节点间有向连接为边的一种图，其结构大体上可分为层状和网状两大类。层状结构的神经网络是由若干层组成，每层中有一定数量的神经元，相邻层中神经元单向连接，一般同层内的神经元不能连接；网状结构的神经网络中，任何两个神经元之间都可能双向连接。下面介绍几种常见的神经网络结构。

（1）前向神经网络

前向神经网络包含输入层、隐层（一层或多层）和输出层，如图 4-36 所示为一个三层网络。这种网络特点是只有前后相邻两层之间神经元相互连接，各神经元之间没有反馈。每个神经元可以从前一层接收多个输入，并只有一个输出给下一层的各神经元。

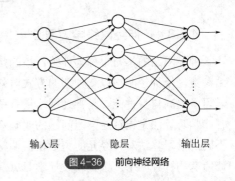

输入层　　　隐层　　　输出层

图 4-36　前向神经网络

（2）反馈神经网络

反馈神经网络指从输出层到输入层有反馈，即每一个节点同时接收外来输入和来自其他节点的反馈输入，其中也包括神经元输出信号引回到本身输入构成的自环反馈，如图 4-37 所示。

（3）相互结合型神经网络

相互结合型神经网络属于网状结构，如图 4-38 所示。构成网络的各个神经元都可能相互双向连接，所有神经元既作输入也作输出。这种网络对信息的处理与前向神经网络不一样，如果在某一时刻从神经网络外部施加一个输入，各个神经元一边相互作用，一边进行信息处理，直到使网络所有神经元的活性度或输出值，收敛于某个平均值，信息处理才结束。

（4）混合型神经网络

如图 4-39 所示，在前向神经网络的同一层间神经元有互联的结构，称为混合型网络。这种在同一层内的互联，目的是限制同层内神经元同时兴奋或抑制的神经元数目，以完成特定的功能。

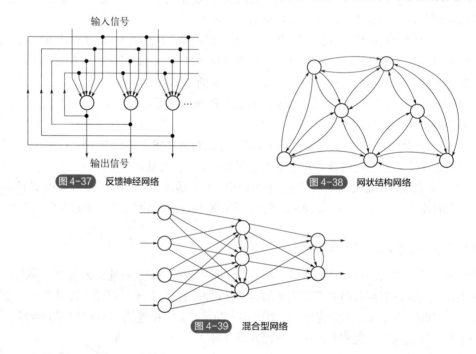

图 4-37 反馈神经网络

图 4-38 网状结构网络

图 4-39 混合型网络

4.3.3.4 神经网络学习算法

神经网络的学习也称为训练，指的是通过神经网络所在环境的刺激作用调整神经网络的自由参数，使神经网络以一种新的方式对外部环境做出反应的一个过程。能够从环境中学习和在学习中提高自身性能，是神经网络最有意义的性质。

学习算法是指针对学习问题的明确规则集合。学习类型是由参数变化发生的形式决定的，不同的学习算法对神经元的突触权值调整的表达式有所不同，没有一种独特的学习算法用于设计所有的神经网络。选择或设计学习算法时还需要考虑神经网络的结构及神经网络与外界环境相连的形式。

神经网络的学习算法很多，按学习方式来分类，可分为有导师学习、无导师学习和再励学习三类。

（1）有导师学习

有导师学习又称为有监督学习，如图 4-40（a）所示。在学习时要给出导师信号或称为期望输出（响应）。神经网络对外部环境是未知的，在学习过程中，网络根据实际输出与期望输出相比较，然后进行网络参数的调整，使得网络输出逼近导师信号或期望响应。

（2）无导师学习

无导师学习又称为无监督学习或自组织学习，如图 4-40（b）所示。无导师信号提供给网络，网络能根据其特有的结构和学习规则进行连接关系的调整，此时，网络的学习评价标准隐含于其内部。

（3）再励学习

再励学习又称为强化学习，如图 4-40（c）所示。它把学习看作试探评价（奖或惩）过程，学习机选择一个动作（输出）作用于环境之后，使环境的状态改变，并产生一个再励信号 r_e（奖或惩）反馈至学习机，学习机根据再励信号与环境当前的状态，再选择下一个动作作用于环境，选择的原则是使受到奖励的可能性增大。

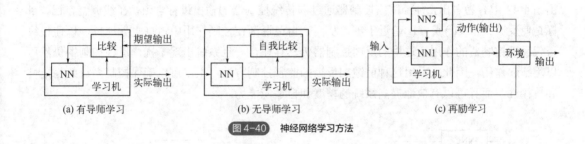

图 4-40　神经网络学习方法

4.3.3.5　神经网络控制系统结构类型

随着对神经网络理论研究的不断深入和发展，有关神经网络控制方法与结构的文献被大量提出和使用。神经网络的结构形式较多，分类标准不统一。对于不同结构的神经网络控制系统，神经网络本身在系统中的位置和功能各不相同，学习方法也不尽相同。如从神经网络与传统控制和智能控制的结合方面，可将神经网络控制分为基于神经网络的智能控制和基于传统控制理论的神经控制两类。基于神经网络的智能控制即将神经网络与其他智能控制方式相融合，或者由神经网络单独进行控制，其中包括神经网络直接反馈控制、神经网络专家系统控制、神经网络模糊逻辑控制和神经网络滑模控制等。而基于传统控制理论的神经控制是指将神经网络作为传统控制系统中的一个或多个部分，用来充当对象模型、估计器、辨识器、控制器或优化计算环节等。基于这种方式的神经网络控制有很多，有神经网络监督控制、神经网络逆动态控制、神经网络自适应评判控制、神经网络自校正控制、神经网络内模控制、神经网络预测控制、神经网络最优决策控制以及神经网络自适应线性控制等。

由于神经网络控制的方式很多，这里只对一些比较常用的神经网络控制系统进行介绍。

（1）神经网络监督控制

一般地说，当被控对象的解析模型未知或部分未知时，利用传统的控制理论设计控制器已被证明是极其困难的，但这并不等于该系统是不可控的。在许多实际控制问题中，人工控制或PID控制可能是唯一的选择。但在工况条件极其恶劣或控制任务只是一些单调、重复和繁重的简单操作时，就有必要应用自动控制器代替上述手工操作。

取代人工控制的途径大致有两种：一是将手工操作中的经验总结成普通的规则或模糊规则，然后构造相应的专家控制器或模糊控制器；二是在知识难以表达的情况下，应用神经网络学习人的控制行为，即对人工控制器建模，然后用神经网络控制器代替之。通过对传统控制器进行学习，然后利用神经网络控制器逐渐取代传统控制器的方法，称为神经网络监督控制。神经网络监督控制系统的结构如图4-41所示。

从图4-41中可以看出，神经网络监督控制实际就是建立人工控制器的正向模型。经过训练，神经网络记忆该控制器的动态特性，并且接收传感器信息输入，最后输出与人工控制器相似的控制作用。这种做法的缺点是：人工控制器是靠视觉反馈进行控制的，在用神经网络控制器进行控制后，由于缺乏视觉反馈，因此构成的控制系统实际是一个开环系统，这就使它的稳定性和鲁棒性均得不到保证。

为此，可考虑在传统控制器，如PID控制器的基础上，再增加一个神经网络控制器，如图4-42所示。此时，神经网络控制器实际是一个前馈控制器，因此它建立的是被控对象的模型。由图4-42中容易看出，神经网络控制器通过向传统控制器的输出进行学习，在线调整自己，目标是使反馈误差 $e(t)$ 或 $u_1(t)$ 趋近于零，从而使自己逐渐在控制作用中占据主导地位，以便最终替代反馈控制器的作用。这里的反馈控制器仍然存在，一旦系统出现干扰，反馈控制器仍然可以重新起作用。因此，采用这种前馈加反馈的监督控制方法，不仅可以确保控制系统的稳定性和鲁棒性，而且可以有效地提高系统的精度和自适应能力。

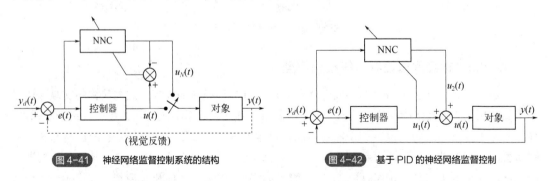

图 4-41　神经网络监督控制系统的结构　　　　图 4-42　基于 PID 的神经网络监督控制

（2）神经网络自校正控制

自校正控制基于被控对象数学模型的在线辨识，然后按给定的性能指标在线求解最优控制规律，它是系统模型不确定时最优控制问题的延伸。神经网络自校正控制分为直接自校正控制和间接自校正控制两种类型。

① 直接自校正控制。直接自校正控制也称为直接逆控制。顾名思义，它就是将被控对象的神经网络逆模型，直接与被控对象串联起来，以便使期望输出（即网络输入）与对象实际输出

之间的传递函数等于 1。在将此神经网络作为前馈控制器后，使被控对象的实际输出等于期望输出。

显然，神经网络直接逆控制的可用性在相当程度上取决于逆模型的准确度。由于缺乏反馈，简单连接的直接逆控制缺乏鲁棒性。为此，一般应使它具有在线学习能力，即作为逆模型的神经网络连接权能够在线调整。

② 间接自校正控制。间接自校正控制一般称为自校正控制，它是一种由辨识器将对象参数进行在线估计，用自校正控制器实现参数的自动整定相结合的自适应控制技术。自校正控制器的目的是在被控系统参数变化的情况下，自动调整控制器参数，消除扰动的影响，以保证系统的性能指标。在这种控制方式中，神经网络用作过程参数或某些非线性函数的在线估计器。

（3）神经网络内模控制

内模控制是一种采用系统对象的内部模型和反馈修正的预测控制，有较强的鲁棒性，在线调整方便，已被发展为非线性控制的一种重要方法。神经网络等智能控制理论和方法的引入为非线性内模控制的研究开辟了新的途径。

① 内模控制。图 4-43 是一般的反馈控制系统，其中 $G(z)$ 和 $G_c(z)$ 分别是对象和控制器的脉冲传递函数，$Y_d(z)$、$Y(z)$ 和 $D(z)$ 分别是设定值、输出和不可测干扰。反馈系统将过程的输出作为反馈，其中包含了不可测干扰，这就使其在反馈量中的影响有时会被其他因素淹没而得不到及时的补偿。图 4-43 可以等效地变换成内模控制系统，如图 4-44 所示。

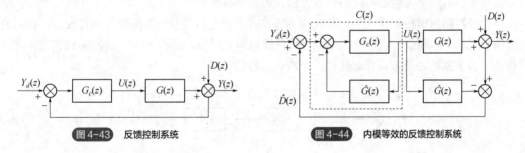

图 4-43　反馈控制系统　　　　图 4-44　内模等效的反馈控制系统

图 4-44 中，$\hat{G}(z)$ 是对象 $G(z)$ 的数学模型，又称内部模型。若用 $C(z)$ 表示图 4-44 中虚线框内的闭环，则有

$$C(z) = \frac{G_c(z)}{1 + \hat{G}(z)G_c(z)} \tag{4-48}$$

或

$$G_c(z) = \frac{C(z)}{1 - C(z)\hat{G}(z)} \tag{4-49}$$

由图 4-43 和图 4-44 可以看出，在内模控制系统中，由于引入了内部模型，反馈量已由原来的输出全反馈变为扰动估计量的反馈。在理想情况下，即内部模型准确时，$\hat{G}(z)=G(z)$，可设计成理想控制器 $C(z)=\hat{G}^{-1}(z)$。在实际应用中，考虑到模型与对象失配时的影响，通常在控制器前附加一个滤波器 $F(z)$，可提高系统的鲁棒性。带有滤波器的内模控制系统如图 4-45 所示。

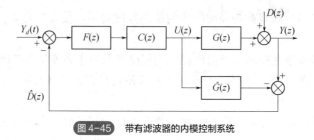

图 4-45 带有滤波器的内模控制系统

系统的特征方程为

$$\frac{1}{C(z)} + F(z)[G(z) - \hat{G}(z)] = 0 \tag{4-50}$$

当模型与对象失配而系统不稳定时，可以通过设计 $F(z)$ 使上式的全部特征根位于单位圆内。

② 神经网络内模控制。在内模控制中，系统的正向模型与实际系统并联，两者输出之差被用作反馈信号，此反馈信号又由前向通道的滤波器及控制器进行处理。由内模控制的性质可知，该控制器直接与系统的逆有关，而引入滤波器则是为了获得期望的鲁棒性和跟踪响应。

图 4-46 给出了内模控制的神经网络实现。它是分别用 NNC（neural network controller）和 NNI（neural network identifier）取代图 4-45 中的 $C(z)$ 和 $\hat{G}(z)$。图中的神经网络辨识器 NNI 用于充分逼近被控对象的动态模型，相当于正向模型。神经网络控制器 NNC 不是直接学习被控对象的逆模型，而是间接地学习被控对象的逆动态特性，当系统存在不稳定模态或数值问题时，间接学习逆动态特性可以减少这种数值不稳定的影响，并且当系统的动态发生变化或存在扰动，控制器也可以通过学习动态特性的一般性质来维持控制性能。

在神经网络内模控制系统中，NNI 作为被控对象的近似模型与实际对象并行设置，它们的差值用于反馈，同期望的给定值之差经过线性滤波器处理后，送给 NNC，经过多次训练，它将间接地学习对象的逆动态特性。此时，系统误差将趋于零。

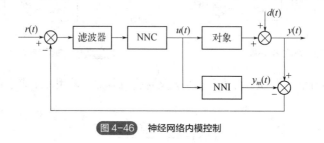

图 4-46 神经网络内模控制

（4）神经网络自适应评判控制

神经网络自适应评判控制首先是由 Barto 等提出，然后由 Anderson 及 Berenji 等加以发展。

神经网络自适应评判控制通常由两个网络组成，如图 4-47 所示。其中，自适应评判网络在整个控制系统中相当于一个需要进行再励学习的"教师"。其作用有二：一是通过不断的奖励、惩罚等再励学习，使自己逐渐成为一个合格的"教师"，其再励学习算法的收敛性已得到证明；二是在学习完成后，根据被控系统目前的状态及外部再励反馈信号 $r(t)$，产生一个再励预测信号 $p(t)$，并进而给出内部再励信号 $\hat{r}(t)$，以期对目前控制作用的效果作出评价。控制选择网络的作用相当于一个在内部再励信号指导下进行学习的多层前馈神经网络控制器。该网络在进行上述学习后，将根据编码后的系统状态，再允许控制系统集中选择下一步的控制作用。

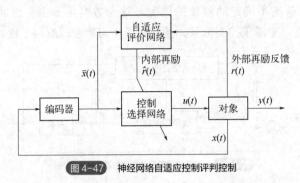

图 4-47 神经网络自适应控制评判控制

由这里可以看出，神经网络自适应控制评判控制与人脑的控制与决策过程相近，除应随时了解一些定性信息外，它完全不需要被控系统的先验定量模型，特别适用于许多具有高度非线性和严重不确定性的复杂系统的控制。

（5）神经网络集成控制

智能控制面临的被控对象往往比较复杂，单靠一种智能控制方式难以满足控制要求。因此，迫切需要某种综合的、集成的智能控制方式来解决越来越复杂的控制问题，从而可以弥补单一控制策略的不足，这也是智能控制发展的趋势。

神经网络集成控制是由神经网络技术与模糊控制或专家系统相结合而形成的一种具有很强学习能力的智能控制系统。其中，由神经网络与模糊控制相结合构成神经网络模糊控制，由神经网络与专家系统相结合构成神经网络专家系统控制。

① 神经网络模糊控制。神经网络和模糊系统对信息的加工处理，均表现出很强的容错能力。一方面，模糊系统是模仿人的模糊逻辑思维方法设计的一类系统，这一方法本身就明确地说明了系统在工作过程允许数值型变量的不精确性存在。另一方面，神经网络在计算处理信息的过程中所表现出的容错性来源于网络自身的结构特点。而人脑思维的容错能力，正是源于这两方面的综合。

同时，神经网络和模糊系统都有各自的长短，神经网络能够通过学习从给定的经验训练集中生成映射规则，但是在网络中生成的映射规则是不可见的，并且不直接表现为一种精确的数学解析式描述；而另一方面，由于模糊系统没有自学习能力和自适应能力，对用户来讲，难以确定和校正这些规则。因此，人们很容易想到将两者结合起来，取长补短，形成模糊神经网络（FNN）系统，或神经网络模糊系统。

神经网络模糊系统基本上有两种结构：一种是神经网络作为模糊控制器的自适应机构，利用神经网络的自学习能力调整控制器的参数，改善控制系统性能；另一种是直接采用神经网络实现模糊控制器，利用神经网络的联想记忆能力形成模糊决策规则，并利用神经网络的自学习能力自动调整网络连接权重，达到调整模糊决策规则的目的，改善控制性能。基于神经网络的自适应模糊控制系统的结构如图 4-48 所示。

在这个结构中，模糊控制器根据模糊控制规则（或模糊控制表）完成由论域 $E \times \Delta E$ 到论域 U 的映射，实现在不确定性环境下的决策，实现对对象的控制。但是，模糊控制器本身不具有学习能力。神经网络实现修改模糊规则或修改控制器的输入、输出比例系数的功能。神经网络对控制误差 E、误差变化率 ΔE 以及控制性能进行综合后，向模糊控制器提供一个"教师"信

息 t，去调整模糊控制器的参数或规则。神经网络的自学习能力起到自适应机构的作用，指导模糊控制器完成对复杂的不确定的对象的控制。这一方案用于倒立摆的平衡控制，克服了Bang-Bang 控制的缺点，平滑了控制信号，并加快了学习速度，取得了较好的控制效果。

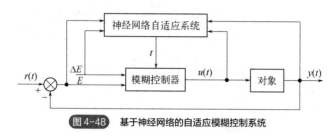

图 4-48　基于神经网络的自适应模糊控制系统

② 神经网络专家系统控制。专家系统是一种智能信息处理系统，它处理现实世界中提出的需要由专家来分析和判断的复杂问题，并采用专家推理方法来解决问题。传统的人工智能专家系统一般采用产生式规则和框架式结构来表达知识，然而最大的困难是专家本人也无法用这些规则来表达他们的经验。因此，近些年来，人们开始采用神经网络作为专家系统中一种新的知识表达和知识自动获取的方法，提出了用神经网络建造专家系统的方法。神经网络专家系统与传统的专家系统在功能和结构上是一致的，也包括知识的获取、知识库、推理解释等，但其方式却是完全不同的。可以说，基于符号的传统专家系统是知识的显式表达，而基于神经网络的专家系统则是知识的隐式表达。它的知识库是分布在大量神经元以及它们之间的连接系数上的。此外，神经网络的学习功能为专家系统的知识获取提供了极大的方便，这种知识的获取只是神经网络简单的训练过程，因此是相当有效的。

4.3.4　专家控制

4.3.4.1　专家系统的结构原理

一个专家系统通常由知识库、数据库、推理机、解释及知识获取部分组成，它的结构如图 4-49 所示。下面分别介绍这 5 个部分。

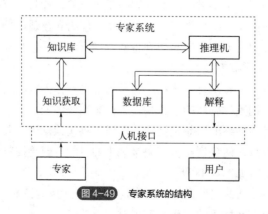

图 4-49　专家系统的结构

（1）知识库

它储存以适当形式表示的从专家那里得到的关于某个领域的专门知识、经验以及书本知识和常识，它是领域知识的存储器。知识库中的知识应该具有可用性、确实性和完善性。

从领域专家那里获取知识，称其为知识获取。将获取的专家知识编排成数据结构并存入计算机中而形成知识库。知识编排的过程称为知识表达。

（2）数据库

数据库存放的是该系统当前要处理对象用户提供的一些已知和由推理得到的中间结果。专家系统的数据库是在计算机中划出一部分存储单元，用于存放以一定形式组织的该系统当前数据的工作区。随着推理的进行及与用户的对话，这部分的内容是随时变化的。

（3）推理机

推理机是计算机的一组程序，目的是用于控制、协调整个专家系统的工作。它根据当前的输入数据或信息，再利用知识库中的知识，按一定的推理策略去处理、解决当前的问题。常用的推理策略有正向推理、反向推理和正反向混合推理三种方式。

正向推理指根据原始数据和已知条件推断出结论的方法。这种推理方式也称数据驱动策略，或称由底向上策略。正向推理程序应具有这样的功能：能利用数据库中的事实或数据去匹配规则的前提，若匹配不成功，能自动地进行下一条规则的匹配，若某规则匹配成功了，将此规则的结论部分自动地加入数据库；能判断何时推理结束；能将匹配成功的规则记录下来。

反向推理指先提出结论或假设，然后去找支持这个结论或假设的条件或证据是否存在。如果条件满足，结论就成立；如果不满足，就设法提出新的假设，再重复上述过程，直到得出答案为止。这种由结论到数据的反向推理策略，又称为目标驱动策略，即由顶向下策略。

正反向混合推理是先根据数据库中的原始数据，通过正向推理帮助系统提出假设，再运用反向推理，进一步寻找支持假设的证据，如此反复，直到得出结论（答案）或不再有新的事实加到数据库为止。采用正反向混合推理的搜索方法，是压缩搜索空间，提高搜索效率的有效途径之一。

（4）解释

解释也是一组计算机程序，该程序对推理给出必要的解释，为用户了解推理过程、向系统学习和维护系统提供方便，使用户容易接受。解释部分的主要功能是解释系统本身的推理结果，回答用户的问题。否则，即使专家系统本身做出的决策或建议是正确的，也很难为用户所接受。

（5）知识获取

知识获取为修改知识库中原有的知识和扩充知识提供手段，这是专家系统的瓶颈部分。知识获取部分的建立就是设计一组程序，使它必须能删除知识库中原有的知识，并能将向专家获取的新知识加入知识库中。此外，它还能根据实践结果发现原知识库中不适用或有错的规则并加以修改，从而不断地增加知识库中的知识，使系统能更好地做更多、更复杂的事情。

综上所述，专家系统的工作原理可简单归结为运用知识、进行推理、获得当前问题的解的过程。不难看出，知识库与推理机是专家系统的核心部分，知识获取是专家系统的瓶颈。

4.3.4.2 专家系统的类型

按照专家系统所求解问题的性质，可以把它分成下列几种类型。

（1）解释专家系统

解释专家系统的任务是通过对已知信息和数据的分析与解释，确定它们的含义。解释专家系统具有下列特点：

① 系统处理的数据量很大，而且往往是不准确的、有错误的或不完全的。

② 系统能够从不完全的信息中得出解释，并能对数据做出某种假设。

③ 系统的推理过程可能很复杂且很长，因而要求系统具有对自身的推理过程做出解释的能力。

（2）预测专家系统

预测专家系统的任务是通过对过去和现在的已知状况进行分析，推断未来可能发生的情况。预测专家系统具有下列特点：

① 系统处理的数据随时间变化，而且可能是不准确和不完全的。

② 系统需要有适应时间变化的动态模型，能够从不完全和不准确的信息中得出预报，并达到快速响应的要求。

（3）诊断专家系统

诊断专家系统的任务是根据观察到的情况（数据）来推断出某个对象机能失常（即故障）的原因。诊断专家系统具有下列特点：

① 能够了解被诊断对象或客体各组成部分的特性以及它们之间的联系。

② 能够区分一种现象及其所掩盖的另一种现象。

③ 能够向用户提出测量的数据，并从不确切的信息中得出尽可能正确的诊断。

（4）设计专家系统

设计专家系统的任务是根据设计要求，求出满足设计问题约束的目标配置。设计专家系统具有下列特点：

① 善于从多方面的约束中得到符合要求的设计结果。

② 系统需要检索较大的可能解空间。

③ 善于分析各种子问题并处理好子问题间的相互作用。

④ 能够试验性地构造出可能设计，并易于对所得设计方案进行修改。

⑤ 能够使用已被证明是正确的设计来解释当前的（新的）设计。

（5）规划专家系统

规划专家系统的任务在于寻找某个能够达到给定目标的动作序列或步骤。规划专家系统具有下列特点：

① 所要规划的目标可能是动态的或静态的，因而需要对未来动作做出预测。

② 所涉及的问题可能很复杂，要求系统能抓住重点，处理好各子目标间的关系和不确定的

数据信息，并通过试验性动作得出可行规划。

（6）监视专家系统

监视专家系统的任务在于对系统、对象或过程的行为进行不断观察，并把观察到的行为与其应当具有的行为进行比较，以发现异常情况，发出警报。监视专家系统具有下列特点：

① 系统应具有快速反应能力，在造成事故之前及时发出警报。

② 系统发出的警报要有很高的准确性，在需要发出警报时发警报，在不需要发出警报时不得轻易发警报（假警报）。

③ 系统能够随时间和条件的变化而动态地处理其输入信息。

（7）控制专家系统

控制专家系统的任务是适应地管理一个被控对象或客体的全面行为，使之满足预期要求。

控制专家系统的特点为：能够解释当前情况，预测未来可能发生的情况，诊断可能发生的问题及其原因，不断修正计划，并控制计划的执行。也就是说，控制专家系统具有解释、预报、诊断、规划和执行等多种功能。

（8）调试专家系统

调试专家系统的任务是对失灵的对象给出处理意见和方法。

调试专家系统的特点是同时具有规划、设计、预报和诊断等专家系统的功能。

（9）教学专家系统

教学专家系统的任务是根据学生的特点、弱点和基础知识，以最适当的教案和教学方法对学生进行教学和辅导。教学专家系统的特点为：

① 同时具有诊断和调试等功能。

② 具有良好的人机界面。

（10）修理专家系统

修理专家系统的任务是对发生故障的对象（系统或设备）进行处理，使其恢复正常工作。

修理专家系统具有诊断、调试、计划和执行等功能。

此外，还有决策专家系统和咨询专家系统等。

4.3.4.3　专家控制系统概述

专家控制实质是基于被控对象和控制规律的各种知识，并应用智能方式对这些知识进行推理和判断，使控制系统和被控过程尽可能优化的过程。

专家系统与控制理论相结合，尤其是启发式推理与反馈控制理论相结合，形成了专家控制系统。生产过程对专家控制系统提出了有别于一般专家系统的以下特殊要求：

① 运行可靠性高。对于某些特别的装置或系统，如果不采用专家控制器来取代常规控制器，那么，整个控制系统将变得非常复杂，尤其是其硬件结构。其结果使系统的可靠性大为降低，

因此，对专家控制器提出了较高的运行可靠性要求。

② 决策能力强。决策是基于知识的控制系统的关键能力之一。大多数专家控制系统要求具有不同水平的决策能力。专家控制系统能够处理不确定性、不完全性和不精确性的问题，这些问题难以用常规控制方法解决。

③ 通用性好。通用性包括易于开发、示例多样性、便于混合知识表达、全局数据库的活动维数、基本硬件的机动性、多种推理机制（如假想推理、非单调推理和近似推理），以及开放式的可扩充结构等。

④ 控制与处理的灵活性。这个原则包括控制策略的灵活性、数据管理的灵活性、经验表示的灵活性、解释说明的灵活性、模式匹配的灵活性及过程连接的灵活性等。

⑤ 拟人能力。专家控制系统的控制水平必须达到人类专家的水准。

根据上述讨论，进一步提出专家控制器的以下几种设计原则。

（1）模型描述的多样性

所谓模型描述的多样性原则是指在设计过程中，对被控对象和控制器的模型应采用多样化的描述形式，不应拘泥于单纯的解析模型。

现有的控制理论对控制系统的设计大多都依赖于被控对象的数学解析模型。专家控制器的设计中，由于采用了专家系统技术，能够处理各种定性的与定量的、精确的与模糊的信息，因此允许对模型采用多种形式的描述。这些描述形式主要有如下方面：

① 解析模型。这是人们所熟悉的一种描述形式，其主要表达方式有微分方程、差分方程、传递函数、状态空间表达式和脉冲传递函数等。

② 离散事件模型。本模型用于离散系统，并在复杂系统的设计和分析方面找到更多的应用。

③ 模糊模型。这种形式对于描述定性知识很有用。在对象的准确数学模型未知且只掌握被控过程的一些定性知识时，用模糊数学的方法建立系统的输入和输出模糊集及它们之间的模糊关系则较为方便。

④ 规则模型。产生式规则的基本形式为

IF（条件）THEN（操作或结论）

这种基于规则的符号化模型特别适用于描述过程的因果关系和非解析的映射关系等。基于规则的描述方式具有较强的灵活性，可方便地对规则加以补充或修改。

在专家控制器的设计过程中，应根据不同情况选择一种或几种恰当的描述方式，以求更好地反映过程特性，增强系统的信息处理能力。

专家控制器一般模型可用如下形式表示：

$$U = f(E, K, I, G) \tag{4-51}$$

式中，f 为智能算子，其基本形式为

IF E and K THEN（IF I and G THEN U）

式中，$E = \{e_1, e_2, \cdots, e_m\}$ 为控制器输入集；$K = \{k_1, k_2, \cdots, k_n\}$ 为知识库中的经验数据与事实集；$I = \{i_1, i_2, \cdots, i_p\}$ 为推理机构的输出集；G 为规则修改指令；$U = \{u_1, u_2, \cdots, u_q\}$ 为控制器输出集。智能算子的基本含义是，根据输入信息 E 和知识库中的经验数据 K 与规则进行推理，然后根据推理结果 I，输出相应的控制行为 U。智能算子的具体实现方式可采用前面介绍的各种方式（包括解析型和非解析型）。

（2）在线处理的灵巧性

智能控制系统的重要特征之一就是能够以有用的方式来划分和构造信息。在设计专家控制器时，应十分注意对过程在线信息的处理与利用。在信息存储方面，应对那些对控制决策有意义的特征信息进行记忆，对于过时的信息则应加以遗忘；在信息处理方面，应把数值计算与符号运算结合起来；在信息利用方面，应对各种反映过程特性的特征信息加以抽取和利用，不要仅限于误差和误差的一阶导数。灵活地处理与利用在线信息，将提高系统的信息处理能力和决策水平。

（3）控制策略的灵活性

控制策略的灵活性是设计专家控制器所应遵循的一条重要原则。被控对象本身的时变性与不确定性以及现场干扰的随机性，要求控制器采用不同形式的开环与闭环控制策略，并能通过在线获取的信息灵活修改控制策略或控制参数，以保证获得优良的控制品质。此外，专家控制器中还应设计有异常情况处理的适应性策略，以增强系统的应变能力。

（4）决策机构的递阶性

人的神经系统是由大脑、小脑、脊髓组成的一个分层递阶决策系统。以仿人智能为核心的智能控制，其控制器的设计必然要体现分层递阶的原则，即根据智能水平的不同层次构成分级递阶的决策机构。

（5）推理与决策的实时性

对于设计用于智能过程控制的专家控制器，这一原则必不可少。这就要求知识库的规模不宜过大，推理机构应尽可能简单，以满足过程的实时性要求。

4.3.4.4　专家控制系统的类型

（1）直接专家控制系统

直接专家控制系统是由专家控制器代替原来的传统控制器而构成的专家控制系统。在直接专家控制系统中，专家控制器的输出信号直接作为被控对象的输入量，实现控制作用。控制专家的控制经验与控制思想是通过专家控制器来实现的。直接专家控制系统的组成结构如图 4-50 所示。

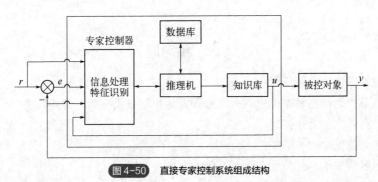

图 4-50　直接专家控制系统组成结构

（2）间接专家控制系统

间接专家控制系统与直接专家控制系统有着本质的区别，其系统组成结构如图 4-51 所示。间接专家控制系统的控制器由专家控制器和其他控制器两部分构成。专家控制器的作用是监控系统的控制过程，动态调整其他控制器的结构或控制参数，然后由其他控制器完成对被控对象的直接控制作用。因此间接专家控制系统又称为监控式专家控制系统或参数自适应控制系统。间接专家控制方法是专家系统技术和其他控制技术紧密结合，二者密切合作，取长补短，共同完成系统的优化控制。其他控制器可以是传统的 PID 控制器、模糊控制器、神经网络控制器等。

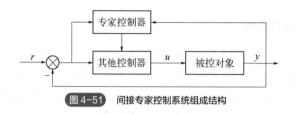

图 4-51 间接专家控制系统组成结构

（3）实时专家控制系统

实时专家控制系统是增加了实时功能的专家控制系统，它一方面满足专家控制系统功能的要求，另一方面还必须接受时间条件的约束，即满足实时性的要求。所谓实时性是指系统在所要求的时间内及时做出响应的能力以及在给定的时间内完成规定的任务的能力。因此，实时专家控制系统工作的正确性不仅依赖于推理结果的逻辑正确性，而且还依赖于得出结果的时间，即在专家控制系统所要求的时间期限内，能够完成相应的推理过程的能力。

4.4 本章小结

本章对智能机器人控制技术进行了概述。智能机器人控制理论的发展，经历了从经典控制理论到现代控制理论，再到智能控制理论的演进过程。对于机器人传统控制技术，本章重点介绍了位置控制和力控制；对于机器人智能控制技术，本章深入介绍了模糊控制、神经网络控制和专家控制这些典型的智能控制技术。特别地，智能控制技术的应用能够应对更加复杂和不确定的控制问题，提高机器人的决策能力和适应性。在未来智能机器人的发展中，控制技术将向着智能化、自主化与自适应化的方向发展，推动智能机器人在非预先规定的环境中自行解决问题能力的提升，实现自适应学习，增强协作与人机互动，从而引领智能机器人在不同领域的应用取得更大的突破。

 练习题

1. 简述控制理论的发展历程。
2. 按照关节的运动控制方式的不同，机器人的控制方式可以分为哪几类？
3. 简述什么是力位混合控制。
4. 阻抗控制的优缺点有哪些？
5. 模糊控制的基本思想是什么？主要优点有哪些？

6. 与传统的控制方法相比，神经网络用于控制的优越性主要体现在哪些方面？

7. 专家控制系统的主要类型有哪些？

参考文献

[1]　梁景凯，曲延滨. 智能控制技术[M]. 哈尔滨：哈尔滨工业大学出版社，2016.

[2]　李士勇，李研. 智能控制[M]. 北京：清华大学出版社，2016.

[3]　李士勇，李巍. 智能控制[M]. 哈尔滨：哈尔滨工业大学出版社，2011.

[4]　毛志忠，常玉清. 先进控制技术[M]. 北京：科学出版社，2012.

[5]　陈万米，等. 机器人控制技术[M]. 北京：机械工业出版社，2017.

[6]　江洁. 现代机器人基础与控制研究[M]. 北京：中国水利水电出版社，2018.

[7]　张玉. 工业机器人技术及其典型应用研究[M]. 北京：中国原子能出版社，2019.

[8]　杨辰光，程龙，李杰. 机器人控制：运动学、控制器设计、人机交互与应用实例[M]. 北京：清华大学出版社，2020.

[9]　李宏胜. 机器人控制技术[M]. 北京：机械工业出版社，2020.

[10]　郑南宁. 智能控制导论[M]. 北京：中国科学技术出版社，2022.

[11]　蔡自兴. 智能控制原理与应用[M]. 北京：清华大学出版社，2019.

[12]　师丽，李晓媛. 智能控制基础[M]. 北京：机械工业出版社，2021.

第 5 章

机器人运动规划

 思维导图

扫码获取配套资源

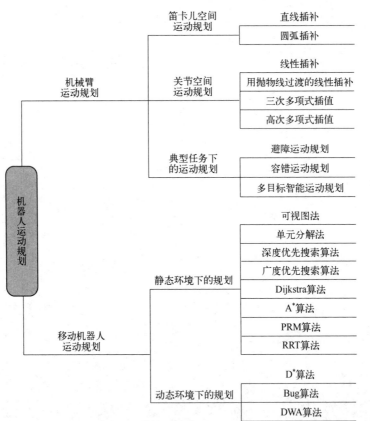

学习目标

1. 理解机器人运动规划的目的。
2. 掌握机械臂在笛卡尔空间和关节空间的运动规划方法。
3. 理解常见典型任务下的机械臂运动规划方法。
4. 理解移动机器人常见的运动规划方法。

5.1 机器人运动规划概述

机器人运动规划的主要任务是规划其运动路径和行为,使机器人能够在复杂的环境中运动。在一定程度上,机器人的运动规划决定了其在现实世界中的行动方式,规划质量直接影响机器人的效率、安全性和任务成功率。因此,运动规划在实现机器人在多样化环境中运动和执行任务方面扮演着关键角色。

5.2 机械臂运动规划

5.2.1 笛卡儿空间运动规划

在机械臂的实际应用中,通常要求机械臂末端执行器沿着已给定的路径运动,如直线、平面曲线、空间曲线等。笛卡儿空间运动规划就是根据机械臂末端执行器在工作空间中的位置变化来求解其轨迹函数,并用时间函数来表示末端执行器的位置、速度、加速度。在笛卡儿空间进行运动规划,第一步是确定机械臂末端执行器在运动轨迹上若干个关键点处的位姿;第二步是确定关键点之间是如何连接的,也就是对这些离散的关键点进行插值来得到连续轨迹。通常情况下,已知末端执行器在关键点处的位姿后,相邻两个关键点之间最简单的运动就是绕轴线旋转和沿轴线平移。若已知各关键路径点之间的运动时间,并把末端执行器的位姿、速度和加速度表示成时间的函数,就可以求出末端执行器在各时间段内的位移、速度以及加速度的值。笛卡儿空间运动规划在获得末端执行器的目标轨迹后,可通过插补算法求得轨迹中间路径点的位姿,再通过机械臂运动学逆解求出各关节变量,关节控制器控制驱动电机,以此得到末端执行器的实际运动轨迹。在笛卡儿空间进行轨迹规划时常用的方法有空间直线插补和圆弧插补。

(1)直线插补

在机械臂运动规划中,直线插补是较为重要的插补方式之一。如图 5-1 所示,末端执行器将从点 P 直线运动到点 Q,假设移动速度为 v,位姿插补的时间间隔为 T,点 P 的坐标为 (x_0, y_0, z_0),点 Q 的坐标为 (x_n, y_n, z_n)。P 到 Q 的距离 L 如式(5-1)所示。

$$L = \sqrt{(x_n - x_0)^2 + (y_n - y_0)^2 + (z_n - z_0)^2} \tag{5-1}$$

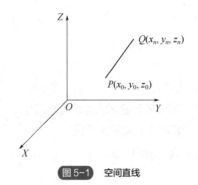

图 5-1 空间直线

末端执行器单次时间间隔 T 内的行程 d 如式（5-2）所示。

$$d = vT \tag{5-2}$$

插补总次数 N 如式（5-3）所示。

$$N = ceil\left(\frac{L}{d}\right) \tag{5-3}$$

式中，$ceil(\cdot)$ 为向上取整函数。

各坐标轴增量如式（5-4）所示。

$$\begin{cases} \Delta x = \dfrac{(x_n - x_0)}{N} \\[2mm] \Delta y = \dfrac{(y_n - y_0)}{N} \\[2mm] \Delta z = \dfrac{(z_n - z_0)}{N} \end{cases} \tag{5-4}$$

T_i 时刻机械臂末端执行器的在空间坐标中的坐标值如式（5-5）所示。

$$\begin{cases} x = x_{i-1} + \mathrm{i}\Delta x \\ y = y_{i-1} + \mathrm{i}\Delta y \\ z = z_{i-1} + \mathrm{i}\Delta z \end{cases} \tag{5-5}$$

式中，i 为虚部。

（2）圆弧插补

在空间中，通过不在同一直线上的三个点可确定一个圆及三点间的圆弧。假设机械臂在笛卡儿空间中的三个节点分别是圆弧的起点 $P(x_p, y_p, z_p)$、圆弧的中间点 $Q(x_q, y_q, z_q)$、圆弧的终点 $R(x_r, y_r, z_r)$，圆弧的圆心为 $C(x_c, y_c, z_c)$，圆弧的半径为 r，参考坐标系为 $\{OXYZ\}$，如图 5-2 所示。

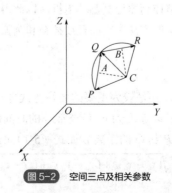

图 5-2 空间三点及相关参数

向量 PQ 和 QR 分别如式（5-6）和式（5-7）所示。

$$PQ = [x_q - x_p \quad y_q - y_p \quad z_q - z_p]^T \tag{5-6}$$

$$QR = [x_r - x_q \quad y_r - y_q \quad z_r - z_q]^T \tag{5-7}$$

则 P、Q、R 三点所在平面 I 的法向量 n 如式（5-8）所示。

$$n = \begin{bmatrix} n_x & n_y & n_z \end{bmatrix}^T = PQ \times QR = \begin{vmatrix} i & j & k \\ x_q - x_p & y_q - y_p & z_q - z_p \\ x_r - x_q & y_r - y_q & z_r - z_q \end{vmatrix} \tag{5-8}$$

由圆的性质可知，线段 PQ 的中垂线和线段 QR 的中垂线的交点即为圆弧的圆心。

同时垂直于向量 n 和向量 PQ 的向量即为线段 PQ 的中垂线的方向向量 n_1，n_1 如式（5-9）所示。

$$n_1 = \begin{bmatrix} n_{1x} & n_{1y} & n_{1z} \end{bmatrix}^T = n \times PQ = \begin{vmatrix} i & j & k \\ n_x & n_y & n_z \\ x_q - x_p & y_q - y_p & z_q - z_p \end{vmatrix} \tag{5-9}$$

假设线段 PQ 的中点为 $A(a_x, a_y, a_z)$，由 P 点和 Q 点的坐标可得 a_x、a_y、a_z 的值如式（5-10）所示。

$$a_x = \frac{x_q + x_p}{2}, \ a_y = \frac{y_q + y_p}{2}, \ a_z = \frac{z_q + z_p}{2} \tag{5-10}$$

线段 PQ 的中垂线所在直线的方程 L_1 如式（5-11）所示。

$$\frac{x - a_x}{n_{1x}} = \frac{y - a_y}{n_{1y}} = \frac{z - a_z}{n_{1z}} \tag{5-11}$$

同时垂直于向量 n 和向量 QR 的向量即为线段 QR 的中垂线的方向向量 n_2，n_2 如式（5-12）所示。

$$n_2 = \begin{bmatrix} n_{2x} & n_{2y} & n_{2z} \end{bmatrix}^T = n \times PQ = \begin{vmatrix} i & j & k \\ n_x & n_y & n_z \\ x_r - x_q & y_r - y_q & z_r - z_q \end{vmatrix} \tag{5-12}$$

假设线段 QR 的中点为 $B(b_x, b_y, b_z)$，由 Q 点和 R 点的坐标可得 b_x、b_y、b_z 的值如式（5-13）所示。

$$b_x = \frac{x_r + x_q}{2}, b_y = \frac{y_r + y_q}{2}, b_y = \frac{z_r + z_q}{2} \tag{5-13}$$

线段 QR 的中垂线所在直线的方程 L_2 如式（5-14）所示。

$$\frac{x - b_x}{n_{2x}} = \frac{y - b_y}{n_{2y}} = \frac{z - b_z}{n_{2z}} \tag{5-14}$$

由圆的性质可知，直线 L_1 和 L_2 的交点即为圆弧轨迹的圆心。可以采用线性方程组解法，将直线方程 L_1 和 L_2 转化成空间直线的一般式。由于方程组个数大于未知量个数，故利用广义逆矩阵来求 L_1 和 L_2 的交点，即圆弧的圆心坐标如式（5-15）所示。

$$\begin{bmatrix} x_c \\ y_c \\ z_c \end{bmatrix} = \begin{bmatrix} n_{1y} & n_{1x} & 0 \\ 0 & n_{1z} & n_{1y} \\ n_{2y} & n_{2x} & 0 \\ 0 & n_{2z} & n_{2y} \end{bmatrix}^{+} \times \begin{bmatrix} a_x n_{1y} - n_{1x} a_y \\ a_y n_{1z} - a_z n_{1y} \\ b_x n_{2y} - n_{2x} b_y \\ b_y n_{2z} - b_z n_{2y} \end{bmatrix} \tag{5-15}$$

求得了圆弧的圆心坐标 (x_c, y_c, z_c)，则 $\boldsymbol{CP}$、$\boldsymbol{CQ}$、$\boldsymbol{CR}$ 三个向量的模都等于圆弧的半径 r，如式（5-16）所示。

$$r = |\boldsymbol{CP}| = |\boldsymbol{CQ}| = |\boldsymbol{CR}| \tag{5-16}$$

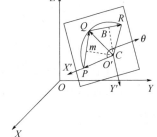

图 5-3　平面坐标系定义

将空间圆弧转换为平面圆弧。如图 5-3 所示，建立坐标系 $\{O'X'Y'Z'\}$，使原点 O' 位于圆心 C 处，以向量 $\boldsymbol{CP}$ 所在直线为 X' 轴，方向与向量 $\boldsymbol{CP}$ 相同，过点 C 且垂直于平面 I 的直线为 Z' 轴，Y' 轴由右手定则确定，且平面 $X'O'Y'$ 与平面 I 重合。

假设 X' 轴上的单位向量为 $\boldsymbol{i}'$，它在坐标系 $\{OXYZ\}$ 中如式（5-17）所示。

$$\boldsymbol{i}' = \begin{bmatrix} \dfrac{x_p - x_c}{|\boldsymbol{CP}|} & \dfrac{y_p - y_c}{|\boldsymbol{CP}|} & \dfrac{z_p - z_c}{|\boldsymbol{CP}|} \end{bmatrix}^{\mathrm{T}} \tag{5-17}$$

假设 Z' 轴上的单位向量为 $\boldsymbol{k}'$，它在坐标系 $\{OXYZ\}$ 中如式（5-18）所示。

$$\boldsymbol{k}' = \frac{\boldsymbol{n}}{|\boldsymbol{n}|} = \begin{bmatrix} \dfrac{n_x}{|\boldsymbol{n}|} & \dfrac{n_y}{|\boldsymbol{n}|} & \dfrac{n_z}{|\boldsymbol{n}|} \end{bmatrix}^{\mathrm{T}} \tag{5-18}$$

假设 Y' 轴上的单位向量为 $\boldsymbol{j}'$，它在坐标系 $\{OXYZ\}$ 中如式（5-19）所示。

$$\boldsymbol{j}' = \boldsymbol{k}' \times \boldsymbol{i}' = \begin{bmatrix} \dfrac{y_p - y_c}{|\boldsymbol{CP}|} \times \dfrac{n_x}{|\boldsymbol{n}|} - \dfrac{z_p - z_c}{|\boldsymbol{CP}|} \times \dfrac{n_y}{|\boldsymbol{n}|} & \dfrac{z_p - z_c}{|\boldsymbol{CP}|} \times \dfrac{n_x}{|\boldsymbol{n}|} - \dfrac{x_p - x_c}{|\boldsymbol{CP}|} \times \dfrac{n_z}{|\boldsymbol{n}|} & \dfrac{x_p - x_c}{|\boldsymbol{CP}|} \times \dfrac{n_y}{|\boldsymbol{n}|} - \dfrac{y_p - y_c}{|\boldsymbol{CP}|} \times \dfrac{n_x}{|\boldsymbol{n}|} \end{bmatrix}^{\mathrm{T}} \tag{5-19}$$

则坐标系 $\{O'X'Y'Z'\}$ 到坐标系 $\{OXYZ\}$ 之间的转换矩阵 $^{o'}_{o}\boldsymbol{T}$ 如式（5-20）所示。

$$^{o'}_{o}\boldsymbol{T} = \begin{bmatrix} \dfrac{x_p - x_c}{|\boldsymbol{CP}|} & \dfrac{y_p - y_c}{|\boldsymbol{CP}|} \times \dfrac{n_z}{|\boldsymbol{n}|} - \dfrac{z_p - z_c}{|\boldsymbol{CP}|} \times \dfrac{n_y}{|\boldsymbol{n}|} & \dfrac{n_x}{|\boldsymbol{n}|} & x_c \\[2ex] \dfrac{y_p - y_c}{|\boldsymbol{CP}|} & \dfrac{z_p - z_c}{|\boldsymbol{CP}|} \times \dfrac{n_x}{|\boldsymbol{n}|} - \dfrac{x_p - x_c}{|\boldsymbol{CP}|} \times \dfrac{n_z}{|\boldsymbol{n}|} & \dfrac{n_y}{|\boldsymbol{n}|} & y_c \\[2ex] \dfrac{z_p - z_c}{|\boldsymbol{CP}|} & \dfrac{x_p - x_c}{|\boldsymbol{CP}|} \times \dfrac{n_y}{|\boldsymbol{n}|} - \dfrac{y_p - y_c}{|\boldsymbol{CP}|} \times \dfrac{n_x}{|\boldsymbol{n}|} & \dfrac{n_z}{|\boldsymbol{n}|} & z_c \\[2ex] 0 & 0 & 0 & 1 \end{bmatrix} \tag{5-20}$$

则坐标系 $\{O'X'Y'Z'\}$ 中任意点的坐标 (x', y', z') 在坐标系 $\{OXYZ\}$ 中的对应点 (x, y, z) 如式（5-21）所示。

$$\begin{bmatrix} x \\ y \\ z \\ 1 \end{bmatrix} = {}^{o'}_{o}\boldsymbol{T} \begin{bmatrix} x' \\ y' \\ z' \\ 1 \end{bmatrix} \tag{5-21}$$

同样地，已知坐标系 $\{OXYZ\}$ 中任意点的坐标 (x, y, z)，则该点在坐标系 $\{O'X'Y'Z'\}$ 中对应点的坐标（x', y', z'）如式（5-22）所示。

$$\begin{bmatrix} x' \\ y' \\ z' \\ 1 \end{bmatrix} = {}_{o}^{o'}\boldsymbol{T}^{-1} \begin{bmatrix} x \\ y \\ z \\ 1 \end{bmatrix} \tag{5-22}$$

利用上式就能得到 P、Q、R、C 四个点在坐标系 $\{O'X'Y'Z'\}$ 中对应点的坐标。

得到坐标后就可以进行圆弧插补轨迹的规划，首先在平面坐标系 $\{X'O'Y'\}$ 中，计算圆弧 $\overset{\frown}{PQR}$ 的圆心角 θ 和插补次数 n。如图 5-3 所示，圆心角 θ 可能有两种情况：$\theta \leqslant \pi$ 和 $\theta > \pi$。这里，利用向量 $\boldsymbol{O'P}$ 和 $\boldsymbol{PR}$ 的法向量 $\boldsymbol{n}_3$ 与平面 $X'O'Y'$ 的法向量 $\boldsymbol{n}$ 的内积来判断 θ 的值。

$$H = \boldsymbol{n}_3 \cdot \boldsymbol{n} = \boldsymbol{O'P} \times \boldsymbol{PR} \cdot \boldsymbol{n} \tag{5-23}$$

若 $H \geqslant 0$，则 $\theta \leqslant \pi$，$\theta = 2\arcsin\left(\dfrac{|\boldsymbol{PR}|}{2r}\right)$；若 $H < 0$，则 $\theta > \pi$，$\theta = 2\pi - 2\arcsin\left(\dfrac{|\boldsymbol{PR}|}{2r}\right)$。

假设机械臂的插补周期为 t，移动速度为 v，则机械臂末端执行器从当前点切向移动到下一个插补点的距离如式（5-24）所示。

$$\Delta s = vt \tag{5-24}$$

步距角 δ 如式（5-25）所示。

$$\delta = \arcsin\left(\frac{vt}{r}\right) \tag{5-25}$$

插补总次数 N 如式（5-26）所示。

$$N = ceil\left(\frac{\theta}{\delta}\right) \tag{5-26}$$

式中，$ceil(\ )$ 为向上取整函数。

然后，在坐标系 $\{O'X'Y'Z'\}$ 中，从 P 点开始，依次计算出圆弧轨迹上每个插补点的位置坐标（x', y', z'），再利用坐标变换矩阵 ${}_{o'}^{o}\boldsymbol{T}$ 求得该点在机械臂参考坐标系 $\{OXYZ\}$ 中的坐标（x, y, z），这样就完成了机械臂圆弧插补轨迹的规划。

5.2.2　关节空间运动规划

机械臂末端执行器在笛卡儿坐标系中运动时，时常会发生奇异现象。不仅如此，笛卡儿空间轨迹规划还存在计算量大、关节变量曲线有突变等缺点。关节空间的运动规划就是对每个关节都基于关节运动约束条件规划它的光滑运动轨迹。关节的运动约束条件包括它的运动范围、运动速度、加速度等。在关节空间运动规划中，首先在机器人的笛卡儿空间中确定机械臂末端执行器要路过的路径点（一般称为节点），用运动学逆解方法求出对应的各关节值；针对每个关节，在每两个相邻关节值之间规划其过渡运动轨迹，实际上就是采用平滑函数规划关节变量的平稳变化曲线；最后让每个关节在相同的时间段内执行完规划的关节轨迹，即可实现预期的机器人在操作空间中的运动。由于在关节空间进行轨迹规划时不需要考虑在笛卡儿空间中的情况，因此相对于笛卡儿空间轨迹规划算法，关节空间轨迹规划更简便。关节空间常用的插值主要有线性插值、用抛物线过渡的线性插值、三次多项式插值和高次多项式插值等。

（1）线性插值

如果给定了关节起始点和终止点的位置变量，使用线性插值函数是规划关节轨迹最简单的方式。如图 5-4 所示，假设某关节为旋转关节，起始角度为 θ_0，终止角度为 θ_f，运动持续时间为 t_f，可以通过线性插值函数得到关节运动的轨迹函数。假设关节从起始点匀速运动到终止点，那么关节速度如式（5-27）所示。

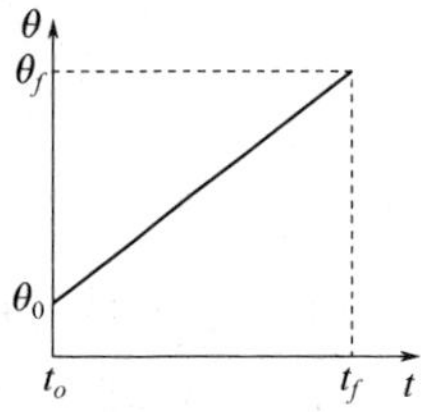

$$\dot{\theta} = \frac{\theta_f - \theta_0}{t_f} \qquad (5\text{-}27)$$

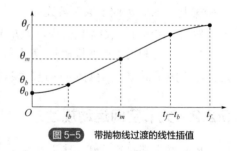

图 5-4　线性插值

关节运动的轨迹函数如式（5-28）所示。

$$\theta = \theta_0 + \dot{\theta}t \qquad (5\text{-}28)$$

可得到采用线性插值规划的关节轨迹函数通式如式（5-29）所示。

$$\theta = \theta_0 + \frac{\theta_f - \theta_0}{t_f}t \qquad (5\text{-}29)$$

虽然使用线性插值函数规划起来较为简单，但利用线性插值函数规划时存在关节速度在节点处不连续、加速度在节点处突变的问题。因此，在使用线性插值函数规划关节轨迹时，为了得到角度和速度都连续平滑的运动轨迹，一般需要在起始点和终止点处增加一段抛物线轨迹的缓冲区域，即用线性轨迹函数和抛物线轨迹函数组合来规划机器人的关节轨迹。由于抛物线对于时间的二阶导数为常数，这样就可以在节点处实现速度的平滑过渡，不需要无穷大的加速度。

（2）用抛物线过渡的线性插值

依旧给定起始角 θ_0、终止角 θ_f，以及运动持续时间 t_f。为了构造抛物线过渡的轨迹函数，假设两端的抛物线过渡域的持续时间 t_b 相同，因而在这两个过渡域中采用大小相等、符号相反的加速度值。这种构造具有多个解，得到的轨迹也不是唯一的，但是每一个解都对称于时间中点 θ_m，如图 5-5 所示。

由于过渡域 $[0, t_b]$ 终点的速度必须等于线性域的速度，所以关节在 t_b 时刻的速度如式（5-30）所示。

图 5-5　带抛物线过渡的线性插值

$$\dot{\theta}_{t_b} = \frac{\theta_m - \theta_b}{t_m - t_b} = \frac{\theta_m - \theta_b}{\dfrac{t_f}{2} - t_b} \qquad (5\text{-}30)$$

式中，θ_b 为过渡域终点 t_b 时刻的关节角度。

用 $\ddot{\theta}$ 表示过渡域内的加速度，θ_b 如式（5-31）所示。

$$\theta_b = \theta_0 + \frac{1}{2}\ddot{\theta}t_b^2 \qquad (5\text{-}31)$$

由于 $\dot{\theta}_{t_b} = \ddot{\theta}t_b$，$\theta_m = \dfrac{\theta_0 + \theta_f}{2}$，综合式（5-30）和式（5-31）可得：

$$\ddot{\theta}t_b^2 - \ddot{\theta}t_f t_b + \left(\theta_f - \theta_0\right) = 0 \tag{5-32}$$

这样，对于任意给定的起始角 θ_0、终止角 θ_f 以及运动持续时间 t_f，可以通过式（5-32）选择相应的过渡域加速度 $\ddot{\theta}$ 和过渡域时间 t_b，得到对应的抛物线轨迹。通常的做法是先选择加速度 $\ddot{\theta}$ 的值，然后求解 t_b，如式（5-33）所示。

$$t_b = \frac{t}{2} - \frac{\sqrt{\ddot{\theta}^2 t^2 - 4\ddot{\theta}\left(\theta_f - \theta_0\right)}}{2\ddot{\theta}} \tag{5-33}$$

为保证 t_b 有解，过渡域加速度值 $\ddot{\theta}$ 必须选得足够大，如式（5-34）所示。

$$\ddot{\theta} \geqslant \frac{4\left(\theta_f - \theta_0\right)}{t^2} \tag{5-34}$$

可以发现，当上述不等式中等号成立时，线性域的长度缩减为零，整个路径段由两个过渡域组成，其连接处速度相等；相反，$\ddot{\theta}$ 的值取得越大，过渡域的长度越短，当 $\ddot{\theta}$ 的取值为无限大时，过渡域长度变为零，机器人运动轨迹又变成了直线。

在得到 $\ddot{\theta}$ 和 t_b 之后，可以依次得到 $\dot{\theta}_{t_b}$ 和 θ_b，并据此得到关节轨迹的分段函数，如式（5-35）所示。

$$\theta = \begin{cases} \theta_0 + \dfrac{1}{2}\ddot{\theta}t^2 & 0 \leqslant t < t_b \\[2mm] \theta_0 + \dfrac{1}{2}\ddot{\theta}t^2 + \ddot{\theta}t_b\left(t - t_b\right) & t_b \leqslant t \leqslant t - t_b \\[2mm] \theta_f - \dfrac{1}{2}\ddot{\theta}\left(t - t_f\right)^2 & t - t_b < t \leqslant t_f \end{cases} \tag{5-35}$$

若某个关节的运动要经过一个路径点，则可采用带抛物线过渡域的线性路径方案。关节的运动要经过一组路径点，如图 5-6 所示，用关节角度 θ_j、θ_k 和 θ_l 表示其中 3 个相邻的路径点，以线性函数将每两个相邻路径点相连，而所有路径点附近都采用抛物线过渡。

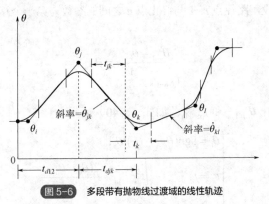

图 5-6　多段带有抛物线过渡域的线性轨迹

图 5-6 中，在点 k 的过渡域的持续时间为 t_k，点 j 和点 k 之间线性域的持续时间为 t_{jk}，连接点 j 与点 k 的路径段的全部持续时间为 t_{djk}。另外，点 j 与点 k 之间的线性域速度为 $\dot{\theta}_{jk}$，点 j 过渡域的加速度为 $\ddot{\theta}_j$。现在的问题是在含有路径点的情况下，如何确定带抛物线过渡域的线性轨迹。

与上述用抛物线过渡的线性插值相同，这个问题有许多种解，每一种解对应于一个选取的加速度值。给定任意路径点的位置 θ_k、持续时间 t_{djk}，以及加速度的绝对值 $\left|\ddot{\theta}_k\right|$，可以计算出过渡域

的持续时间 t_k。对于相邻路径点间的路径，可根据下列方程求解以上参数，如式（5-36）所示。

$$\begin{cases} \dot{\theta}_{jk} = \dfrac{\theta_k - \theta_j}{t_{djk}} \\ \ddot{\theta}_k = \mathrm{sgn}(\dot{\theta}_{kl} - \dot{\theta}_{jk})|\ddot{\theta}_k| \\ t_k = \dfrac{\dot{\theta}_{kl} - \dot{\theta}_{jk}}{\ddot{\theta}_k} \\ t_{jk} = t_{djk} - \dfrac{1}{2}t_j - \dfrac{1}{2}t_k \end{cases} \tag{5-36}$$

第一个路径段和最后一个路径段的处理与式（5-36）略有不同，因为轨迹端部的整个过渡域的持续时间都必须计入这一路径段内。对于第一个路径段，令线性域速度的两个表达式相等，就可求出 t_1，如式（5-37）所示。

$$t_1 = \frac{\theta_2 - \theta_1}{\ddot{\theta}_1(t_{d12} - \dfrac{1}{2}t_1)} \tag{5-37}$$

用式（5-37）算出起始点过渡域的持续时间 t_1 之后，再求出 $\dot{\theta}_{12}$ 和 t_{12}，如式（5-38）所示。

$$\begin{cases} \ddot{\theta}_1 = \mathrm{sgn}(\theta_2 - \dot{\theta}_1)|\ddot{\theta}_1| \\ t_1 = t_{d12} - \sqrt{t_{d12}^2 - \dfrac{2(\theta_2 - \theta_1)}{\ddot{\theta}_1}} \\ \dot{\theta}_{12} = \dfrac{\theta_2 - \theta_1}{t_{d12} - \dfrac{1}{2}t_1} \\ t_{12} = t_{d12} - t_1 - \dfrac{1}{2}t_2 \end{cases} \tag{5-38}$$

对于最后一个路径段，路径点 $n-1$ 与终止点 n 之间的参数与第一个路径段相似，如式（5-39）所示。

$$\frac{\theta_{n-1} - \theta_n}{t_{d(n-1)n} - \dfrac{1}{2}t_n} = \ddot{\theta}_n t_n \tag{5-39}$$

根据式（5-39）便可求出 $\dot{\theta}_{(n-1)n}$ 和 $t_{(n-1)n}$，如式（5-40）所示。

$$\begin{cases} \ddot{\theta}_1 = \mathrm{sgn}(\dot{\theta}_{n-1} - \dot{\theta}_n)|\ddot{\theta}_n| \\ t_n = t_{d(n-1)n} - \sqrt{t_{d(n-1)n}^2 + \dfrac{2(\theta_n - \theta_{n-1})}{\ddot{\theta}_n}} \\ \dot{\theta}_{(n-1)n} = \dfrac{\theta_n - \theta_{(n-1)}}{t_{d(n-1)n} - \dfrac{1}{2}t_n} \\ t_{(n-1)n} = t_{d(n-1)n} - t_n - \dfrac{1}{2}t_{(n-1)} \end{cases} \tag{5-40}$$

式（5-36）～式（5-40）可用来求出多段轨迹中各个过渡域的时间和速度。对于各段的过渡域，加速度值应取得足够大，以使各路径段有足够长的线性域。

应当注意的是，多段用抛物线过渡的线性插值函数一般并不经过那些路径点，除非在这些
路径点处运动停止。即使选取的加速度非常大，实际路
径也只是十分接近理想路径点。如果要求机械臂途经某
个节点，那么将轨迹分成两段，把此节点作为前一段的
终止点和后一段的起始点即可。如果用户要求机械臂通
过某个节点，同时速度不为零，可以在此节点两端规定
两个"伪节点"，令该节点在两"伪节点"的连线上，并
位于两过渡域之间的线性域上，如图 5-7 所示。这样，
利用前面所述方法所生成的轨迹势必能以一定的速度穿
过指定的节点。穿过速度可由用户指定，也可由控制系
统根据适当的启发信息来确定。

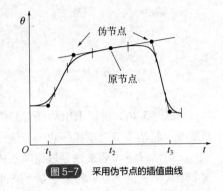

图 5-7　采用伪节点的插值曲线

（3）三次多项式插值

三次多项式插值函数具有一阶、二阶微分光滑特性，所以在机械臂关节空间运动规划中被
普遍采用。依旧给定起始角 θ_0、终止角 θ_f，以及运动持续时间 t_f。要使机械臂平稳运动，则各
关节的运动轨迹都必须为平滑轨迹。为实现这点，需要构建一个包含起始位置关节角度和目标
（终止）位置关节角度的平滑插值函数 $\theta(t)$ 来描述运动轨迹，并要求 $\theta(t)$ 满足 4 个约束条件，即
两端点位置约束和两端点速度约束。通过选择起始位置和目标位置可得到对轨迹函数 $\theta(t)$ 的连
杆约束条件，如式（5-41）所示。

$$\begin{cases} \theta(0) = \theta_0 \\ \theta(t_f) = \theta_f \end{cases} \tag{5-41}$$

另外，两个约束条件需要保证关节运动速度函数的连续性，即在起始位置和目标位置的关
节速度要求。一般设置为零，如式（5-42）所示。

$$\begin{cases} \dot{\theta}(0) = 0 \\ \dot{\theta}(t_f) = 0 \end{cases} \tag{5-42}$$

由式（5-41）和式（5-42）唯一确定了一个三次多项式，如式（5-43）所示。

$$\theta(t) = a_0 + a_1 t + a_2 t^2 + a_3 t^3 \tag{5-43}$$

对应于该运动轨迹的关节速度和加速度如式（5-44）所示。

$$\begin{cases} \dot{\theta}(t) = a_1 + 2a_2 t + 3a_3 t^2 \\ \ddot{\theta}(t) = 2a_2 + 6a_3 t \end{cases} \tag{5-44}$$

把上述约束条件式（5-41）和式（5-42）代入式（5-43）和式（5-44），可得含有 4 个系数
a_0、a_1、a_2 和 a_3 的四个线性方程，如式（5-45）所示。

$$\begin{cases} \theta_0 = a_0 \\ \theta_f = a_0 + a_1 t_f + a_2 t_f^2 + a_3 t_f^3 \\ 0 = a_1 \\ 0 = a_1 + 2a_2 t_f + 3a_3 t_f^2 \end{cases} \tag{5-45}$$

求解上述线性方程组可得式（5-46）。

$$\begin{cases} a_0 = \theta_0 \\ a_1 = 0 \\ a_2 = \dfrac{3}{t_f^2}(\theta_f - \theta_0) \\ a_3 = -\dfrac{2}{t_f^3}(\theta_f - \theta_0) \end{cases} \tag{5-46}$$

由式（5-46）可以求出从任意起始关节位置到目标（终止）位置的三次多项式，但该组解只适用于起始关节速度和终止关节速度为零的情况。

一般情况下，要求规划过路径点的轨迹。如果机械臂在路径点停留，则可直接使用上述三次多项式插值的方法；如果只是"经过"路径点并不停留，即过路径点时关节运动速度不为零，则需要改进上述方法。

实际上，可以把所有路径点看作"起始点"和"终止点"，求解逆向运动学，得到相应的关节矢量值，然后确定所要求的三次多项式插值函数，把路径点平滑地连接起来。但是，这些"起始点"和"终止点"处关节运动速度不再是零。

如果已知各关节在中间点的期望速度，那么就可像前面一样构造出三次多项式；但是，起始点和终止点的速度限制条件不再为零，而是已知的速度。速度约束条件如式（5-47）所示。

$$\begin{cases} \dot{\theta}(0) = \dot{\theta}_0 \\ \dot{\theta}(t_f) = \dot{\theta}_f \end{cases} \tag{5-47}$$

描述该三次多项式的四个方程，如式（5-48）所示。

$$\begin{cases} \theta_0 = a_0 \\ \theta_f = a_0 + a_1 t_f + a_2 t_f^2 + a_3 t_f^3 \\ \dot{\theta}_0 = a_1 \\ \dot{\theta}_f = a_1 + 2a_2 t_f + 3a_3 t_f^2 \end{cases} \tag{5-48}$$

求解方程组（5-48），可得三次多项式的系数，如式（5-49）所示。

$$\begin{cases} a_0 = \theta_0 \\ a_1 = \dot{\theta}_0 \\ a_2 = \dfrac{3}{t_f^2}(\theta_f - \theta_0) - \dfrac{2}{t_f}\dot{\theta}_0 - \dfrac{1}{t_f}\dot{\theta}_f \\ a_3 = -\dfrac{2}{t_f^2}(\theta_f - \theta_0) + \dfrac{1}{t_f^2}(\dot{\theta}_0 + \dot{\theta}_f) \end{cases} \tag{5-49}$$

式（5-49）可以求出符合任何起始位置和终止位置以及任何起始速度和终止速度的三次多项式。

如果在每个中间点处均有期望的关节速度，那么可以简单地将式（5-49）应用到每个曲线段来求出所需的三次多项式。确定中间点处的期望关节速度可以使用以下几种方法：

① 根据工具坐标系在直角坐标空间中的瞬时线速度和角速度确定每个路径点的瞬时期望关节速度。

② 在直角坐标空间或关节空间中采用启发式方法，由控制系统自动地选择路径点的速度。

③ 为了保证每个路径点上的加速度连续，由控制系统自动地选择路径点的速度。

对于方法一，利用机械臂在此路径点上的逆雅可比矩阵，把该点的直角坐标速度映射为所要求的关节速度。当然，如果操作臂的某个路径点是奇异点，这时就不能任意设置速度值。按照方法一生成的轨迹虽然能满足设置速度的需要，但是逐点设置速度毕竟有很大的工作量。因此，一个方便易用的机器人控制系统最好还包括方法二或方法三对应的功能，或者三者兼而有之。

对于方法二，系统采用某种启发式方法自动选取合适的路径点速度。启发式选择路径点速度的方式如图5-8所示。图中 θ_0 为起始点，θ_D 为终止点，θ_A、θ_B 和 θ_C 是路径点。

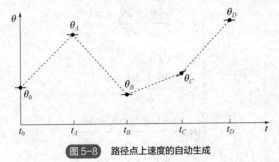

图 5-8　路径点上速度的自动生成

在图5-8中，已经合理选取了各中间点上的关节速度，并用细实线来表示，这些细实线即为曲线在中间点处的切线。这种选取结果是通过使用从概念到计算都很简单的启发算法而得到的。假设用直线段把这些路径点依次连接起来，如果相邻线段的斜率在路径点处改变符号，则把速度选定为零；如果相邻线段的斜率不改变符号，则选取路径点两侧的线段斜率的平均值作为该点的速度。按照此法，系统可以只根据规定的期望中间点来自动选取每个中间点的速度。

对于方法三，为了保证路径点处的加速度连续，可以设法用两条三次曲线将路径点按一定规则连接起来，拼凑成所要求的轨迹。其约束条件是：连接处不仅速度连续，而且加速度也连续。下面具体地说明这种方法。

设所经过的路径点处的关节角度为 θ_y，与该点相邻的前后两点的关节角度分别为 θ_0 和 θ_g。从 θ_0 到 θ_y 的插值三次多项式如式（5-50）所示。

$$\theta(t) = a_{10} + a_{11}t + a_{12}t^2 + a_{13}t^3 \tag{5-50}$$

从 θ_y 到 θ_g 的插值三次多项式如式（5-51）所示。

$$\theta(t) = a_{20} + a_{21}t + a_{22}t^2 + a_{23}t^3 \tag{5-51}$$

上述两个三次多项式的时间区间分别为 $[0, t_{f1}]$ 和 $[0, t_{f2}]$。对这两个多项式的约束如式（5-52）所示。

$$\begin{cases} \theta_0 = a_{10} \\ \theta_y = a_{10} + a_{11}t_{f1} + a_{12}t_{f1}^2 + a_{13}t_{f1}^3 \\ \theta_y = a_{20} \\ \theta_g = a_{20} + a_{21}t_{f2} + a_{12}t_{f2}^2 + a_{23}t_{f2}^3 \\ 0 = a_{11} \\ 0 = a_{21} + 2a_{22}t_{f2} + 3a_{23}t_{f2}^3 \\ a_{11} + 2a_{12}t_{f1} + 3a_{13}t_{f1}^2 = a_{21} \\ 2a_{12} + 6a_{12}t_{f1} = 2a_{22} \end{cases} \tag{5-52}$$

以上约束组成了含有8个未知数的8个线性方程。对于 $t_{f1}=t_{f2}=t_f$ 的情况，这个方程组的解如式（5-53）所示。

一般情况下，一个完整的轨迹由多个三次多项式表示，约束条件（包括路径点处的关节加速度连续）构成的方程组可以表示成矩阵的形式。用矩阵来求路径点的速度，由于系数矩阵是三角形的，因此易于达到目的。

$$\begin{cases} a_{10} = \theta_0 \\ a_{11} = 0 \\ a_{12} = \dfrac{12\theta_y - 3\theta_g - 9\theta_0}{4t_f^2} \\ a_{13} = \dfrac{-8\theta_y + 3\theta_g + 5\theta_0}{4t_f^2} \\ a_{20} = \theta_y \\ a_{21} = \dfrac{3\theta_g - 3\theta_0}{4t_f} \\ a_{22} = \dfrac{-12\theta_y + 6\theta_g + 6\theta_0}{4t_f^2} \\ a_{23} = \dfrac{8\theta_y - 5\theta_g - 3\theta_0}{4t_f^2} \end{cases} \tag{5-53}$$

（4）高次多项式插值

通常将最高次方大于三次的插值称为高次多项式插值，高次多项式插值以各关节角、角速度、角加速度为约束条件，弥补了三次多项式插值时各关节的加速度存在突变这一缺点，但其计算量要高于三次多项式插值，规划结果能够确保各关节变量均为连续平滑曲线。常用的高次多项式插值为五次多项式插值，如式（5-54）所示。

$$\theta(t) = a_0 + a_1 t + a_2 t^2 + a_3 t^3 + a_4 t^4 + a_5 t^5 \tag{5-54}$$

五次多项式插值的系数 a_0，a_1，…，a_5 必须满足 6 个约束条件，分别为起始点和终止点的角度约束、速度约束和加速度约束，如式（5-55）所示。

$$\begin{cases} \theta_0 = a_0 \\ \theta_f = a_0 + a_1 t_f + a_2 t_f^2 + a_3 t_f^3 + a_4 t_f^4 + a_5 t_f^5 \\ \dot{\theta}_0 = a_1 \\ \dot{\theta}_f = a_1 + 2a_2 t_f + 3a_3 t_f^2 + 4a_4 t_f^3 + 5a_5 t_f^4 \\ \ddot{\theta}_0 = 2a_2 \\ \ddot{\theta}_f = 2a_2 + 6a_3 t_f + 12a_4 t_f^2 + 20a_5 t_f^3 \end{cases} \tag{5-55}$$

将式（5-55）进行求解可以得到式（5-56）。

$$\begin{cases} a_0 = \theta_0 \\ a_1 = \dot{\theta}_0 \\ a_2 = \dfrac{\ddot{\theta}_0}{2} \\ a_3 = \dfrac{20\theta_f - 20\theta_0 - (8\dot{\theta}_f + 12\dot{\theta}_0)t_f - (3\ddot{\theta}_0 - \ddot{\theta}_f)t_f^2}{2t_f^3} \\ a_4 = \dfrac{30\theta_0 - 30\theta_f + (14\dot{\theta}_f + 16\dot{\theta}_0)t_f + (3\ddot{\theta}_0 - \ddot{\theta}_f)t_f^2}{2t_f^4} \\ a_5 = \dfrac{12\theta_f - 12\theta_0 - (6\dot{\theta}_f + 6\dot{\theta}_0)t_f - (\ddot{\theta}_0 - \ddot{\theta}_f)t_f^2}{2t_f^5} \end{cases} \tag{5-56}$$

将上述系数代入五次多项式通式（5-54），即可得到这两个路径点之间的轨迹函数。

5.2.3 典型任务下的运动规划

5.2.3.1 避障运动规划

（1）碰撞检测

在有障碍物的空间中，为了保证机械臂能够顺利地进行运动规划，就必须考虑机械臂与空间中障碍物是否发生碰撞。碰撞检测又称为干涉检测，它的主要目的是在兼顾机械臂与环境交互时的安全性的同时，判断机械臂与障碍物之间是否发生了碰撞或者干涉。由于空间环境中障碍物的形状都比较复杂，在几何上一般没有规律，这就造成机械臂在进行碰撞检测时需要进行大量的计算，检测效率不高，所以需要设计一种简单、快速和有效的检测方法保证机械臂避障运动规划的安全性和可行性。

碰撞检测技术主要可以分为两类：基于时间域的碰撞检测和基于空间域的碰撞检测。

基于时间域的碰撞检测可分为静态碰撞检测和动态碰撞检测。其中，动态碰撞检测又可以分为离散碰撞检测和连续碰撞检测。静态碰撞检测是指当场景中物体空间位置不随时间变化时检测物体间是否发生了碰撞。这种方法对实时性要求不高，但对精度要求较高。离散碰撞检测是指在时间轴的离散点 $t_0, t_1, \cdots, t_n$ 上不断检测物体间是否发生碰撞。这种方法由于其离散的特点，会出现漏检测。连续碰撞检测是指在一个连续时间间隔$[t_n, t_{n+1}]$内不断检测物体间是否发生碰撞。这种方法能实时进行检测，但计算量较大。

基于空间域的碰撞检测可分为基于图像空间的碰撞检测和基于物体空间的碰撞检测。其中，基于物体空间的碰撞检测又可以分为基于一般表示模型的碰撞检测和基于空间结构的碰撞检测。基于图像空间的碰撞检测一般利用图形硬件对物体的二维图像采集和相应的深度信息来进行分析。这种方法可以很好地利用图像处理技术，并利用 GPU 加速图形的渲染降低 CPU 的计算负载，提高了效率。但这种方法对图像的分辨率和硬件有一定的要求。基于一般表示模型的碰撞检测与物体采用的表示模型密切相关，主要应用的几何模型有非多边形表示模型以及多边形表示模型。非多边形表示模型包括 CSG 表示模型、隐函数曲面、参数曲面和体表示模型等；多边形表示模型包括凸多面体模型、非凸多面体模型和多面体模型等。基于空间结构的碰撞检测可以通过采用不同的空间结构来提高效率，并根据所在空间结构的不同可以分为空间剖分法和 BVH（bounding volume hierarchy）法。这两种方法都是尽可能地减少需要进行相交测试的基本几何元素数目，减少计算量，提高碰撞检测的效率。不同的是，空间剖分法采用对整个场景的层次剖分技术来实现，而 BVH 法则是对场景中每个物体构建合理的 BVH 来实现。其中 BVH 法应用得较为广泛，适用于复杂环境下的碰撞检测。

以下介绍几种常用的 BVH 碰撞检测方法。

① 球体包围盒法。球体包围盒法是用一个能完全包围障碍物的最小球体去代替需要检测的物体。该方法在包围完之后结构比较简单，并且当对象发生旋转时，包围球不需要实时更新。包围球可用式（5-57）表示。

$$R = \left\{ (x, y, z) \mid (x - x_o)^2 + (y - y_o)^2 + (z - z_o)^2 \leqslant r^2 \right\} \tag{5-57}$$

式中，(x_o, y_o, z_o) 表示球心坐标；r 表示球的半径。

假设在空间中有两个球心分别是 $O_1(x_{o1}, y_{o1}, z_{o1})$ 和 $O_2(x_{o2}, y_{o2}, z_{o2})$ 的包围球，半径分别是 r_1 和 r_2。两包围球的表达式如式（5-58）所示。

$$\begin{cases} (x-x_{o1})^2 + (y-y_{o1})^2 + (z-z_{o1})^2 \leqslant r_1^2 \\ (x-x_{o2})^2 + (y-y_{o2})^2 + (z-z_{o2})^2 \leqslant r_2^2 \end{cases} \tag{5-58}$$

两包围球之间的位置关系如图 5-9 所示。

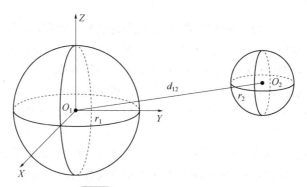

图 5-9　两包围球之间的位置关系

可以根据两包围球的表达式计算两包围球之间距离 d_{12}，如式（5-59）所示。

$$d_{12} = \sqrt{(x_{o1}-x_{o2})^2 + (y_{o1}-y_{o2})^2 + (z_{o1}-z_{o2})^2} \tag{5-59}$$

当 $d_{12} > r_1 + r_2$ 时，不会发生碰撞；反之，则会发生碰撞。

② 轴向包围盒法。轴向包围盒法（axis aligned bounding box，AABB）是用一个能完全包围该物体且各边平行于坐标轴的最小六面体去代替需要检测的物体。该方法效率较高，但对于一些形状不规则的物体或者沿着斜对角方向放置的瘦长对象，其紧密性较差。AABB 包围盒如图 5-10 所示。

图 5-10　AABB 包围盒

AABB 包围盒可用式（5-60）表示。

$$\boldsymbol{R} = \left\{ (x,y,z) \mid l_x \leqslant x \leqslant u_x, l_y \leqslant y \leqslant u_y, l_z \leqslant z \leqslant u_z \right\} \tag{5-60}$$

式中，(l_x, l_y, l_z) 表示 AABB 包围盒在 X、Y、Z 轴上投影的最小值坐标；(u_x, u_y, u_z) 表示 AABB 包围盒在 X、Y、Z 轴上投影的最大值坐标。

两个 AABB 包围盒之间的碰撞检测：当且仅当它们在三个坐标系的投影均重叠时，它们才会发生碰撞。

③ 方向包围盒法。方向包围盒法（oriented bounding box，OBB）是用一个能完全包围该物体但各边不必平行于坐标轴的最小六面体去代替需要检测的物体。与 AABB 包围盒法相比，该方法相交检测较为复杂，计算效率较低，但其可以根据被包围对象的形状特点尽可能地紧密包围对象。OBB 包围盒如图 5-11 所示。

用 O 来代表 OBB 的中心位置，三个相互垂直的方向为 v_1、v_2 和 v_3，三个方向上边长的半径为 r_1、r_2 和 r_3，则 OBB 确定的区域如式（5-61）所示。

$$\boldsymbol{R} = \left\{ O + ar_1 v_1 + br_2 v_2 + cr_3 v_3 \mid a,b,c \in (-1,1) \right\} \tag{5-61}$$

两个 OBB 包围盒之间的碰撞检测主要是判断两个长方体在任一方向的投影是否相交。只有相交时才会发生碰撞。

④ 圆柱体包围盒法。圆柱体包围盒法是用一个能完全包围被检物体的最小圆柱体去代替需要检测的物体。该方法适用于机械臂各连杆的简化。

圆柱体包围盒法如图 5-12 所示。图中 C_i 表示机械臂的连杆 i 的包围圆柱体中心线，包围圆柱半径为 r_i；C_j 表示环境中的障碍物（此处障碍物为机械臂其他连杆）的包围圆柱体中心线，其包围圆柱半径为 r_j。机械臂连杆包围圆柱体的中心线 C_i 所在的空间直线方程可用式（5-62）表示。

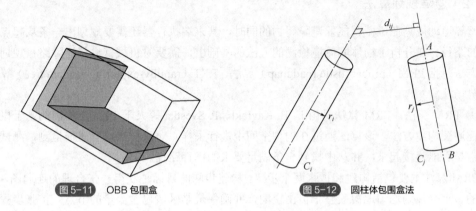

图 5-11　OBB 包围盒　　　　图 5-12　圆柱体包围盒法

$$\frac{x-x_i}{x_{i+1}-x_i}=\frac{y-y_i}{y_{i+1}-y_i}=\frac{z-z_i}{z_{i+1}-z_i}=t,\ t\in(0,1) \tag{5-62}$$

式中，(x_i,y_i,z_i) 为机械臂第 i 个连杆首端的位置坐标；$(x_{i+1},y_{i+1},z_{i+1})$ 为机械臂第 i 个连杆末端的位置坐标；t 为比例常数。

式（5-62）简化后得到该空间直线的方程，如式（5-63）所示。

$$\begin{cases}X_i(t)=tx_{i+1}+(1-t)x_i\\Y_i(t)=ty_{i+1}+(1-t)y_i,\ t\in(0,1)\\Z_i(t)=tz_{i+1}+(1-t)z_i\end{cases} \tag{5-63}$$

对于机械臂工作环境中的障碍物，假设经过圆柱包围后其质心位置为 $O(x_o,y_o,z_o)$，该圆柱体的中心线 C_j 所在的空间直线方程如式（5-64）所示。

$$\frac{x-x_j}{x_{j+1}-x_i}=\frac{y-y_j}{y_{j+1}-y_j}=\frac{z-z_j}{z_{j+1}-z_j}=m,m\in(0,1) \tag{5-64}$$

式中，(x_j,y_j,z_j) 为机械臂第 j 个连杆首端的位置坐标；$(x_{j+1},y_{j+1},z_{j+1})$ 为机械臂第 j 个连杆末端的位置坐标；m 为比例常数。

式（5-64）简化后得到该空间直线的方程，如式（5-65）所示。

$$\begin{cases}X_j(m)=mx_{j+1}+(1-m)x_j\\Y_j(m)=my_{j+1}+(1-m)y_j,m\in(0,1)\\Z_j(m)=mz_{j+1}+(1-m)z_j\end{cases} \tag{5-65}$$

圆柱的质心坐标，如式（5-66）所示。

$$(x_o,y_o,z_o)=\frac{1}{2}\Big[(x_j,y_j,z_j)+(x_{j+1},y_{j+1},z_{j+1})\Big] \tag{5-66}$$

由上式，两圆柱的碰撞检测就转化为求解空间两直线的距离与两圆柱体半径和的大小的问题。根据式（5-65）和式（5-66）可知，两个圆柱体的中心线所在的空间直线的垂直距离如式（5-67）所示。

$$d_{ij} = \sqrt{\left[X_i(t) - X_j(m)\right]^2 + \left[Y_i(t) - Y_j(m)\right]^2 + \left[Z_i(t) - Z_j(m)\right]^2} \qquad (5\text{-}67)$$

当 $d_{ij} > r_i + r_j$ 时，两个圆柱体不会碰撞；当 $d_{ij} \leqslant r_i + r_j$ 时，两个圆柱体会碰撞。

（2）避障规划算法

避障运动规划在机械臂能躲避障碍物的同时，其末端执行器还需要规划出一条从起点到目标点的路径。在分析了物体间碰撞检测的方法的基础上，需要对机械臂进行避障路径规划，常用的方法包括 PRM（probabilistic road map）算法、RRT（rapidly-exploring random tree）算法和人工势场法。

① PRM 算法。PRM 算法是由 L. E. Kavraki、P. Svestka 等人于 1996 年提出的基于概率采样的连通图构建方法。该算法通过在构型空间中进行采样、对采样点进行碰撞检测，测试相邻采样点是否能连接起来，并从中找到一条满足要求的可行路径。

PRM 算法主要包括构建和扩张两个步骤。构建步骤的目标是获得一张合理的连通图，具有足够的节点来较为均匀地覆盖整个自由空间，并确保最难区域包含少量的节点。扩张步骤的目标是进一步提升图的连接性，根据一定的启发式评估准则，在连通图中寻找位于位形空间困难区域中的节点，在其邻域内进一步生成节点，实现图的扩张，最终得到避障轨迹。

对于构建步骤，首先在三维空间中随机产生一定数量的采样点，去掉和障碍物发生干涉的点后，把剩余的点放入集合 N。然后，对每个节点，将其与最邻近的若干个节点连接，并通过算法判断两个节点之间是否存在一条可行路径，如果存在，则将连接这两节点的边保留到集合 E 中。最后加入起始点和终止点，同样进行相邻节点连接和碰撞检测。在所形成的连通图中应用最短路径搜索算法可以搜索得到从起始点到终止点的路径。

如果构建步骤生成的节点数足够多，那么节点集合 N 可以较好地均匀覆盖整个自由空间，在简单场景中能够得到很好的连通图。但当环境复杂时，得到的连通图往往是由若干个大的连通单元和若干个小的连通单元组成，不足以体现自由空间的连通性。对于在自由空间的某个区域内如狭窄通道这类困难区域，路径是不连通的，如图 5-13 所示，那么需要考虑执行扩张步骤。

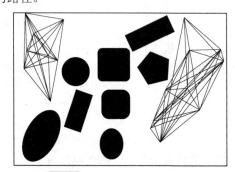

图 5-13　复杂环境中可能的 PRM

对于扩张步骤，其基本思想是从 N 中选出位于这类不连通区域内的节点，然后在被选节点邻域内生成新的节点，如果节点无碰撞则加入 N 中，并按扩张步骤建立与其他节点的连接。经过扩张步骤后得到的连通图对自由空间的覆盖不是均匀的，依赖于位形空间的局部集杂性。

在扩张步骤中选择节点时，可以采用概率方式进行选择。对 N 中的每个节点关联一个权重 $w(c)$，c 表示具体节点。该权重表示节点 c 周围区域的困难度，值越大表示困难度越大。具体计算时，可以取 N 中与节点 c 在一定距离范围内的节点数的倒数。因为如果节点数少，说明节点

c 的邻域内障碍物比较多。也可计算节点 c 到不包含节点 c 的最近连通单元的距离，并将权重设置为距离的倒数。因为如果距离短，则节点 c 所在区域是两个单元未能连接的区域。也可以通过算法来定义 $w(c)$，如果建立节点 c 到其他节点可行道路的失败率高，也意味着节点 c 在一个困难区域。具体计算方式为在构建步骤结束时，统计每个节点的失败率，如式（5-68）所示。

$$r_f(c) = \frac{f(c)}{n(c)+1} \tag{5-68}$$

式中，$n(c)$ 是试图建立节点 c 与其他节点的次数；$f(c)$ 是失败的次数。节点 c 的困难权重就是该节点的失败率除以所有节点失败率之和，如式（5-69）所示。

$$w(c) = \frac{r_f(c)}{\sum\limits_{a\in N} r_f(c)} \tag{5-69}$$

该权重是节点 c 被选择的概率。$w(c)$ 一旦建立后，在扩张阶段就不再改变。

选择节点 c 后生成新节点时，可以采用短距离随机行走方式，即从节点 c 开始随机选择一个运动方向，在该方向直线移动直到碰到障碍物，然后再随机选择一个新的方向，依次递进。最后到达的位置记为 n，作为新节点加入 N 中，边（c,n）加入 E 中，c 到 n 的路径也保留。然后尝试建立 n 与连通图中其他连通单元的连接。

② RRT 算法。RRT 算法是由 Steven M. Lavalle 教授于 1998 年提出的一种基于随机采样的方法。该算法与 PRM 在位形空间采用连通图不同，其采用在状态空间中构造树的方法。对于只需考虑位置信息的标准问题，状态空间 X 等于位形空间 C；对于运动学约束和动力学约束下的综合规划问题，状态空间是位形空间的切丛，每个状态由位置和速度组成。状态空间可分为障碍物状态空间和自由状态空间。

RRT 以初始状态 q_{init} 为根节点，然后采用随机扩张方法构建树，直到树的叶节点到达目标状态 q_{goal}，树中所有节点和边都应该在自由状态空间中。具体扩张方法如图 5-14 所示，循环以下步骤：

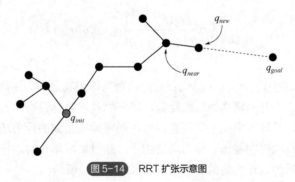

图 5-14 RRT 扩张示意图

第一步，在状态空间中随机采样一个状态，用于引导搜索树的扩张，称为 q_{rand}。

第二步，在现有已经构建的搜索树上查找与 q_{rand} 距离最近的节点，称为 q_{near}。

第三步，根据 q_{near} 和 q_{rand} 构建可行的机器人控制指令 u，以 q_{near} 作为当前状态，根据控制指令 u 和系统转移方程来计算得到下一个状态 q_{new}。

第四步，对 q_{new} 进行碰撞检测，包括 q_{new} 是否在障碍物状态空间中，以及 q_{near} 到 q_{new} 的边是否在障碍物状态空间中。如果不存在碰撞冲突，就把 q_{new} 放入搜索树中，作为节点 q_{near} 的扩张节点，即 q_{new} 的父节点为 q_{near}，实现扩张。

第五步，判断 q_{new} 是否满足扩张终止条件，如果 q_{new} 是运动规划的目标状态 q_{goal}，则终止扩张；如果搜索树规模已经足够大，循环次数达到上限，那么可以判断没有可行路径，也终止扩张。

循环扩张结束后，如果满足 q_{new} 是运动规划的目标状态 q_{goal}，则可以从 q_{goal} 回溯父节点直到根节点，形成规划的路径，否则就是规划失败。

③ 人工势场法。人工势场法是由 Oussama Khatib 教授于 1986 年提出的一种基于虚拟力的算法。该算法建立了一种包括引力场和斥力场的人工势场，基本思想是将机械臂在障碍环境中的运动设计成一种在人造磁力场中的运动。目标点对机械臂末端执行器产生"引力"，引导机械臂向其运动，每个障碍物对机械臂产生"斥力"，避免机器人与之发生碰撞，而且"斥力"的大小跟机器人与目标点或障碍物之间的距离相关：距离越近，"斥力"越大；距离越远，"斥力"越小。机械臂在路径上每一点所受的合力等于机器人在这一点所受的"斥力"和"引力"的和，沿着势场的负梯度方向搜索即可规划出机械臂的无碰撞安全路径。

机械臂采用人工势场法进行规划时的关键是如何在三维空间中构建引力场和斥力场。

常用的引力场可表示为式（5-70）。

$$U_{att}(q) = \frac{1}{2}\xi\rho^2(q, q_{goal}) \tag{5-70}$$

式中，ξ 是引力尺度因子；$\rho(q, q_{goal})$ 表示当前位置与目标点的距离。

利用引力场公式（5-70）计算环境空间中的任意点与目标点的引力场数值：越接近目标点，引力场值越小；越远离目标点，引力场值越大。

机器人所受到的引力为引力场在该点的负梯度，如式（5-71）所示。

$$F_{att}(q) = -\nabla U_{att}(q) = -\xi\rho(q, q_{goal}) \cdot \nabla\rho(q, q_{goal}) \tag{5-71}$$

机器人所受到的引力大小是跟机器人与目标点之间的距离正相关的。相类似的，斥力场可表示为式（5-72）。

$$U_{rep}(q) = \begin{cases} \frac{1}{2}\eta[\frac{1}{\rho(q, q_{obs})} - \frac{1}{\rho_0}]^2 & \rho(q, q_{obs}) \le \rho_0 \\ 0 & \rho(q, q_{obs}) > \rho_0 \end{cases} \tag{5-72}$$

式中，η 是斥力尺度因子；$\rho(q, q_{obs})$ 代表当前位置与障碍物之间的距离；ρ_0 代表每个障碍物的影响半径，即机器人离开障碍物相应的距离，障碍物就对物体没有斥力影响。

利用斥力场公式计算环境空间中的任意点与不同障碍物之间的斥力场数值：越接近于障碍物，斥力场值越大；离障碍物越远，斥力场值越小；超过影响半径时，斥力场值变为零。

机器人所受到的斥力为斥力场的负梯度，如式（5-73）所示。

$$F_{rep}(q) = -\nabla U_{rep}(q) = \begin{cases} \eta[\frac{1}{\rho(q, q_{obs})} - \frac{1}{\rho_0}]\frac{1}{\rho^2(q, q_{obs})} & \rho(q, q_{obs}) \le \rho_0 \\ 0 & \rho(q, q_{obs}) > \rho_0 \end{cases} \tag{5-73}$$

机器人所受到的斥力大小是跟机器人与障碍物之间的距离负相关的。

三维空间中任意点的总势场为斥力场和引力场二者叠加之和，机器人的受力也是对应的引力和斥力的叠加，如式（5-74）和式（5-75）所示。

$$U(q) = U_{att}(q) + U_{req}(q) \tag{5-74}$$

$$F(q) = -\nabla U(q) = F_{att}(q) + F_{rep}(q) \tag{5-75}$$

机械臂在这种势场中的势能的引导下并结合碰撞检测，这样就通过人工势场规划出一条机械臂避障运动轨迹。

上述几种机械臂运动规划算法的优缺点如表 5-1 所示。除了上述方法外，双向 RRT（bidirectional rapidly-exploring random tree）算法、RRT*（rapidly-exploring random tree star）算法、RRT-Connect（rapidly-exploring random tree connect）算法等方法也得到研究。

表 5-1　避障算法优缺点

算法	优点	缺点
PRM 算法	简化了对环境的解析分解计算，可以更加快速地构建得到行车图，适用于机械臂末端在高自由度位形空间中进行规划	仅适用于静态环境，且所生成的行车图对自由空间连通性表达的完整性大幅依赖于采样次数；难以评估需要进行充分采样的时间
RRT 算法	具有概率完备特性；算法简单；既能快速有效地搜索高维度空间，又能避免路径规划与机器人的可行性脱离导致规划路径无效的问题	算法中随机状态的采样并不是偏向目标点，导致实际应用中当位形空间中存在大量障碍物或者狭窄通道约束时，算法效率会大幅下降
人工势场法	能较好地适应目标的变化和环境中的动态障碍物	存在局部最小，容易产生死锁；当物体边界是凹的时候，会出现局部最小的情况，导致出现振荡行为

5.2.3.2　容错运动规划

容错运动规划主要用于冗余度机械臂。冗余度机械臂具有灵活性高、适应能力强等优点，同时多余的关节可用来进行容错，以弥补发生故障的关节对机器人产生的不利影响，保证机械臂能完成预先设定的操作任务或运动轨迹，这使得冗余度机械臂容错运动规划得到越来越广泛和深入的研究。

（1）容错性能指标

① 容错空间。机械臂的容错空间在运动学优化过程中是一个十分重要的容错性能指标。一方面，在运动学优化中通过以容错空间为性能指标可以保证机械臂在单关节故障后操作任务仍处于容错空间中，保证操作任务正常完成。另一方面，机械臂单关节故障后可以先分析操作任务是否还处于容错空间内，如果不处于容错空间，则机械臂可以直接停止运动，没必要进行后面的运动规划。

机械臂的操作空间指的是机械臂末端能够到达的所有的位姿空间集合，从机械臂的关节空间到末端执行器空间的映射如式（5-76）所示。

$$W = \{f(q) \mid q \in Q\} \tag{5-76}$$

式中，W 为机械臂末端的操作空间；$q=[q_1, q_2 \cdots q_n]$ 为机械臂的各个关节角度；$f(q)$ 为机械臂正向运动学映射；Q 为机械臂的关节空间。

当机械臂的第 i 个关节发生故障并且关节锁定之后，这个关节的角度值 $q_i=\theta_i$ 为一个固定值，此时机械臂第 i 个关节故障后的退化可操作空间，如式（5-77）所示。

$$W_i = \{f(q) \mid q \in Q \text{ 且 } q_i = \theta_i\} \tag{5-77}$$

式中，W_i 为机械臂的退化操作空间。

考虑到机械臂在实际运行的时候各个关节都有可能发生故障，因此机械臂的容错空间应该是每个关节故障后，机械臂的退化可操作空间的交集，如式（5-78）所示。

$$W_F = W_1 \bigcap W_2 \bigcap \cdots \bigcap W_n \tag{5-78}$$

式中，W_F 为机械臂的容错空间。

② 退化可操作度。机械臂的可操作性的评价是机械臂运动学优化的重要指标。可操作度是对机械臂在某一个位形下往各个方向运动能力的大小做出一个综合性的评价，机械臂的运动学方程为 $\dot{x} = J(q)\dot{q}$，可以用雅可比矩阵 J 的特征值来描述机械臂的可操作度 $M(q)$，如式（5-79）所示。

$$M(q) = \left| \det(J(q)) \right| \tag{5-79}$$

$M(q)$ 的值越大，说明机械臂的灵活性越好，当 $M(q)=0$ 时，说明机械臂位于奇异位置。对于冗余度机械臂来说，J 的行数 m 要小于列数 n，此时雅可比矩阵 J 不是方阵，不能通过式（5-79）来求解可操作度。此时可以用矩阵的奇异值理论对 J 进行奇异值分解，如式（5-80）所示。

$$J = U \sum V^{\mathrm{T}} \tag{5-80}$$

式中，$U \in R^{m \times n}$ 和 $V \in R^{n \times n}$ 均为正交矩阵，Σ 为对角矩阵，如式（5-81）所示。

$$\Sigma = \begin{bmatrix} \sigma_1 & 0 & \cdots & 0 & 0 \\ 0 & \sigma_2 & \cdots & 0 & 0 \\ \vdots & \vdots & & \vdots & \vdots \\ 0 & 0 & \cdots & \sigma_m & 0 \end{bmatrix} \tag{5-81}$$

式中，Σ 对角线上的元素为 J 的奇异值，并且 $\sigma_1 \geq \sigma_2 \geq \cdots \geq \sigma_m \geq 0$。矩阵 J 的秩与 Σ 的秩相等，此时可操作度 $M(q)$ 如式（5-82）所示。

$$M(q) = \sqrt{\det\left[J(q)J^{\mathrm{T}}(q)\right]} = \sigma_1 \sigma_2 \cdots \sigma_m \tag{5-82}$$

机械臂的某一关节发生故障并锁定后，其所对应的雅可比矩阵 J_{ik}（以下简称退化雅可比矩阵）就是把故障前雅可比矩阵 J 中故障关节所对应的列除去所得到的矩阵。

假设机械臂第 i 个关节被锁定，其对应的退化雅可比矩阵 J_i，如式（5-83）所示。

$$J_i = [j_1, \cdots, j_{i-1}, j_{i+1}, \cdots, j_n] \tag{5-83}$$

式中，j_i 代表 J 的第 i 列。

冗余度机械臂第 i 个关节的退化可操作度可以表示为式（5-84）所示。

$$\omega_i = \omega(J_i) = \sqrt{\det(J_i J_i^{\mathrm{T}})} = \sqrt{\det(J_i)\det(J_i^{\mathrm{T}})} = \left|\det(J_i)\right| \tag{5-84}$$

退化可操作度 ω_i 直观地反映了冗余度机械臂在关节 i 发生故障时的灵活性。ω_i 的值越大，说明冗余度机械臂在该位形下对关节 i 发生故障的容错能力越强。因此，一般可以取各关节退化可操作度的加权和 $\sum_{i=1}^{n} a_i \omega_i^2$（$a_i$ 为权系数）作为运动学容错指标进行关节轨迹规划，从而使冗余度机械臂实现容错操作。

③ 关节速度突变。当冗余度机械臂的关节发生故障锁定后，原机械臂的运动变成退化机械臂的运动，关节速度将由于这一关节的锁定进行重新分配，原机械臂的关节速度和退化机械臂对应关节的速度就可能发生突变，定义这个突变为关节速度突变指标，如式（5-85）所示。

$$^i\lambda_j = \left| ^i\dot{\theta}_j - \dot{\theta}_j \right| \tag{5-85}$$

式中，$^i\lambda_j$ 为机械臂在整个工作过程中任意一个关节发生故障时剩余各关节的速度突变；$\dot{\theta}_j$ 为原机械臂各关节的速度；$^i\dot{\theta}_j$ 为退化机械臂各关节的速度。

（2）不同故障类型的容错运动规划

① 发生自动摆动故障后机械臂的运动规划。自由摆动故障是机械臂关节故障的一种类型，它是指机器人在运动过程中某个关节突然失去力（或力矩），同时故障关节无法锁死，故障关节以上部分（从故障关节到机械臂末端部分）将在其自身重力作用下摆动到重心相对最低的位置，而且在故障后的运动中将始终处在这种重心相对最低的位置上。

机械臂发生自由摆动故障后机械臂末端会出现偏差，可将其作为运动规划的优化目标。在规划过程中，可将故障后的运动中故障关节以上部分始终处在重心相对最低的位置上这一现象作为一个约束条件，并通过优化使得机械臂末端偏差最小，据此便可求得机械臂运动过程中的关节转角。

② 发生锁定故障后机械臂的运动规划。当冗余度机械臂关节发生锁定故障后，故障关节锁死，与故障关节相邻的连杆件被固结在一起运动，相当于与故障关节相邻的两个杆件退化成机械臂的一个新的杆件。此时，机械臂关节个数减少 1 个，整个机械臂的自由度数减少 1 个，特别是对于故障前是单个冗余度数的机械臂，在发生关节锁定故障后机械臂将退化成非冗余度机械臂。对于这类故障的机械臂运动规划问题，一般采用的方法是：在保证机械臂运动过程中任何时刻具有较高操作度和较低关节速度突变的前提下，通过改变机械臂末端的起始位置，使机械臂位于故障后容错空间的中间区域。该方法既可以实现故障时刻的容错，避免在发生故障时刻机械臂处于奇异位形，又能实现发生故障后的容错，使得发生故障后退化成的新的机械臂在后续的操作任务中避免奇异位形。

特别地，机械臂在运动过程中不同时刻发生关节锁定故障时，与故障关节相邻的两根杆退化成的新杆杆长不同，这可能会导致故障后机械臂的实际工作空间与故障前冗余度机械臂的容错空间之间交集为空，故障后机械臂无法完成预定的工作任务。

5.2.3.3　多目标智能运动规划

（1）性能指标

在很多情况下，运动规划不能仅仅关注运动效果和任务要求，还要考虑路径、效率、能量消耗和平稳性等因素，以满足不同工况的特殊要求。

① 路径最短。路径最短关注的是在给定的机械臂关节或末端执行器的运动范围内，找到一条最短的路径。其不一定考虑时间因素，而是专注于在机械臂工作空间内找到最优的路径。路径最短性能指标通常在需要避免碰撞的应用中非常有用，目标函数可以建立为式（5-86）所示的形式。

$$L = \min \sum_{i=0}^{n} l_i \tag{5-86}$$

$$d_{\min} \leqslant D \leqslant d_{\max} \tag{5-87}$$

式中，L 为总路程；l_i 为经过相邻两关键点的路径长度；i 为路径点数。

② 时间最短。时间最短是在给定的运动约束下，使机械臂从一个起始状态移动到目标状态所需的最短时间。其通常考虑机械臂的动力学特性、加速度、速度等因素，以最小化完成任务所需的时间。时间最短性能指标通常在需要快速响应的应用中很重要，例如工业生产线上的机械臂操作。时间最短目标函数可建立为式（5-88）所示的形式。

$$T = \min \sum_{i=0}^{n} h_i \qquad (5\text{-}88)$$

式中，T 为总时间；h_i 为经过相邻两关键点的时间间隔；i 为路径点数。

③ 能耗最小。能耗最小是在机械臂完成任务的同时，最小化所需的能源消耗。其通常需要考虑机械臂的运动特性、关节负载、惯性以及能耗模型。目标是通过选择合适的运动策略，使机械臂在执行任务时能够以最小的能量消耗达到目标。能耗最小性能指标在节能环保和成本控制等方面具有重要意义，特别是对于需要长时间运行的应用，例如自动化仓储系统上的机械臂。能耗最小目标函数可建立为式（5-89）所示的形式。

$$W = \min \sum_{j=1}^{m} \sum_{i=0}^{n} (\tau_j v_j)^2 h_i \qquad (5\text{-}89)$$

式中，W 为总能量；τ_j 为第 j 个关节的力矩；v_j 为第 j 个关节的速度；h_i 为经过相邻两关键点的时间间隔；j 为机械臂的关节；i 为路径点数。

④ 冲击最小。冲击最小性能指标关注的是在机械臂执行任务的过程中最小化可能引起的冲击和振动。其通常需要考虑机械臂的惯性、动力学响应和控制策略，以确保运动过程平稳且没有突然冲击。通过施加合适的速度、加速度和扭矩约束，可以减少机械臂在启动、停止或改变方向时产生的冲击，保护机械结构，同时提供更加平滑的运动体验。冲击最小性能指标通常在需要精确操作和保护机械臂结构的应用中尤为重要，例如精密组装和医疗手术中使用的机械臂。冲击最小目标函数可以建立为式（5-90）所示的形式。

$$J = \min \sum_{j=1}^{m} \sum_{i=0}^{n} J_{ij}^2 h_i \qquad (5\text{-}90)$$

式中，J 为总冲击；J_{ij} 为在第 i 个路径点第 j 个关节所受的冲击；h_i 为经过相邻两关键点的时间间隔；j 为机械臂的关节；i 为路径点数。

（2）优化算法

基于上述目标，常采用遗传算法、粒子群算法、人工蜂群算法、鲸鱼算法等启发式算法，通过这些算法求解多目标中的最优解问题。

① 遗传算法。遗传算法（genetic algorithm，GA）最早由美国的 John holland 于 20 世纪 70 年代提出。该算法是根据大自然中生物集体进化规律而设计提出的，是模拟达尔文生物进化论的自然选择和遗传学机理的生物进化过程的计算模型，是一种通过模拟自然进化过程搜索最优解的方法。该算法通过数学的方式，利用计算机仿真运算，将问题的求解过程转换成类似生物进化中染色体基因的交叉、变异等过程。

遗传算法在目标函数的基础上还需要设计适应度函数来计算个体的适应值。在目标函数是求最小值的问题中，适应度函数的设计需要保证当目标函数值越小时，适应度值越大，并且保证适应度值始终大于零。使用适应度函数对个体进行评价后需要进行选择运算、交叉运行和变异运算。例如，轮盘赌选择是目前使用最多的选择算法，即假设种群内部个体的适应值后，根据轮盘赌选择方式，表示出选中单个个体的概率，通过这样的方式选出优秀个体。接下来进行交叉，假设有 2 个旧个体，那么可以通过交叉算子操作，产生 2 个新个体。交叉完成后进行变异，根据非一致变异原理，定义旧个体的非一致变异结果。

通过选择、交叉和变异操作后，得到下一代种群并重新进行个体评估。当最优个体的适应度达到给定的阈值，或者最优个体的适应度和群体适应度不再上升时，或者迭代次数达到预设的代数时，算法终止。这样就能通过遗传算法规划出基于不同优化目标的轨迹。

② 粒子群算法。粒子群优化（particle swarm optimization，PSO），又称微粒群算法，是由 J. Kennedy 和 R. C. Eberhart 等于 1995 年提出的，源于对鸟群捕食行为的研究。该算法是模拟鸟类觅食等群体智能行为的智能优化算法，其基本核心是利用群体中的个体对信息的共享，从而使得整个群体的运动在问题求解空间中产生从无序到有序的演化过程，从而获得问题的最优解。粒子群算法实现步骤如下。

第一步，设置粒子位置和粒子速度的定义域，采用随机的方式使每个粒子的初始位置和初始速度都分布在该定义域内。

第二步，在目标函数的基础上设计适应度函数来计算个体的适应值。计算出一代种群的适应值后，通过速度更新函数和位置更新函数分别更新每个粒子的速度和位置。

第三步，在通过位置更新函数得到下一代种群各粒子的位置后，再通过适应度函数得到下一代种群各粒子的适应值，进行比较后再次更新它们的速度和位置，最终一旦达到理想的适应值或迭代次数达到预设的代数时，算法终止。这样就能通过粒子群算法规划出基于不同优化目标的轨迹。

③ 人工蜂群算法。人工蜂群算法（artificial bee colony algorithm，ABC）是由 Karaboga 小组于 2005 年提出的一种基于蜜蜂社会行为的启发式优化算法，通过模拟蜜蜂寻找食物的过程形成的智能策略。其基本核心是在于通过模拟采蜜蜂、侦察蜂和观察蜂合作的机制，将搜索空间划分为候选解，然后由蜜蜂个体在这些候选解上进行探索，用于解决各类组合优化问题。

人工蜂群算法在目标函数的基础上设计适应度函数来计算个体的适应值。算法中每个蜜源的位置代表问题的一个可行解，蜜源的花蜜量对应于相应的解的适应值。一个采蜜蜂与一个蜜源对应。蜂群中单个蜜源相对应的采蜜蜂可以依据蜜源寻找函数寻找新的蜜源。对于蜜源的选择，一只观察蜂在一次迭代过程中只能选择一只采蜜蜂跟随，它需要从众多的采蜜蜂中选择一只来跟随。观察蜂选择的策略很简单，随机跟随一只采蜜蜂，该采蜜蜂发现的蜜源越优，则选择它的概率越大。对于被选择的蜜源，观察蜂根据相应搜索函数搜索新的可能解。当所有的采蜜蜂和观察蜂都搜索完整个搜索空间时，如果一个蜜源的适应值在给定的步骤内没有被提高，则丢弃该蜜源，而与该蜜源相对应的采蜜蜂变成侦察蜂，侦察蜂通过相应搜索函数搜索新的可能解。通过以上的蜜蜂采蜜过程，蜂群迭代到下一代并反复循环，直到算法迭代次数到达设定的最大次数。这样就能通过人工蜂群算法规划出基于不同优化目标的轨迹。

④ 鲸鱼算法。鲸鱼算法（whale optimization algorithm，WOA）是 2016 年由澳大利亚格里菲斯大学的 Mirjalili 等人通过模拟鲸鱼的行为方式提出的一种新的元启发式优化算法。在自然界中，座头鲸通常以群居为主。在捕食过程中，座头鲸会成群地将猎物围住，在螺旋运动的过程中不断吐出气泡，由此形成螺旋状的“泡泡网”，进而将猎物越包越紧，直至能一口吞下。算

法模拟了座头鲸这种特有的搜索方式和围捕机制，主要包括围捕猎物、气泡网捕食、搜索猎物三个重要阶段。算法中每个座头鲸的位置代表一个潜在解，通过在解空间中不断更新鲸鱼的位置最终获得全局最优解。

鲸鱼算法在目标函数的基础上设计适应度函数来计算个体的适应值。算法中由多个鲸鱼组成种群，其中第 n 个鲸鱼表示为一个 D 维的向量，这个向量代表第 n 个鲸鱼在 D 维空间中的位置，即该优化问题的解。鲸鱼在捕猎时要先包围猎物，并不断更新自身的位置。鲸鱼在捕食途中采取的是螺旋收缩的方式，即座头鲸的位置是呈螺旋更新的。由于座头鲸收缩包围猎物的行为和捕食的行为是同时发生的，在位置更新时，需考虑到以哪一种迭代方式进行。此时将概率作为判断阈值，根据不同的概率值选择对应的迭代方式。以上包围阶段和捕食阶段是以已知猎物位置为前提条件，若在尚未找到猎物相关信息的情况下，座头鲸需通过不同的随机方式搜索猎物，该过程即为搜寻目标阶段。

通过以上的鲸鱼的包围、捕食、搜索过程，鲸鱼种群迭代到下一代并反复循环，直到算法迭代次数到达设定的最大次数。这样就能通过鲸鱼优化算法规划出基于不同优化目标的轨迹。

上述优化算法的优缺点如表 5-2 所示。

表 5-2　启发式算法优缺点

算法	优点	缺点
遗传算法	能同时处理群体中的多个个体；易于实现并行化；具有自组织、自适应和自学习性	容易过早收敛；编码存在的表示的不确定性；单一的遗传法编码不能全面地将优化问题的约束表示出来
粒子群算法	能够协同搜索，可同时利用个体局部信息和群体全局信息指导搜索；收敛速度快；更容易飞越局部最优信息	局部搜索能力较差；搜索精度不够高；不能绝对保证搜索到全局最优解
人工蜂群算法	参数设置简单；不依赖于被优化问题的具体形式，可以应用于不同类型的优化问题，适用范围广；能够处理具有噪声和非线性特性的优化问题，具有较强的鲁棒性	需要进行大量的随机搜索和信息交流，收敛速度相对较慢；可能会出现局部最优解较多的情况，导致精度较低；对参数敏感
鲸鱼算法	收敛速度较快；全局搜索能力较强；实现过程较为简单，易于理解和实现	对参数设置较为敏感；对初始解的依赖性较强；缺少跳出局部最优的机制，其跳出局部最优的能力几乎为零；难以处理高维问题

5.3　移动机器人运动规划

移动机器人的运动规划一般是在机器人的工作空间中进行的，根据可利用的环境信息完备性的不同，移动机器人的规划又分为静态环境下的规划和动态环境下的规划。静态环境下的规划一般是基于全局信息规划出静态的全局安全路径，一般也称全局规划或离线规划。动态环境下的规划一般是基于机器人周围的局部地图环境信息并结合传感器实时采集的信息规划出机器人的动态局部安全路径，一般也称局部规划或在线规划。如果机器人要在大的空间范围内运动，一般需要采用静态规划和动态规划相结合的方式。

5.3.1　静态环境下的规划

静态环境下的规划算法包括可视图法、单元分解法、深度优先搜索算法、广度优先搜索算法、Dijkstra 算法、A*（A star）算法、PRM 算法、RRT 算法等。

（1）可视图法

可视图法由 Lozano-Perez 和 Wesley 于 1979 年提出。在可视图法中，障碍物用多边形表示，把起始点、目标点，以及多边形障碍物的所有顶点进行了综合连线，并规定起始点和障碍物各顶点相互之间、目标点与障碍物各顶部相互之间和各个障碍物顶端和顶端相互之间的连线都不得通过阻碍物，即直线是"可视的"，如图 5-15 所示。构建可视图后，路径规划的任务就是在可视图中寻找一条从起始位置到目标位置的最短路径。

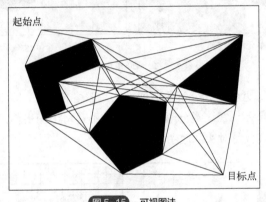

图 5-15　可视图法

可视图法非常简单，特别是当采用多边形描述物体时，而且可视图路径规划得到的解在路径长度上具有最优性。但这种最优性也使得路径过于靠近障碍物，显得不够安全。常用的解决方法是牺牲这种路径最优性，以大于机器人半径的尺寸扩大障碍物，或者在路径规划后修改所得路径，使其与障碍物保持一定的距离。

（2）单元分解法

单元分解路径规划法的基本思路是：首先，将位形空间中的自由空间分解为若干个小区域，每一个区域作为一个单元，以单元为顶点、以单元之间的相邻关系为边构成一张连通图；其次，在连通图中寻找包含起始位置和目标位置的单元，搜索连接起始单元和目标单元的路径；最后，根据所得路径的单元序列生成单元内部的路径，如穿过单元边界的中点或沿着单元边行走等。具体单元分解方法可以是精确的，也可以是近似的。

① 精确单元分解法。图 5-16 所示是一种精确单元分解法，单元边界严格基于环境几何形状，所得单元要么是完全空的，要么是完全被占的，因此这里的路径规划不需要考虑机器人在每个空闲单元中的具体位置，而只需要考虑从一个单元移动到相邻的哪一个空闲单元。

精确单元分解法的主要优点是单元数与环境大小无关，当海量环境稀疏时，只涉及少量的单元数。主要缺点是单元分解计算效率极大依赖于环境中物体的复杂度。物体形状各式各样，甚至有圆形、不规则曲线等，对通用的分解算法提出了很大的挑战。由于精确分解方法实现的复杂性，该技术在移动机器人中很少被使用。

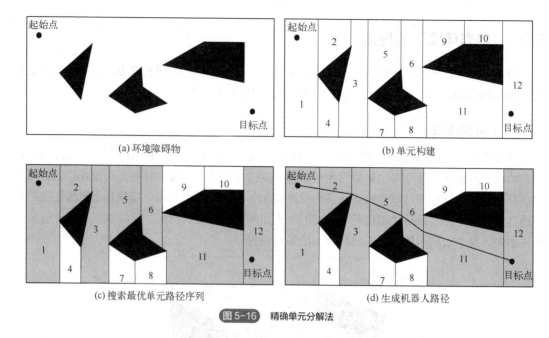

(a) 环境障碍物

(b) 单元构建

(c) 搜索最优单元路径序列

(d) 生成机器人路径

图 5-16　精确单元分解法

② 近似单元分解法。近似单元分解的典型方法是栅格表示法，即将环境分解成若干个大小相同的栅格，如图 5-17 所示。在这类分解方法下，并不是每个栅格都是完全被占或者完全空闲的，因此分解后的单元集合是对实际地图的一种近似。

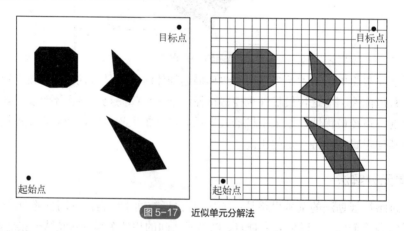

图 5-17　近似单元分解法

近似单元分解法不具备完备性，但非常简单，与环境的疏密和环境中物体形状的复杂度无关。其主要缺点是对存储空间有要求。由于单元格大小固定，因此单元数随着环境的增大而增大，尽管环境可能非常稀疏。

为此，研究人员提出了可变大小的近似单元分解法，如图 5-18 所示。在平面空间中，迭代地将包含自由空间的栅格单元分解为四个同样大小的新栅格。如果分解得到的栅格单元完全空或者完全被占，或者达到预定最小栅格尺寸，则不再分解。只有完全空的栅格单元才被用于构建连通图。在这种分解方式下，可以采用分层方式进行路径规划，首先得到粗略的解，然后逐渐细化，直到找到一条路径，或者达到一定的分辨率限制。在数据结构上可采用四叉树方式表示，这是一种将障碍物和自由空间的位置信息存储在一个分级结构中的环境建模方法，整个工作空间用一个根节点表示，每个根节点有四个子节点，每个子节点对应着工作空间中的一块子区域，并根据对应的区域和障碍区域之间的关系来标记它。如果节点对应区域位于障碍的外边，则标记为空；如果对应区域在障碍里面，则被标记为被占；否则，被标记为混合。混合节点既可被标记为满来处理，也可以继续分为四个子节点，采用相同方法进行标记，直到满足精度要求为止。

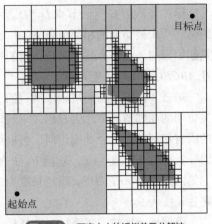

图 5-18　可变大小的近似单元分解法

（3）深度优先搜索算法

深度优先搜索由 John E. Hopcroft 和 Robert E. Tarjan 提出，目的是从起点开始搜索直到达到指定顶点（终点）。深度优先搜索从起始节点开始按深度方式依次探索未被访问过的相邻节点，在一个相邻节点被访问后，优先访问该节点的下一个未被访问的相邻节点，直到扩展到图的最深层（即没有可访问的相邻节点）或者到达目标节点，然后返回上一层节点，探索该节点的其他未被访问的相邻节点，仍按上述深度方式探索。

深度优先搜索示例如图 5-19 所示。图中节点和边为通过环境建模得到的连通图，边上的数字为两个节点之间的路径长度。

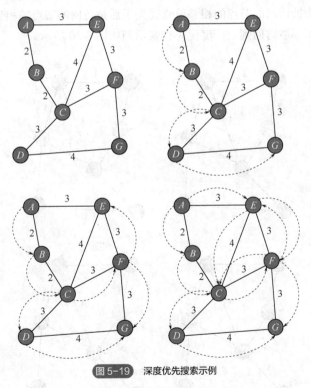

图 5-19　深度优先搜索示例

步骤如下：

第一步，从起始点 A 开始探索，其相邻节点有 B 和 E，根据存储顺序，先访问 B，然后访问 B 的相邻节点 C；C 的相邻节点有 D 和 F，根据存储顺序，先访问 D，然后访问 D 的相邻节点 G，G 为目标点。由此找到一条从起始节点 A 到目标节点 G 的路径，为 ABCDG，路径长度为 11。

第二步，由 G 返回节点 D，D 没有其他未被访问的相邻节点，因此再返回节点 C；访问 C 的另一个未被访问的相邻节点 F，F 的相邻节点有 E 和 G；访问节点 E，E 的另一个相邻节点是起始点 A，并没有其他未被访问的相邻节点，因此返回 F，访问节点 G。由此得到第二条路径 ABCFG，路径长度为 10。

第三步，根据访问规则依次返回 F，返回 C，返回 B，返回 A，访问 A 的另一个未从 A 出发访问的相邻节点 E，从 E 出发未被访问的相邻节点为 C 和 F。根据存储顺序访问 C，由于 C 的所有相邻节点已经都被访问，可以得到 C 到 G 的最短路径，由此得到第三条路径 AECDG，路径长度为 14。返回 E，访问 F，F 的相邻节点是 C 和 G，F 到 C 未被访问，因此访问 C，得到第四条路径 AEFCDG，路径长度为 16。返回 F，F 到 G 已经被访问，得到第五条路径 AEFG，路径长度为 9。

第四步，比较五条路径，选择最短路径为 AEFG。

深度优先搜索相对简单，占用的内存较少。但这种方法可能会重新访问已经访问过的节点，或者进行冗余路径规划。

（4）广度优先搜索算法

广度优先搜索又称宽度优先搜索，由 Edward F. Moore 提出。广度优先搜索从起始节点开始访问该节点所有未曾被访问的相邻节点，然后分别从这些相邻节点出发依次访问它们的相邻节点，访问优先级为先被访问的节点的相邻节点优先于后被访问的节点的相邻节点，直到所有被访问节点的相邻节点都被访问到。广度优先搜索示例如图 5-20 所示。

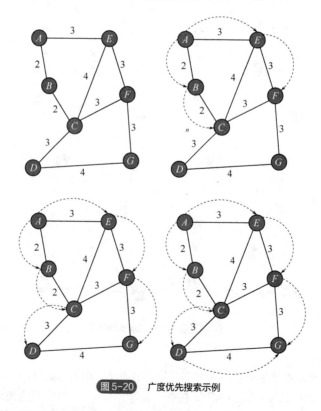

图 5-20　广度优先搜索示例

首先访问 A，然后依次访问 B 和 E，再访问 B 的相邻节点 C，再访问 E 的相邻节点 F（因

为 C 已经被访问），然后访问 C 的相邻节点 D，再访问 F 的相邻节点 G，得到第一条路径 $AEFG$，然后访问 D 的相邻节点，得到第二条路径 $ABCDG$。根据路径长度，选择最短路径为 $AEFG$。

由于广度优先搜索方法定义路径访问优先级，因此不会遍历所有路径，所以搜索较快，但可能会导致搜索不到最短路径。

（5）Dijkstra 算法

Dijkstra 算法是由荷兰计算机科学家 Edsger W. Dijkstra 在 1959 年提出，用来寻找图形中节点之间的最短路径。Dijkstra 算法是在广度优先搜索算法的基础上加入了贪心策略，从起始点开始，采用贪心算法的策略，每次遍历到起始点距离最近且未访问过的顶点的邻接节点，直到扩展到终点为止。解决的是有向图中最短路径问题。Dijkstra 算法能得出最短路径的最优解，但由于它遍历计算的节点很多，所以效率较低。

Dijkstra 算法把图中点的集合分成两组，第一组为已求出最短路径的节点集合（初始时只有一个起始点，以后每求得一条最短路径，就将所扩展的节点加入集合中，直到全部节点都加入该集合中），第二组为其余未确定最短路径的节点集合，按最短路径长度的递增次序依次把第二组的节点加入第一组的集合中。在加入的过程中，总保持从起始点到第一组的集合中各节点的最短路径长度不大于从起始点到第二组的集合中任何节点的最短路径长度。

（6）A*算法

A*算法是由 Stanford 大学的 Peter Hart，Nils Nilsson 和 Bertram Raphael 于 1968 年首次提出，由人工智能研究员 Nils Nilsson 改进后用于机器人的路径规划，之后 Bertram Raphael 在此基础上进一步改进了该算法，并由 Peter Hart、Nils Nilsson 和 Bertram Raphael 证明其在特定条件下的最优性。

A*算法结合了启发式搜索方法（这种方法通过充分利用地图给出的信息来动态地做出决定而使搜索次数大大降低）和形式化方法（例如 Dijkstra 算法）。首先定义一个启发式函数 $f(n)$ 来评估从起始节点通过节点 n 到达目标节点的路径代价，当选择下一个搜索节点时，根据这个启发式函数值来选择路径代价最低的节点。评估函数如式（5-91）所示。

$$f(n) = g(n) + h(n) \tag{5-91}$$

式中，n 表示节点；$g(n)$ 表示从起始点到节点 n 的路径代价；$h(n)$ 表示从节点 n 到目标点的路径代价。A*算法步骤如下所示：

① 设置"开启列表"和"关闭列表"（"开启列表"保存所有已生成而未考察的节点；"关闭列表"保存所有已访问过的节点），并将起始点存入"开启列表"。

② 寻找起始点周围所有相邻可到达的节点，加入"开启列表"，把起始点保存为这些相邻节点的"父节点"，并从"开启列表"中删除起始点，把它加入"关闭列表"中。

③ 计算当前"开启列表"中每个节点的启发值，并删除启发值最小的节点将其加入"关闭列表"中。

④ 检查该节点所有相邻节点，跳过已经在"关闭列表"中和不可达的节点，把剩余的相邻节点加入"开启列表"中，并设置"父节点"。

⑤ 如果某个相邻节点已经在"开启列表"中，则检查这条路径，即判断当前节点其 g 值是

否更低。如果更低，则设置其"父节点"为当前节点，并重新计算所有节点的启发值和g值；否则，不做更新。

⑥ 如果新的g值较低，则将其从"开启列表"中删除并加入"关闭列表"中；否则，不做更新。

⑦ 重复第③步到第⑥步，直到目标节点加入"关闭列表"中。

（7）PRM算法

移动机器人的PRM算法与前面机械臂中PRM算法相类似，主要是在二维空间中进行的。

移动机器人的PRM算法也分为构建步骤和扩张步骤。构建步骤如图5-21所示。当环境较为简单时可只进行构建步骤，当环境复杂时还需要在自由空间内如狭窄通道这类困难区域进行扩张步骤。

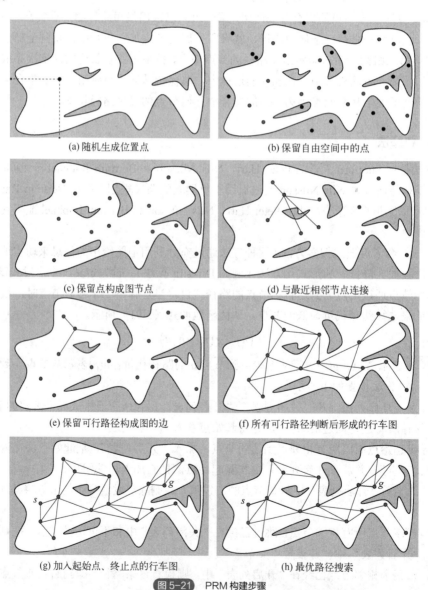

(a) 随机生成位置点

(b) 保留自由空间中的点

(c) 保留点构成图节点

(d) 与最近相邻节点连接

(e) 保留可行路径构成图的边

(f) 所有可行路径判断后形成的行车图

(g) 加入起始点、终止点的行车图

(h) 最优路径搜索

图5-21　PRM构建步骤

5.3.2　动态环境下的规划

动态环境下的路径规划算法包括 D*（D-star，dymamic A*）算法、Bug（bimodal underestimation guided）算法和 DWA（dynamic window algorithm）算法。

（1）D*算法

D*算法由 Nilsson 在 1980 年提出，是一种基于传感器的机器人路径规划算法。由于其适用于复杂环境能力强，因此其在许多移动机器人研究中得到广泛应用，如在美国的火星探测器、DARPA（defense advanced research projects agency）的无人战车 UGV（unmanned ground vehicle）项目研究以及卡内基梅隆大学开发的适用于城市环境下作战侦察的战术移动机器人中均得到应用。

与 A*算法类似，D*算法也需要创建"开启列表"和"关闭列表"。"开启列表"保存所有已生成而未考察的节点，"关闭列表"保存所有已访问过的节点。但与 A*算法不同的是，D*算法从目标点向起始点进行搜索，当环境中障碍物发生改变时，D*算法能通过重新计算障碍物范围空间的节点改变路径。D*算法步骤如下：

① 访问图中距离起始点最近且没有被检查过的节点，把这个点放入"开启列表"中等待检查。

② 从"开启列表"中找出距离起始点最近的节点，找出这个节点的所有子节点，把这个节点放到"关闭列表"中。

③ 遍历考察这个节点的子节点。求出这些子节点距离起始点的距离值，把子节点放到"开启列表"中。

④ 当路径中出现新的障碍物时，通过相应的函数生成障碍物附近新的节点并将这些节点加入"关闭列表"中。

⑤ 重复第②步到第④步，直到"开启列表"为空，或找到目标点。

（2）Bug 算法

Bug 算法基本思想是让机器人朝着目标前进，当行进路径上出现障碍物时，机器人绕着障碍物的轮廓移动绕开它，继续驶向目标。Bug 算法包括 Bug0 算法、Bug1 算法和 Bug2 算法。

① Bug0 算法。在移动机器人自由空间中，运动被设定为从起始点 C_s 朝向目标点 C_g 的直线。如果移动机器人遇到障碍物，则继续沿着障碍物边界运动，转弯方向（左/右）是随机的或预先设定好的。此时，移动机器人继续前进，直到当前构型和目标构型之间的线段与障碍物停止相交。然后，移动机器人沿着朝向 C_g 的直线进行运动。由于移动机器人遇到障碍物时运动方向的选择并不明智，因此这种方法的收敛性是不确定的。图 5-22 描述了这种算法的可能结果。其中，图 5-22（a）显示了成功避障的有效迂回路径，图 5-22（b）显示了可能出现的不良结果。

由于障碍物的边界切线是一维空间的（即移动机器人只有两个选择，向左或向右），因此，在平面规划问题上应用该算法较为简单。当空间是三维或更高维时，运动方向的可能性是无限的。此时，可以采用通用的梯度下降法来使移动机器人移动到障碍物的边界。

② Bug1 算法。如果移动机器人在自由空间内部，则 Bug1 算法与上述算法类似。该算法围绕障碍物寻找到 C_g 的最小距离的位置。接下来，移动机器人返回到最接近 C_g 的位置，并沿直线向 C_g 前进，如图 5-23 所示。

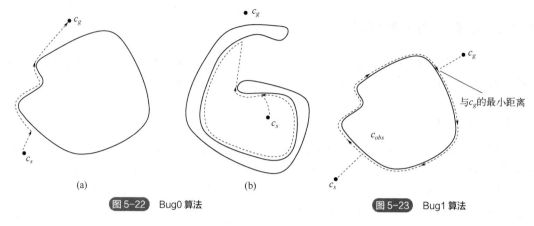

图 5-22 Bug0 算法

图 5-23 Bug1 算法

③ Bug2 算法。Bug2 算法与 Bug1 算法的不同之处在于它遇到障碍物时所做的决策。当移动机器人到达自由空间时，首先将起始点 C_s 和目标点 C_g 相连并定义这条直线为 l，然后围绕障碍物运动，直到再次遇到直线 l，最后沿着直线 l 朝 C_g 运动，如图 5-24 所示。

（3）DWA 算法

DWA 算法是由德国波恩大学的 Dieter Fox、Wolfram Burgard 和美国卡耐基梅隆大学的 Sebastian Thrun 提出的。与 Bug 算法在几何空间中规划避障路径或避障方向不同，DWA 算法是一种基于预测控制理论的一种优化方法，其核心思想是根

图 5-24 Bug2 算法

据移动机器人当前的位置状态和速度状态，在速度空间中确定一个满足移动机器人硬件约束的采样速度空间，然后预测模拟出移动机器人在这些速度情况下移动一定时间内的轨迹，并通过评价函数对该轨迹进行评价，最后选出评价最优的轨迹所对应的速度来作为移动机器人运动速度，如此循环直至机器人到达目标点。

其中，速度采样由移动机器人硬件、结构和环境等限制条件，即速度边界限制、加速度边界限制和环境障碍物限制决定。结合三类速度限制，最终的移动机器人速度采样空间是三个速度空间的交集。轨迹预测是在确定速度采样空间后，通过移动机器人的运动学模型进行轨迹预测。轨迹评价是在确定了移动机器人约束速度范围后，有一些速度模拟的轨迹是可行的，但还有不达标的轨迹，这需要对采样得到的多组轨迹进行评价择优。通过评价函数，比较评分选出最优轨迹，然后选取最优轨迹对应的速度作为驱动速度。

对于无人驾驶汽车而言，情况类似，将车辆的位置变化转换为线速度和角速度控制，避障问题转变成空间中的运动约束问题，这样可以通过运动约束条件选择局部最优的路径。

5.4 本章小结

本章深入探讨了智能机器人的运动规划，涉及机械臂运动规划和移动机器人运动规划。在机械臂运动规划中介绍了笛卡儿空间运动规划、关节空间运动规划和典型任务下的运动规划。在移动机器人运动规划中介绍了移动机器人的静态环境下的规划和动态环境下的规划。未来，

机器人运动规划将继续发展和演进，为机器人应用带来更多的创新和进步。强化学习和深度学习等技术将与运动规划相结合，使机器人能够从数据中学习和优化运动策略；多智能体协作将推动机器人在复杂环境中协同工作，实现高效的路径规划和决策；实时性和动态规划将成为重要研究方向，机器人需要能够快速生成高质量的运动规划，适应环境的动态变化并做出实时决策；机器人运动规划将更加注重与人类的交互和社交性，使机器人能够以自然、智能化的方式与人类进行交流和合作；安全性和可靠性将持续加强，机器人需要具备高度的安全感知和决策能力，确保系统在异常情况下能够安全运行。随着技术的不断进步和创新，机器人运动规划将为机器人应用带来更多的突破和进步。

 练习题

1. 机械臂的笛卡儿空间运动规划方法有哪些？
2. 机械臂的关节空间运动规划的基本步骤是什么？
3. 机械臂的关节空间运动规划方法有哪些？
4. 常用的 BVH 碰撞检测方法有哪些？
5. 简述 PRM、RRT 和人工势场法三种机械臂运动规划算法的优缺点。
6. 什么是移动机器人静态环境下的规划？常见的静态环境下的规划算法有哪些？
7. 什么是移动机器人动态环境下的规划？常见的动态环境下的规划算法有哪些？

参考文献

[1] Steven M. LaValle. Planning algorithms[M]. Cambridge: Cambridge University Press, 2006.
[2] Howie Choset, Kevin M, Lynch. Principles of robot motion theory, algorithms, and implementations[M]. Cambridge: MIT Press, 2005.
[3] Luigi Biagiotti, Claudio Melchiorri. Trajectory planning for automatic machines and robots[M]. Berlin: Springer-Verlag, 2008.
[4] Bruno Siciliano. Robotics: Modelling, planning and control[M]. London: Springer, 2009.
[5] 约翰 J. 克雷格. 机器人学导论[M]. 北京：机械工业出版社，2018.
[6] 凯文·M·林奇. 现代机器人学：机构、规划与控制[M]. 北京：机械工业出版社，2019.
[7] 雷扎·N·贾扎尔. 应用机器人学：运动学、动力学与控制技术[M]. 北京：机械工业出版社，2017.
[8] 熊有伦，等. 机器人学：建模、控制与视觉[M]. 武汉：华中科技大学出版社，2018.
[9] 蔡自兴，谢斌. 机器人学（第四版）[M]. 北京：清华大学出版社，2022.
[10] 战强. 机器人学：机构、运动学、动力学及运动规划[M]. 北京：清华大学出版社，2019.
[11] 熊蓉，等. 自主移动机器人[M]. 北京：机械工业出版社，2021.
[12] 尤金·卡根，尼尔·什瓦布，伊拉德·本·加尔. 自主移动机器人与多机器人系统：运动规划、通信和集群[M]. 北京：机械工业出版社，2021.
[13] 西格沃特，诺巴克什，斯卡拉穆扎. 自主移动机器人导论[M]. 西安：西安交通大学出版社，2013.
[14] 缪萍. 冗余度机器人及其协调操作的容错运动规划[D]. 北京：北京工业大学，2002.
[15] 荆红梅. 冗余度机器人及其协调操作的同步容错规划[D]. 北京：北京工业大学，2003.
[16] Ghafarian M T, Marjan Y, Homayoun N. A review of recent trend in motion planning of industrial robots[J]. International Journal of Intelligent Robotics and Applications, 2023, 7(2).
[17] YE D, CHAOFANG X, YUAN Z, et al. A review of spatial robotic arm trajectory planning[J]. Aerospace, 2022, 9(7).
[18] ZHOU C M, HUANG B D, Pasi Fränti. A review of motion planning algorithms for intelligent robots[J]. Journal of Intelligent Manufacturing, 2021.

第 6 章

工业机器人

 思维导图

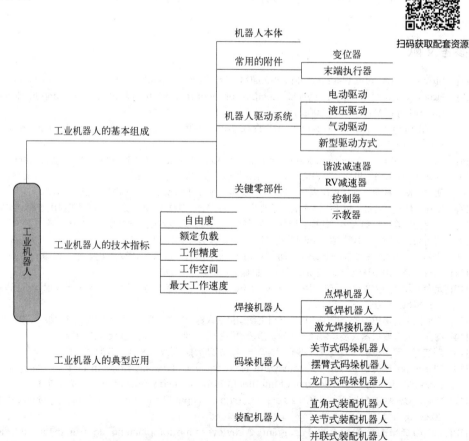

学习目标

1. 掌握工业机器人的基本组成。
2. 掌握工业机器人驱动系统基本原理及不同驱动方式差异。
3. 理解工业机器人关键零部件基本知识。
4. 了解工业机器人技术标准及典型应用。

6.1　工业机器人概述

工业机器人是一种功能完整、可独立运行的典型机电一体化设备。它有自身的控制器、驱动系统和操作界面，可对其进行手动、自动操作及编程。它能依靠自身的控制能力来实现所需要的功能。广义上的工业机器人是由如图 6-1 所示的机器人及相关附加设备组成的完整系统，系统总体可分为机械部件和电气控制系统两大部分。

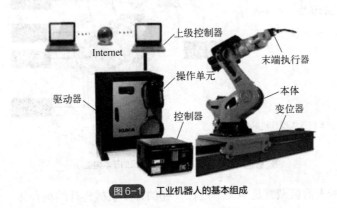

图 6-1　工业机器人的基本组成

工业机器人的机械部件主要包括机器人本体、变位器、末端执行器等部分；控制系统主要包括控制器、驱动器、操作单元、上级控制器等。其中，机器人本体、控制器、驱动器、操作单元是机器人的基本组件，所有工业机器人都必须配备，其他属于选配部件，可由机器人生产厂家提供或用户自行设计、制造与集成。其中，变位器是机器人或工件整体移动或进行系统协同作业的附加装置。末端执行器又称为工具，它是安装在机器人手腕上的操作机构，与机器人的作业对象、作业要求密切相关。末端执行器的种类繁多，一般需要由机器人制造厂和用户共同设计、制造与集成。上级控制器是用于机器人系统协同控制、管理的附加设备，既可用于机器人与机器人、机器人与变位器的协同作业控制，也可用于机器人和数控机床、机器人和自动生产线上其他机电一体化设备的集中控制，此外，还可用于机器人的编程与调试。上级控制器同样可根据实际系统的需要选配，在柔性加工单元（FMC）、自动生产线等自动化设备上，上级控制器的功能也可直接由数控机床所配套的数控系统（CNC）生产线控制用的 PLC 等承担。

6.2 工业机器人的组成

6.2.1 机器人本体

机器人本体（或称操作机）是工业机器人的机械主体，是用来完成各种作业的执行机构。它主要由机械臂、驱动装置、传动单元及内部传感器等部分组成，如图6-2所示。由于机器人需要实现快速而频繁地启停、精确地到位和运动，因此必须采用位置传感器、速度传感器等检测元件实现位置、速度和加速度闭环控制。为适应不同的用途，机器人操作机最后一个轴的机械接口通常为一连接法兰，可接装不同的机械操作装置（习惯上称末端执行器），如夹紧爪、吸盘、焊枪等（图6-3）。

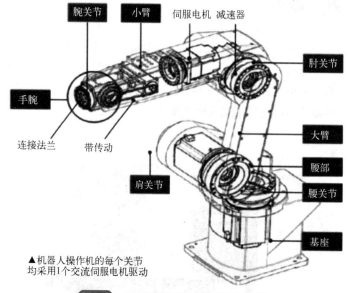

▲机器人操作机的每个关节
均采用1个交流伺服电机驱动

图6-2 关节型工业机器人操作机的基本构造

关节型工业机器人的机械臂是由关节连在一起的许多机械连杆的集合体。它本质上是一个拟人手臂的空间开链式机构，一端固定在基座上，另一端可自由运动。关节通常是移动关节和旋转关节。移动关节允许连杆做直线移动，旋转关节仅允许连杆之间发生旋转运动。由关节-连杆结构所构成的机械臂大体可分为基座、腰部、臂部（大臂和小臂）和手腕4个部分，由4个独立旋转"关节"（腰关节、肩关节、肘关节和腕关节）串联而成，如图6-2所示。它们可在各个方向上运动，这些运动就是机器人在"做工"。

(a) 夹紧爪　　(b) 吸盘　　(c) 焊枪

图6-3 工业机器人操作机末端执行器

① 基座。基座是机器人的基础部分，起支撑作用。整个执行机构和驱动装置都安装在基座上。对于固定式机器人，基座直接连接在地面基础上；对于移动式机器人，则安装在移动机构上，可分为有轨和无轨两种。

② 腰部。腰部是机器人手臂的支承部分。根据执行机构坐标系的不同，腰部可以在基座上转动，也可以和基座制成一体。有时腰部也可以通过导杆或导槽在基座上移动，从而增大工作空间。

③ 手臂。手臂是连接机身和手腕的部分，由操作机的动力关节和连接杆件等构成。它是执行结构中的主要运动部件，也称主轴，主要用于改变手腕和末端执行器的空间位置，满足机器人的作业空间要求，并将各种载荷传递到基座。

④ 手腕。手腕是连接末端执行器和手臂的部分，将作业载荷传递到臂部，也称次轴，主要用于改变末端执行器的空间姿态。

6.2.2 常用的附件

工业机器人常用的机械附件主要有变位器、末端执行器两大类。变位器主要用于机器人整体移动或协同作业，它既可选配机器人生产厂家的标准部件，也可由用户根据需要设计制作；末端执行器是安装在机器人手部的操作机构，它与机器人的作业要求、作业对象密切相关，一般需要由机器人制造厂和用户共同设计与制造。

(1) 变位器

变位器可根据需要选配。变位器的分类如图 6-4 所示。

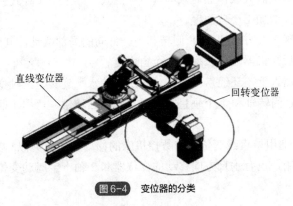

图 6-4 变位器的分类

通过选配变位器，可增加机器人的自由度和作业空间；此外，还可实现与作业对象或其他机器人的协同运动，增强机器人的功能和作业能力。简单机器人系统的变位器一般由机器人控制器进行控制，多机器人复杂系统的变位器需要由上级控制器进行集中控制。

根据用途，机器人变位器可分通用型和专用型两类。专用型变位器一般用于作业对象的移动，其结构各异、种类较多，难以尽述。通用型变位器既可用于机器人移动，也可用于作业对象移动，它是机器人常用的附件。根据运动特性，通用型变位器可分回转变位器、直线变位器两类，根据控制轴数又可分单轴、双轴、三轴变位器，简介如下。

① 回转变位器。通用型回转变位器与数控机床的回转工作台类似，常用的有图 6-5 所示的单轴和双轴两类（4 种）。

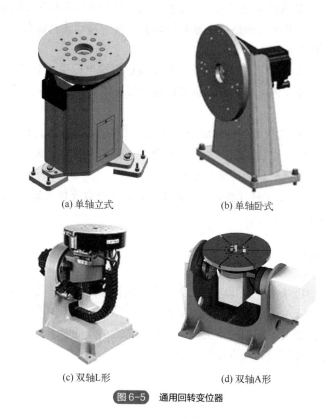

(a) 单轴立式   (b) 单轴卧式

(c) 双轴L形   (d) 双轴A形

图 6-5   通用回转变位器

单轴变位器可用于机器人或作业对象的垂直（立式）或水平（卧式）360°回转，配置单轴变位器后，机器人可以增加 1 个自由度。

双轴变位器可实现一个方向的 360°回转和另一方向的局部摆动，其结构有 L 形和 A 形两种。配置双轴变位器后，机器人可以增加 2 个自由度。

此外，在焊接机器人上，还经常使用图 6-6 所示的水平旋转型三轴变位器，这种变位器有 2 个水平（卧式）360°回转轴和 1 个垂直方向（立式）回转轴，可用于回转类工件的多方位焊接或工件的自动交换。

② 直线变位器。通用型直线变位器与数控机床的移动工作台类似，以图 6-7 所示的水平移动直线变位器最为常用，也有垂直方向移动的变位器和 2 轴十字运动变位器。

图 6-6   水平旋转型三轴变位器   图 6-7   水平移动直线变位器

（2）末端执行器

末端执行器又称工具，它是安装在机器人手腕上的操作机构。末端执行器与机器人的作业要求、作业对象密切相关，一般需要由机器人制造厂和用户共同设计与制造。例如，用于装配、搬运、包装的机器人需要配置图 6-8 所示的吸盘、手爪等用来抓取零件、物品的夹持器；而加工类机器人需要配置图 6-9 所示的用于焊接、切割、打磨等加工的焊枪、割枪、铣头、磨头等各种工具或刀具。

图 6-8　夹持器

(a) 焊枪　　　　　　　　(b) 铣头　　　　　　　　(c) 磨头

图 6-9　工具或刀具

6.3　机器人驱动系统

驱动系统是机器人硬件系统中的重要组成部分，一般可分为电力驱动、液压驱动和气压驱动。此外，随着技术的发展，一些新型驱动器也在智能机器人中得到应用，成为传统驱动系统的重要补充。

6.3.1　典型驱动方式

6.3.1.1　电力驱动

在电力驱动方式中，机器人的动力是由电动机提供的，通过电动机的转动使机器人完成如移动、抓取和搬运等一系列操作。电动机按用途来分可分为驱动电动机和控制电动机，其中驱动电动机按照工作电源不同又可分为直流电动机和交流电动机，控制电动机按工作原理不同可分为伺服电动机、步进电动机、自整角电动机与力矩电动机。

（1）直流电动机

① 直流有刷电动机。直流有刷电动机由定子磁极、转子、电刷和外壳等组成，如图 6-10 所示。定子磁极采用永磁体，有铁氧体、铝镍钴合金和钕铁硼合金等材料。通过换向器将直流电转换成电枢绕组中的交流电，从而使电枢产生一个恒定的电磁转矩。直流电动机通过改变电压或电流控制转速和转矩，其缺点是换向器需经常维护、电刷易磨损、噪声大。但在移动机器人等场合，直流有刷电动机由于其功率密度大、调速方便、调速范围宽、低速性能好（启动转矩大、启起动电流小）、尺寸小、控制相对简单、不需交流电等优点，仍然被大量运用。

② 直流无刷电动机。针对直流有刷电动机的电刷和换向器的强迫性接触，造成结构复杂、可靠性差、接触电阻变化等一系列问题，直流无刷电动机被研发出来。直流无刷电动机利用电子换向器代替机械电刷和机械换向器，将绕组作为定子，将永磁铁作为转子，采用霍尔传感器作为换向检测元件，通过晶体管的放大实现电流换向功能，如图 6-11 所示。

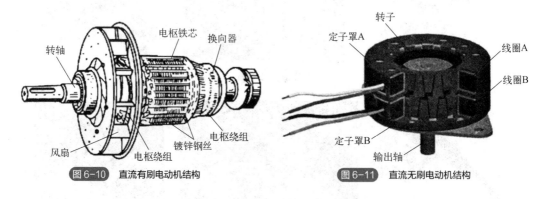

图 6-10　直流有刷电动机结构　　　图 6-11　直流无刷电动机结构

（2）交流电动机

交流电动机原理类似于直流电动机，但是由于用的是交流电，不需电刷和换向器。它通过改变定子绕组上的电压或频率来改变电动机转速。交流电动机分为同步电动机与异步电动机两种。

① 同步电动机。其定子是永磁铁，所谓同步是指转子速度与定子磁场速度相同，类型有永磁式、磁阻式和磁滞式 3 种。

a. 永磁式同步电动机的定子绕组一般制成多相（三、四、五相不等），通常为三相绕组。三相绕组沿定子铁芯对称分布，在空间上互差 120° 电角度，通入三相交流电时，产生旋转磁场。转子采用永磁体，目前主要以钕铁硼合金作为永磁材料。采用永磁体简化了电动机的结构，提高了可靠性，又没有转子铜耗，因此提高了电动机的效率。

b. 磁阻式同步电动机又称为反应式同步电动机。这种电动机的转子本身没有磁性，只是利用磁场中可移动部件使磁路磁阻最小的原理，依靠转子两个正交方向磁阻的不同而产生转矩，这种转矩称为磁阻转矩或反应转矩。其结构简单、成本低廉，获得了较为广泛的应用。

c. 磁滞式同步电动机的转子是用硬磁材料做成的，这种硬磁材料具有比较宽的磁滞回环，其剩磁密度和矫顽力要比软磁材料大，其优点是结构简单、运转可靠、启动转矩大，不需要装任何启动装置就能平稳地牵入同步。

② 异步电动机。异步电动机的工作原理基于电磁感应现象，其转子和定子都有绕组，当定子绕组通电时，产生一个旋转磁场，通过定子的旋转磁场在转子中产生感应电流，这些电流产生的磁场与定子磁场相互作用，从而产生电磁转矩，试图将转子与定子的磁场保持同步。然而，由于转子没有外部驱动力，它不能立即跟上旋转磁场的变化，因此，转子开始跟踪旋转磁场的运动，但速度比磁场的速度慢，这就是"异步"名称的由来。交流异步电动机剖面如图 6-12 所示。与其他电动机相比较，异步电动机具有结构简单、转子惯量小、响应速度快、制造方便和运行可靠等优点，在人们日常生活的各个方面有着广泛的应用。异步电动机按定子的相数可分为单相和三相异步电动机两种，按转子绕组的形式可分为笼型和绕线转子式异步电动机两种。

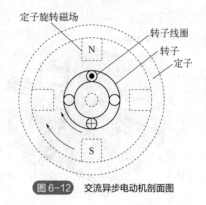

图 6-12　交流异步电动机剖面图

（3）控制电动机

① 伺服电动机。伺服电动机又称为执行电动机，在自动控制系统中，用作执行元件，把收到的电信号转换成电动机轴上的角位移或角速度输出。伺服电动机内部的转子是永磁铁，驱动器控制的三相交流电形成电磁场，转子在此磁场的作用下转动，同时电动机自带的编码器反馈信号给驱动器，驱动器根据反馈值与目标值进行比较，调整转子转动的角度。伺服电动机的精度取决于编码器的精度（线数），也就是说，伺服电动机本身具备发出脉冲的功能，它每旋转一个角度，都会发出对应数量的脉冲，这样伺服驱动器和伺服电动机编码器的脉冲形成了呼应，所以它是闭环控制。按其使用的电源性质不同可分为直流伺服电动机和交流伺服电动机。

② 步进电动机。步进电动机是一种无刷电动机，如图 6-13 所示，求磁体装在转子上，绕组装在机壳上。步进电动机本质是一种低速电动机。当步进驱动器接收到一个脉冲信号，就驱动步进电动机按设定的方向转动一个固定的角度。可通过控制脉冲个数控制角位移量，也可通过控制脉冲频率控制电动机转速和加速度。从控制的角度来看，步进电动机与伺服电动机相反，它是一种开环控制。步进电动机分为永磁式、反应式和混合式三种。其优点是控制系统简单可靠、成本低；缺点是控制精度受步距角限制，高负载或高速度时易失步，低速运行会产生步进运行现象。

③ 自整角电动机。自整角电动机通常是指一类能够自动调整角度的电动机。其工作原理使其能够在不需要外部控制信号的情况下实现角度的调整和稳定，如图 6-14 所示。这是最早应用的一种微特电动机。其工作原理为：当转子位置改变时，绕组间电磁耦合发生变化，感应出电信号或输出电流，从而产生电磁转矩，以保证传递系统自同步地传递角度或信号。自整角电动机按系统工作方式分为控制式和力矩式两大类；按功能分为自整角发送机、自整角接收机、自整角变压器和差动自整角机；按结构分为接触式和无接触式。

④ 力矩电动机。力矩电动机是一种把伺服电动机和驱动电动机结合而发展成的电动机，如图 6-15 所示。它是一种将输入电信号转变为转轴上的转矩来执行控制任务的电动机，具有低转速、大转矩的工作特性，在机器人系统中可以作为一个执行元件直接拖动负载，由输入电压信号调节

负载的转速。由于无须通过齿轮或减速装置传动，减少了损耗和误差，从而显著提高了系统的精度和稳定度。而且其机械特性及调节特性的线性好，且结构紧凑、运行可靠、维护方便、振动小。从作用原理上看，力矩电动机就是低速的直流和交流电动机，但转矩较大，转速较低，外形轴向长度短、径向长度长，通常为扁平式结构，极数较多。应用最广泛的为直流力矩电动机。

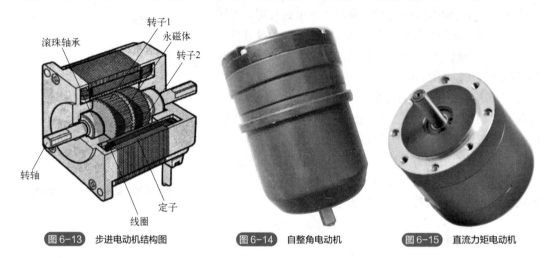

图 6-13 步进电动机结构图   图 6-14 自整角电动机   图 6-15 直流力矩电动机

电动机的选型要注意使机器人经济且可靠地运行，按照机器人的需求选择合适的电动机，要从电动机的机械拖动性能、工作方式、额定功率、种类、结构形式、额定电压、额定转速、发热和冷却过程等多方面来考虑。

6.3.1.2 液压驱动

液压系统利用液压泵将原动机的机械能转换为液体的压力能，通过液体压力能的变化来传递能量，经过各种控制阀和管路的传递，借助于液压执行元件（液压缸或液压马达）把液体压力能转换为机械能，从而驱动工作机构，实现直线往复运动和回转运动。

液压驱动的优点是功率大，可省去减速装置而直接与被驱动的杆件相连，结构紧凑、刚度好、响应快。特别地，液压伺服驱动的优点是容易获得大的转矩和功率，刚度高，具有较高的精度，能实现高速高精度的位置控制，通过流量控制可实现无级变速。其缺点是必须对油的温度和污染进行控制，有安全隐患，稳定性较差，液压油源等附属设备占空间大。故液压驱动装置目前多用于特大功率的机器人系统或者大型工程装备中。常用的有液压缸（图 6-16）和液压马达（图 6-17）。

图 6-16 液压缸

图 6-17 液压马达

6.3.1.3 气压驱动

气压驱动系统由气源、气动执行元件、气动控制阀和气动辅件组成。气源一般由压缩机提供；气动执行元件把压缩气体的压力能转换为机械能，用来驱动工作部件；气动控制阀用来调节气流的方向、压力和流量，可分为方向控制阀、压力控制阀和流量控制阀。

气压驱动系统结构简单、价格低、易清洁、动作灵敏、具有缓冲作用，但需要增设气压源，且与液压驱动装置相比，功率较小、刚度差、噪声大、精度不易控制，所以多用于精度不高，但有洁净、防爆等要求的机器人系统。常用的有气缸和气动马达。

由于电力驱动具有对不同尺寸机器人的高适应性、控制性能优良、控制精度高、柔顺性好、系统可靠等特点，现在的智能机器人多采取电力驱动方式，液压驱动与气压驱动被较广泛地应用在工业机器人上。表6-1列举了上述三种驱动方式的性能对比。

表6-1 三种典型驱动方式性能的对比

驱动方式	电力驱动	液压驱动	气压驱动
优点	① 利用各种电动机产生力或力矩，直接或经过减速机构去驱动机器人的关节，省去中间的能量转换过程，因此比液压和气压驱动的效率高； ② 能源简单、速度平滑无冲击，与液压驱动相比，有较高的柔性； ③ 响应速度快，可以满足高速、高精度的应用场景； ④ 通用性能好，可以通过数字化控制实现多种驱动方式，适用于所有尺寸的机器人； ⑤ 不会泄漏，适用于洁净的场所，系统可靠，维护简单，可做到无火花，适用于防爆场合	① 能够以较小的驱动器输出较大的驱动力或力矩，即获得较大的功率质量比； ② 可以把驱动油缸直接做成关节的一部分，故结构简单紧凑，刚性好； ③ 由于液体的不可压缩性，其定位精度比气压驱动高，并可实现任意位置的开停； ④ 液压驱动调速比较简单和平稳，能在很大调整范围内实现无级调速； ⑤ 使用安全阀可简单而有效地防止过载现象发生； ⑥ 液压驱动具有润滑性能好、寿命长等特点	① 快速性好，这是因为压缩空气的黏度小、流速大，一般压缩空气在管路中流速可达180m/s，而油液在管路中的流速仅为2.5～4.5m/s； ② 气源方便，一般工厂都有压缩空气站供应压缩空气，亦可由空气压缩机取得； ③ 废气可直接排入大气不会造成污染，因而在任何位置只需跟高压管连接即可工作，所以比液压驱动干净而简单； ④ 通过调节气量可实现无级变速； ⑤ 由于空气的可压缩性，气压驱动系统具有较好的缓冲作用
缺点	① 成本较高，需要电动机、编码器、控制器等多个部件； ② 高功率电动机需要散热和保护措施，设计复杂； ③ 电动机控制系统容易受到电磁干扰和噪声干扰的影响	① 油液容易泄漏，这不仅影响工作的稳定性与定位精度，而且会造成环境污染； ② 因油液黏度随温度而变化，在高温与低温条件下很难应用； ③ 油液中容易混入气泡、水分等，使系统的刚性降低，速度特性及定位精度变差； ④ 需配备压力源及复杂的管路系统，因此成本较高	① 因为工作压力偏低，所以功率质量比小、驱动装置体积大； ② 基于气体的可压缩性，气压驱动很难保证较高的定位精度； ③ 使用后的压缩空气向大气排放时，会产生噪声； ④ 压缩空气含冷凝水，使得气压系统易锈蚀，在低温下易结冰

6.3.2 新型驱动方式

随着机器人技术的发展，出现了利用新工作原理制造的新型驱动器，如磁致伸缩驱动器、压电驱动器、静电驱动器、形状记忆合金驱动器、超声波驱动器和人工肌肉等。这些驱动方式难以应用于工业机器人，主要应用于仿生机器人、微纳机器人等方面。

（1）磁致伸缩驱动器

磁性体的外部一旦加上磁场，则磁性体的外形尺寸发生变化（焦耳效应），这种现象称为磁致伸缩现象。此时，如果磁性体在磁化方向的长度增大，则称为正磁致伸缩；如果磁性体在磁化方向的长度减少，则称为负磁致伸缩。从外部对磁性体施加压力，则磁性体的磁化状态会发生变化（维拉利效应），则称为逆磁致伸缩现象。这种驱动器主要用于微小驱动场合。

（2）压电驱动器

压电材料是一种当受到力作用时其表面上出现与外力成比例的电荷的材料，又称压电陶瓷。反过来，把电场加到压电材料上，则压电材料产生应变，输出力或变位。利用这一特性可以制成压电驱动器，这种驱动器可以达到驱动亚微米级的精度。

（3）静电驱动器

静电驱动器利用电荷间的吸引力和排斥力互相作用顺序驱动电极而产生平移或旋转的运动。因静电作用属于表面力，它和元件尺寸的二次方成正比，在微小尺寸变化时，能够产生很大的能量。

（4）形状记忆合金驱动器

形状记忆合金是一种特殊的合金，其具有两个主要特性：一是形状记忆效应，即在一定的温度范围内，合金可以从一种变形状态恢复到其原始形状；二是超弹性效应，即合金在外力作用下可以发生大变形，但在去除外力后能够恢复到其原始状态。已知的形状记忆合金有 Au-Cd、In-Ti、Ni-Ti、Cu-Al-Ni、Cu-Zn-Al 等几十种。形状记忆合金驱动器的工作原理基于形状记忆效应和超弹性效应，从而达到驱动的目的。

（5）超声波驱动器

所谓超声波驱动器就是利用超声波振动作为驱动力，即由振动部分和移动部分所组成，靠振动部分和移动部分之间的摩擦力来驱动的一种驱动器。由于超声波驱动器没有铁芯和线圈，且结构简单、体积小、重量轻、响应快、力矩大，不须配合减速装置就可以低速运行，因此，很适合用于机器人、照相机和摄像机等的驱动。

（6）人工肌肉

随着机器人技术的发展，驱动器从传统的电机-减速器的机械运动机制，向骨架-腱肌肉的生物运动机制发展。为了实现与生物肌肉类似的运动和控制能力，人工肌肉驱动器利用柔性、可伸缩或可收缩的材料来模拟生物肌肉的运动，以实现机械部件的变形、移动或执行特定任务。为了更好地模拟生物体的运动功能或在机器人上应用，已研制出了多种不同类型的人工肌肉，如利用机械化学物质的高分子凝胶、形状记忆聚合物制作的人工肌肉。

6.4　关键零部件

6.4.1　谐波减速器

6.4.1.1　基本结构

谐波减速器是谐波齿轮传动装置（harmonic gear drive）的俗称。谐波齿轮传动装置实际上既可用于减速，也可用于升速，但由于其传动比很大（通常为50～160），因此，在工业机器人、数控机床等机电产品上应用时，多用于减速，故习惯上称谐波减速器。本书在一般场合也将使用这一名称。

谐波齿轮传动装置是美国发明家C. W. Musser（马瑟，1909—1998年）在1955年发明的一种特殊齿轮传动装置，最初称变形波发生器（strain wave gearing）。该技术在1957年获美国发明专利；1960年，美国United Shoe Machinery公司（USM）率先研制出样机；1964年，日本的长谷川齿车株式会社（Hasegawa Gear Works, Ltd.）和USM合作，开始对其进行产业化研究和生产，并将产品定名为谐波齿轮传动装置（harmonic gear drive）；1970年，长谷川齿车和USM合资，在东京成立了Harmonic Drive（哈默纳科）公司；1979年，公司更名为现在的Harmonic Drive System Inc.（HDSI）。

因此，HDSI（哈默纳科）既是全球最早研发生产谐波减速器的企业，也是目前全球最大、最著名的谐波减速器生产企业，其产量占全世界总量的15%左右。世界著名的工业机器人几乎都使用HDSI谐波减速器。

谐波减速器的基本结构如图6-18所示，它主要由刚轮（circular spline）、柔轮（flexible gear）、谐波发生器（wave generator）3个基本部件构成。刚轮、柔轮、谐波发生器可任意固定其中1个，其余2个部件一个连接输入轴（主动），另一个即可作为输出轴（从动），以实现减速或增速。

图6-18　谐波减速器的基本结构

1—谐波发生器；2—柔轮；3—刚轮

（1）刚轮

刚轮是一个圆周上加工有连接孔的刚性内齿圈，其齿数比柔轮略多（一般多2个或4个）。当刚轮固定、柔轮旋转时，刚轮的连接孔用来连接安装座；当柔轮固定、刚轮旋转时，连接孔可用来连接输出轴。为了减小体积，在薄型、超薄型或微型谐波减速器上，刚轮有时和减速器CRB轴承设计成一体，构成谐波减速器单元。

（2）柔轮

柔轮是一个可产生较大变形的薄壁金属弹性体，它既可被制成水杯形，也可被制成礼帽形、薄饼形等其他形状。弹性体与刚轮啮合的部位为薄壁外齿圈。水杯形柔轮的底部是加工有连接孔的圆盘。外齿圈和底部间利用弹性膜片连接。当刚轮固定、柔轮旋转时，底部安装孔可用来连接输出轴；当柔轮固定、刚轮旋转时，底部安装孔可用来固定柔轮。

（3）谐波发生器

谐波发生器（wave generator）一般由凸轮和滚珠轴承构成。谐波发生器的内侧是一个椭圆形的凸轮，凸轮的外圆上套有一个能弹性变形的薄壁滚珠轴承，轴承的内圈固定在凸轮上，外圈与柔轮内侧接触。凸轮装入轴承内圈后，轴承将产生弹性变形成为椭圆形，并迫使柔轮外齿圈变成椭圆形，从而使椭圆长轴附近的柔轮齿与刚轮齿完全啮合，短轴附近的柔轮齿与刚轮齿完全脱开。当凸轮连接输入轴旋转时，柔轮齿与刚轮齿的啮合位置可不断变化。

6.4.1.2　变速原理

谐波减速器的变速原理如图 6-19 所示。假设旋转开始时刻，谐波发生器椭圆长轴位于 0°位置，这时，柔轮基准齿和刚轮 0°位置的齿完全啮合。当谐波发生器在输入轴的驱动下产生顺时针旋转时，椭圆长轴也将顺时针旋转，使柔轮和刚轮啮合的齿顺时针移动。

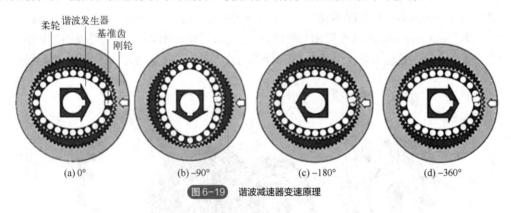

柔轮　谐波发生器　基准齿　刚轮

(a) 0°　　　(b) −90°　　　(c) −180°　　　(d) −360°

图 6-19　谐波减速器变速原理

当减速器刚轮固定、柔轮旋转时，由于柔轮的齿形和刚轮完全相同，但齿数少于刚轮（如齿差为 2 齿），因此，当椭圆长轴的啮合位置到达刚轮−90°位置时，由于柔轮、刚轮所转过的齿数必须相同，故柔轮转过的角度将大于刚轮，柔轮上的基准齿将逆时针偏离刚轮 0°基准位置0.5 个齿。进而，当椭圆长轴到达刚轮−180°位置时，柔轮上基准齿将逆时针偏离刚轮 0°基准位置 1 个齿；而当椭圆长轴绕柔轮回转一周后，柔轮的基准齿将逆时针偏离刚轮 0°位置一个齿差（2 个齿）。

也就是说，当刚轮固定、谐波发生器连接输入轴、柔轮连接输出轴时，如果谐波发生器绕柔轮顺时针旋转一周（−360°），柔轮将相对于固定的刚轮逆时针转过一个齿差（2 个齿）。因此，假设谐波减速器的柔轮齿数为 Z_f、刚轮齿数为 Z_c；柔轮输出轴和谐波发生器输入轴间的传动比为

$$i_1 = \frac{Z_c - Z_f}{Z_f} \tag{6-1}$$

同样，如果谐波减速器柔轮固定、刚轮可旋转，当谐波发生器绕柔轮顺时针旋转一转周（−360°）时，由于柔轮与刚轮所啮合的齿数必须相同，而柔轮又被固定，因此，刚轮的基准齿顺时针偏离柔轮一个齿差，其偏移的角度为

$$\theta = \frac{Z_c - Z_f}{Z_c} \times 360° \tag{6-2}$$

因此，当柔轮固定、谐波发生器连接输入轴、刚轮作为输出轴时，其传动比为

$$i_2 = \frac{Z_c - Z_f}{Z_c} \tag{6-3}$$

这就是谐波齿轮传动装置的减速原理。

相反，如果谐波减速器的刚轮被固定、柔轮连接输入轴、谐波发生器作为输出轴，则柔轮旋转时，将迫使谐波发生器的椭圆长轴快速回转，起到增速的作用。同样，当谐波减速器的柔轮被固定、刚轮连接输入轴、谐波发生器作为输出轴时，刚轮的回转也可迫使谐波发生器的椭圆长轴快速回转，起到增速的作用。

这就是谐波齿轮传动装置的增速原理。

6.4.1.3　变速比

利用不同的安装形式，谐波齿轮传动装置可有图 6-20 所示的 5 种不同使用方法：图 6-20（a）、（b）用于减速；图 6-20（c）～（e）用于增速。

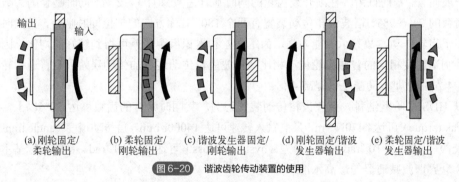

(a) 刚轮固定/　(b) 柔轮固定/　(c) 谐波发生器固定/　(d) 刚轮固定/谐波　(e) 柔轮固定/谐波
　柔轮输出　　　刚轮输出　　　刚轮输出　　　　发生器输出　　　发生器输出

图 6-20　谐波齿轮传动装置的使用

如果用正、负号代表转向，并定义谐波传动装置的基本减速比 R 为

$$R = \frac{Z_f}{Z_c - Z_f} \tag{6-4}$$

则对于图 6-20（a），其输出转速/输入转速（传动比）为

$$i_a = \frac{-(Z_c - Z_f)}{Z_f} = \frac{-1}{R} \tag{6-5}$$

对于图 6-20（b），其传动比为

$$i_b = \frac{Z_c - Z_f}{Z_c} = \frac{1}{R+1} \tag{6-6}$$

对于图 6-20（c），其传动比为

$$i_c = \frac{Z_c}{Z_f} = \frac{R+1}{R} \tag{6-7}$$

对于图 6-20（d），其传动比为

$$i_d = \frac{-Z_f}{Z_c - Z_f} = -R \tag{6-8}$$

对于图 6-20（e），其传动比为

$$i_e = \frac{Z_c}{Z_c - Z_f} = R+1 \tag{6-9}$$

在谐波齿轮传动装置生产厂家的样本上，一般只给出基本减速比 R，用户使用时，可根据实际安装情况，按照上面的方法计算对应的传动比。

6.4.1.4　主要特点

由谐波齿轮传动装置的结构和原理可见，它与其他传动装置相比，主要有以下特点。

（1）承载能力强，传动精度高

齿轮传动装置的承载能力、传动精度与其同时啮合的齿数（称重叠系数）密切相关，多齿同时啮合可起到减小单位面积载荷、均化误差的作用，故在同等条件下，同时啮合的齿数越多，传动装置的承载能力就越强，传动精度就越高。

一般而言，普通直齿圆柱渐开线齿轮的同时啮合齿数只有 1～2 对，同时啮合的齿数通常只占总齿数的 2%～7%。谐波齿轮传动装置有两个 180° 对称方向的部位同时啮合，其同时啮合齿数远多于齿轮传动，故其承载能力强，齿距误差和累积齿距误差可得到较好的均化。因此，它与部件制造精度相同的普通齿轮传动相比，谐波齿轮传动装置的传动误差只有普通齿轮传动装置的 1/4 左右，即传动精度可提高 4 倍。

以 HDSI（哈默纳科）谐波齿轮传动装置为例，其同时啮合的齿数可达 30%以上，最大转矩（peak torque）可达 4470N·m，最高输入转速可达 14000r/min，角传动精度（angle transmission accuracy）可达 1.5×10^{-4}rad，滞后误差（hysteresis loss）可达 2.9×10^{-4}rad。这些指标基本上代表了当今世界谐波减速器的最高水准。

需要说明的是：虽然谐波减速器的传动精度比其他减速器要高很多，但目前它还只能达到角分级（2.9×10^{-4}rad≈1′），它与数控机床回转轴所要求的角秒级（$1''\approx 4.85 \times 10^{-6}$rad）定位精度比较，仍存在很大差距，这也是目前工业机器人的定位精度普遍低于数控机床的主要原因之一。因此，谐波减速器一般不能直接用于数控机床的回转轴驱动和定位。

（2）传动比大，传动效率较高

在传统的单级传动装置上，普通齿轮传动的推荐传动比一般为 8～10、传动效率为 0.9～0.98；行星齿轮传动的推荐传动比为 2.8～12.5、齿差为 1 的行星齿轮传动效率为 0.85～0.9；蜗轮蜗杆传动的推荐传动比为 8～80、传动效率为 0.4～0.95；摆线针轮传动的推荐传动比为 11～87、传动效率为 0.9～0.95。而谐波齿轮传动的推荐传动比为 50～160，可选择 30～320；正常传动效率为 0.65～0.96（与减速比、负载、温度等有关）。

（3）结构简单，体积小，重量轻，使用寿命长

谐波齿轮传动装置只有 3 个基本部件，它与传动比相同的普通齿轮传动比较，其零件数可减少 50%左右，体积、重量大约只有 1/3。此外，在传动过程中，由于谐波齿轮传动装置的柔轮齿进行的是均匀径向移动，齿间的相对滑移速度一般只有普通渐开线齿轮传动的 1%，加上同时啮合的齿数多、轮齿单位面积的载荷小、运动无冲击，因此，齿的磨损较小，传动装置使用寿命长达 7000～10000h。

（4）传动平稳，无冲击，噪声小

谐波齿轮传动装置可通过特殊的齿形设计，使得柔轮和刚轮的啮合、退出过程实现连续渐进、渐出，啮合时的齿面滑移速度小，且无突变，因此，其传动平稳，啮合无冲击，运行噪声小。

（5）安装调整方便

谐波齿轮传动装置只有刚轮、柔轮、谐波发生器 3 个基本构件，三者为同轴安装；刚轮、柔轮、谐波发生器可按部件提供（称为部件型谐波减速器），由用户根据自己的需要，自由选择变速方式和安装方式，并直接在整机装配现场组装，其安装十分灵活、方便。此外，谐波齿轮传动装置的柔轮和刚轮啮合间隙，可通过微量改变谐波发生器的外径调整，甚至可做到无侧隙啮合，因此，其传动间隙通常非常小。

但是，谐波齿轮传动装置需要使用高强度、高弹性的特种材料制作，特别是柔轮、谐波发生器的轴承，它们不但需要在承受较大交变载荷的情况下不断变形，而且，为了减小磨损，材料还必须有很高的硬度，因而，它对材料的材质、疲劳强度及加工精度、热处理的要求均很高，制造工艺较复杂。截至目前，除 HDSI 外，全球能够真正产业化生产谐波减速器的厂家还不多。

6.4.1.5　哈默纳科产品与性能

（1）产品系列

工业机器人配套的 HDSI 谐波减速器产品主要有以下几类。

① CS 系列。CS 系列谐波减速器是 Harmonic Drive System 在 1981 年研发的产品，在早期的工业机器人上使用较多。该产品目前已停止生产，工业机器人需要更换减速器时，一般由 CSF 系列产品进行替代。

② CSS 系列。CSS 系列是 HDSI 在 1988 年研发的产品，在 20 世纪 90 年代生产的工业机器人上使用较广。CSS 系列产品采用了 IH 齿形，减速器刚度、强度和使用寿命均比 CS 系列提高了 2 倍以上。CSS 系列产品也已停止生产，更换时，同样可由 CSF 系列产品替代。

③ CSF 系列。CSF 系列是 HDSI 在 1991 年研发的产品，是当前工业机器人广泛使用的产品之一。CSF 系列减速器采用了小型化设计，其轴向尺寸只有 CS 系列的 1/2，整体厚度为 CS 系列的 3/5，最大转矩比 CS 系列提高了 2 倍，安装、调整性能也得到了大幅度改善。

④ CSG 系列。CSG 系列是 HDSI 在 1999 年研发的产品，该系列为大容量、高可靠性产品。

CSG 系列产品的结构、外形与同规格的 CSF 系列产品完全一致，但其性能更好，减速器的最大转矩在 CSF 系列基础上提高了 30%，使用寿命从 7000h 提高到 10000h。

⑤ CSD 系列。CSD 系列是 HDSI 在 2001 年研发的产品，该系列产品采用了轻量化、超薄型设计，整体厚度只有同规格早期 CS 系列的 1/3 和 CSF 系列标准产品的 1/2，重量比 CSF/CSG 系列减轻了 30%。

以上为 HDSI 谐波减速器常用产品的主要情况，除以上产品外，还有相位调整型（phase adjustment type）谐波减速器，以及伺服电动机集成式回转执行器（rotary actuator）、直线执行器（linear actuator）、直接驱动电动机（direct drive motor）等新型产品，有关内容可参见 HDSI 的样本或网站。

（2）产品结构

① 部件型。部件型（component type）谐波减速器只提供刚轮、柔轮、谐波发生器 3 个基本部件，用户可根据自己的要求，自由选择变速方式和安装方式。根据柔轮形状，部件型谐波减速器又分为水杯形（cup type）、礼帽形（silk hat type）、薄饼形（pancake）三大类，以及通用系列、高转矩系列、超薄系列 3 个系列。

部件型谐波减速器规格齐全、产品使用灵活、安装方便、价格低，它是目前工业机器人广泛使用的产品。部件型谐波减速器采用的是刚轮、柔轮、谐波发生器分离型结构，无论是工业机器人生产厂家的产品制造，还是机器人使用厂家维修，都需要进行谐波减速器和传动零件的分离和安装，其装配调试的要求非常高。

② 单元型。单元型（unit type）谐波减速器带有外壳和 CRB 输出轴承，减速器的刚轮、柔轮、谐波发生器、壳体、CRB 轴承被整体设计成统一的单元；减速器带有输入/输出连接法兰或连接轴，输出轴采用高刚性、精密 CRB 轴承支撑，可直接驱动负载。

根据柔轮形状，单元型谐波减速器分为水杯形和礼帽形两类，谐波发生器的输入可选择标准轴孔、中空轴、实心轴（轴输入）等。其中，LW 轻量系列、CSG-2UK 高转矩密封系列为 HDSI 最新产品。

单元型谐波减速器虽然价格高于部件型，但是，由于减速器的安装在生产厂家已完成，产品的使用简单、安装方便、传动精度高、使用寿命长，无论工业机器人生产厂家的产品制造或机器人使用厂家的维修更换，都无须分离谐波减速器和传动部件，因此，它同样是目前工业机器人常用的产品之一。

③ 简易单元型。简易单元型（simple unit type）谐波减速器是单元型谐波减速器的简化结构，它将谐波减速器的刚轮、柔轮、谐波发生器 3 个基本部件和 CRB 轴承整体设计成统一的单元，但无壳体和输入/输出连接法兰或轴。简易单元型减速器的柔轮形状均为礼帽形，谐波发生器的输入轴有标准轴孔、中空轴两种。简易单元型减速器的结构紧凑、使用方便，其性能和价格介于部件型和单元型之间，经常用于机器人手腕、SCARA 结构机器人。

④ 齿轮箱型。齿轮箱型（gear head type）谐波减速器可像齿轮减速箱一样，直接在其上安装驱动电动机，以实现减速器和驱动电动机的结构整体化，简化减速器的安装。齿轮箱型减速器的柔轮形状均为水杯形，有通用系列、高转矩系列产品。齿轮箱型减速器多用于电动机的轴向安装尺寸不受限制的后驱手腕、SCARA 结构机器人。

⑤ 微型和超微型。微型（mini）和超微型（supermini）谐波减速器是专门用于小型、轻量

工业机器人的特殊产品，它常用于 3C 行业电子产品、食品、药品等小规格搬运、装配、包装工业机器人。微型减速器有单元型和齿轮箱型两种基本结构形式。超微型减速器实际上只是对微型系列产品的补充，其内部结构、安装使用要求都和微型减速器相同。

6.4.1.6 谐波减速回转执行器

（1）产品简介

机电一体化集成是当前工业自动化的发展方向。为了进一步简化谐波减速器的结构、缩小体积、方便使用，HDSI 在传统的谐波减速器基础上，推出了新一代的谐波减速器/驱动电动机集成一体化结构的回转执行器（rotary actuator）产品，代表了机电一体化技术在谐波减速器领域的最新成果和发展方向。

HDSI 谐波减速器/电动机集成回转执行器及配套的交流伺服驱动器如图 6-21 所示。

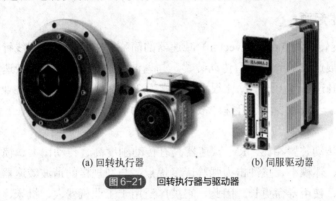

(a) 回转执行器　　　　　(b) 伺服驱动器

图 6-21　回转执行器与驱动器

回转执行器是用于回转运动控制的新型机电一体化集成驱动装置，它将传统的驱动电动机和谐波减速器集成为一体，可直接替代传统由驱动电动机和减速器组成的回转减速传动系统。回转执行器只需要配套交流伺服驱动器，便可在驱动器的控制下，直接对负载的转矩、速度和位置进行控制。与传统减速系统相比，其机械传动部件大大减少、传动精度更高、结构刚度更好、体积更小、使用更方便。

（2）结构原理

HDSI 回转执行器的结构原理如图 6-22 所示。它是由交流伺服驱动电动机、谐波减速器、CRB 轴承、位置/速度检测编码器等部件组成的机电一体化回转减速单元，可直接用于工业机器人的回转轴驱动。

回转执行器的谐波传动装置一般采用刚轮固定、柔轮输出、谐波发生器输入的减速设计方案。执行器的输出采用了可直接驱动负载的高刚度、高精度 CRB 轴承；CRB 轴承内圈的内部与谐波减速器的柔轮连接，外部加工有连接输出轴的连接法兰；CRB 轴承外圈和壳体连接

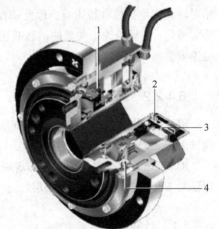

图 6-22　HDSI 回转执行器结构原理

1—谐波减速器；2—位置/速度检测编码器；

3—伺服电动机；4—CRB 轴承

213

一体，构成了单元的外壳。谐波减速器的刚轮固定在壳体上，谐波发生器和交流伺服电动机的转子设计成一体，伺服电动机的定子、速度/位置检测编码器安装在壳体上，因此，当电动机旋转时，可在输出轴连接法兰上得到可直接驱动负载的减速输出。

回转执行器省略了传统谐波减速系统所需要的驱动电动机和谐波发生器间、柔轮和输出轴间的机械连接件，其结构刚度好、传动精度高，整体结构紧凑、安装容易、使用方便，真正实现了机电一体化。

回转执行器需要综合应用谐波减速器、交流伺服电动机、精密速度/位置检测编码器等多项技术，不仅产品本身需要进行机电一体化整体设计，而且还必须有与之配套的交流伺服驱动器，因此，目前只有 Harmonic Drive System 等少数厂家能够生产。

6.4.2 RV 减速器

6.4.2.1 技术起源

RV 减速器是旋转矢量（rotary vector）减速器的简称，它是在传统摆线针轮、行星齿轮传动装置的基础上发展起来的一种新型传动装置。与谐波减速器一样，RV 减速器实际上既可用于减速，也可用于升速，但由于传动比很大（通常为 30～260），因此，在工业机器人、数控机床等产品中应用时，一般较少用于升速，故习惯上称为 RV 减速器。本书在一般场合也将使用这一名称。

与传统的齿轮传动装置相比，RV 减速器具有传动刚度高、传动比大、惯量小、输出转矩大，以及传动平稳、体积小、抗冲击力强等诸多优点；与同规格的谐波减速器相比，其结构刚度更好、惯量更小、使用寿命更长。因此，它被广泛用于工业机器人、机床、医疗检测设备、卫星接收系统等领域。

RV 减速器的结构比谐波减速器复杂得多，其内部通常有 2 级减速机构，由于传动链较长，因此，减速器间隙较大，传动精度通常不及谐波减速器。此外，RV 减速器的生产制造成本也相对较高，维护修理较困难。因此，在工业机器人上，它多用于机器人机身的腰、上臂、下臂等大惯量、高转矩输出关节的回转减速，在大型搬运和装配工业机器人上，手腕有时也采用 RV 减速器驱动。

6.4.2.2 基本结构

RV 减速器的内部结构如图 6-23 所示。减速器由心轴、端盖、针轮、输出法兰、行星齿轮、曲轴组件、RV 齿轮等部件构成。

RV 减速器的径向结构可分为 3 层，由外向内依次为针轮层、RV 齿轮层（包括端盖 2、输出法兰 5 和曲轴组件 7）、心轴层，每一层均可独立旋转。

（1）针轮层

外层的针轮 3 实际上是一个内齿圈，其内侧加工有针齿；外侧加工有法兰和安装孔，可用于减速器的安装固定。针齿和 RV 齿轮 9 间安装有针齿销 10，当 RV 齿轮 9 摆动时，针齿销 10 可推动针轮 3 相对于输出法兰 5 缓慢旋转。

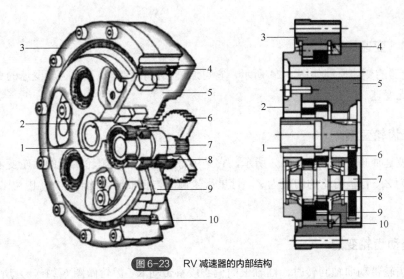

图 6-23　RV 减速器的内部结构

1—心轴；2—端盖；3—针轮；4—密封圈；5—输出法兰；6—行星齿轮；7—曲轴组件；8—圆锥滚柱轴承；9—RV 齿轮；10—针齿销

（2）RV 齿轮层

减速器中间的 RV 齿轮层是减速器的核心，它由 RV 齿轮 9、端盖 2、输出法兰 5 和曲轴组件 7 等部件组成，RV 齿轮、端盖、输出法兰均为中空结构，其内孔用来安装心轴。曲轴组件 7 的数量与减速器规格有关，小规格减速器一般布置 2 组，中大规格减速器布置 3 组。

输出法兰 5 的内侧是加工有 2～3 个曲轴组件 7 安装缺口的连接段，端盖 2 和输出法兰（也称输出轴）5 利用连接段的定位销、螺钉连成一体。端盖和法兰的中间安装有两片可自由摆动的 RV 齿轮 9，它们可在曲轴偏心轴的驱动下进行对称摆动，故又称摆线轮。

驱动 RV 齿轮摆动的曲轴组件 7 安装在输出法兰 5 的安装缺口上，由于曲轴的径向载荷较大，其前后端均需要采用圆锥滚子轴承进行支撑，前支撑轴承安装在端盖 2 上、后支撑轴承安装在输出法兰 5 上。

曲轴组件 7 是驱动 RV 齿轮摆动的轴，它通常有 2～3 组，并在圆周上呈对称分布。曲轴组件 7 由曲轴、前后支撑轴承、滚针等部件组成。曲轴的中间部位是 2 段驱动 RV 齿轮摆动的偏心轴，偏心轴位于输出法兰 5 的缺口上。偏心轴的外圆上安装有驱动 RV 齿轮 9 摆动的滚针，当曲轴旋转时，2 段偏心轴将分别驱动 2 片 RV 齿轮进行 180°对称摆动。曲轴组件 7 的旋转通过后端的行星齿轮 6 驱动，它与曲轴一般为花键连接。

（3）心轴层

心轴 1 安装在 RV 齿轮、端盖、输出法兰的中空内腔，其形状与减速器传动比有关：传动比较大时，心轴直接加工成齿轮轴；传动比较小时，它是一根后端安装齿轮的花键轴。心轴上的齿轮称为太阳轮，它和曲轴上的行星齿轮 6 啮合，当心轴旋转时，可通过行星齿轮 6，同时驱动 2～3 组曲轴旋转、带动 RV 齿轮摆动。减速器用于减速时，心轴一般连接输入驱动轴，故又称输入轴。

因此，RV 减速器具有 2 级变速：太阳轮和行星齿轮间的变速是 RV 减速器的第 1 级变速，称正齿轮变速；由 RV 齿轮 9 摆动所产生、通过针齿销 10 推动针轮 3 的缓慢旋转，是 RV 减速器的第 2 级变速，称为差动齿轮变速。

6.4.2.3 变速原理

RV 减速器的变速原理如图 6-24 所示，它可通过正齿轮变速、差动齿轮变速的 2 级变速，实现大传动比变速。

（1）正齿轮变速

正齿轮变速原理如图 6-24（a）所示，它是由行星齿轮和太阳轮实现的齿轮变速。假设太阳轮的齿数为 Z_1、行星齿轮的齿数为 Z_2，行星齿轮输出与心轴输入的转速比（传动比）为 Z_1/Z_2、转向相反。

（2）差动齿轮变速

当行星齿轮带动曲轴回转时，曲轴上的偏心段将带动 RV 齿轮做图 6-24（b）所示的摆动。因曲轴上的 2 段偏心轴为对称布置，故 2 片 RV 齿轮可在对称方向上同时摆动。

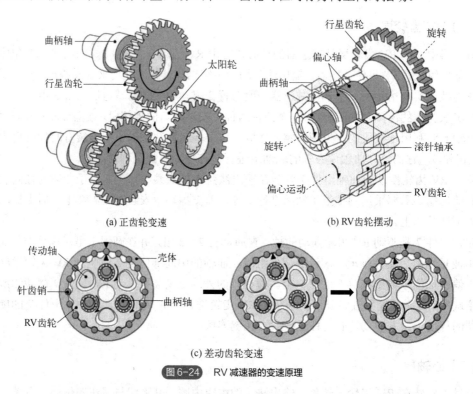

(a) 正齿轮变速　　(b) RV齿轮摆动

(c) 差动齿轮变速

图6-24　RV 减速器的变速原理

图 6-24（c）所示为其中的一片 RV 齿轮的摆动情况，另一片的摆动过程相同，但相位相差 180°。由于减速器的 RV 齿轮和针轮间安装有针齿销，RV 齿轮摆动时，针齿销将迫使 RV 齿轮沿针轮的齿逐齿回转。

如果 RV 减速器的 RV 齿轮固定、心轴连接输入轴、针轮连接输出轴，并假设 RV 齿轮的齿数为 Z_3，针轮的齿数为 Z_4（齿差为 1 时 $Z_4-Z_3=1$）。当偏心轴带动 RV 齿轮顺时针旋转 360° 时，RV 齿轮的 0° 基准齿和针轮基准位置间将产生 1 个齿的偏移，因此，相对于针轮而言，其偏移角度为

$$\theta = \frac{1}{Z_4} \times 360° \tag{6-10}$$

即针轮输出与曲轴输入的转速比（传动比）为 $1/Z_4$。考虑到行星齿轮（曲轴）输出与心轴输入的转速比（传动比）为 Z_1/Z_2，故可得到减速器的针轮输出与心轴输入的总转速比（总传动比）为

$$i = \frac{Z_1}{Z_2} \times \frac{1}{Z_4} \tag{6-11}$$

因 RV 齿轮固定时，针轮和曲轴的转向相同、行星轮（曲轴）和太阳轮（心轴）的转向相反，故最终输出（针轮）和输入（心轴）的转向相反。

当减速器的针轮固定、心轴连接输入轴、RV 齿轮连接输出轴时，情况有所不同。因为，一方面，通过心轴的 $(Z_2/Z_1) \times 360°$ 逆时针回转，可驱动曲轴产生 $360°$ 的顺时针旋转，使得 RV 齿轮的 $0°$ 基准齿相对于固定针轮的基准位置，产生一个齿的逆时针偏移，即 RV 齿轮输出的回转角度为

$$\theta_o = \frac{1}{Z_4} \times 360° \tag{6-12}$$

同时，由于 RV 齿轮套装在曲轴上，当 RV 齿轮偏转时，也将使曲轴的中心逆时针偏转 θ_o。由于曲轴中心的偏转方向（逆时针）与心轴转向相同，因此，相对于固定的针轮，心轴所产生的相对回转角度为

$$\theta_i = \left(\frac{Z_2}{Z_1} + \frac{1}{Z_4} \right) \times 360° \tag{6-13}$$

所以，RV 齿轮输出与心轴输入的转速比（传动比）将变为

$$i = \frac{\theta_o}{\theta_i} = \frac{1}{1 + \frac{Z_2}{Z_1} Z_4} \tag{6-14}$$

输出（RV 齿轮）和输入（心轴）的转向相同。

以上就是 RV 减速器的差动齿轮变速的减速原理。

相反，如减速器的针轮被固定、RV 齿轮连接输入轴、心轴连接输出轴，则 RV 齿轮旋转时，将迫使曲轴快速回转，起到增速的作用。同样，当减速器的 RV 齿轮被固定、针轮连接输入轴、心轴连接输出轴，针轮的回转也可迫使曲轴快速回转，起到增速的作用。这就是 RV 减速器差动齿轮变速部分的增速原理。

6.4.2.4　变速比

通过不同形式的安装，RV 减速器可有图 6-25 所示的 6 种不同使用方法：图 6-25（a）～（c）用于减速；图 6-25（d）～（f）用于增速。

如果用正、负号代表转向，并定义针轮固定、心轴输入、RV 齿轮输出时的基本减速比为 R，即

$$R = 1 + \frac{Z_2}{Z_1} Z_4 \tag{6-15}$$

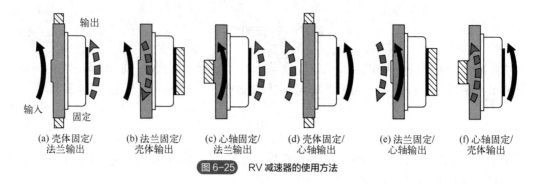

图6-25 RV 减速器的使用方法

则可得到如下结论。

对于图 6-25（a）所示的安装，其输出与输入转速比（传动比）为

$$i_a = \frac{1}{R} \tag{6-16}$$

对于图 6-25（b）所示的安装，其传动比为

$$i_b = -\frac{Z_1}{Z_2} \times \frac{1}{Z_4} = -\frac{1}{R-1} \tag{6-17}$$

对于图 6-25（c）所示的安装，其传动比为

$$i_c = \frac{R-1}{R} \tag{6-18}$$

对于图 6-25（d）所示的安装，其传动比为

$$i_d = R \tag{6-19}$$

对于图 6-25（e）所示的安装，其传动比为

$$i_e = -(R-1) \tag{6-20}$$

对于图 6-25（f）所示的安装，其传动比为

$$i_f = \frac{R}{R-1} \tag{6-21}$$

在 RV 减速器生产厂家的样本上，一般只给出基本减速比 R，用户使用时，可根据实际安装情况，按照上面的方法计算对应的传动比。

6.4.2.5　主要特点

由 RV 减速器的结构和原理可见，它与其他传动装置相比，主要有以下特点。

① 传动比大。RV 减速器设计有正齿轮、差动齿轮 2 级变速，其传动比不仅比传统的普通齿轮传动、行星齿轮传动、蜗轮蜗杆传动、摆线针轮传动的传动比大，还可做得比谐波齿轮传动更大。

② 结构刚度好。减速器的针轮和 RV 齿轮间通过直径较大的针齿销传动，曲轴采用的是圆锥滚子轴承支撑，因而减速器的结构刚度好、使用寿命长。

③ 输出转矩高。RV 减速器的正齿轮变速一般有 2～3 对行星齿轮；差动齿轮变速采用的是硬齿面多齿销同时啮合，且其齿差固定为 1 齿。因此，在体积相同时，其齿形可比谐波减速器做得更大，输出转矩更高。

但是，RV 减速器的结构远比谐波减速器复杂，且有正齿轮、差动齿轮 2 级变速齿轮，其传动间隙较大，定位精度一般不及谐波减速器。此外，由于 RV 减速器的结构复杂，它不能像谐波减速器那样直接以部件形式由用户在工业机器人的生产现场自行安装，故在某些场合的使用也不及谐波减速器方便。

总之，RV 减速器具有传动比大、结构刚度好、输出转矩高等优点，但由于传动精度较低、生产制造成本较高、维护修理较困难，因此，它多用于机器人机身上的腰部、上臂、下臂等大惯量、高转矩输出关节的减速，或用于大型搬运和装配工业机器人的手腕减速。

6.4.2.6　纳博特斯克产品与性能

根据产品的基本结构形式，Nabtesco Corporation 目前常用的 RV 减速器主要有部件型（component type）、齿轮箱型（gear head type）、RV 减速器/驱动电动机集成一体化的回转执行器（rotary actuator）三大类。

回转执行器又称伺服执行器（servo actuator），这是一种 RV 减速器和驱动电动机集成型减速单元，它与 HDSI 谐波减速回转执行器的设计思想相同，两者区别仅在于减速器的结构。

Nabtesco Corporation 的部件型、齿轮箱型 RV 减速器是工业机器人的常用产品，产品的分类情况如图 6-26 所示。

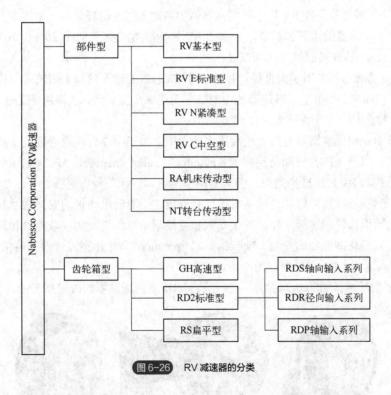

图 6-26　RV 减速器的分类

① 部件型减速器。部件型（component type）RV 减速器是以功能部件形式提供的产品，但是，除心轴、太阳轮等输入部件外，减速器的其他部分原则上不能由用户分离和组装，这点类似于 HDSI 的单元型谐波减速器。

在部件型减速器中，RV 基本型（original type）减速器采用图 6-23 所示的基本结构，减速器无外壳和输出轴承，减速器的安装固定和输入/输出连接由针轮、输入轴、输出法兰实现；针轮和输出法兰间的支撑轴承需要用户自行安装。

RV E 标准型、RV N 紧凑型、RV C 中空型是工业机器人当前常用的产品，减速器的外形如图 6-27 所示。

(a) RV E   (b) RV N   (c) RV C

图 6-27   常用的部件型 RV 减速器

RV E 标准型减速器采用的是当前 RV 减速器常用的标准结构，减速器带有外壳和输出轴承及用于减速器安装固定、输入/输出连接的安装法兰、输入轴/输出法兰；输出法兰和壳体可以同时承受径向及双向轴向载荷，直接驱动负载。

RV N 紧凑型减速器是在 RV E 标准型减速器的基础上派生的轻量级、紧凑型产品，同规格的 RV N 紧凑型减速器的体积和质量，分别比 RV E 标准型减少了 8%～20%和 16%～36%。它是 Nabtesco Corporation 当前推荐的新产品。

RV C 中空型减速器采用了大直径、中空结构，减速器的输入轴和太阳轮需要选配或由用户自行设计、制造和安装。中空型减速器的中空部分可用来布置管线，故多用于工业机器人手腕、SCARA 机器人等中间关节的驱动。

RA 型和 NT 型减速器是专门用于数控车床刀架、加工中心自动换刀装置（automatic tool changer，ATC）以及工作台自动交换装置（automatic pallet changer，APC）的 RV 减速器，减速器的基本结构与 RV E 标准型类似，但其结构刚度更好、承载能力更强。

② 齿轮箱型减速器。齿轮箱型减速器设计有直接连接驱动电动机的安装法兰和电动机轴的连接部件，它可像齿轮减速箱一样，直接安装和连接驱动电动机，实现减速器和驱动电动机的结构整体化，以简化减速器的安装。Nabtesco Corporation 齿轮型减速器目前常用的有 RD2 标准型、GH 高速型、RS 扁平型三类产品。

RD2 标准型减速器如图 6-28 所示，它是早期 RD 系列减速器的改进型产品。

(a) RDS   (b) RDR   (c) RDP

图 6-28   RD2 系列减速器

RD2 标准型减速器对壳体、电动机安装法兰、输入轴连接部件进行了整体设计，使之成为一个可直接安装驱动电动机的完整减速器单元。为了便于使用，减速器与驱动电动机的安装形式有图6-28所示的轴向（RDS系列）、径向（RDR系列）和轴连接（RDP系列）三类；每类又分为实心心轴和中空心轴两个系列，它们分别是RV E标准型和RV C中空轴型减速器的齿轮箱化。

GH高速型减速器的外形如图6-29所示。这种减速器的输出转速较高、总减速比较小，其第1级正齿轮基本不起减速作用，因此，其太阳轮直径较大，故多采用心轴和太阳轮分离型结构，两者通过花键进行连接。GH系列减速器心轴的输入轴连接形式为标准轴孔；RV齿轮的输出连接形式有输出法兰、输出轴两种，用户可根据需要选择。GH减速器的减速比一般只有10～30，其额定输出转速为标准型的3.3倍、过载能力为标准型的1.4倍，故常用于转速相对较高的工业机器人上臂、手腕等关节驱动。

RS扁平型减速器的外形如图6-30所示。RS系列减速器为Nabtesco Corporation近些年开发的新产品，为了减小厚度，减速器的驱动电动机统一采用径向安装，心轴为中空。RS扁平型减速器的额定输出转矩高（可达8820N•m）、额定转速低（一般为l0r/min）、承载能力强（载重可达9000kg），故可用于大规格搬运、装卸、码垛工业机器人的机身，中型机器人的腰关节，以及回转工作台等的重载驱动。

图6-29 GH高速型减速器

图6-30 RS扁平减速器

6.4.3 控制器

如果说操作机是工业机器人的"肢体"，那么控制器则是机器人的"大脑"和"心脏"。机器人控制器是根据指令以及传感信息控制机器人完成一定动作或作业任务的装置，是决定机器人功能和性能的主要因素，也是机器人系统中更新和发展最快的部分。它通过各种控制电路中硬件和软件的结合来操纵机器人，并协调机器人与周边设备的关系，其基本功能如下：

① 示教功能：包括在线示教和离线示教两种方式。

② 记忆功能：存储作业顺序、运动路径和方式及与生产工艺有关的信息等。

③ 位置伺服功能：机器人多轴联动、运动控制、速度和加速度控制、动态补偿等。

④ 坐标设定功能：可在关节坐标系、直角坐标系、工具坐标系等常见坐标系之间进行切换。

⑤ 与外围设备联系功能：包括输入/输出接口、通信接口、网络接口等。

⑥ 传感器接口：位置检测、视觉、触觉、力觉等。

⑦ 故障诊断安全保护功能：运行时的状态监视、故障状态下的安全保护和自诊断。

控制器是完成机器人控制功能的结构实现。依据控制系统的开放程度，机器人控制器可分为三类：封闭型、开放型和混合型。目前应用中的工业机器人控制系统，基本上都是封闭型系统（如日系机器人）或混合型系统（如欧系机器人）。按计算机结构、控制方式和控制算法的处理方法，机器人控制器又可分为集中式控制和分布式控制两种方式。

（1）集中式控制器

它是利用一台微型计算机实现系统的全部控制功能，早期机器人（如 Hero-I、Robot-I 等）常采用这种结构，如图 6-31 所示。集中式控制器的优点是硬件成本较低，便于信息的采集和分析，易于实现系统的最优控制，整体性与协调性较好，基于 PC 的系统硬件扩展较为方便。但其缺点也显而易见：系统控制缺乏灵活性，控制危险容易集中，一旦出现故障，其影响面广，后果严重；由于工业机器人的实时性要求很高，当系统进行大量数据计算时，会降低系统实时性，系统对多任务的响应能力也会与系统的实时性相冲突；此外，系统连线复杂，会降低系统的可靠性。

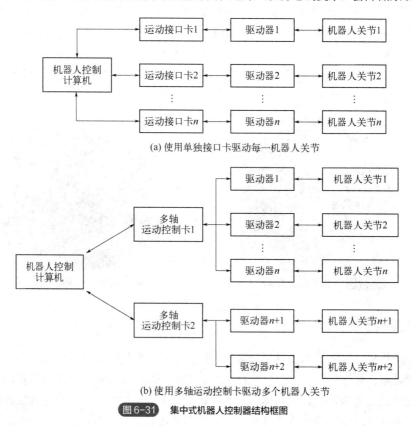

(a) 使用单独接口卡驱动每一机器人关节

(b) 使用多轴运动控制卡驱动多个机器人关节

图 6-31　集中式机器人控制器结构框图

（2）分布式控制器

其主要思想是"分散控制，集中管理"，即系统对其总体目标和任务可以进行综合协调和分配，并通过子系统的协调工作来完成控制任务，整个系统在功能、逻辑和物理等方面都是分散的。子系统是由控制器和不同被控对象或设备构成的，各个子系统之间通过网络等进行相互通信。分布式控制结构提供了一个开放、实时、精确的机器人控制系统。分布式系统中常采用两级控制方式，由上位机和下位机组成，如图 6-32 所示。上位机负责整个系统管理以及运动学计算、轨迹规划等，下位机由多个 CPU 组成，每个 CPU 控制一个关节运动。上位机、下位机通过通信总线（如 RS-232、RS-485、以太网等）相互协调工作。分布式控制系统的优点在于系统灵活性好，控制系统的危险性降低，采用多处理器的分散控制，有利于系统功能的并行执行，提高系统的处理效率，缩短响应时间。

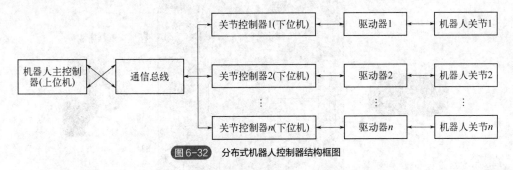

图 6-32　分布式机器人控制器结构框图

ABB 第五代机器人控制器 IRC5 就是一个典型的模块化分布设计。IRC5 控制器（灵活型控制器，图 6-33）由一个控制模块和一个驱动模块组成，可选增一个过程模块以容纳定制设备和接口，如点焊、弧焊和胶合等。配备这三种模块的灵活型控制器完全有能力控制一台 6 轴机器人外加伺服驱动工件定位器及类似设备。控制模块作为 IRC5 的心脏，自带主计算机，能够执行高级控制算法，为多达 36 个伺服轴进行复合路径计算，并且可指挥 4 个驱动模块。控制模块采用开放式系统架构，配备基于商用 Intel 主板和处理器的工业 PC 机以及 PCI 总线。如需增加机器人的数量，只需为每台新增机器人增装一个驱动模块，还可选择安装一个过程模块。各模块间只需要两根连接电缆（一根为安全信号传输电缆，另一根为以太网连接电缆），供模块间通信使用，模块连接简单易行。由于采用标准组件，用户不必担心设备淘汰问题，随着计算机处理技术的进步能随时进行设备升级。

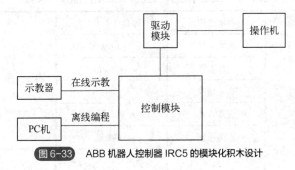

图 6-33　ABB 机器人控制器 IRC5 的模块化积木设计

6.4.4　示教器

示教器也称示教编程器或示教盒，主要由液晶屏幕和操作按键组成，可由操作者手持移动。它是机器人的人机交互接口，机器人的所有操作基本上都是通过示教器来完成的，如点动机器人，编写、测试和运行机器人程序，设定、查阅机器人状态设置和位置等。如图 6-34 所示，实际操作时，当用户按下示教器上的按键时，示教器通过线缆向主控计算机发出相应的指令代码（S0）；此时，主控计算机上负责串口通信的通信子模块接收指令代码（S1）；然后由指令码解释模块分析判断该指令码，并进一步向相关模块发送与指令码相应的消息（S2），以驱动有关模块完成该指令码要求的具体功能（S3）；同时，为了让操作用户时刻掌握机器人的运动位置和各种状态信息，主控计算机的相关模块同时将状态信息（S4）经串口发送给示教器（S5），在液晶显示屏上显示，从而与用户沟通，完成数据的交换功能。因此，示教器实质上就是一个专用的智能终端。

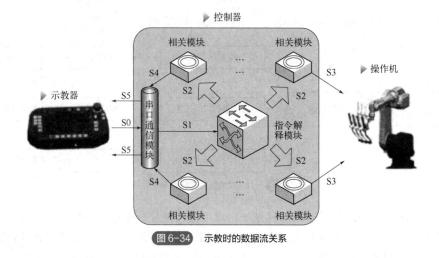

图 6-34　示教时的数据流关系

6.5　工业机器人技术标准

　　机器人的技术指标反映了机器人的适用范围和工作性能，是选择、使用机器人必须考虑的问题。尽管各机器人厂商所提供的技术指标不完全一样，机器人的结构、用途以及用户的要求也不尽相同，但其主要技术指标一般均为：自由度、工作空间、额定负载、最大工作速度和工作精度等。表 6-2 是工业机器人行业典型热销产品的主要技术参数。

表 6-2　工业机器人行业典型热销产品技术参数

	机械结构		6 轴垂直多关节型	最大速度	J1	210°/s
	最大负载		10kg		J2	190°/s
	工作半径		1420mm		J3	210°/s
	重复精度		±0.08mm		J4	400°/s
	安装方式		落地式、倒置式		J5	400°/s
	本体质量		130kg		J6	600°/s
FANUC M-10iA	动作范围	J1	340°	动作范围	J4	380°
		J2	250°		J5	380°
		J3	445°		J6	720°
	机械结构		6 轴垂直多关节型	最大速度	S 轴	220°/s
	最大负载		3kg		L 轴	220°/s
	工作半径		1434mm		U 轴	220°/s
	重复精度		±0.08mm		R 轴	410°/s
	安装方式		落地式、倒置式		B 轴	410°/s
	本体质量		130kg		T 轴	610°/s
YASKAWA MA1400	动作范围	S 轴	−170°～+170°	动作范围	R 轴	−150°～+150°
		L 轴	−90°～+155°		B 轴	−45°～+180°
		U 轴	−175°～+190°		T 轴	−200°～+200°

续表

	机械结构	6轴垂直多关节型		轴1	130°/s
	最大负载	4kg		轴2	140°/s
	工作半径	1500mm	最大速度	轴3	140°/s
	重复精度	±0.05mm		轴4	320°/s
	安装方式	落地式、倒置式		轴5	380°/s
	本体质量	170kg		轴6	460°/s
	轴1	−170°～+170°		轴4	±155°
动作范围	轴2	−90°～+155°	动作范围	轴5	−90°～+135°
ABB IRB1520	轴3	−100°～+80°		轴6	±200°
	机械结构	6轴垂直多关节型		A1	154°/s
	最大负载	5kg		A2	154°/s
	工作半径	1411mm	最大速度	A3	228°/s
	重复精度	±0.04mm		A4	343°/s
	安装方式	落地式、倒置式		A5	384°/s
	本体质量	127kg		A6	721°/s
	A1	±155°		A4	±350°
动作范围	A2	−180°～+65°	动作范围	A5	±130°
KUKA KR5 arc	A3	−15°～+158°		A6	±350°

① 自由度：物体能够对坐标系进行独立运动的数目，末端执行器的动作不包括在内。它通常作为机器人的技术指标，反映机器人动作的灵活性，可用轴的直线移动、摆动或旋转动作的数目来表示。采用空间开链连杆机构的机器人，因每个关节运动副仅有1个自由度，所以机器人的自由度数就等于它的关节数。由于具有6个旋转关节的铰接开链式机器人从运动学上已被证明能以最小的结构尺寸获取最大的工作空间，并且能以较高的位置精度和最优的路径到达指定位置，因而关节机器人在工业领域得到广泛的应用。目前，焊接和涂装作业机器人多为6或7自由度，而搬运、码垛和装配机器人多为4～6自由度。

② 额定负载：也称持重，即正常操作条件下，作用于机器人手腕末端，且不会使机器人性能降低的最大载荷。目前使用的工业机器人负载范围可从0.5kg直至800kg。

③ 工作精度：机器人的工作精度主要指定位精度和重复定位精度。定位精度（也称绝对精度）是指机器人末端执行器实际到达位置与目标位置之间的差异。重复定位精度（简称重复精度）是指机器人重复定位其末端执行器于同一目标位置的能力。工业机器人具有绝对精度低、重复精度高的特点。一般而言，工业机器人的绝对精度要比重复精度低一到两个数量级，造成这种情况的主要原因是机器人控制系统根据机器人的运动学模型来确定机器人末端执行器的位置，然而这个理论上的模型和实际机器人的物理模型存在一定的误差，产生误差的因素主要有机器人本身的制造误差、工件加工误差以及机器人与工件的定位误差等。目前，工业机器人的

重复精度可达±（0.01~0.5）mm。根据作业任务和末端负载的不同，机器人的重复精度亦要求不同，如表 6-3 所示。

表6-3　工业机器人典型行业应用的工作精度

作业任务	额定负载/kg	重复定位精度/mm
搬运	5~200	±（0.2~0.5）
码垛	50~800	±0.5
点焊	50~350	±（0.2~0.3）
弧焊	3~20	±（0.08~0.1）
涂装	5~20	±（0.2~0.5）
装配	2~5	±（0.02~0.03）
	6~10	±（0.06~0.08）
	10~20	±（0.06~0.1）

④ 工作空间：也称工作范围、工作行程。工业机器人在执行任务时，其手腕参考点所能掠过的空间，常用图形表示（图 6-35）。由于工作范围的形状和大小反映了机器人工作能力的大小，因而它对于机器人的应用十分重要。工作范围不仅与机器人各连杆的尺寸有关，还与机器人的总体结构有关。为能真实反映机器人的特征参数，厂家所给出的工作范围一般指不安装末端执行器时可以到达的区域。应特别注意的是，在装上末端执行器后，需要同时保证工具姿态，实际的可达空间会比厂家给出的要小一层，需要认真地用比例作图法或模型法核算一下，以判断是否满足实际需要。目前，单体工业机器人本体的工作半径可达 3.5m 左右。

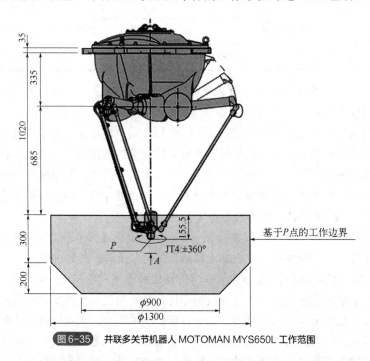

图6-35　并联多关节机器人 MOTOMAN MYS650L 工作范围

⑤ 最大工作速度：在各轴联动情况下，机器人手腕中心所能达到的最大线速度。这在生产中是影响生产效率的重要指标，因生产厂家不同而标注不同，一般都会在技术参数中加以说明。

很明显，最大工作速度越高，生产效率也就越高；然而，工作速度越高，对机器人最大加速度的要求也就越高。

除上述五项技术指标外，还应注意机器人控制方式、驱动方式、安装方式、存储容量、插补功能、语言转换、自诊断及自保护、安全保障功能等。

6.6 工业机器人的典型应用

6.6.1 焊接机器人

焊接机器人作为当前广泛使用的先进自动化焊接设备，具有通用性强、工作稳定的优点，并且操作简便、功能丰富，越来越受到人们的重视。使用机器人完成一项焊接任务只需要操作者对它进行一次示教，机器人即可精确地再现示教的每一步操作。如果让机器人去做另一项工作，无须改变任何硬件，只要对它再做一次示教即可。归纳起来，焊接机器人的主要优点如下：

① 稳定和提高焊接质量，保证焊缝的均匀性。

② 提高劳动生产率，可24h连续生产。

③ 改善工人劳动条件，可在有害环境下工作。

④ 降低对工人操作技术的要求。

⑤ 缩短产品改型换代的准备周期，减少相应的设备投资。

⑥ 可实现小批量产品的焊接自动化。

⑦ 能在空间站建设、核电站维修、深水焊接等极限条件下完成人工难以进行的焊接作业。

⑧ 为焊接柔性生产线提供技术基础。

目前焊接机器人应用中比较普遍的主要有三种：点焊机器人、弧焊机器人和激光焊接机器人，如图6-36所示。

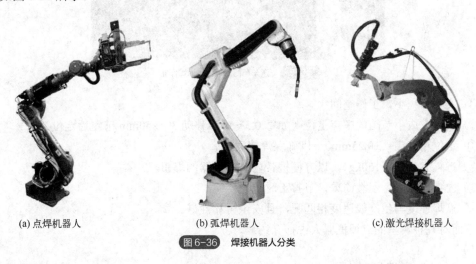

(a) 点焊机器人　　　　　　　　(b) 弧焊机器人　　　　　　　　(c) 激光焊接机器人

图6-36　焊接机器人分类

6.6.1.1 点焊机器人

点焊机器人是用于点焊自动作业的工业机器人，其末端持握的作业工具是焊钳。实际上，工业机器人在焊接领域的应用是从汽车装配生产线上的电阻点焊开始的，如图6-37所示。这主要由于点焊过程比较简单，只需点位控制，至于焊钳在点与点之间的移动轨迹则没有严格要求，对机器人的精度和重复精度的控制要求比较低。

图6-37 汽车车身的机器人点焊作业

一般来说，装配一台汽车的车体大约需3000～5000个焊点，而其中约60%的焊点是由机器人焊接的。最初，点焊机器人只用于增强焊作业，即往已拼接好的工件上增加焊点。后来，为了保证拼接精度，又让机器人完成定位焊作业，如图6-38所示。如今，点焊机器人已经成为汽车生产行业的支柱。由此，点焊机器人逐渐被要求有更全面的作业性能，点焊用机器人不仅要有足够的负载能力，而且在点与点之间移位时速度要快捷、动作要平稳、定位要准确，以减少移位的时间，提高工作效率。具体要求如下：

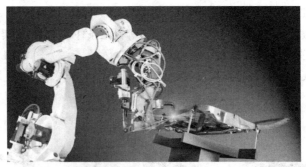

图6-38 汽车车门的机器人点焊作业

① 安装面积小，工作空间大。

② 快速完成小节距的多点定位（如每0.3～0.4s移动30～50mm节距后定位）。

③ 定位精度高（±0.25mm），以确保焊接质量。

④ 持重大（50～150kg），以方便携带内装变压器的焊钳。

⑤ 内存容量大，示教简单，节省工时。

⑥ 点焊速度与生产线速度相匹配，且安全可靠性好。

下面对几种典型的点焊机器人进行介绍：

（1）ABB点焊机器人

ABB点焊机器人包括IRB6600和IRB7600系列等，以应用较多的IRB6640-180/2.55机器人为例，如图6-39所示。

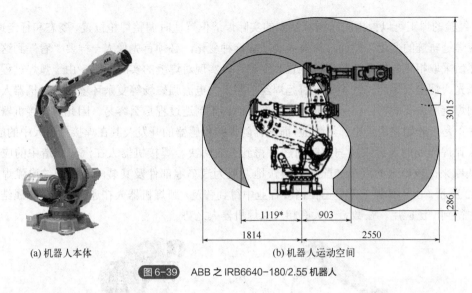

(a) 机器人本体　　　　　　　　　　(b) 机器人运动空间

图 6-39　ABB 之 IRB6640-180/2.55 机器人

IRB6640-180/2.55 机器人持重 180kg，运动半径 2550mm，重复定位精度 0.07mm，是常用点焊机器人中精度最高的之一，重复轨迹精度 0.7mm，为关节型结构，结构紧凑，刚性高，运动稳定性高。

（2）KUKA 点焊机器人

KUKA 点焊机器人主要有 KR180、KR210 等，以应用较多的 KR210 为例，如图 6-40 所示。KR210 机器人持重 210kg，运动半径 2696mm，重复定位精度 0.06mm，为关节型结构，结构紧凑，刚性高，运动稳定性高。

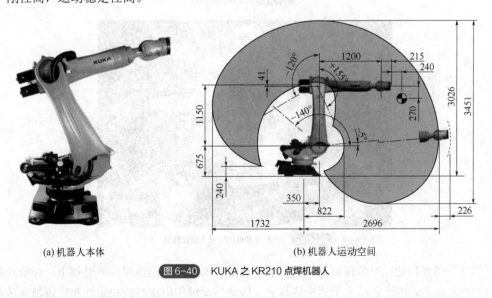

(a) 机器人本体　　　　　　　　　　(b) 机器人运动空间

图 6-40　KUKA 之 KR210 点焊机器人

6.6.1.2　弧焊机器人

弧焊机器人是用于弧焊（主要有熔化极气体保护焊和非熔化极气体保护焊，图 6-41）自动作业的工业机器人，其末端持握的工具是弧焊作业用的各种焊枪。事实上，弧焊过程比点焊过程要复杂得多，被焊工件由于局部加热熔化和冷却而产生变形，焊缝轨迹会发生变化。手工焊时，有经验的焊工可以根据眼睛所观察到的实际焊缝位置适时调整焊枪位置、姿态和行走速度，以适应焊缝轨迹的变化。然而，机器人要适应这种变化，必须首先像人一样要"看"到这种变化，然后采取相应的措施调整焊枪位置和姿态，以实现对焊缝的实时跟踪。由于弧焊过程伴有强烈弧光、烟尘、熔滴过渡不稳定引起焊丝短路、大电流强磁场等复杂环境因素，机器人检测和识别焊缝所需要的特征信号的提取并不像其他加工制造过程那么容易。因此，焊接机器人的应用并不是一开始就用于电弧焊作业，而是伴随焊接传感器的开发及其在焊接机器人中的应用，机器人弧焊作业的焊缝跟踪与控制问题才得到有效解决。焊接机器人在汽车制造中的应用也相继从原来比较单一的汽车装配点焊很快地发展为汽车零部件及其装配过程中的电弧焊，如图 6-42 所示。由于弧焊工艺早已在诸多行业中得到普及，弧焊机器人在通用机械、金属结构等行业中得到广泛应用，在数量上大有超过点焊机器人之势。

(a) 熔化极气体保护焊机器人　　　　　　(b) 非熔化极气体保护焊机器人

图 6-41　弧焊机器人

图 6-42　汽车零部件的机器人弧焊作业

为适应弧焊作业，对弧焊机器人的性能有着特殊的要求。在弧焊作业过程中，焊枪应跟踪工件的焊道运动，并不断填充金属形成焊缝，因此运动过程中速度的稳定性和轨迹精度是两项重要指标。一般情况下，焊接速度约为 5～50mm/s，轨迹精度约为±（0.2～0.5）mm。由于焊枪的姿态对焊缝质量也有一定的影响，所以希望在跟踪焊道的同时，焊枪姿态的可调范围尽量大。其他一些基本性能要求如下：

① 能够通过示教器设定焊接条件（电流、电压、速度等）。

② 摆动功能。

③ 坡口填充功能。

④ 焊接异常功能检测。

⑤ 焊接传感器（焊接起始点检测、焊缝跟踪）的接口功能。

下面对几种典型的弧焊机器人进行介绍：

（1）ABB 弧焊机器人

ABB 弧焊机器人种类较多，主要有 IRB1410、IRB1520、IRB1600、IRB1600ID 和 IRB2600 等。其中，IRB1520 和 IRB1600ID 为中空手腕型，以应用量较大的 IRB1410 为例，如图 6-43 所示。

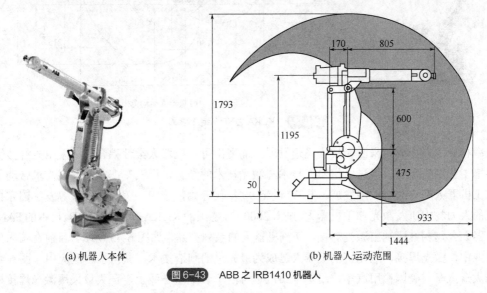

(a) 机器人本体　　　　　(b) 机器人运动范围

图 6-43　ABB 之 IRB1410 机器人

IRB1410 机器人持重 5kg，运动半径 1444mm，重复定位精度 0.05mm，为平行四边形结构（又称四连杆结构），结构坚固可靠，运动稳定性高。

（2）KUKA 弧焊机器人

KUKA 弧焊机器人主要有 KR5 arc、KR16 arc 等型号，以应用较多的 KR5 arc 为例，如图 6-44 所示。

KR5 arc 机器人抓重 5kg，运动半径 1423mm，重复定位精度 0.04mm，为中空手腕关节型结构，结构坚固可靠，制造精良，运动范围大、稳定性高。

6.6.1.3　激光焊接机器人

激光焊接机器人是用于激光焊接自动作业的工业机器人，通过高精度工业机器人来实现更加柔性的激光加工作业，其末端持握的工具是激光加工头。现代金属加工对焊接强度和外观效果等质量要求越来越高，传统的焊接手段由于极大的热输入，不可避免地会带来工件扭曲变形等问题。为弥补工件变形，需要大量的后续加工手段，从而导致费用上升。而采用全自动的激光焊接技术，具有最小的热输入量，产生极小的热影响区，在显著提高焊接产品品质的同时，降低了后续工作的时间。另外，由于焊接速度快和焊缝深宽比大，激光焊接能够极大地提高焊

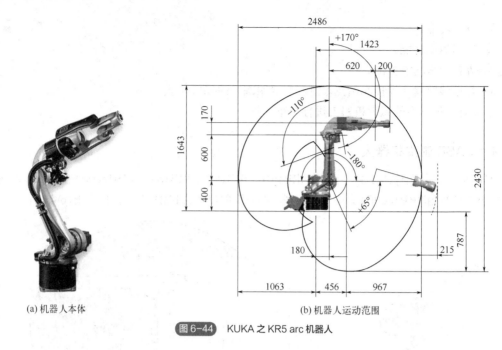

(a) 机器人本体   (b) 机器人运动范围

图6-44   KUKA之KR5 arc机器人

接效率和稳定性。近年来激光技术飞速发展，涌现出可与机器人柔性耦合的、采用光纤传输的高功率工业型激光器，促进了机器人技术与激光技术的结合，而汽车产业的发展需求带动了激光加工机器人产业的形成与发展。从20世纪90年代开始，德国、美国、日本等发达国家投入大量的人力物力研发激光加工机器人。进入2000年，德国的KUKA、瑞典的ABB、日本的FANUC等机器人公司相继研制出激光焊接、切割机器人的系列产品，如图6-45所示。目前在国内外汽车产业中，激光焊接、激光切割机器人已成为最先进的制造技术，获得了广泛应用（图6-46）。德国大众汽车、美国通用汽车、日本丰田汽车等汽车装配生产线上，已大量采用激光焊接机器人代替传统的电阻点焊设备，不仅提高了产品质量和档次，而且减轻了汽车车身质量，节约了大量材料，使企业获得了很高的经济效益，提高了企业市场竞争能力。在中国，一汽大众、上海大众等汽车公司也引进了激光焊接机器人生产线。

 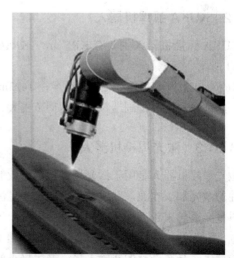

(a) 激光焊接机器人   (b) 激光切割机器人

图6-45   激光加工机器人

图 6-46 汽车车身的激光焊接作业

激光焊接成为一种成熟、无接触的焊接方式已经多年，其极高的能量密度使得高速加工和低热输入量成为可能。与机器人电弧焊相比，机器人激光焊的焊缝跟踪精度要求更高。根据一般要求，机器人电弧焊的焊缝跟踪精度必须控制在电极或焊丝直径的 1/2 以内，在具有填充丝的条件下，焊缝跟踪精度可适当放宽。但对激光焊接而言，焊接时激光照射在工件表面的光斑直径通常小于 0.6mm，远小于焊丝直径（通常大于 1.0mm），并且激光焊接时通常又不加填充焊丝，因此，激光焊接中若光斑位置稍有偏差，便会造成偏焊、漏焊。激光焊接的其他一些基本性能要求如下：

① 轨迹精度高（≤0.1mm）。
② 持重大（30～50kg），以便携带激光加工头。
③ 可与激光器进行高速通信。
④ 机械臂刚性好，工作范围大。
⑤ 具备良好的振动抑制和控制修正功能。

6.6.2 码垛机器人

码垛机器人作为新的智能化码垛装备，具有作业高效、码垛稳定等优点，可解放工人的繁重体力劳动，已在各个行业的包装物流线中发挥重大作用。归纳起来，码垛机器人主要优点有：

① 占地面积小，动作范围大，减少厂源浪费。
② 能耗低，降低运行成本。
③ 提高生产效率，解放繁重体力劳动，实现"无人"或"少人"码垛。
④ 改善工人劳作条件，摆脱有毒、有害环境。
⑤ 柔性高、适应性强，可实现不同物料码垛。
⑥ 定位准确，稳定性高。

常见的码垛机器人结构多为关节式码垛机器人、摆臂式码垛机器人和龙门式码垛机器人，如图 6-47 所示。

下面对几种典型的码垛机器人进行介绍。

（1）FUJI 码垛机器人

FUJI 公司具有强大的科研能力，自 1982 年开发出第一台码垛机器人后，经过几十年的研究和开发，FUJI 公司凭借其强大的技术力量，推出的码垛机器人是当今市场上技术最先进、专业化程度最高的码垛机器人之一。它因操作简单性、用户友好性而广受赞誉。FUJI 公司的码垛机器人多为高速或重型方面的应用配置。FUJI 公司的码垛机器人的主要型号有 EC102、EC171 及 EC201 等。

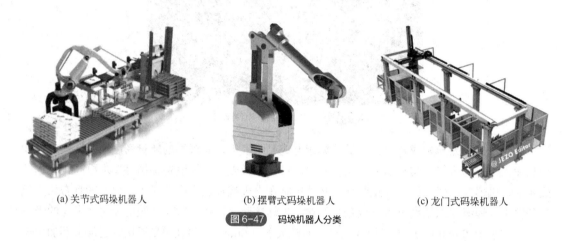

(a) 关节式码垛机器人　　(b) 摆臂式码垛机器人　　(c) 龙门式码垛机器人

图 6-47　码垛机器人分类

图 6-48 所示为 EC201 型码垛机器人。其总质量为 1150kg，4 自由度，最大起升高度为 2300mm，最大负载（含末端执行器）为 320kg，功率 7.0kW，使用 208～220V、50/60Hz 交流电驱动，可与通常的机器人控制设备及标准的示教器组成码垛系统。

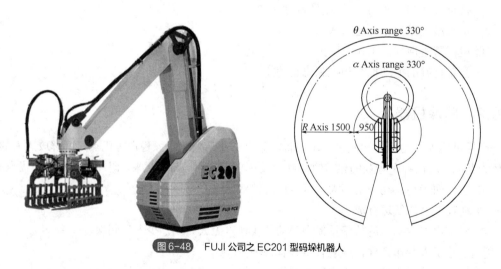

图 6-48　FUJI 公司之 EC201 型码垛机器人

（2）KAWASAKI 码垛机器人

KAWASAKI（川崎）株式会社是世界知名的重工企业，开发了多种型号的工业机器人，其码垛机器人为 CP 系列，主要产品有 CP180L、CP300L、CP500L、CP700L、RD080D 等，负载能力从 80kg 到 700kg。CP 系列码垛机器人在循环时间指标上位于行业的前列，并且具有较大的运动范围，占地面积小，能源利用率高，维护成本低。CP 系列码垛机器人易于使用的码垛编程软件，使生产线效率大为提高。其中，CP180L 型号的码垛量是 CP 系列码垛机器人中最高的。CP180L 码垛机器人如图 6-49 所示。

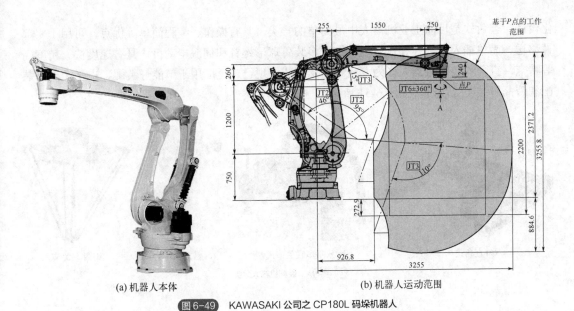

(a) 机器人本体   (b) 机器人运动范围

图6-49   KAWASAKI 公司之 CP180L 码垛机器人

CP180L 为四轴机器人，最大载重 180kg，水平运动范围 3255mm，基座上方运动范围 2371.2mm，基座下方运动范围 884.6mm，重复定位精度 0.5mm，每小时最大循环次数 2050 次，全重 1600kg。

KAWASAKI 的码垛机器人带有名为 K-CAPE 的软件工具，它可以使用户从常用的 CAPEpallet 设计优化软件中导入托盘模式数据，生成机器人运动指令。只要有了托盘和机器人的模型，用户就可以将这些模型设置在虚拟环境中，K-CAPE 将自动确定构建托盘的运动顺序，并用川崎 AS 语言为机器人程序生成代码。只要将这些代码导出并加载到川崎机器人控制器，操作员就只需示教机器人接收进货箱的位置和开始码垛的托盘位置即可。

6.6.3 装配机器人

装配机器人是工业生产中用于在装配生产线上对零件或部件进行装配的一类工业机器人，作为柔性自动化装配的核心设备，具有精度高、工作稳定、柔顺性好、动作迅速等优点。归纳起来，装配机器人的主要优点如下：

① 操作速度快，加速性能好，缩短工作循环时间。

② 精度高，具有极高的重复定位精度，保证装配精度。

③ 提高生产效率，解放单一繁重体力劳动。

④ 改善工人劳作条件，摆脱有毒、有辐射装配环境。

⑤ 可靠性好、适应性强、稳定性高。

目前市场上常见的装配机器人，按臂部运动形式可分为直角式装配机器人和关节式装配机器人，关节式装配机器人又可分为水平串联关节式、垂直串联关节式和并联关节式机器人，如图6-50所示。

（1）直角式装配机器人

直角式装配机器人又称单轴机械手，以 *XYZ* 直角坐标系统为基本数学模型，整体结构模块化设计。直角式是目前工业机器人中最简单的一类，具有操作、编程简单等优点，可用于零部件移送、简单插入、旋拧等作业，机构上多装备球形螺钉和伺服电动机，具有速度快、精度高等特点。直角式装配机器人多为龙门式和悬臂式，现已广泛应用于节能灯装配、电子类产品装配和液晶屏装配等场合，如图6-51所示。

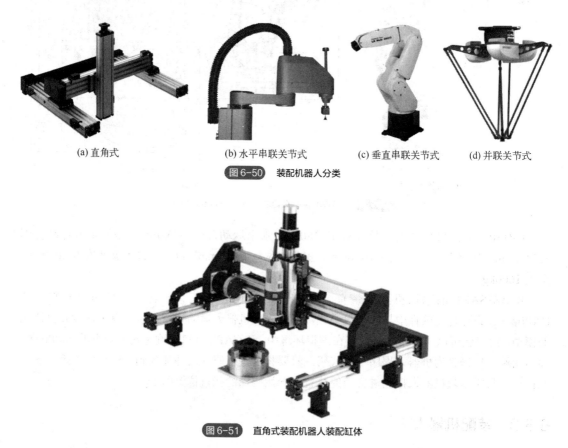

(a) 直角式　　(b) 水平串联关节式　　(c) 垂直串联关节式　　(d) 并联关节式

图 6-50　装配机器人分类

图 6-51　直角式装配机器人装配缸体

（2）关节式装配机器人

关节式装配机器人是目前装配生产线上应用最广泛的一类机器人，具有结构紧凑、占地空间小、相对工作空间大、自由度高、几乎适合任何轨迹或角度工作、编程自由、动作灵活、易实现自动化生产等特点。

① 水平串联式装配机器人。其亦称为平面关节型装配机器人或 SCARA 机器人，是目前装配生产线上应用数量最多的一类装配机器人。它属于精密型装配机器人，具有速度快、精度高、柔性好等特点，驱动装置多为交流伺服电动机，保证其较高的重复定位精度，可广泛应用于电子、机械和轻工业等产品的装配，适合工厂柔性化生产需求，如图6-52所示。

下面对几种典型的 SCARA 机器人进行介绍。

a. ABB SCARA 机器人。ABB 公司的 SCARA 机器人主要型号有 ABB IRB 910 SC-3/0.45、ABB IRB 910 SC-3/0.55、ABB IRB 910 SC-3/0.65。这类机器人是安装在台面上的。ABB 还有一类 SCARA 机器人是反装的，又称天花板式安装的，即 IRB 910 INV 系列 SCARA 机器人。这两类机器人如图6-53所示。

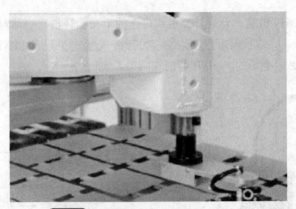

图 6-52 水平串联式装配机器人拾放超薄硅片

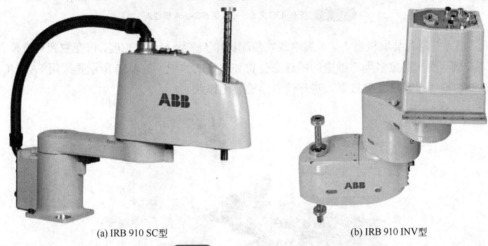

(a) IRB 910 SC型   (b) IRB 910 INV型

图 6-53   ABB 之 SCARA 机器人

ABB 的 IRB 910 INV 系列反装机器人增加了装配灵活性，节约了工作台面的面积，可以提高每个装配单元的空间利用率和装配的灵活性，并可在工作台面物体很多的空间中执行复杂的任务，也利于与其他机器人及机器协作，从而提高生产率。

ABB 公司为其 SCARA 机器人提供了一款控制组件，即 Robot control Mate。它扩展了控制软件 RobotStudio 的能力，能够使操作者在 PC 机上完成对机器人的规划、示教和校准工作，因此更容易控制机器人的动作。

b. FANUC SCARA 机器人。FANUC 公司的 SCARA 机器人为 SR 系列，主要产品有 SR-3iA、SR-6iA、SR-12iA 等。图 6-54 所示为 SR-6iA 型。它前三轴的重复定位精度为 0.01mm，第四轴的重复定位精度为 0.004mm。SR-6iA 的水平最大运动范围为 650mm，垂直最大运动范围为585mm。

SR-6iA 第一轴的运动速度可达 440°/s，第二轴可达 700°/s，末端轴集中了转动副与移动副，转动副的旋转速度为 720°/s，移动副上下移动的速度为 210mm/s。

SR-6iA 的机器人有效载荷为 6kg，它将高速度与高精度完美统筹，达到了非常高的水准，非常适合在装配、物料搬运、检验和包装方面的应用，其底座占地面积小，最大限度地节约了工作台面的空间。SR-6iA 既可以固定在台面，也可根据装配任务的需要选择固定在壁面上。

FANUC SCARA 机器人使用配套的易于编程的开发工具 iRProgrammer，它有基于网络的界面，可以让操作者用平板电脑、台式计算机或可选的示教器轻松直观地对机器人进行编程。机器人还可以配备 FANUC 的智能配套设备，如智能视觉定位设备 iRVision、智能拾取设备 iRPickTool 等，以及更为小巧的 R-30iB 智能控制器。

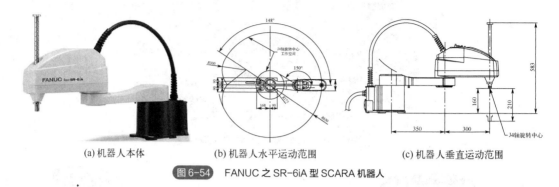

(a) 机器人本体　　　　　(b) 机器人水平运动范围　　　　　(c) 机器人垂直运动范围

图 6-54　FANUC 之 SR-6iA 型 SCARA 机器人

② 垂直串联式装配机器人。垂直串联式装配机器人多为 6 个自由度，可在空间任意位置确定任意位姿，面向对象多为三维空间的任意位置和姿势的作业。图 6-55 所示是采用 FANUC LR Mate200iC 垂直串联式装配机器人进行读卡器的装配作业。

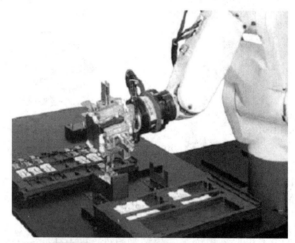

图 6-55　垂直串联式装配机器人组装读卡器

（3）并联式装配机器人

其亦被称为拳头机器人、蜘蛛机器人或 Delta 机器人，是种轻型、结构紧凑的高速装配机器人，可安装在任意倾斜角度上，独特的并联机构可实现快速、敏捷动作且减少了非累积定位误差。目前在装配领域，并联式装配机器人有两种形式可供选择，即三轴手腕（合计六轴）和一轴手腕（合计四轴），具有小巧高效、安装方便、精准灵敏等优点，广泛应用于 IT、电子装配等领域。图 6-56 所示是采用两套 FANUC M-1iA 并联式装配机器人进行键盘装配作业的场景。

通常装配机器人本体与搬运、焊接、涂装机器人本体在制造精度上有一定的差别，原因在于机器人在完成焊接、涂装作业时，没有与作业对象接触，只需示教机器人运动轨迹即可，而装配机器人需与作业对象直接接触，并进行相应动作；搬运、码垛机器人在移动物料时运动轨迹多为开放性，而装配作业是一种约束运动类操作，即装配机器人精度要高于搬运、码垛、焊接和涂装机器人。尽管装配机器人在本体上较其他类型机器人有所区别，但在实际应用中无论是直角式装配机器人还是关节式装配机器人都有如下特性：

① 能够实时调节生产节拍和末端执行器动作状态。

② 可更换不同末端执行器以适应装配任务的变化，方便、快捷。

③ 能够与零件供给器、输送装置等辅助设备集成，实现柔性化生产。

④ 多带有传感器，如视觉传感器、触觉传感器、力传感器等，以保证装配任务的精准性。

图 6-56　并联式装配机器人组装键盘

6.7　本章小结

工业机器人是一种功能完整、可独立运行的自动化设备，其相关技术被称为工业自动化的三大支持技术之一。随着社会的进步和劳动力成本的增加，工业机器人在我国的应用已越来越广。本章介绍了工业机器人的组成、特点和技术性能等入门知识，其中分别对工业机器人本体、常用附件进行了介绍，在此基础上还对工业机器人的驱动系统进行了深入介绍，而且对工业机器人的机械核心部件——谐波减速器和 RV 减速器的结构原理、产品分类进行了具体的介绍。针对工业机器人在通用工业领域中的应用，本章分还分别介绍了其焊接、码垛、装配等典型作业应用系统和示教要领。

随着信息技术、人工智能技术的发展，工业机器人市场近年来呈现快速增长的趋势。许多行业都开始采用工业机器人来提高生产效率、降低成本和改善产品质量。工业机器人的未来发展趋向于智能化、协作化、灵活化和数据驱动化，这些趋势将推动工业机器人在各个行业和领域的广泛应用，提高生产效率、质量和可持续发展能力。工业机器人将成为推动工业转型和升级的重要力量。

 练习题

1. 工业机器人通常由哪几部分组成？

2. 工业机器人常见的驱动方式有哪几种？各自的优缺点有哪些？

3. 简述谐波减速器的组成、变速原理及主要特点。

4. 简述 RV 减速器的主要特点。

5. 什么是机器人的控制器？其基本功能有哪些？

6. 工业机器人技术标准有哪些？

7. 装配机器人的主要优点有哪些？按臂部运动形式可分为哪几类？

参考文献

[1] 龚仲华. 工业机器人从入门到应用[M]. 北京：机械工业出版社，2016.

[2] 兰虎，戴鸿滨，刘俊，等. 工业机器人技术及应用[M]. 北京：机械工业出版社，2014.

[3] 龚仲华，龚晓雯. 工业机器人完全应用手册[M]. 北京：人民邮电出版社，2017.

[4] 赵京，张自强. 机器人工程概论[M]. 北京：国家开放大学出版社，2022.

[5] 陈万米，等. 机器人控制技术[M]. 北京：机械工业出版社，2017.

[6] 江洁. 现代机器人基础与控制研究[M]. 北京：中国水利水电出版社，2018.

第 7 章

智能服务机器人

 思维导图

扫码获取配套资源

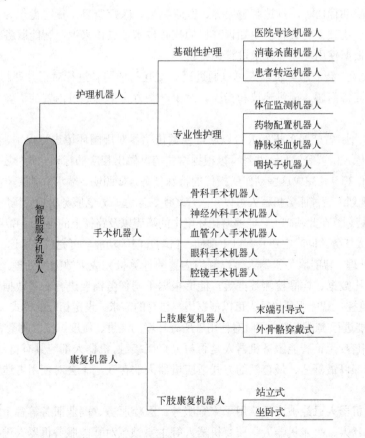

学习目标

1. 掌握智能服务机器人的功能及分类。
2. 理解护理机器人、手术机器人、康复机器人等典型智能服务机器人的关键技术及主要研究成果。
3. 了解不同类型智能服务机器人的未来发展趋势。

7.1 智能服务机器人概述

智能服务机器人是一种在非结构环境下通过感知、决策等方式为人类提供各种服务的智能化装备。其通常涉及智能感知、语音识别与合成、自然语言处理、图像识别、运动规划与控制等技术，可以搭载各种执行装置，完成如家庭服务、健康护理、康复医疗、商业服务等不同类型的服务任务。

国外智能服务机器人的研究主要集中在德国、日本等国家。近年来，我国很多机器人研发公司将研究重点转向智能服务机器人开发，取得了较为突出的研究成果。例如，沈阳新松机器人自动化股份有限公司已经自主研发出多类智能服务机器人，如医疗康复机器人、医院物品配送机器人、智能助行器等，打造智慧康养、医院物流、医疗康复、货物盘点等行业系统解决方案，拥有多项行业领先的具有自主知识产权的核心技术。具体来说，智能服务机器人可以完成下列任务，并根据使用环境和需求进行调整。

① 语音交互：智能服务机器人可以通过语音交互与使用者进行对话并理解人类的语言，同时能够自然地回答问题、提供建议和指引。对于一些方言，可通过内置的语音数据库进行匹配并完成交流。

② 视觉识别：智能服务机器人可以通过视觉传感器对周围环境进行识别，能够感知目标物体的形状、颜色、位置等信息，并且可以根据这些信息做出相应的行动。此外还可以识别使用者特定的手势动作等，并完成这些动作所指代的特殊任务，如照明、端水、提供药物、搬运物品等。

③ 运动规划：智能服务机器人可以在医疗场所、家庭、养老服务机构等场所，配合视觉识别功能完成路径规划。在此基础上，能够避让环境中的障碍以及路径上的行人，并尽可能地平稳、快速、准确地完成任务。同时它还具有自主乘梯、自动开门等功能，可完成中远途的服务任务。

④ 数据处理：智能服务机器人可以利用内置的计算机完成大数据的处理，包括患者的康复数据、药物配比数据、样品检测数据等，能够根据不同任务需要进行海量数据管理与分析。

⑤ 安全监控：智能服务机器人可以根据用户自身的需求，设定相应的模式，对使用者的身体条件、身体机能进行实时监控，同时对使用者所处环境的温度、湿度、空气质量等信息进行监控。

⑥ 人机相容：无论智能服务机器人是否与人直接接触，机器人都应具有良好的人机相容性，使得使用者能够以最舒适、最自然的方式适应机器人的存在，不会对使用者造成伤害或对生活习惯造成影响。

智能服务机器人已经被广泛应用于家庭服务、医疗服务、商业服务等各个领域。本章将主要围绕护理机器人、手术机器人、康复机器人等主要领域对智能服务机器人进行详细介绍。

7.2　护理机器人

7.2.1　护理机器人概述

　　根据联合国对人口年龄类型的划分，我国已经进入"老年型国家"，人口老龄化已经成为人口结构无法逆转的趋势。预计 2035 年左右，中国 60 岁以上的老龄人口总量将突破 4 亿，占比超过 30%，这意味着中国将进入重度老龄化社会阶段。同时，根据国家统计局发布的数据，截至 2022 年底，中国残疾人总人数为 8591.4 万人，占总人口的 6.16%。大量老年人和残疾人由于身体机能的障碍，在日常生活中往往会有很多困扰。随着人们对生活品质追求的不断提高，亟需研发新型的护理装备，满足不同人群的使用需求。生活护理机器人是一类典型的服务机器人，具有自我感知、理解、判断和辅助决策等能力，旨在提供各种护理和支持服务，如协助日常活动、康复、监测病情、提供药物、交互娱乐等。护理机器人不仅可以帮助老年人、残疾人等人群获取更好的生活质量，还可以提供社交互动和心理支持。荷兰、美国、日本等国从 20 世纪 80 年代就开始研发生活护理机器人。我国生活护理机器人的研发也取得了较为突出的成果，一批生活护理机器人已经开展示范应用。

7.2.2　护理机器人关键技术

　　护理机器人涉及的关键技术如下：

　　① 生理参数动态监测技术。老年人或残疾人的生理参数是反映其身体状况的重要指标之一。无感低负荷的生理参数监测技术，即利用光电传感器、红外传感器等电子元件采集心率、血压和血氧饱和度等生理参数，无中断地动态监测患者的身体状况，是生活护理机器人的关键技术之一。

　　② 数据精准分析技术。老年人或残疾人的生理检测数据种类差别较大，所用到的信息采集方式也存在差异，因此，需要突破生理数据精准分析技术，从大量数据中准确提取生理状态、病理发展趋势等有用信息，并将分析结果应用于生活护理机器人中，实现个性化护理，提高护理水平。

　　③ 基于多语言体系的智能语音识别技术。由于老年人可能存在对新鲜事物的接受程度有限、运动和操作能力较弱等问题，且语速、语调、口音等问题突出，因此，生活护理机器人需要突破智能语音识别技术，能够准确地识别使用者的自然语言。一方面，能够对语言指令进行准确判断并精确决策；另一方面，能够与使用者进行对话交流，实现陪伴。

　　④ 基于机器视觉的活动状态监测技术。对于被护理的独居老人或残疾人，亟须突破基于机器视觉的活动状态监测技术，通过物体检测、人脸识别等，实现对运动状态、手写文字信息、环境状态等的实时监测，从而为老年人或残疾人生活起居状态的准确预报预警、机器人路径的高效规划等提供技术支撑。

　　⑤ 情感识别与心理状态监测技术。目前，机器人革命已经进入"互联网+情感+智能"时代。如果缺乏情感理解和表达能力，无法与护理对象实现自然和谐的人机交互，机器人的应用范围便会受到很大程度的限制。因此，需要突破情感辨别等关键技术，理解老年人或残疾人的情感、意图和服务需求，根据其心理需求来提供优质的服务。

　　⑥ 舒适的人机交互技术。护理机器人的服务对象是人，因此在使用过程中，会不可避免地与被护理对象发生接触，如机器人抱起病床上的老年人或给老年人进行物品的传递。如果缺乏

舒适的人机交互，机器人很容易对被护理对象造成不可逆转的伤害。为此，需要突破舒适的人机交互技术，提升护理机器人在使用过程中的安全性、舒适性，从而更好地融入人类社会。

⑦ 复杂室内环境导航技术。护理机器人的应用场景繁多，家庭和医疗场所是最常见的应用场合。家庭环境中存在各种形态不一的家具，需要精准定位各种障碍物的位置，保证机器人的安全性；而在医院环境中，纷繁复杂的人流对机器人的移动提出了相当大的挑战，应结合动态分析技术，智能规划复杂动态环境下的前进路线，并完成自主导航，顺利到达指定的任务地点，与此同时，机器人还要具备自动搭乘电梯的功能，执行一些较远距离的跨楼层护理任务。

7.2.3　护理机器人的分类及应用

按照运动方式和操作对象的不同，护理机器人可分为固定操作式、移动操作式和搭载式三类。固定操作式生活护理机器人大多将机械臂安装在固定平台上，操作者通过人机界面控制其完成相应任务。然而，固定操作式生活护理机器人存在适应能力差、作业范围有限等问题。移动操作式生活护理机器人可自由移动，一般被用来辅助护理人员完成物品的传送等枯燥或沉重的工作，需要具有路径规划和避障等功能，技术难度相对较大。搭载式生活护理机器人是指能够搭载被服务对象做长距离移动的机器人，其典型代表是智能轮椅和载人步行机器人。上述机器人分类及典型应用如图 7-1 所示。

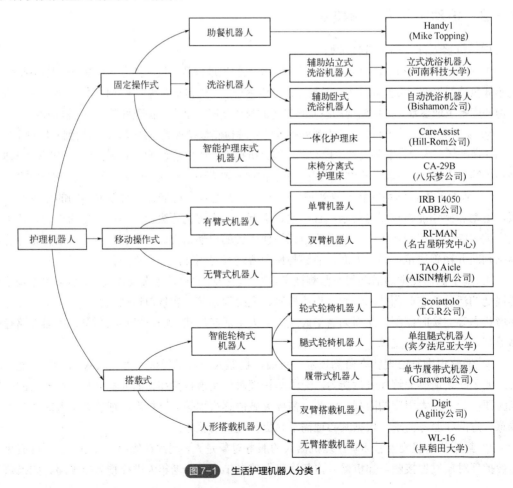

图 7-1　生活护理机器人分类 1

按照使用功能的不同，护理机器人可以分为助餐机器人、卫生护理机器人、转运护理机器人等。助餐机器人可用来帮助无法独立就餐的使用者进行吃饭；卫生护理机器人主要面对无法独自完成个人卫生清洁的人群开展洗浴等工作，解决传统的人工卫生护理工作量大且效率低下等问题；转运护理机器人主要协助医护人员完成卧床病患等行动不便对象在病床、轮椅、手术台之间的移动转运等劳动强度高、技术含量高的工作。

按照护理任务类型的不同，护理机器人又可以分为基础性护理机器人和专业性护理机器人两类。基础性护理机器人包括医院导诊机器人、消毒杀菌机器人、患者转运机器人等；专业性护理机器人包括体征监测机器人、药物配置机器人、静脉采血机器人和咽拭子机器人等。上述分类及典型应用如图 7-2 所示。

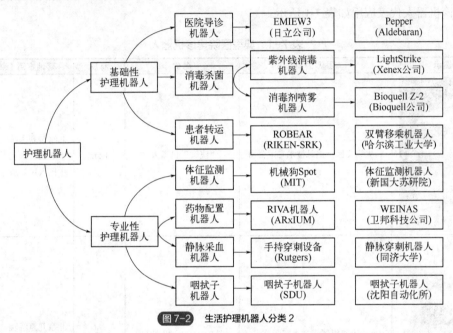

图 7-2　生活护理机器人分类 2

7.2.3.1　基础性护理机器人

（1）医院导诊机器人

1）医院导诊机器人概述

医院导诊机器人是智能机器人技术与医疗领域的典型结合，其不但具有"沟通"功能，还支持为患者"引路"。智能导诊机器人改变了传统自助服务终端"菜单式"引导人的模式，可以让广大患者亲身体验到智能科技在就医过程中带来的便捷。结合医院的工作需求，通过在机器人数据库中保存医院科室分布图与专科医学知识等相关数据，为患者介绍医院的整体布局情况，加强患者对医院的了解程度；为患者介绍各个科室分布情况，使患者能够用最短的时间找到自己需要就诊的科室，缩短患者的就诊时间；为患者普及医学知识，如介绍有关疫苗接种知识、疾病护理常识等。尤其针对就诊患儿来讲，医院导诊机器人的使用不但使医疗知识的科普方式充满趣味性，还能改善患儿紧张、焦虑等不良心理情绪，转移患儿的注意力。正因如此，智能导诊机器人在医院门诊的运用获得了患者以及患者家属的高度认可，同时也为医院节省了一部分人力资源费用支出，减轻了导诊工作者的工作负担。

2）医院导诊机器人分类

按照应用地点的不同，医院导诊机器人可以分为门诊部导诊机器人、诊疗部导诊机器人和住院部导诊机器人三类。门诊部导诊机器人主要负责辅助患者挂号、解答就诊流程等；诊疗部导诊机器人主要负责科室的引导及提供专业医学问题解答等；住院部导诊机器人主要负责引导陪护人员及查询患者所在病房等。目前，国内外相关高校及企业开展了各类导诊机器人的研发，并开展应用示范，但均未有完全成熟的机器人产品。国内导诊服务机器人多数仅能实现简单问答，或根据标准化问题模板辅助进行初步筛选和判断，未能真正发挥优化就医业务流程、提升医院日常运行效率的作用。同时，从机器人的功能上而言，现有产品也并未完全遵循上述分类方法。但相比国外产品，导诊服务机器人已在国内多个地区和场景下开展初步应用。国内典型医院导诊机器人代表应用如表 7-1 所示。

表 7-1　典型医院导诊机器人

图示	团队/公司	名称	身高	落地案例（部分）
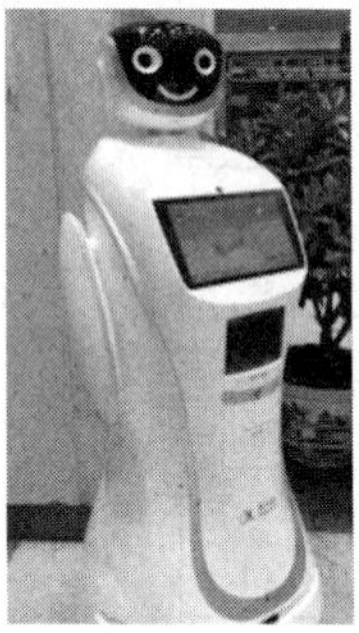	科大讯飞医疗信息技术有限公司	"晓医"机器人	1.5m	北京协和医院 上海同济医院 中国人民解放军总医院
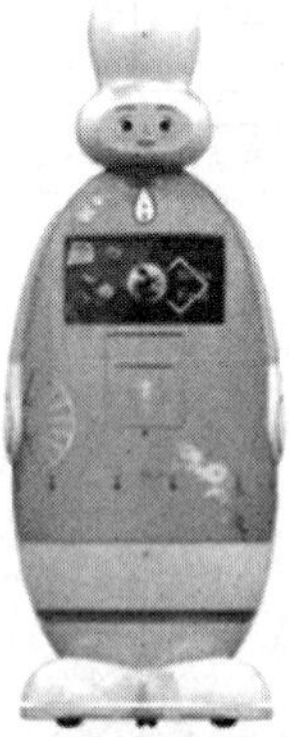	上海木爷机器人技术有限公司	酷奇 Cooky 机器人	1.65m	北京儿童医院 上海中山医院
	昆山新正源机器人智能科技有限公司	小新机器人	1.08m	成都市第八人民医院 上海儿童医学中心 中山大学附属第一医院

续表

图示	团队/公司	名称	身高	落地案例（部分）
	广州映博智能科技有限公司	派宝机器人 X3	1.4m	北京协和医院 北京儿童医院 同济大学附属东方医院
	北京猎户星空科技有限公司	"豹小秘"智能机器人	1.36m	北京和睦家医院 山东青岛海慈医院 北大首钢医院

3）典型医院导诊机器人

① EMIEW 系列医院导诊机器人。日本日立公司于 2004 年开展项目"EMIEW（Excellent Mobility and Interactive Existence as Workmate）"，研发了多代医院导诊机器人。图 7-3（a）所示为爱知世博会上亮相的第一代"EMIEW"机器人。在此基础上，日立公司进一步考虑安全性和实用性，于 2007 年研发了第二代"EMIEW2"机器人，如图 7-3（b）所示。"EMIEW2"机器人身长 80cm，体重仅 14kg。其配置有网络摄像头以及影像数据库，能够识别物体，智能化水平得到提升。同时，相对于其第一代机器人，"EMIEW2"能够在医院门诊部嘈杂环境中辨别患者声音，也能够跨越较小的地势差，功能有了质的飞跃。在前两代的基础上，日立在 2016 年又对"EMIEW2"进行了升级，研发了新一代"EMIEW3"和机器人 IT 平台。"EMIEW3"如图 7-3（c）所示，身高 90cm，体重 15kg，具有 6km/h 的移动速度和 15mm 台阶攀爬功能。为了避免实际导诊服务过程中发生意外，"EMIEW3"还增加了跌倒起立功能。"EMIEW3"属于主体与智能处理信息所在地分离的远程脑结构型机器人，处理功能由建立在云上的机器人 IT 平台拥有。通过这一方式，在减轻机器人主体重量的同时，提高了其信息处理能力，并可与外部系统联动，实现功能的扩展。此外，由于多地点、多台机器人运行监控与控制可以统一进行，所以也能做到在机器人之间进行信息共享与服务交接。

② Pepper 医院导诊机器人。日本东京软银集团（SoftBank Group）旗下子公司、日本领先的移动运营商软银移动（SoftBank Mobile Corp）与法国巴黎 Aldebaran Robotics SAS（简称 Aldebaran）于 2015 年宣布联合开发了世界上第一个能够读取情绪的自主机器人 Pepper，并于 2016 年分别应用于比利时列日与奥斯坦德医院的前台。Pepper 机器人如图 7-4 所示，其身高为 1.21m，拥有两个拟

人臂以及和人类相似的双手，每一根手指都能灵活运动。其胸口部位配备了一台平板电脑，可与患者进行交流。Pepper 机器人的结构示意图和详细技术参数分别如图 7-4（b）和表 7-2 所示。

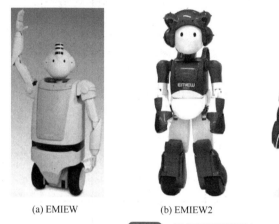

(a) EMIEW   (b) EMIEW2   (c) EMIEW3

图 7-3　EMIEW 系列机器人

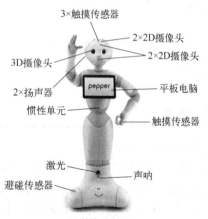

(a) 应用场景   (b) 结构示意图

图 7-4　Pepper 机器人应用场景及结构示意图

表 7-2　Pepper 机器人的详细技术参数

本体尺寸	1210mm×480mm×425mm	质量	29.10kg
平板电脑尺寸	246mm×175mm×14.5mm	工作温度	5～35℃
触摸传感器	头部 3 个、手部 2 个	声呐	42kHz
红外传感器	波长 808nm	速度	2km/h
扬声器直径	25mm	越障高度	15mm
麦克风频率	100Hz～10kHz	越障坡度	5°

　　Pepper 机器人内置软件是由比利时佐拉机器人公司（ZORABOTS）开发的。其能够识别 19 种语言，并为寻找科室的病人带路，帮助他们进行检查或是缴费，同时还能为患者提供信息查询服务。此外，该机器人还能够依靠其拥有的大数据收集及处理能力，帮助患者提供智能化导诊及康复训练服务，辅助处理医疗报告，并跟踪后续治疗情况。更重要的是，Pepper 机器人内置有一个"情感引擎"，能够识别人类的面部表情、语音声调、讲话内容等，并且可根据人类

情绪进行灵活反应。在与人类的日常交流中，Pepper 不仅会唱歌跳舞、主动搭讪，还能张开手臂，伸出手与用户"握手言和"。如果对方主动伸手回应它，它会紧紧握住对方，并要求一个拥抱。因此，Pepper 也被称作人类历史上首个被赋予了"心脏和情感"的机器人。

（2）消毒杀菌机器人

1）消毒杀菌机器人概述

自 2019 年末全球爆发新型冠状病毒感染以来，安全、卫生、消毒成为个人及企业首要关注的问题。虽然疫情已经结束，但日常生活中对于卫生和消毒的重视依然不能放松，而消毒杀菌机器人在其中扮演了重要的角色。消毒杀菌机器人可通过使用紫外线、光氧化反应、臭氧等技术，快速、高效地对医院、办公、餐饮及其他公共场所进行消毒杀菌，减少人工干预和操作风险，是一种新型的环保节能机器人。消毒杀菌机器人的出现，有效地提高了公共场所卫生的质量，给人们带来更加安全、清洁、健康的生活环境。

2）消毒杀菌机器人分类

常见的消毒杀菌方式有以下三种：

① 紫外线消毒。紫外线（ultraviolet，UV）是由太阳自然产生的一种光。它分为三个部分：UV-A（波长介于 315～400nm 之间），UV-B（波长介于 280～315nm 之间）和 UV-C（波长介于 200～280nm 之间），如图 7-5 所示。作为一种能量形式，紫外线具有强辐射的特点，在照射细菌、病毒等微生物时，随着能量累加，会破坏其细胞膜、外壳，抑制其遗传物质分裂复制，从而抑制微生物繁殖，能够造成原子级的损害，或直接使微生物灭活，实现消毒杀菌的目的，属于物理消毒方法。此外，研究员测试发现，并不是所有能发出紫外线光的灯都可以有效消毒杀菌，最理想的紫外线消毒灯是使用集中照射 UV-C 的灯管，因此，UV-C 又称为短波灭菌紫外线。但 UV-C 灯管工作时要严格避免接触人员，若直接照射，短时间照射即可灼伤皮肤，长期或高强度照射还会造成皮肤癌。

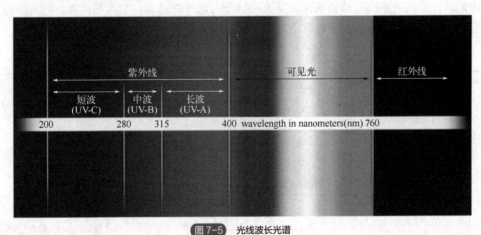

图 7-5　光线波长光谱

② 消毒剂喷雾消杀。喷雾消毒方式是通过机械力或其他作用力将消毒液雾化，喷出的消毒液主要为小于 50μm 的微雾（微雾液滴大小 10～100μm）。低于 30μm 的微雾重量非常轻，像自然界中蒸发的水雾一般可以在空气中自由扩散飘浮，可与空气中的气溶胶物质（空气气溶胶物质是新型冠状病毒传播的主要途径之一）结合，进而杀死细菌、病毒，对空气进行消毒；而 30～50μm 的

微雾则可以呈抛物线运动，缓慢沉降在地面或周围物体的表面消毒。微雾易蒸发，然后扩散在空气中，不会出现地面湿滑问题，未开窗通风前，还可以持续对空气消毒，实现良好的消毒效果。

③ 等离子体消毒。此类消毒方式是利用超能离子发生器释放兆亿级的正负电子，通过正负离子湮灭产生大量能量，从而破坏细菌细胞膜、杀死细胞核，实现高效杀菌，具有消毒效果极强、作用时间短的特点。该功能可以通过两种方式实现：一种是在高能电子的瞬时高能作用下，打开一些有害气体分子的化学键，使病毒直接分解为原子或无害分子；另一种是在大量高能电子、离子、激发态粒子和氧自由基、氢氧自由基（自由基因带有不成对电子而具有很强的活性）的作用下，氧化分解成无害产物。等离子体消毒原理如图 7-6 所示。

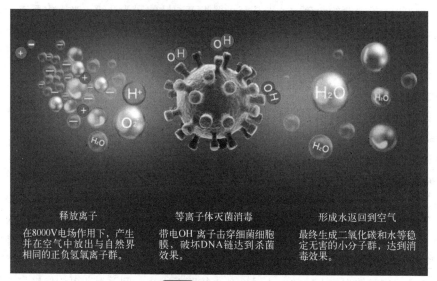

| 释放离子 | 等离子体灭菌消毒 | 形成水返回到空气 |
| 在8000V电场作用下，产生并在空气中放出与自然界相同的正负氢氧离子群。 | 带电OH离子击穿细菌细胞膜，破坏DNA链达到杀菌效果。 | 最终生成二氧化碳和水等稳定无害的小分子群，达到消毒效果。 |

图 7-6　等离子消毒原理

根据消毒方式的不同，消毒杀菌机器人可以分为紫外线消毒、喷雾剂消毒、等离子体消毒和复合功能消毒四类。消毒杀菌机器人分类及代表应用如表 7-3 所示。

表 7-3　典型消毒杀菌机器人

方法	名称	所在地	公司	特点
紫外线消毒	LightStrike 消毒机器人	美国	Xenex	利用脉冲氙紫外线技术净化手术室，消灭隐藏性的可能造成医院获得性感染的微生物
	GermFalcon	美国	Dimer UVC Innovations	机器人顶部和两侧安装有固定和可伸缩的消毒装置，可以对机舱顶部、行李放置架、座椅和地面全方位消毒
	UVD robot	丹麦	Blue Ocean	运动底盘加装 UV-C 消毒装置，对预设路径及工作区进行消毒；搭载运动传感器，检测消毒区域是否存在人员，避免 UV-C 对人体造成伤害
	ADIBOT 净巡士	深圳	优必选科技	采用紫外线最强杀菌波段253.7nm，破坏病原体的基因结构，使其无法繁殖，失去传染性
	Unipin 紫外线消毒机器人	广东	天品智能	使用高强度 253.7nm 波长的紫外线消毒杀菌，对环境物表芽孢以及各种多重耐药菌达到 99.99% 的杀灭效果

续表

方法	名称	所在地	公司	特点
喷雾剂消毒	Bioquell Z-2	英国	Bioquell	应用气态过氧化氢的扩散性能够快速消灭一定范围内的病菌，且对室内消毒无残留
	YOGO 喷雾消杀机器人	上海	YOGO ROBOT	使用佳姆巴消毒液，无色无味，对眼鼻均无刺激作用；智能 IoT 设备与整个楼宇形成物联网系统
	智能灭菌机器人	上海	东富龙	采用过氧化氢蒸汽灭菌；Wi-Fi 远程控制，根据灭菌需求，设置房间灭菌顺序，自主规划路径并规避障碍
	悟牛智能消毒机器人	青岛	悟牛智能	在仿人型轮式机器人背部加装自动喷洒装置，实现对工作区域的自动消毒
等离子体消毒	Aojie	四川	奥洁消毒	大风量循环风，等离子体消毒杀菌无死角，迅速杀灭致病菌
	BooCax	北京	布科思科技	采用高压电离的方式产生高浓度安全可靠的等离子体，可主动捕捉细菌病毒，使其失去活性，完成消杀
复合功能消毒	智能等离子紫外线消毒机器人	江苏	创泽智能	采用等离子和紫外线灯双重智能消毒模式，可将空气中病毒、细菌的结构快速破坏分解；同时可去除烟味等污染物，不会对人体产生危害，避免环境二次污染
	钛米消毒机器人	上海	钛米机器人	能识别环境内的物品，实现自主避障；集成了包括过氧化氢、次氯酸、紫外线灯等多种消毒手段，配备消毒管理软件，自动根据空间面积计算消毒时间

3）典型消毒杀菌机器人

下面对 LightStrike 紫外线消毒机器人和 Bioquell Z-2 喷雾剂消毒机器人进行详细介绍。

① LightStrike 紫外线消毒机器人。LightStrike 紫外线消毒机器人是由美国 Xenex 公司（Xenex Disinfection Services）于 2014 年所开发的，如图 7-7 所示。该机器人可以有效利用脉冲氙紫外线技术净化手术室，消灭隐藏于医疗设备中的可能造成医院获得性感染的微生物。LightStrike 机器人所使用的脉冲氙气是一种环境友好型的惰性气体，可以创建全光谱，通过高强度紫外线灯，不到 5min 就能够快速消灭感染性细菌。不同于由汞灯泡产生的窄光谱紫外线，脉冲氙气紫外线已被证明可以降低感染率并增强患者的安全性。根据医院发布的研究结果表明，当这些医院使用该机器人为房间消毒时，艰难梭菌、耐甲氧西林金黄色葡萄球菌、不动杆菌、耳念珠菌感染率可以下降 50%～100%。

此外，LightStrike 机器人根据医院环境进行设计，便携且易于使用，使用过程中不会中断医院日常工作。根据机器人的不同型号，每次消毒大约需要 4～5min，每天大约可以为位于病房、

图 7-7　LightStrike 消毒机器人

手术室、设备室、急诊室、重症监护室和公共区域等在内的 30～62 个房间消毒。目前有位于美国、加拿大、日本的大约 400 家医院正在使用 LightStrike 机器人。在新冠病毒（COVID-19）大流行期间，LightStrike 机器人设备的销量猛增。不单单提供给医疗机构，还出售给酒店、体育场馆、学校和政府设施，应用场景广泛。

② Bioquell Z-2 喷雾剂消毒机器人。Bioquell Z-2 是由英国 Bioquell 公司于 2014 年研发的消毒机器人，如图 7-8（a）所示，主要利用气态过氧化氢的扩散性快速消灭一定范围内的病菌且无残留。Bioquell Z-2 机器人的工作原理为：发生器产生良好的过氧化氢蒸气，在饱和浓度的凝露点有效地消灭微生物，然后使用同一设备通过触媒将多余的过氧化氢分解处理为无害的水和氧气。

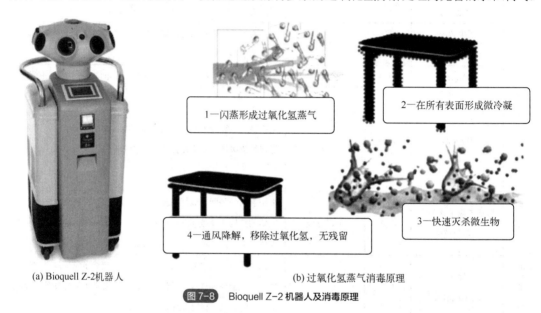

(a) Bioquell Z-2机器人　　　　　　　　　(b) 过氧化氢蒸气消毒原理

图 7-8　Bioquell Z-2 机器人及消毒原理

整个灭菌过程共分为四个阶段。a.准备阶段：蒸气发生装置的温度升高到稳定的条件。b.蒸气发生：过氧化氢蒸气快速进入灭菌空间（通过闪蒸）。c.灭菌阶段：饱和浓度过氧化氢蒸气保持在灭菌空间中。d.通风阶段：过氧化氢蒸气在催化剂上分解为水和氧气。消毒原理如图 7-8（b）所示。Bioquell Z-2 提供的无残留、安全、可重复的灭菌系统能够取代传统的甲醛熏蒸等方法，更加安全且节约时间，受到权威部门 BPD、EPA 的认可，可用于生物安全实验室、SPF 动物房、细胞室等的消毒灭菌，最大区域消毒空间可达 250m³。

（3）患者转运机器人

1）患者转运机器人概述

患者转运机器人主要用于危重患者的挪动、转床、手术和麻醉前后的接送，有效避免患者二次受伤。转运机器人能够帮助医护人员实现对重症患者或者腿脚不便的人士进行转运，同时能够减少医护人员的工作量，降低日积月累增加腰背部肌肉骨骼和软组织损伤的风险，间接地为医护人员提供一定的安全保障。因此，患者转运机器人具有非常广阔的应用前景。

在关键技术方面，患者转运机器人除了具备护理机器人所共同具有的关键技术外，还应特别关注基于柔性接触的实时力反馈技术和触觉引导技术，使患者转运机器人能够根据感知数据智能调整机器人的背抱姿态，增大受力较大部位的接触面积或替换为更加柔软的接触部件，提供给被转运患者最舒适的转运体验。

2）患者转运机器人分类

按照转运方式的不同，患者转运机器人可以分为轮椅式转运机器人、吊篮式转运机器人、双臂式转运机器人和床板式转运机器人四类，分类及代表应用如表 7-4 所示。

表 7-4　典型患者转运机器人

类型	名称	年份	国家	团队/公司	图示
轮椅式转运机器人	Resyone 转运机器人	2009	日本	Panasonic 公司	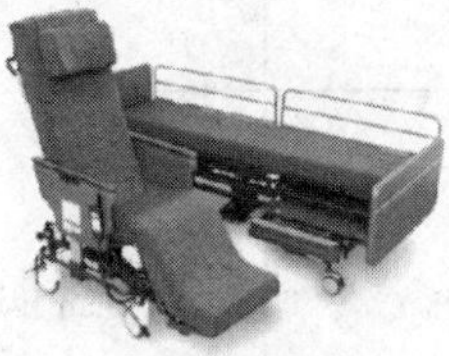
	"交龙"轮椅式转运机器人	2007	中国	上海交通大学	
	Brain-controlled 轮椅机器人	2015	瑞士	洛桑联邦理工学院	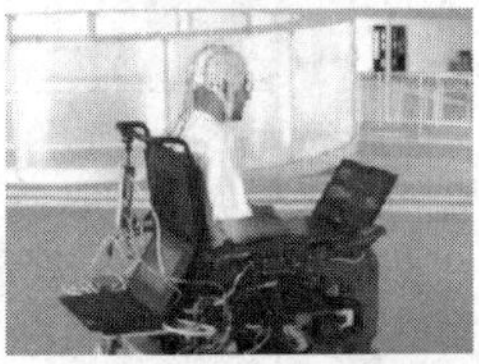
吊篮式转运机器人	Maxi Move 电动转运系统	2008	瑞典	ArjoHuntleigh 公司	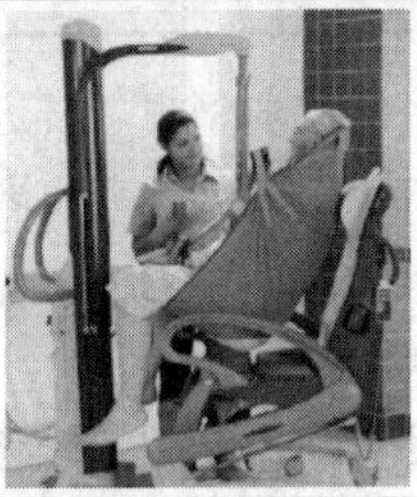
	"小棉袄"兜吊移位机	2018	中国	小棉袄智慧医疗公司	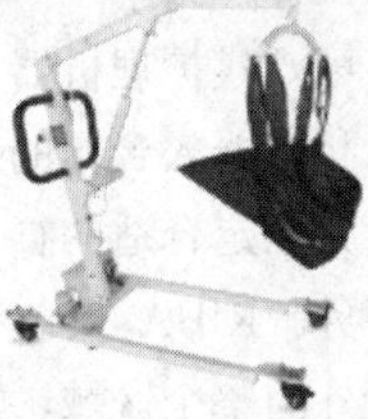
双臂式转运机器人	ETL-humanoid	1992	日本	东京大学	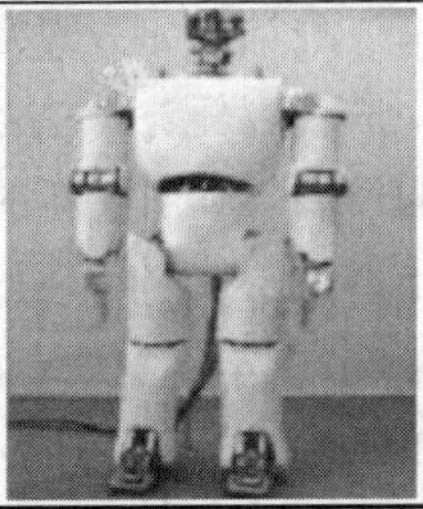

续表

类型	名称	年份	国家	团队/公司	图示
双臂式转运机器人	ROBEAR	2015	日本	RIKEN-SRK	
床板式转运机器人	C-Pam 转运机器人	2004	日本	东京大学	
	PowerNurse 转运机器人	2010	美国	Astir Technologies 公司	
	SE 医用转运机器人	—	中国	宁波启发医疗公司	

3) 典型患者转运机器人

以 RIBA 系列患者转运机器人（RIBA/RIBA-Ⅱ/ROBEAR）为例。2009 年，日本理化研究所（RIKEN-SRK）人类互动机器人研究协作中心研发出了第一代协助患者转移的护理机器人

RIBA，如图 7-9 所示。该机器人具有人形手臂，旨在执行将人从床上转移到轮椅上等需要与人接触的繁重体力任务。

第一代护理机器人 RIBA 采用了一种基于护理人员和机器人合作的操作模式，护理人员负责监测环境并确定合适的行动，而机器人则承担艰巨的体力任务。RIBA 安装有触觉传感器，覆盖手臂上除关节外的整个区域，如图 7-10 所示。护理人员可以使用"触觉引导"的方法与 RIBA 进行交互，指示其完成相应任务。总之，RIBA 的发明给护理机器人的发展勾勒出了新的方向，不过由于部分功能的不足，RIBA 未能商业化。

2011 年，第二代协助患者转移的护理机器人 RIBA-Ⅱ问世，如图 7-11（a）所示。相对于第一代

图 7-9　护理机器人 RIBA

RIBA 而言，RIBA-Ⅱ加装的强大的机械关节能使其蹲得更低，可以直接从水平地面托起病患，还能将抱起的病患放进轮椅里（并能把病人从轮椅里抱出来）。该机器人的胸腔、上臂、前臂上安装了智能橡胶传感器，主要安装位置如图 7-11（b）所示。在机器人转移病患时，护士可以通过与它的肢体接触指引机器人。此外，使用者可以通过机器人背后的触屏对其运行路线进行设置，当需要机器人进行操作时，可提前设定好病房位置，并让机器人自行前往。语音指令、车轮罩上的激光测距仪以及保险杠上的传感器都能让机器人在需要的时候立即停止。

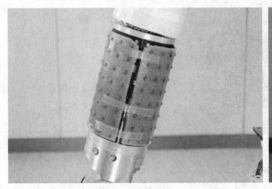

(a) 无遮盖　　　　　　　　　　　　　　(b) 有遮盖

图 7-10　上臂上的触觉传感器

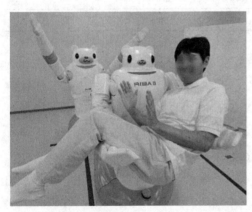

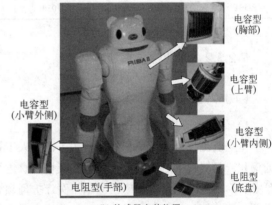

电容型（胸部）

电容型（上臂）

电容型（小臂内侧）

电容型（小臂外侧）

电阻型（手部）

电阻型（底盘）

(a) RIBA-Ⅱ　　　　　　　　　　　　(b) 传感器安装位置

图 7-11　护理机器人 RIBA-Ⅱ

2015 年，日本理化研究所联合日本 Sumitomo Riko 公司和 Toshiharu Mukai 公司共同开发了第三代协助患者转移的交互式人体辅助机器人 ROBEAR，如图 7-12 所示。ROBEAR 机器人与前两代机器人参数对比如表 7-5 所示，与 RIBA 和 RIBA-Ⅱ相比，其底座更小，运动更加机动灵活，托举动作更加轻柔缓慢。ROBEAR 机器人最核心的技术为感知技术。其双臂配备的扭矩传感器可以实时感知力的大小，进而实现精准控制；触觉传感器来自 Sumitomo Riko 的智能橡胶技术，可以测量压力与形变。结合上述技术，ROBEAR 机器人手臂可将重达 80kg 的患者从床铺提升至轮椅上。此外，它还能够完成帮助患者站立、翻身以避免长褥疮等任务，提供个性化服务。

图7-12 ROBEAR

表7-5 三代机器人的关键参数对比

机器人	身高/mm	身长/mm	身宽/mm	质量/kg	可搬质量（最大负载）/kg
RIBA（一代）	1400	840	750	180	63
RIBA-Ⅱ（二代）	1370	1030	820	230	80
ROBEAR（三代）	1500	1030	800	140	80

7.2.3.2 专业性护理机器人

（1）体征监测机器人

1）体征监测机器人概述

体征监测机器人是一种集成了传感器和人工智能技术的设备，可以通过各种传感器、无线通信和云计算技术对人的各种体征和环境信息进行实时监测和记录，并对患者的生理状态做出预警和诊断。其应用非常广泛，除了医疗护理领域外，还在健康管理、体育训练等领域起到了重要作用。例如，医院可以使用体征监测机器人收集病人的生命体征和健康数据，对病情实时监控并提供准确的医疗诊断；运动员可以使用体征监测机器人进行身体数据的测量和分析，以优化训练计划和提高运动成绩。体征监测机器人的应用改善了医疗和日常生活中的健康管理和疾病诊断的方式，使治疗方案更加个性化和科学化。当然，体征监测机器人的使用也会存在数据隐私等方面的问题，这就需要在确保数据准确性和可靠性的同时，出台政策不断加强对数据的管理。

体征监测机器人除了具备护理机器人所共同具有的相关技术外，其研究重点主要集中在多场景下的生理参数动态实时监测技术方面，以完成如下信息的监测：

① 生理参数监测。体征监测机器人可以通过传感器实时监测人体的生理参数，如心率、血压、体温、血氧饱和度等。这些数据可以提供对人体健康状况的评估和监测。

② 运动活动监测。机器人可以通过内置的加速度计和陀螺仪等传感器来监测人的运动状态，包括步数、运动强度、活动时间等。通过对运动数据的收集和分析，可以提供有关人体活

动量和运动能力的信息。

③ 睡眠监测。机器人可以通过摄像头等来监测人的睡眠质量和睡眠周期，包括入睡时间、睡眠深度、醒来次数等。通过分析睡眠数据，可以评估睡眠质量并提供改善建议。

2）体征监测机器人分类

根据监测数据的不同，体征监测机器人可以分为生命体征监测、健康参数监测、运动活动监测和心理情绪监测四类。生命体征监测主要面向血压、心电图、呼吸、脉搏氧饱和度等信息；健康参数监测主要面向体温、血糖、体重、脑电图等信息；运动活动监测主要面向运动时长、步数、距离、睡眠等信息；心理情绪监测主要面向面部表情、声音分析、脑电波信号等信息。上述分类方式只是一种常见的分类方法，不同的体征监测机器人可能为多种功能的组合。国内外代表应用如表 7-6 所示。

表 7-6　典型体征监测机器人

机器人名称	研发团队	年份	国家	主要检测数据
HERO Monitor Robot（HERO 监测机器人）	Cyberdyne	2014	日本	心率、血氧饱和度、体温等
ElliQ	Intuition Robotics	2017	以色列	运动量、姿势、睡眠质量等
Misty Ⅱ 健康机器人	Misty Robotics	2018	美国	心率、呼吸频率、温度等
Robocare 个人助理机器人	Robocare Lab	2019	韩国	心率、血压、血氧、体温等
Lio 健康监测机器人	Nudge Systems Inc.	2020	美国	心率、血压、血氧饱和度等
"机械狗"Spot	MIT	2020	美国	体温、呼吸频率、脉搏、血氧饱和度等
CARESens 体征监测机器人	北京交通大学	2018	中国	心电图、呼吸波形、体温等
PPG 系列体征监测机器人	华中科技大学	2019	中国	血压、心率、呼吸率等体征数据，并提供心电图和血氧饱和度
生命体征监测机器人	新加坡国立大学苏州研究院	2021	中国	呼吸、心率、血压、脉搏、血氧、体温等

3）典型体征监测机器人

① 基于"机械狗"Spot 的体征监测机器人。2020 年 3 月，新型冠状病毒感染病例在美国波士顿开始激增，为了使医护人员尽可能减少与潜在感染患者的接触，美国麻省理工学院（MIT）和布里格姆妇女医院的研究人员提出了使用机器人技术实现测量温度、呼吸频率、脉搏和血氧饱和度等生命体征的非接触式监测。其应用波士顿动力四足机器人 Spot 对患者生命体征进行非接触式测量，设备如图 7-13 所示。研究人员在机器人上安装了四个不同的摄像头：一个红外摄像头和三个可以过滤不同波长光线的单色摄像头。在此基础上，研究人员开发了一种算法，可使用红外摄像头来测量升高的皮肤温度和呼吸频率。特别地，当病人戴着口罩吸气和呼气时，可通过测量口罩温度的变化来计算出患者的呼吸速度。该算法还考虑了环境温度以及摄像头与患者之间的距离，因此可以在不同的距离、不同的天气条件下进行测量且仍然具有较高准确度。另外三个单色摄像头分别过滤不同波长（670nm、810nm 和 880nm）的光。当血红蛋白与氧气结合并在血管中流动时，这些波长的光使研究人员能够测量轻微的颜色变化，并通过算法来计算脉搏率和血氧饱和度。

② 全自动智能生命体征监测机器人。在全球新型冠状病毒感染流行的背景下，新加坡国立大学苏州研究院智慧医疗技术卓越研究中心郭永新教授团队整合过往研究成果，推出契合医疗需求的全自动智能生命体征监测机器人，如图 7-14 所示。

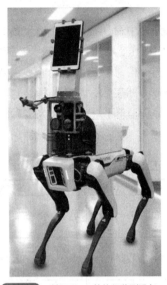 

图 7-13 基于 Spot 的体征监测设备　　图 7-14 全自动智能生命体征监测机器人

该机器人使用雷达、摄像头、红外线等非接触传感器，无须接触即可测量患者的呼吸、心率、血压、脉搏、血氧、体温等生命体征，监测流程如图 7-15 所示，有助于最大限度地减少病毒通过接触点的传播，进一步确保医护人员的安全。该团队首创的非接触血压测量技术，具有使用便捷、测量速度快等优点，可大幅节省人力及简化传统检测流程。

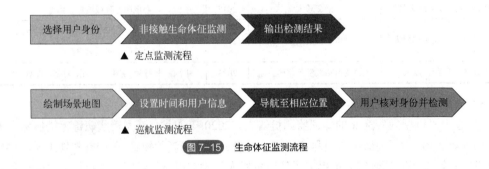

▲ 定点监测流程

▲ 巡航监测流程

图 7-15 生命体征监测流程

（2）药物配置机器人

1）药物配置机器人概述

药物配置机器人旨在准确、高效地执行药物配制和药物分发任务。其主要目的是提高药物配制和分发的效率、准确性和安全性。该类机器人可应用于医院、药房、长期护理机构和研究实验室等场所，以支持药物治疗和药物管理的过程。

药物配置机器人在液体静脉药物配置方面应用广泛。静脉液体治疗最早出现在 1831 年，因其给药直接、起效快、吸收完全的优点而发展迅速，是各级医疗机构常用的一种药物治疗手段。现阶段，我国在静脉输液中加入药物的情况能达 60%～70%，每年临床输液量在 100 亿袋以上，对于庞大的静脉用药需求量，医疗机构的调配工作存在着巨大压力。人工调配静脉用药的方式存在职业暴露危害和损伤、药液污染风险、空气与环境污染、易出错等问题。药物配置机器人的出现，代表静脉用药调配技术水平和操作模式步入一个全新阶段。该机器人能把病人所需要的几种静脉用药根据医学要求抽取和混合，能智能辨别用药合理性，完成舱内紫外线消毒、药品瓶颈和瓶口消毒、切割安瓿瓶、稀释西林瓶、定量抽吸、振荡摇匀、医疗废弃物自动分类处理等操作，整个配药过程都是在百级净化环境中进行。同时，药物调配操作完全实现人和药物完全隔离，避免医护人员受配药环境有害药物暴露损害和操作损伤。

药物配置机器人主要具有以下五个功能：

① 药物识别和验证功能。机器人可以识别和验证不同的药物和药物包装，以确保药物配制和分发的准确性。它们通常使用视觉识别技术、条形码扫描或 RFID（无线射频识别）等技术实现药物的准确识别。

② 药物计量和混合调配功能。机器人可以精确测量和混合多种不同类型的药物，包括液体药物、固体药物以及需要特定比例和浓度的药物。

③ 药物包装和标签打印功能。机器人可以将已配制和混合的药物装入适当的包装中，并打印相关的标签和说明，以确保药物的正确标识和使用。

④ 药物分配和分发功能。机器人能够根据医生或药师的指示，将正确剂量和类型的药物分发给患者。这可以通过自动分配药物到特定的容器或药盒中实现，也可以通过提供指示给医护人员以进行手动配药。

⑤ 药物追踪和记录功能。机器人可以记录配制和分发的药物信息，包括药物类型、剂量、批号、有效期等，以及患者信息和使用时间等。这有助于追踪药物的使用情况，提供记录和报告，实现药物的全过程管理。

2）药物配置机器人分类

按照配置药物种类的不同，药物配置机器人主要包括静脉药物配置机器人、抗癌药物配置机器人和个性化药物配置机器人三类。国内外较为成熟的代表应用如表 7-7 所示。

表 7-7　典型药物配置机器人

图示	具体信息
	名称：RIVA 国家：加拿大（ARxIUM 公司） 配药种类：静脉药物 主要特点： ① 由 6 自由度机械臂完成注射、转移等操作； ② 使用前后分别称量药瓶、注射器重量，保证配药精度
	名称：IntelliFill 国家：美国（Amerisource Bergen 公司） 配药种类：静脉药物 主要特点： ① 圆盘式药物分配模式完成分配任务； ② 特定规格玻璃瓶药物配置，输出单一

续表

图示	具体信息
	名称：CytoCare 国家：意大利（Health Robotics 公司） 配药种类：抗癌药物 主要特点： ① 配药过程双重检测，保证剂量精度在 95%以上； ② 由 6 自由度机械臂完成注射、转移等操作； ③ 取消配药瓶固定模块，节约配药时间
	名称：静脉用药智能调配机器人 国家：中国（深圳市桑谷医疗机器人有限公司） 配药种类：静脉药物 主要特点： ① 实现连续不间断大批量调配； ② 支持预混溶、单组、批量、联合用药多种调配需求； ③ 自带层流净化系统，舱内负压，洁净无菌，百级净化
	名称：WEINAS 国家：中国（深圳市卫邦科技有限公司） 配药种类：静脉药物 主要特点： ① 实现西林瓶与安瓿瓶药剂的混合配制； ② 采用高效过滤系统，持续提供无菌调配环境； ③ 采用视觉识别、质量监测技术实时复核调配剂量精度

3）典型药物配置机器人

① RIVA 自动配药机器人。2000 年 12 月，加拿大 ARxIUM 公司开发的一套机器人全自动配药系统 RIVA（Robotic IV Automation），如图 7-16（a）所示。该机器人系统长 3m、宽 1.5m、高 2.3m，可以放置在非洁净的房间内。其质量为 3000kg，在运输过程中可以拆分为四个单元进行运输，装配简单方便。RIVA 配药机器人共分为三大模块，分别是配置模块、库存模块和净化模块。各个模块的功能区分如图 7-16（b）和图 7-16（c）所示。

RIVA 的药物配置模块配有史陶比尔 TX60L Stericlean 六轴无菌机器人，用来配制注射器或输液袋形式的各类静脉注射用药，且可以在不同的工位之间传送产品。机器人手臂完全封闭且底座较小，没有外部走线，完全耐受汽化过氧化氢消毒，特别适合在洁净室使用；其连同外围设备可以安置在落地面积仅为 4.5m^2 的自动化单元中，可以采用置顶式、置地式或置墙式安装。库存模块用于存放调配好的药物，其包括两个旋转库，方便调取样本。库存量可根据用户需求自行调整，既可按处方补库，又可按用量补库，合理配置资源，减少资源浪费。净化模块设计有空气净化和紫外线消毒功能，且持续对设备内部的空气粒子进行监测，严格把控配药环境，消除交叉感染的可能；同时可对药瓶和配液包端口进行紫外线消毒，有效减少细菌和真菌污染。RIVA 机器人系统配置的输液包剂量从 50mL 到 500mL 不等，单次最小注入输液包的剂量为 1.8mL；注射器容量从 1mL 到 60mL 不等，单次注入的最小剂量为 0.3mL。

(a) RIVA

(b) 模块分区

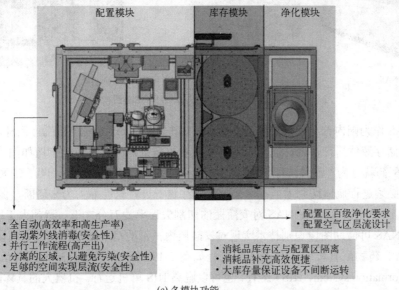

配置模块　　　　库存模块　净化模块

・全自动(高效率和高生产率)
・自动紫外线消毒(安全性)
・并行工作流程(高产出)
・分离的区域,以避免污染(安全性)
・足够的空间实现层流(安全性)

・消耗品库存区与配置区隔离
・消耗品补充高效便捷
・大库存量保证设备不间断运转

・配置区百级净化要求
・配置空气区层流设计

(c) 各模块功能

图 7-16　RIVA 配药机器人及功能分区

　　RIVA 配药机器人的工作流程为:补库—启动—自动配剂—配剂完成。详细流程如图 7-17 所示。对于配置注射器而言,手动配置需要 37 个关键步骤,RIVA 机器人进行配药要比手动减少 24 个关键步骤;对于配置药包而言,手动配置需要 40 个关键步骤,RIVA 机器人进行配药要比手动减少 26 个关键步骤。这样大大降低了药品配置的成本,减少药品的浪费,消除了包括贴标签与中间过程的检查在内的人工流程,以最小的浪费、成本与人力实现最大的生产率。

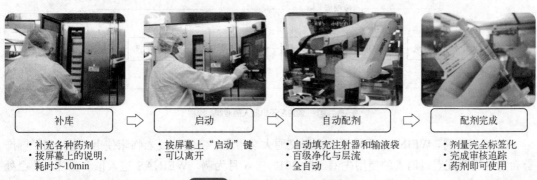

| 补库 | ⇨ | 启动 | ⇨ | 自动配剂 | ⇨ | 配剂完成 |

・补充各种药剂
・按屏幕上的说明,耗时5~10min

・按屏幕上"启动"键
・可以离开

・自动填充注射器和输液袋
・百级净化与层流
・全自动

・剂量完全标签化
・完成审核追踪
・药剂即可使用

图 7-17　RIVA 配药机器人工作流程

② WEINAS 智能静脉用药配置机器人。深圳市卫邦科技有限公司于 2013 年研发出中国第一台智能静脉用药配置机器人——WEINAS，如图 7-18（a）所示。WEINAS 配药机器人包括操作臂、药品药具放置区、条码打印/扫描器、LCD 触摸屏及显示器。机器人通过机械臂来完成药液配制工作，且内置摄像头，医护人员可通过显示器观察药液的配制情况。

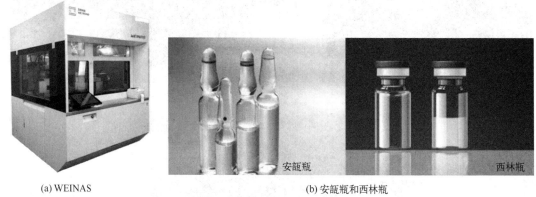

(a) WEINAS   (b) 安瓿瓶和西林瓶

图 7-18   WEINAS 机器人及操作瓶体图

WEINAS 作为国内首台配液机器人，最大的突破是能够同时针对安瓿瓶、西林瓶进行配液。安瓿瓶用于储存液体药剂，西林瓶用于保存固态粉末药剂，两种常见药剂瓶如图 7-18（b）所示。因此，配药就分为"液液混配""液粉混配"和"液粉混合生理盐水配药"三种方式。特别地，安瓿瓶必须进行瓶体切割才能抽取药剂，以往这一过程只能靠人力来掰断，但人力会存在一定的操作不确定性。而 WEINAS 对安瓿瓶的切割失误率为万分之五，远超人工操作的精度。同时，WEINAS 可借助图像识别技术实现对安瓿瓶内试剂的精准抽取，保证试剂量的精准度。

WEINAS 药物配置机器人药液调配流程如图 7-19 所示，其可以接入医院信息管理系统（hospital information system，HIS）运行，也可以脱离 HIS 单机运行。机器人的具体配药流程为：a.配药人员进行登录，用于记录配药人员信息；b.由配药人员扫描母液袋上的条形码或二维码获取处方信息，同时由配药人员核对处方信息与即将要配的药物是否一致；c.配药人员将药品和相应的配药药具（注射器或蠕动泵用蠕动管）放入机器人，点击"开始配药"按钮，机器人进行自动配药；d.配药完成后，取下配好的母液袋，机器人自动排出废弃的药瓶和药具。此外，配药机器人本身带有数据库，用于保存药品、药具、配药人员和配药流程等信息。可采用人机操作界面对数据库进行维护，也可以进行远程维护。

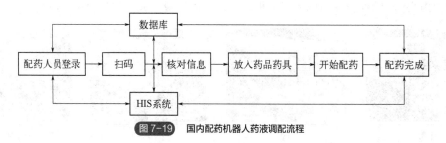

图 7-19   国内配药机器人药液调配流程

2016 年 6 月，WEINAS 正式进入上海交通大学附属仁济医院投入临床使用，也开创了国产首台静脉用药配置机器人的使用先例。以 2017 年 6 月为例，WEINAS 进入仁济医院一周已处理 18613 张处方，92529 支药品，且无一次停机故障。

③ 中药自动配药机器人。上述两例均为静脉药物的调配，但对于中国特有的中药材来讲，是存放于一整面柜子的小抽屉中，与西药的药瓶存储方式截然不同。

南昌工学院张江华团队设计研发了一种基于真空负压原理的吸入式中药自动配药机器人，如图 7-20 所示，很好地解决了由药物本身特性及存储方式所带来的抓药不便的问题。该机器主要由取药机构、传输机构、移动机构、称量机构、运输机构组成。在进行配药的过程中，只需在 PC 机端口输入处方信息，系统会自动识别处方中的中药饮片所在药盒的坐标点以及重量。同时，中药自动配药机能够在进料口处形成负压，将中药饮片吸入机器内并进行定量称取，通过 PLC 控制板控制该配药机及其他辅助装置完成配药动作，并进行二次药材识别及重量检验。待称取完成后，将多余药材送回储药柜内，最后将称取好的中药饮片通过送料小车送至药剂科进行人工第三次复检，最后打包交付到患者手中。采用负压吸入式中药自动配药机不仅保证了称量精度、缩短配药时间，而且减轻了药剂科工作压力，提高配药效率，缩减了患者排队取药时间。

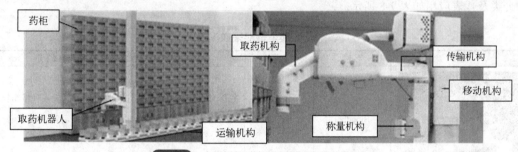

图 7-20　中药自动配药机器人整体布局及结构组成

（3）智能采血机器人

1）智能采血机器人概述

现如今，一线临床医护人员无时无刻不在经历血管穿刺的考验。其一，血管穿刺需求量大。无论化验检查还是治疗注射，临床诊疗都需要血管穿刺。在我国，78%的护理工作与静脉输液治疗有关，90%以上的住院病人接受静脉输液治疗，且我国人口众多、病人基数庞大，巨大操作量对一线临床医护人员具有一定的挑战。其二，血管穿刺难度大。病人基础情况复杂，遇到肥胖患者、老年人、休克病人等情况，往往难以在直观条件下顺利进行穿刺，而多次穿刺容易引发静脉炎等并发症，影响临床治疗。其三，医护人员在穿刺过程中不断面临着职业暴露风险。血管穿刺过程中，医护人员被利器划伤屡见不鲜，而不少到医院就医的病人患有传染性疾病，在诊疗过程中极易造成疾病传播，这给护士带来了相当程度的工作负担，甚至可能造成医患交叉感染，危害医务人员及社会大众的健康。

智能采血机器人是一种利用红外线和超声波成像技术的设备，可代替护士进行静脉血采集，并完成采血、止血、采血管血液与试剂混匀等全链条静脉采血工作。应用智能采血机器人可提高采血效率，降低采血过程事故率，优化就医流程。

2）主要技术特点

对于智能采血机器人，成像技术是其核心技术。从红外成像、超声成像再到多模态成像，随着成像技术的不断发展，穿刺难题也得到解决。机器人涉及的主要技术如下：

① 血管精准定位技术。机器人能够通过视觉引导等传感器技术，精确定位患者的血管位置。这有助于确保血液的正确采集，并减少对周围组织和血管的伤害。

② 无痛自动化采血技术。机器人通常采用微创技术，以减少患者疼痛和不适感。同时具备自动化的针头插入和血液采集功能，能够根据预设的参数自动调整插针深度和采血速度，以确保采集到足够的血液样本。

③ 血液样本处理技术。机器人能够处理采集到的血液样本，包括进行标本标识、混匀和分装等操作。相对于人工采集，有效避免了血液样本拿错搞混的问题，同时有助于提高采血过程的标准化和自动化程度。

3）智能采血机器人分类

根据采血方式不同，智能采血机器人可以分为针头穿刺和非针头穿刺两类。针头穿刺采血机器人采用最传统的针头进行穿刺采血，可通过视觉识别血管，并由机械臂完成动作；非针头穿刺采血机器人采用微波、激光或电波等非侵入性的技术来进行无痛采血，能够有效减少疼痛和恐惧感，但是此类技术还未推广开来，仅处于理论研究和样机搭建的阶段。智能采血机器人的分类及代表应用如表 7-8 所示。

表 7-8　典型智能采血机器人

图示	名称	研究团队	应用技术	缺点
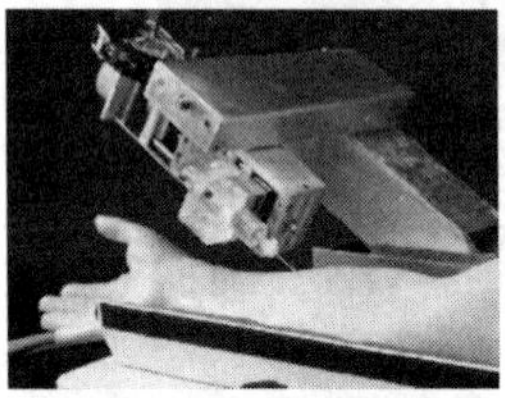	Bloodbot	Zivanovic 团队	将探针按压在前肘窝皮肤表面并配合力测量来识别目标穿刺血管	难以区分各种组织类型；需要手动更换针头
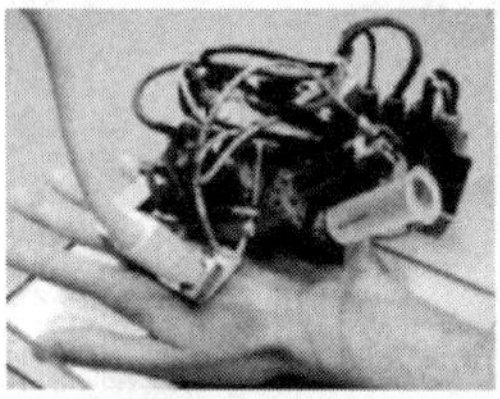	半自动静脉穿刺设备	De Boer 团队	使用超声成像和力感应来引导针头穿刺	会导致患者有灼烧感
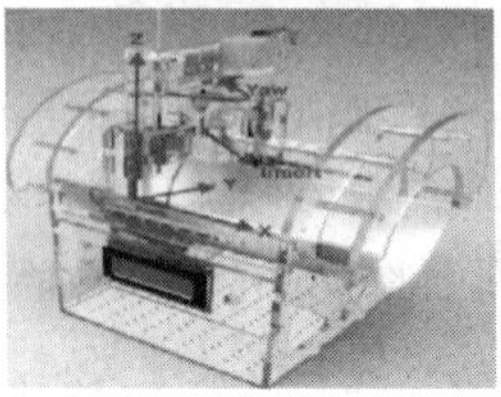	Phlebot	Carvalho 团队	依靠近红外单目成像和力反馈来定位和刺穿血管	血管在图像中被建模为直线，不完全符合实际情况
	VeeBot	美国初创公司	使用二维近红外成像和激光测距深度感知技术，在最终执行静脉穿刺目标点上使用多普勒超声扫描仪以确认血流	机械臂的尺寸、重量较大，成本较高
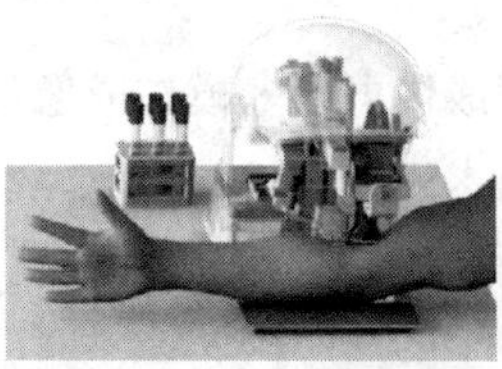	VenousPro	VascuLogic	采用红外线和超声波成像技术定位目标血管；通过智能制导系统将针头插入目标位置	需要专业操作的医护人员，成本较高

续表

图示	名称	研究团队	应用技术	缺点
	迈纳士智能采血机器人	迈纳士公司	通过红外或超声波技术进行血管识别，再由 AI 算法获得的影像，智能精准地判断扎针位置、角度、力度	体积庞大，控制繁杂，且价格较为昂贵，未大规模推广

4）典型智能采血机器人

目前国内外较为成熟的智能采血机器人虽在采血过程中可以实现自动化，但采血前的预处理和采血后的样本安放仍需要医护人员在场辅助。下面介绍三款具有代表性的智能采血机器人。

① 手持式静脉穿刺机器人。美国新泽西州立罗格斯大学的 Josh 团队设计了一种手持式机器人静脉穿刺设备，如图 7-21 所示。该设备将超声成像技术与机器人技术相结合，能够识别要插入的血管并将采血针准确地插入其中。该机器人还包括一个样品处理模块和一个基于离心机的血液分析仪，用于血液的后期处理。小型化的设计使得其可以在病床、救护车、急诊室、诊所、医生办公室和医院等多个场景中使用。

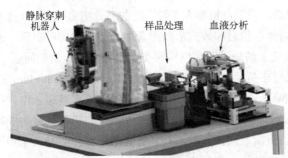
静脉穿刺机器人　　样品处理　　血液分析

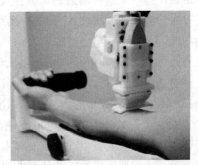

图 7-21　手持式机器人静脉穿刺设备

使用该设备采集血液样本的步骤如下：首先，医护人员使用酒精棉球擦拭小臂，随后在肱二头肌中部固定绑带，为抽血做准备；准备就绪后，患者将手臂放入设备的手臂支架中，如果医生通过观察和触感无法确定合适的静脉穿刺部位，则手动对上臂区域进行超声成像扫描，直到识别出适合穿刺的血管；在确定穿刺部位后，设备开始进行采血，一旦针头到达预定目标，即可将少量血液抽入一次性的血样采集容器。如果未看到血液流动，则会收回针头，然后由医生选择新的插入部位并重新开始采集过程；如果在针尖内可见血液流动，则视为静脉穿刺成功。采集完成后，医护人员在患者穿刺部位涂敷纱布和敷带，然后将针头回收入生物危害锐器的容器中，防止交叉感染。

该设备在 31 名健康成年人志愿者身上进行了实验，数据证明其总体成功率为 87%，非困难静脉穿刺组的成功率为 97%，均高于人工静脉穿刺的成功率。但该设备不能实现完全自动化，仍需要医护人员辅助消毒皮肤和选择静脉。

② Vitestro 采血机器人。成立于 2017 年的荷兰医疗技术创新公司 Vitestro 于 2022 年在鹿特丹举行的荷兰临床化学和检验医学学会年会上介绍了该公司研发的欧洲首款自主采血机器人，如图 7-22 所示。医护人员在帮助患者紧固止血带后，消毒、插入针头、采集血样、处理废弃针头都采用自动化流程。这种智能无接触采血能有效减少医患间的交叉感染。

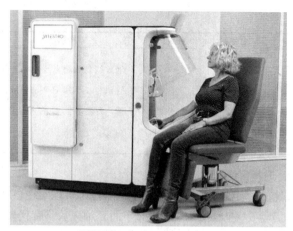

图 7-22 Vitestro 采血机器人

　　特别地，不同体脂、肤色深度、血管粗细以及发育性静脉血管畸形的患者，对于静脉穿刺的要求和难度均有不同，需要去寻找不同的扎针位置、扎针角度、扎针力度，以此来避免多次扎针造成的皮下组织受损。为此，该采血机器人采用了 NIR（近红外光）+超声+AI+3D 的多维技术组合，提升采血机器人的适应性及准确性。NIR+超声波的组合技术作为设备的"眼睛"，可进行血管的识别，同时 AI 算法持续跟进，将采血机器人"看"到的血管信息通过 3D 技术重建为图像，并且保持整个过程所追踪到的全部信息和数据都随患者静脉的变化实时更新。该采血机器人单人次采血时长约 90s，很大程度上缓解了医疗机构和实验室劳动力短缺的问题。

　　截至 2023 年 4 月，该采血机器人已经在荷兰的 OLVG Lab BV、Result Laboratorium 和 St. Antonius Hospital 三家中心内完成了六次临床试验，共使用该原型机在 1500 多名患者中进行了 1000 次抽血，总共分析了约 2000 支输血管。试验数据表明，Vitestro 的采血机器人穿刺成功率与经验丰富的医护人员相近，血液样本质量满足采样要求，并且患者的疼痛体验与人工相比没有显著差异，实现了采血环节的标准化、自动化、信息化。

　　③ 多模态图像引导静脉穿刺机器人。在国内，同济大学研究团队设计研发了基于深度学习的多模态图像引导静脉穿刺机器人系统，通过自动采血和放置外周血管导管来减少静脉穿刺相关不良事件，该机器人有望彻底解决人工静脉穿刺难题。图 7-23 所示为静脉穿刺机器人的设计原理。

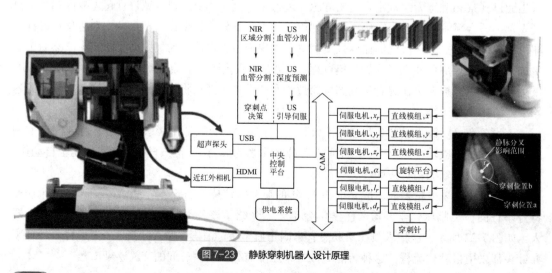

图 7-23 静脉穿刺机器人设计原理

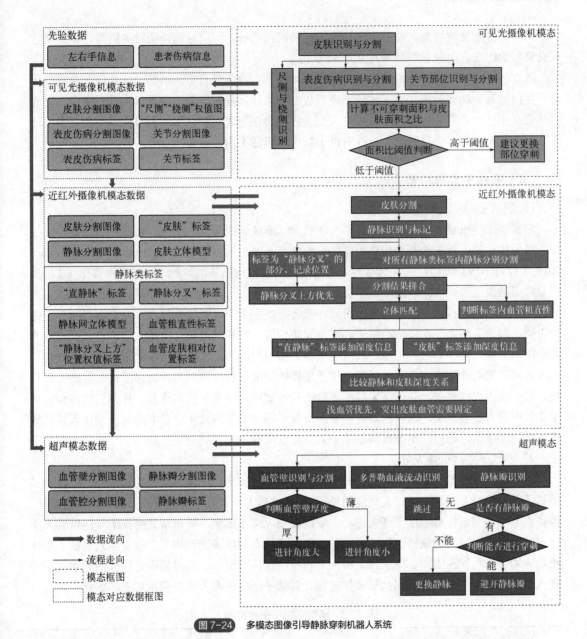

图 7-24　多模态图像引导静脉穿刺机器人系统

　　如图 7-24 所示为多模态图像引导静脉穿刺机器人系统，其中包括可见光摄像机模态、近红外摄像机模态和超声模态三部分，主要特点如下：

　　第一，搭载能够准确识别皮下静脉的近红外摄像头，针对包含肥胖、深色皮肤、休克病人、婴幼儿等肉眼难以观察到皮下静脉的特殊群体在内的各类人群，能够快速识别患者注射区域的静脉分布信息，并通过机器学习算法迅速定位出适合的扎针点，提高静脉穿刺效率，实现扎针采血过程"更快"。

　　第二，安装了有效识别静脉深度的超声探头，结合近红外和超声成像，可以将血管的走向和深度转化为精准的"坐标"，使机器人扎得"更精准"，解决了医护人员通过目测以及手感来判断血管深度的情况。

第三，静脉穿刺机器人通过自身精确运行的机械系统，可将穿刺针的针尖精准、稳定地送到血管腔的中央，定位误差控制在 0.2mm 以内。

综上所述，相对于医护人员手工穿刺，穿刺机器人设备具有更加精确、标准化、稳定等优势。然而，其一次穿刺成功率未达到很理想状态，此外，静脉穿刺本身是一项有创操作，患者对其会产生恐惧，穿刺机器人无法提供人文关怀，会使患者较难以接受。目前该类型机器人还未真正应用于临床，仍需研究人员针对以上指出的问题不断进行技术攻关。

（4）咽拭子采样机器人

1）咽拭子采样机器人概述

咽拭子采样机器人是一种用于采集人体咽部（咽峡）拭子样本的自动化设备。它被广泛应用于病原体检测、疾病诊断和传染病监测等领域。在新型冠状病毒感染（Corona Virus Disease 2019, COVID-19）流行期间，病毒有效的三项检测技术包括核酸检测、血常规和胸部 CT，其中最常用的便是核酸检测，而咽拭子也是最主要的采样方法。咽拭子采样操作过程中，医务人员须与患者近距离接触，患者咳嗽、用力呼吸等可产生大量飞沫或气溶胶，具有较高的交叉感染风险，因此医务人员在采集咽拭子时需要穿防护服。但在高温下，医护人员穿着密不透风的防护服为大家采集样本十分艰辛。咽拭子机器人的出现改善了医务人员手动采集的工作方式，其通过精准的自动化操作，提高了咽部拭子采样的标准化程度和效率，减轻医护人员的工作负担，减少人为操作误差，并保证采样的一致性和可靠性，这对于疾病诊断、传染病监测和公共卫生管理具有重要意义。该类机器人主要涉及基于视觉的导航技术、精准的力反馈技术和良好的人机交互技术，通过一键操作辅助医护人员完成采样工作，提高采样效率。

2）咽拭子采样机器人分类

按照自动化程度的不同，咽拭子采样机器人可以分为半自动式和全自动式两类。半自动式咽拭子采样机器人通常由操作人员辅助操控。该类机器人一般具备人机交互界面和操作控制杆，操作人员可根据需要将咽拭子插入患者的咽喉，完成样本采集。半自动式咽拭子采样机器人操作灵活且可控性高，但采样过程的成功与操作人员技术和经验密切相关。全自动式咽拭子采样机器人通常由机器人本体、感应器、摄像头和控制软件等组成，通过精准定位并指导咽拭子的插入位置和角度，自主执行咽拭子采样过程。咽拭子采样机器人代表应用如表 7-9 所示。

表 7-9　典型咽拭子采样机器人

图示	具体信息
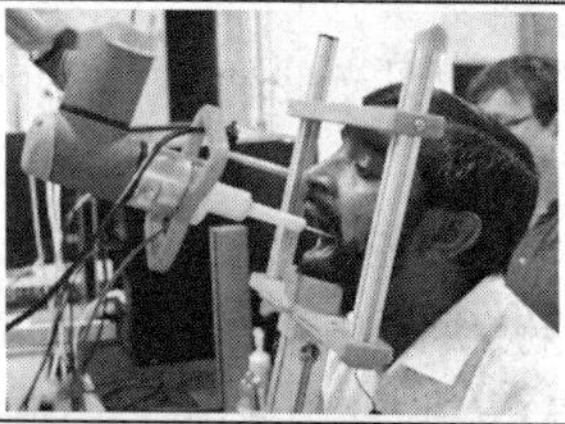	年份：2020 团队：南丹麦大学 组成：两个 UR3 协作机械臂和一个定制的 3D 打印末端执行器
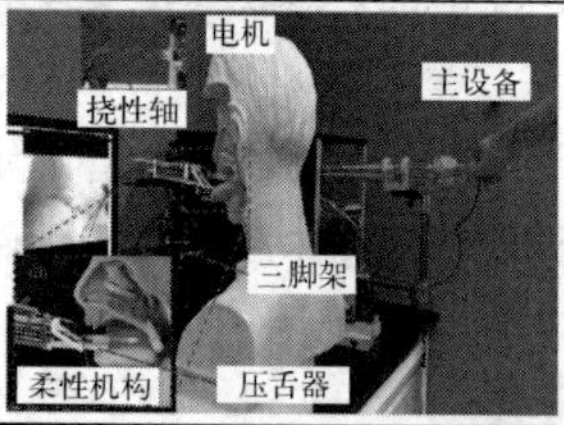	年份：2021 团队：新加坡卫生部 组成：一个柔性机械手、一个带监视器的内窥镜和一个主设备

续表

图示	具体信息
	年份：2020 团队：沈阳自动化研究所联合钟南山院士团队 组成：灵巧的蛇形机械臂、力传感器及控制设备
	年份：2021 团队：江苏集萃华科智能装备科技有限公司 组成：升降平台、机械臂、末端夹持器

3）典型咽拭子采样机器人

① 全自动咽拭子采集机器人。2020 年，南丹麦大学的机器人研究人员研发出了世界上第一个能够针对 COVID-19 进行咽拭子采集的全自动机器人，如图 7-25 所示。该机器人包含两个 UR3 协作机械臂和一个定制的 3D 打印末端执行器。在检测过程中，患者扫描 ID 卡后，机器人拾取拭子，利用其视觉系统识别人体口腔轮廓并找出正确的采样点，进而在患者的喉咙中进行擦拭。擦拭完成后，机器人将样品放入罐子中并拧上盖子，由专

图 7-25　全自动咽拭子采集机器人后台分析场景

业人员将样本送到实验室进行分析。这个机器人原型已成功对数人进行了咽拭子检测。但其采样过程类似于工业过程控制，示教流程过于繁琐，且没有考虑咽部接触力的情况，缺乏有效的安全措施，因此并没有大规模地投入市场。

② 新型智能化咽拭子采样机器人。2020 年，钟南山院士团队与中国科学院沈阳自动化研究所联合研发了一款新型智能化咽拭子采样机器人，如图 7-26 所示。该机器人由蛇形机械臂、双目内窥镜、无线传输设备和人机交互终端构成。蛇形机械臂具备灵巧精确的作业能力，并且具备与咽部组织接触力感知能力；双目内窥镜提供高清的 3D 解剖场景；工业过程自动化的无线网络（WIA-FA）保障了控制指令的实时可靠传输；力反馈的人机交互终端提供操作沉浸感。这款机器人可以采用远程人机协作的方式，轻柔、快速地完成咽部组织采样任务，并且已经在临床进行试验。根据广州医科大学附属第一医院细胞学检测的结果显示，这款机器人采集咽拭子样本质量较高，采样成功率高达 95%，与人工采样的咽拭子的质量和病原体的检出率无明显差异。从受试者角度看，咽部均无红肿、出血等不良反应。在第 1 代咽拭子采样机器人的基础上，该团队研发了第 2 代智能采样机器人，可以实现智能运动、自动更换咽拭子和防护罩，进一步提高了流程的智能化，降低了人工参与的程度。

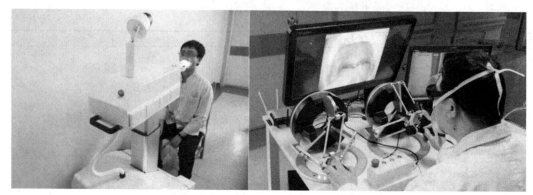

图 7-26　咽拭子采样机器人及其采样过程的代表性图像

7.2.4　护理机器人未来发展趋势

护理机器人的不断发展和创新，正在逐渐改变医疗保健和养老服务行业的格局。一些新型护理机器人已经开始加入自主学习和自主决策等先进技术，为患者提供更安全、高效、个性化的医疗服务。

当然，护理机器人的应用也面临着一些挑战和风险，例如，如何确保护理机器人的安全性、隐私性和信息安全，如何保护使用者的尊严和自尊心等。因此，在护理机器人的推广过程中，也需要不断地完善产业标准和监管措施，以保障其安全性和可靠性，真正发挥其应有的作用。

在未来，护理机器人将向着智能化、标准化、家庭化的方向发展。在智能化方面，生活护理机器人将在智能感知、精准决策、柔顺控制、情感表达等方面进一步突破，使得生活护理机器人能够更好地完成既定任务；在标准化方面，结构的模块化和可重构化、控制技术的开放性、系统的网络化、作业的柔性化将是生活护理机器人的发展方向，最终实现不同模块的标准化；在家庭化方面，生活护理机器人将向着结构轻便、操作便捷、体积小巧的方向发展，从而使得各类护理机器人真正走进千家万户。

7.3　手术机器人

7.3.1　手术机器人概述

手术机器人是一种手术辅助设备，通常由机械臂、摄像头、控制台三部分构成，可以代替医生精准完成部分手术操作。手术机器人作为一个新兴的多学科交叉研究领域，涉及机械学、图像学、力学、生物学、计算机学等学科，近年来在国内外机器人领域引起了广泛关注。手术机器人的发展，不仅有利于提高手术质量，改善传统手术的缺点，如手术的创伤大、伤口明显、术后恢复慢等问题，减少患者疼痛，缩短住院时间，提高手术效果，满足医生和患者的要求，还能够带动机器人研究领域新技术与新理论的发展。目前，部分手术机器人已成功投入了临床应用，实现了商品化。然而，手术机器人距离真正代替医生独立进行手术的智能时代还有很长的发展路程，目前仍处于辅助医生完成手术的半自动阶段。在未来，手术机器人的技术和应用将会不断进步和完善，为医疗保健提供更为高效和可靠的服务。

7.3.2　手术机器人关键技术

手术机器人所涉及的关键技术如下：

① 系统优化设计及集成。手术机器人的优化设计技术涵盖了机器人的基础理论和关键技术，如机构、控制、传感、人机交互、遥操作和材料等方面，与传统工业机器人相比并无太大差别，但在设计过程中需摆脱传统工业机器人的束缚，结合手术中实际情况实现更加轻量化、更加精密、更加灵巧的机器人机构构型创新设计。同时，系统集成技术使得手术机器人尽可能地满足医学领域的特殊需求，如手术流程需求及手术室的使用需求，并注重人机功效学的研究。若医生无法接受系统，无论理论研究多出色、技术多先进，都无法推广应用。因此，医用手术机器人更强调实现"医生-机器人-患者"三者的共融，以确保系统在医疗实践中的广泛应用。

② 远程操作技术。"远程手术医疗"即通过网络通信技术来扩充就医途径，本质上是通过网络通信技术对优势医疗资源的共享。该技术对手术机器人有很高的要求，机器人必须以极小的误差执行医生发出的远程指令，才能对患者进行有效的治疗。同时，该技术对互联网的要求也极高，需要数据提供者通过互联网向数据需求者提供详尽的医疗资料，才能使医疗资料发挥其最大的价值。此外，远程操作技术还可以通过将专业医疗资源延伸到偏远地区，帮助偏远地区的患者获得高质量的医疗服务，进一步健全医疗体系。

③ 手术导航技术。手术导航技术是指将成像机器人伸入患者体内，对治疗部位进行追踪定位，全过程无须专人操作，由机器人自主完成。手术导航技术能够辅助医生利用相关设备确定关键部位或结构的空间位置，准确了解解剖结构信息，进而保证手术精度与安全，目前在微创手术中具有重要的作用。

④ 柔性结构技术。在手术过程中，医生常遇到肉眼难以观察的患病区域，使得难以准确地做出判断。柔性机构具有无限个自由度，可以灵活地改变方向，因此可以在有限的空间内帮助医生判断病情。相比传统的刚性机器人技术，柔性机器人技术更加灵活、智能、安全。其灵活性主要体现在其机械结构的可塑性和变形性上，能够适应复杂环境和去到难以到达的场所；其智能性主要体现在能够根据环境变化自主调整运动轨迹；其安全性主要体现在其柔性外壳和适应性材料上，减少了对周围环境和人体的伤害。

⑤ 大数据应用技术。手术机器人大数据应用技术可以用来收集和分析患者数据，建立健康档案，监测健康状态并预测疾病风险，为医生提供更全面的评估和个性化治疗方案。此外，手术机器人可以通过大数据技术辅助医生进行术中的医学图像分析和诊断，提高诊断准确性和效率。它还可以辅助进行手术规划和导航，借助大数据分析手术案例数据，优化手术路径和操作策略，提高手术精准度和安全性。

⑥ 人机协作技术。基于人机协作技术，在手术过程中充分发挥医生的灵活性、经验以及机器人的高精度和稳定性来相互弥补各自的不足，形成人机交互式控制系统。在不改变医生操作习惯的前提下，手术机器人与医生共处同一工作空间，医生通过对机器人的实时控制并利用其经验完成复杂的医疗操作。

7.3.3　手术机器人的分类及应用

按照自动化程度的不同，手术机器人的控制方式也各不相同。图 7-27 所示是以眼科手术机器人为例，展示了各种不同自动化程度的机器人的控制机制。

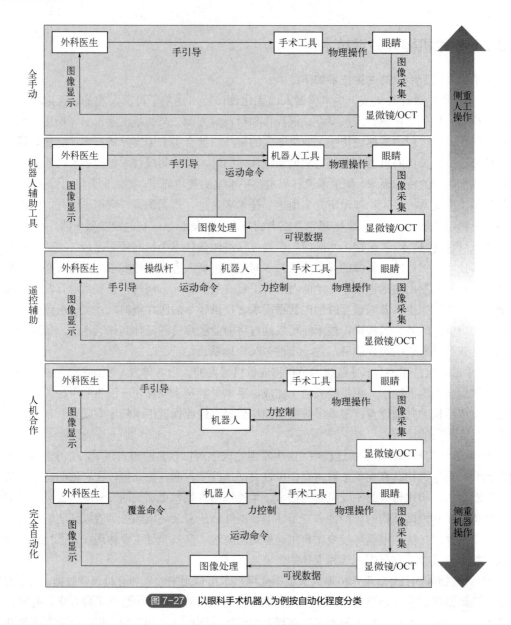

图 7-27　以眼科手术机器人为例按自动化程度分类

　　按照手术类型的不同，手术机器人又可分为骨科手术机器人、神经外科手术机器人、血管介入手术机器人、眼科手术机器人、腔镜手术机器人等。图 7-28 所示为上述分类及代表应用。

7.3.3.1　骨科手术机器人

（1）骨科手术机器人概述

　　传统骨科手术方式易受到患者体位定位、手术器械控制准确度、医生个人经验和疲劳程度等因素的影响，进而降低了手术成功率和可靠性。而骨科手术机器人在手术操作过程中可自动执行或在术者指令下被动执行，具有出色的精确性、稳定性和可重复性。它可以通过实现更小的手术切口、精准的植入物定位和最小化的组织损伤等，减少手术风险和术后并发症，加速患者的康复过程。

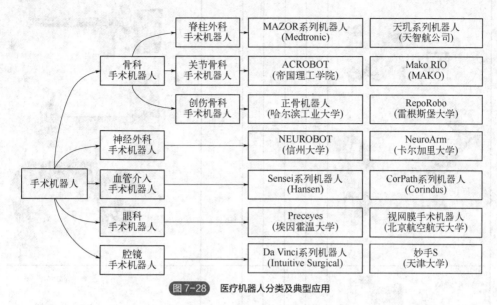

图 7-28　医疗机器人分类及典型应用

骨科手术机器人主要由机械臂、导航和定位系统、数据处理和分析软件等部分组成。其中，机械臂系统是其核心组成部分之一，医生可以通过遥控器或者触摸屏等设备来对机械臂进行精准控制，以实现精准的骨切割、植入物安置和缝合等操作。导航和定位系统则利用患者的解剖数据，结合先进的定位技术实时追踪患者骨骼等结构，提供高精度的手术导航和定位引导，确保手术操作的准确性和安全性。此外，骨科手术机器人还配备了数据处理和分析软件，能够整合并分析来自视觉系统、导航系统和机械臂系统的数据。机器人还可提供可视化的手术计划、操作路径和骨骼测量等信息，帮助医生做出决策并执行手术任务。

（2）骨科手术机器人主要技术特点

除了手术机器人共性关键技术外，骨科手术机器人需要有以下技术特点：

① 骨骼重建和可视化技术。通过使用先进的图像处理和三维重建技术，机器人可以生成患者骨骼结构的详细模型，为医生提供更清晰的操作视野和准确的骨骼解剖信息。

② 智能切割和修复技术。骨科手术机器人能够进行智能骨切割和骨修复操作。它可以根据患者骨骼模型和手术计划，精确地指导切割工具的位置和深度，以最小化对周围组织的影响。同时，机器人还能够帮助医生进行精确的骨修复，包括植入物的定位和组装，并确保它们与骨骼结构的稳固结合。

（3）骨科手术机器人分类

按照手术类型的不同，骨科手术机器人可分为脊柱外科、关节骨科和创伤骨科三类。脊柱外科手术机器人针对脊椎骨骨折或严重受伤的脊柱外科患者，解决了传统脊柱手术中医师视野受限等问题，提高了手术安全性；关节置换手术机器人是针对不同骨关节进行治疗的机器系统，是目前国家药品监督管理局授权临床许可销售种类最多的机器人；创伤骨科手术机器人主要用于创伤后的髓内钉内固定等手术。其分类及代表应用如表 7-10 所示。

表 7-10 典型骨科手术机器人

		脊柱外科手术机器人		
图示				
名称	ROSA Spine	MAZOR X	ORTHBOT	
年份	2014	2016	2021	
国家	法国	美国	中国	
团队	MedTech	Medtronic	鑫君特智能医疗	
植钉准确率	99.6%～100%	99.1%～100%	100%	
		关节骨科手术机器人		
图示				

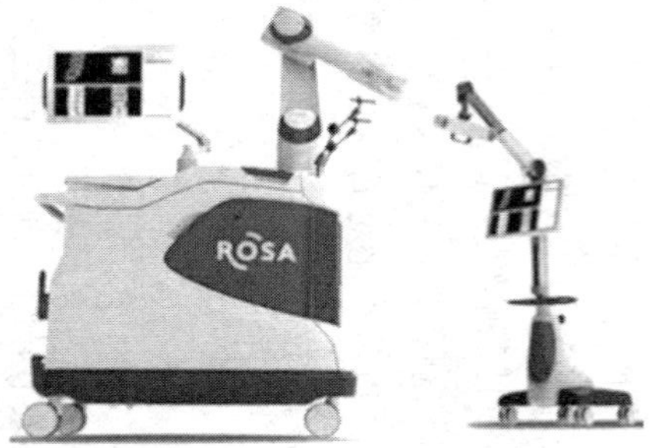

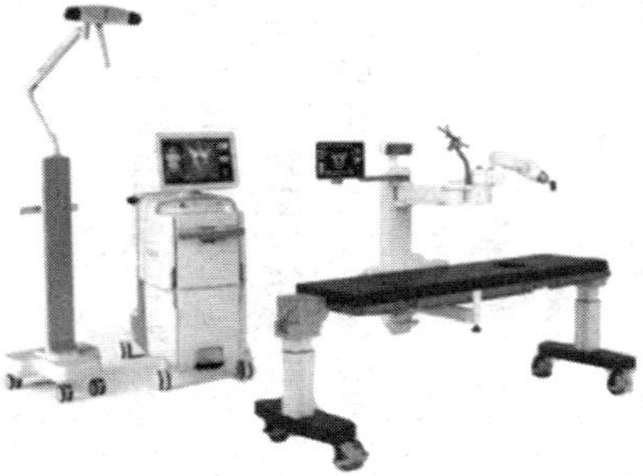

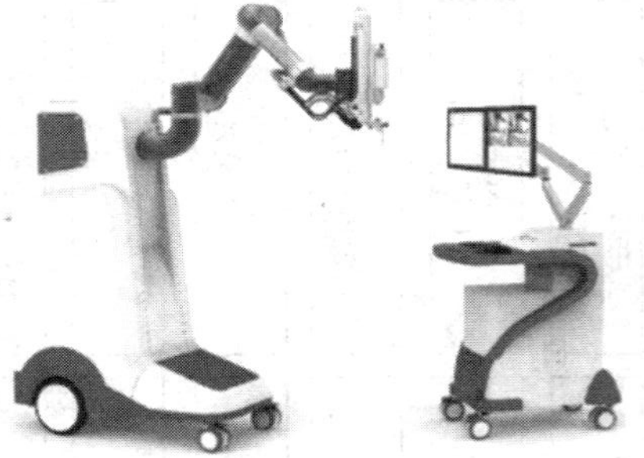

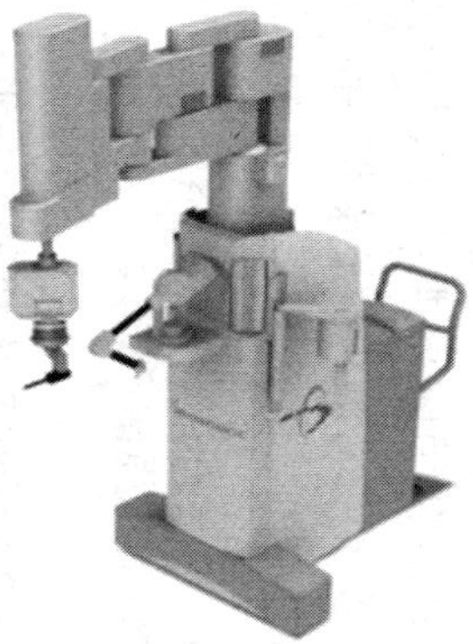

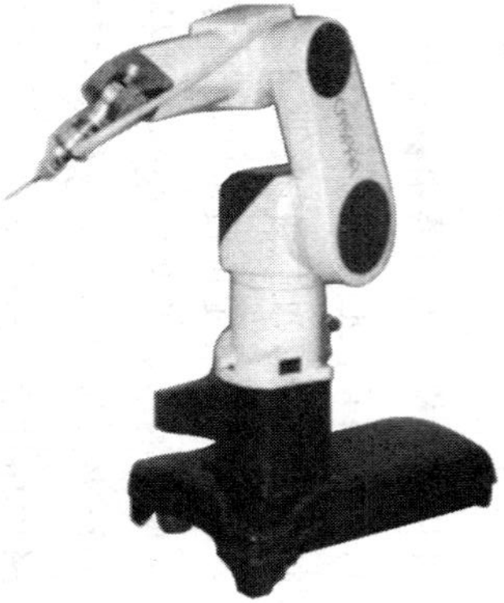

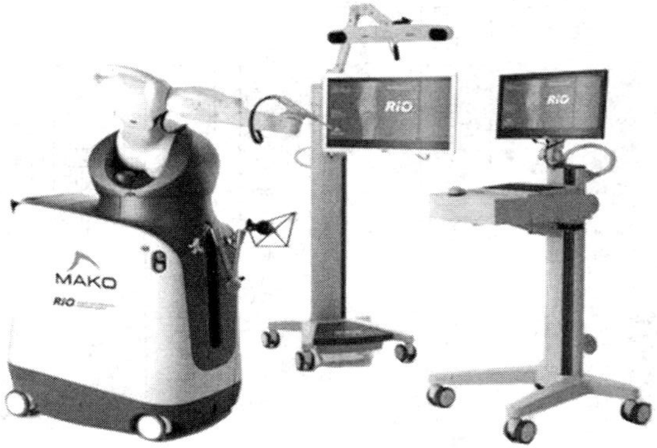

续表

		ROBDOC	CASPAR	RIO
创伤骨科手术机器人	名称	ROBDOC	CASPAR	RIO
	年份	1986	1997	2013
	国家	美国	德国	美国
	团队	TCAT	OrthoMaquet	MAKO
	关节	髋关节	全膝和全髋关节	膝关节和髋关节
	图示		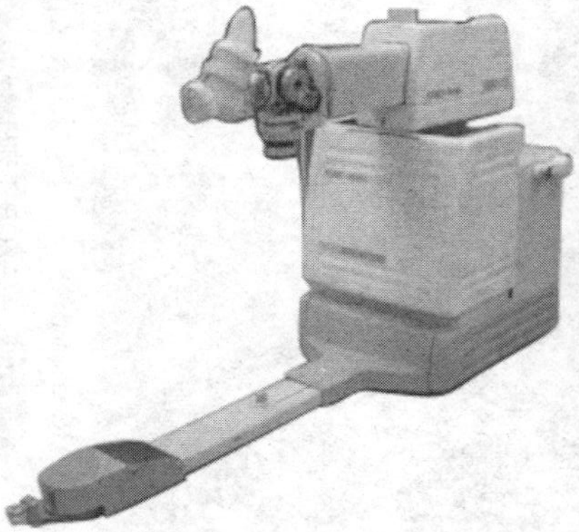	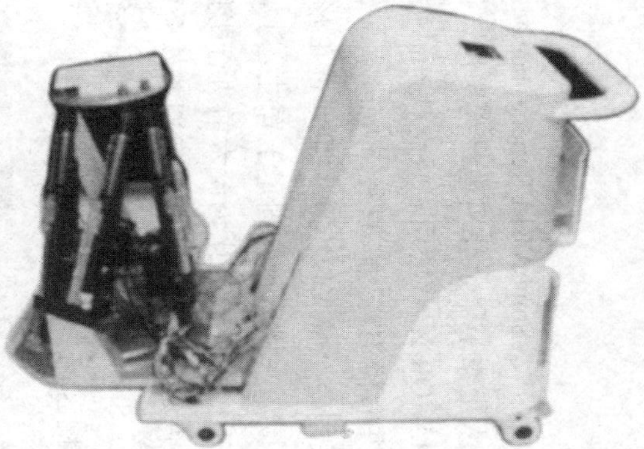
	名称	RepoRobo	FRAC-Robo	MART
	年份	2004	2008	2015
	国家	德国	日本	中国
	团队	雷根斯堡大学	大阪大学联合东京大学	人民解放军总医院
	机构构型	串联机构	串联机构	并联机构

（4）典型骨科手术机器人

1）脊柱外科手术机器人

① MAZOR 系列骨科手术机器人（SpineAssist/Renaissance/MAZOR X）。由美敦力（Medtronic）公司设计的 MAZOR 系列机器人上市最早，使用也最为广泛，已经从第一代 SpineAssist、第二代 Renaissance 更新至第三代 MAZOR X。该公司三代迭代产品如图7-29所示。第一代 SpineAssist 机器人采用 6 自由度 Stewart 并联机构构型，直径 50mm，高 80mm，重 250g，重复定位精度 0.01mm。该系统可以从棘突夹固定至棘突以上，并可通过 T 形支架将其固定至骨性标志物上，使其与手术床装置系统进行连接，并将另一端固定于脊柱之上，从而维持术中相对位置固定，免受椎体位置变动的影响。其工作流程可简化为：术前进行影像学识别和手术计划，术中用 C 型臂 X 射线机进行配准，再依据术前设计的植钉路径调整 6 台电机的位置和角度，然后医生只需参照导向臂的方向打孔植钉。SpineAssist 是在 2004 年第一个被 FDA（美国食品和药品管理局）批准用于脊柱外科手术的机器人，至今仍是临床应用最广泛的手术机器人之一。

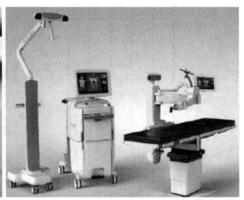

(a) SpineAssist   (b) Renaissance   (c) MAZOR X

图 7-29　MAZOR 系列机器人

Renaissance 为二代产品，质量较小，可直接固定于患者脊柱上，用于脊柱骨折修复等手术。其采用的 3D 成像技术取代了曾经的 2D 图像，图像的准确性得到提升，但存在操作复杂和缺少实时影像监控等缺陷。美国 FDA 批准机器人手术系统误差需要小于 4mm，而前两代 SpineAssist/Renaissance 系统的精确度可以达到 1.7mm。椎弓根螺钉内固定术临床研究显示，其精确植入比例为 94.5%，高于传统方法的 91.5%。同时，机器人辅助手术有效减少了术中 X 射线透视的时间，降低了对患者与医护人员的伤害。

2016 年，第三代 MAZOR X 脊柱外科智能导航机器人诞生。其结构为串联式机械臂，不仅增加了操作范围和灵活性，还减少了对部分器械的依赖；同时，机械臂可通过 3D 空间扫描技术重建手术区域，实现全自动高效定位，突破了传统术中视野局限、存在操作盲区等难题。该机器人还安装有一个摄像头，用于在手术环境中判断自身位置从而避免碰撞。此外，MAZOR X 还可以对单个椎体进行独立定位，提升了手术的精准性。总而言之，MAZOR X 机器人能够实现术中导航全程可视，与传统脊柱手术相比，能够为外科医生提供术前规划及匹配，术中具有执行可视化、控制智能化、操作便捷、导航精准等优点。MAZOR X 各方面都较上一代有了质的飞跃，符合更精准、更微创、更安全的外科学发展方向。

② 天玑骨科手术机器人。2015 年，北京积水潭医院和北京天智航公司合作研发了天玑机

器人，如图 7-30（a）所示。该机器人包含了 6 自由度机械臂系统、光学追踪系统、手术规划及导航系统。其中，机械臂系统的底座可移动，并具有自动平衡系统来保持与患者位置的相对稳定，机械精度可达 1.0mm。光学系统的追踪精度可达 0.30mm，可以在术中实时监测机械臂与患者的相对位置，并通过实时运动补偿来确保机械臂准确按照预先设计的手术路径植钉。在一项包含 40 例患者的随机对照研究中，天玑机器人植钉的平均误差为（1.77±0.78）mm，明显优于传统透视下徒手植钉［平均误差（3.92±1.80）mm］。另一项包含 234 例患者的随机对照研究显示，天玑机器人植入的螺钉有 95.3% 达到了 A 级，平均误差（1.5±0.8）mm，在精确度、术中出血和放射暴露剂量方面都显著优于传统透视下徒手植钉。此外，机器人组没有出现螺钉侵犯关节突的情况，而徒手植钉组有 12 枚螺钉侵犯了关节突。特别地，颈椎尤其是上颈椎的椎弓根狭窄，解剖结构更加复杂，更易损伤颈髓、血管、神经根，而且后果往往更加严重。2015 年，天玑机器人完成了世界上首例机器人辅助的上颈椎手术。最近的一项针对颈椎椎弓根螺钉植入的随机对照研究显示，天玑机器人的成功率达到 98.9%，而且术中出血更少，住院时间更短。图 7-30（b）所示为术中操作过程。

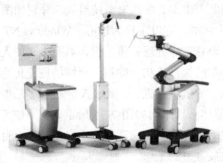 

(a) 天玑手术机器人设备　　　　　　　　　　(b) 手术操作场景

图 7-30　天玑机器人设备及术中操作

2）关节骨科手术机器人

① ACROBOT 关节骨科手术机器人。英国帝国理工学院 Davies 等于 1994 年提出了"主动约束"概念，并于 1997 年研发出了基于力反馈的主动限制式 ACROBOT 机器人系统，如图 7-31所示，主要应用于全膝关节置换术和微创膝关节单髁置换术。该机器人定位为手术助手，即在医师手动控制下按照规划进行作业，形成"主动约束"的操控机制，达到人机共享式作业。类似 ACROBOT 的这种半主动型机器人既可以满足手术的精度要求，又可以保证使用的安全性，具有较好的应用前景。

② RIO 关节置换手术机器人。MAKO 医疗公司开发的 RIO 机器人主要面向膝关节和髋关节置换手术。2013 年 MAKO 公司被美国医疗器械制造商 Stryker 收购，并更名为 MAKO plasty。MAKO RIO 机器人如图 7-32 所示，其采用基于骨性解剖标志点的配准方法完成三维配准，采用光电跟踪器完成工具和患者的实时位置追踪。机器人并不能主动完成骨切削，需要医生和机械臂配合，共同操作手术器械进行手术操作。MAKO RIO 机器人强调手感在关节置换手术中的重要作用，提出"触觉交互"的概念，通过力反馈的方式辅助医生完成准确的骨骼切削操作，若偏离手术路径，则以直接力觉反馈的方式来提示医生。MAKO RIO 机器人同样属于半主动式的封闭系统，目前已在全球销售 1000 多套，开展 45 万余例手术，获得市场高度认可。

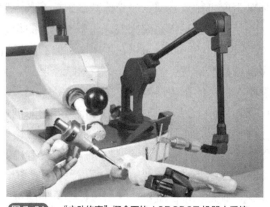

图 7-31 "主动约束"概念下的 ACROBOT 机器人系统

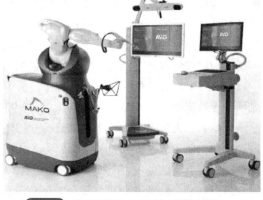

图 7-32 强调手感的 MAKO RIO 机器人系统

3）创伤骨科手术机器人

哈尔滨工业大学团队在国家 863 计划支撑下，于 2002 年研制了基于 stewart 结构的遥操作正骨手术机器人，主要用于创伤性骨折手术。该机器人由虚、实两套系统组成，分别如图 7-33（a）和图 7-33（b）所示。虚系统指的是虚拟环境生成端，它以主机为核心，Windows NT 操作系统中的 JCreator 2.0LE 作为编程环境，应用 Java 语言实时处理三维图像，具有丰富的人机接口以及图形图像计算能力。实系统指的是现实中存在的执行机构，除用于反馈的位置传感器、CCD 摄像机与力传感器外，主要由牵引复位机器人、导航机器人、C 型臂 X 光机和多功能手术床 4 个主要的部分组成，如表 7-11 所示。机器人整体系统结构如图 7-34 所示。此系统可以实现 3 种作业模式：遥操作手术、半自主手术和自主手术。其中，实现自主手术是其最终目的，即当医生在工作站完成手术规划后，系统将自动完成剩下的工作。

(a) 正骨手术机器人虚系统

(b) 正骨手术机器人实系统

图 7-33 正骨手术机器人虚、实两系统

表 7-11 系统的硬件组成

名称	结构形式	自由度	功能
牵引复位机器人	并联	6	牵引、复位
导航机器人	串联	6	导航并钻孔
C 型臂 X 光机	串联	6	拍摄 X 光片
多功能手术床	XYZ 平台	7	固定病人

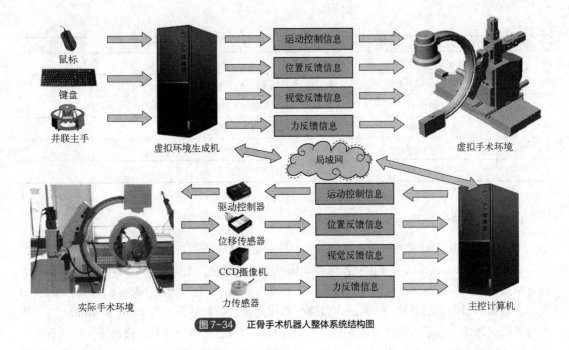

图 7-34　正骨手术机器人整体系统结构图

7.3.3.2　神经外科手术机器人

（1）神经外科手术机器人概述

神经外科手术机器人主要用于脑和脊髓的中枢神经系统疾病的治疗，包括脑出血、脑肿瘤、帕金森病、三叉神经痛等近百种疾病。利用神经外科手术机器人可以开展对精度要求极高的 DBS 手术（治疗帕金森病、肌张力障碍、梅杰综合征、特发性震颤等）、SEEG 手术（实施脑内血肿排空、脑组织活检、脑脓肿穿刺引流、脑内异物摘除等）以及颅骨开放性手术的导航等。此类机器人主要由计算机软件系统、实时摄像头和自动机械臂三个部分组成，借助机械臂末端的操作平台，医生可以实施活检、抽吸、毁损、植入、放疗等多类术式。

神经外科手术机器人除了具备手术机器人共性的关键技术外，还拥有高精度实时反馈的神经解剖图像识别技术和极强稳定除颤技术，以更好地发挥神经外科手术机器人在微米级别进行手术操作的能力，为极其微小的神经系统组织提供必要的安全保护。其临床代表性应用如表 7-12 所示。

表 7-12　典型神经外科手术机器人

序号	名称	年份	手术种类
1	PUMA	1985	无框架神经外科手术
2	MeuroMate	1987	无框架神经外科手术、内窥镜检查
3	CRAS	1997	无框架神经外科手术
4	Evolution 1	2002	内窥镜检查
5	NeuRobot	2002	无框架神经外科手术
6	NeuroArm	2002	开颅术
7	Robot hand	2009	开颅术
8	ROSA	2012	无框架神经外科手术、内窥镜检查

续表

序号	名称	年份	手术种类
9	Expert	2013	开颅术
10	Endonassal Robot	2015	内窥镜检查
11	iSYS1	2017	无框架神经外科手术、内窥镜检查
12	CorPath	2019	脑血管介入治疗
13	Remebot	2018	无框架神经外科手术
14	Sinovation	2019	无框架神经外科手术

（2）典型神经外科手术机器人

① NEUROBOT 神经外科手术机器人。由日本信州大学开发的 NEUROBOT 机器人系统如图 7-35（a）所示。该系统主要由从操纵器、操纵器支撑装置、主操纵器和 3D 显示监视器四个部分组成。从操纵器包含细管、三组微操作器和刚性 3D 内窥镜，如图 7-35（b）和图 7-35（c）所示。从操纵器细管的外径为 10mm，微操作器和内窥镜的直径分别为 1mm 和 4mm。微操作器有旋转、屈伸、前后运动 3 个自由度，且颈部摆动的范围为 0°～90°。操纵器支撑装置是一种 6 自由度机械装置，其可以根据手术计划确定插入部件尖端的位置和姿势，这些运动由精度为 0.1mm 的超声波电机驱动，并通过触摸面板进行控制。3D 显示监视器被放置在操作输入设备附近，外科医生在佩戴偏光镜观看 3D 显示监视器的同时，也可通过控制三个杠杆来操作主操纵器，实时观看操作过程并及时做出调整。同时，NEUROBOT 机器人还支持远程操作，使术者无须接触病人即可完成准确的手术操作。

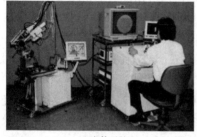  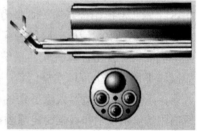

(a) 完整系统　　　　　　　(b) 从操纵器尖端　　　　　　(c) 从操纵器的示意图

图 7-35　NEUROBOT 机器人系统

② NeuroArm 神经外科手术机器人。加拿大卡尔加里大学研发的 NeuroArm 机器人系统如图 7-36 所示，是世界上第一台兼有显微外科和图像引导穿刺活检的核磁共振外科手术机器人，其可以覆盖神经外科医生在颅内需要做的所有操作，如活检、显微切开、剪开、钝性分离、钳夹、电凝、烧灼、牵引、清洁器械、吸引、缝合等。NeuroArm 安装有两个 7 自由度冗余度机械臂，具有高度灵活性；第三个臂上安装有两个摄像头，可用于提供立体影像。进行术中核磁扫描的机械臂由钛合金和聚合塑料制造，能够兼容核磁使核磁图像扭曲很小，从而使得整套系统对核磁共振成像无干扰。NeuroArm 工作站可以提供听觉、视觉和触觉等方面的感受。一方面，可以通过传感器和核磁信息在显示屏上显示三维脑组织图像；另一方面，手术过程中还可向术者提供触觉压力反馈并过滤术者轻微抖动，大大加强了机械臂前端所连接器械的稳定性。在安全性方面，安全开关可防止意外动作发生，并在术前通过模拟手术过程确定手术边界。

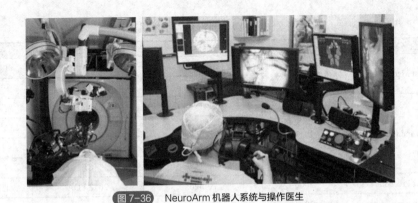

图 7-36　NeuroArm 机器人系统与操作医生

7.3.3.3　血管介入手术机器人

（1）血管介入手术机器人概述

血管介入手术机器人是一种利用导管和导丝等器械，通过皮肤微创穿刺进入血管对病变部位进行诊疗的手术设备。血管介入手术机器人系统可根据术前或术中的影像数据构建三维血管内外影像，通过建立空间参考坐标系以及对血管分叉处、角度、弹性、斑块特征的分析，并在手术过程中跟踪、定位介入手术器械，实现医生在导航系统引导下通过远程操作方式操作机器人系统，准确地进入血管并进行球囊扩张、支架植入等操作，以恢复血管的正常通畅，实现对体内病变的诊断和局部治疗功能。此种治疗方式具有创伤小、恢复快、并发症少等优点，明显减少操作人员相应 X 射线暴露水平，已逐渐在临床中得到应用。

（2）血管介入手术机器人分类

按照应用术式的不同，血管介入手术机器人可以分为三类：冠脉介入、神经介入、外周介入（包括主动脉介入）。按照功能的不同，血管介入手术机器人可以分为两大类：一类是辅助医生完成血管成形术（如冠脉支架术、颈动脉支架术、肾动脉支架术、脑动脉支架术）的血管介入机器人，如 Corindus 公司的 CorPath 系统、Robocath 的 R-One 系统等；另一类是辅助医生进行血管介入电生理治疗或检查（如房颤消融、心脏电生理检查）的血管介入机器人，如 Catheter Precision 公司的 Amigo 系统等。上述分类如图 7-37 所示，代表应用如表 7-13 所示。

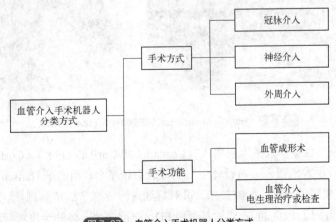

图 7-37　血管介入手术机器人分类方式

表 7-13　典型血管介入手术机器人

企业名称	成立时间	产品名称	获批认证进度	临床适用
Hansen Medical	2002	Sensi X	2007 FAD	心脏电生理
		Magellan	2012 FDA	心脏
Corindus	2011	CorPath 200	2012 FDA	心脏
		CorPath GRX	2016 FDA	心脏
			2018 FDA	外周
			CE	脑
Catheter Precision	2006	Amigo	2012 FDA	心脏电生理
Robocath	2014	R-One	2019 CE	心脏
Stereotaxis Genesis	2019	RMN	2020 FDA	心脏电生理
易度河北	2018	VAS HERO	2023 中国获批	脑

（3）典型血管介入手术机器人

① Hansen Medical 血管介入手术系统（Sensei X2/Magellan）。Hansen Medical 公司研发了用于冠脉介入及消融治疗的机器人系统 Sensei X1。机器人通过机械手来操控头部可弯曲的导管及导管鞘，通过牵拉尾部连接于导管或导管鞘四周的连接线，调控导管及鞘的弯曲方向。在 Sensei X1 系统的基础上，Sensei X2 系统增加了视觉和触觉力反馈系统，保证了导管尖端稳定地组织接触，使得复杂解剖环境下的操作更为安全，设备如图 7-38（a）所示。基于 Sensei 平台，该公司研发了 Magellan 手术机器人系统，如图 7-38（b）所示。该系统除应用于冠状动脉手术外，更注重于辅助治疗外周血管疾病。同时，该机器人系统进一步增强了组织触觉和视觉反馈，实现了导管顶端完整的旋转能力和独立的尖端扭矩控制。但无论是 Sensei X 系列还是 Magellan 系统，都不能使用常规的腔内器具，必须使用为其特别开发的导管及导鞘，且只能完成导丝、导管动作。

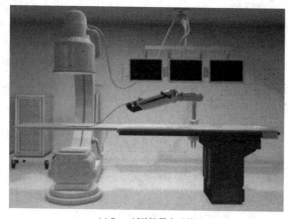 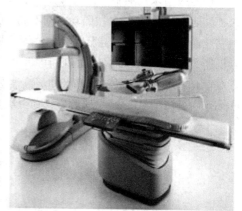

(a) Sensei X2机器人系统　　　　　(b) Magellan手术机器人系统

图 7-38　Hansen Medical 公司研发的两种血管介入手术系统

② CorPath 系列血管介入手术机器人（CorPath 200/CorPath GRX）。CorPath 机器人系统是美国 Corindus 血管手术机器人公司设计生产的开放系统平台，相比于 Hansen 医疗公司的产品，CorPath 系统更早突破了导丝的操控技术，可对病灶进行亚毫米级精准测量。2012 年，Corindus 公司研发的初代产品 CorPath 200，成为首个经 FDA 批准应用于辅助经皮冠状动脉介入治疗的医

疗设备。CorPath 200 机器人主要在冠脉中操作导丝和治疗用的微导管。就其结构而言，一组摩擦轮用来递送导丝，一个机构旋转导丝，另一组摩擦轮用来递送球囊、支架导管。医生不必像往常一样站在手术床边，而是通过独立的控制模块掌控手术进程，因此可以减少医生吸收的射线剂量。其缺点在于装载血管介入器具的一次性操纵盒价格昂贵，可应用的介入器具也十分有限，且缺乏相应力触觉反馈机制，不能同时操控一个以上的导丝、球囊或支架，因此实际应用范围有限。

2016 年年末，Corindus 研发的第二代产品 CorPath GRX 获得了 FDA 批准上市，并于 2018 年成功获得外周血管介入治疗 FDA 认证。CorPath GRX 机器人系统如图 7-39 所示，其由两个主要工作站组成：床边操作设备和介入控制设备。图 7-40 所示为机器人驱动介入单元。介入控制台中包含机器人控制子系统和远程存在通信系统，使医生与机器人可以实时进行交互。与第一代产品相比，CorPath GRX 主要的改进是增加了小范围操作粗导管的功能，并开发长距离远程手术、自动手术模块。在机器人辅助神经血管动脉瘤栓塞的多项研究中，CorPath GRX 技术成功率为 94%，临床成完成率高达 95.7%，总体实现了临床有效性和安全性的目标。

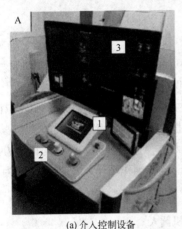

(a) 介入控制设备

1—触摸屏控制；2—操纵杆；3—超高清显示屏

(b) 床边操作设备

1—带关节的机器人手臂；2—机器人驱动单元，包括一个匣子和就位的导引导管；3—工作站；4—插入了导引导管的体外血流模型

图 7-39　CorPath GRX 机器人系统

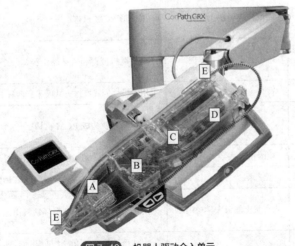

图 7-40　机器人驱动介入单元

A—导引导管循环模块；B—快速转换导管模块；C—导丝线性模块；D—导丝旋转模块；E—导引支持轨道

7.3.3.4 眼科手术机器人

（1）眼科手术机器人概述

眼科手术的手术目标组织位于眼球内部，其以晶状体后膜为界，又分为眼前节手术（例如白内障超声乳化切除术和小梁切除术等）和眼后节手术（例如玻璃体切割术、视网膜静脉血管插管术和视网膜静脉血管搭桥术等）。尤其眼后节手术，目标组织最为精密、操作精度要求最高，一旦发生并发症后果十分严重，而眼科手术机器人具有精度高、稳定性好的优点，恰恰解决了上述难题。考虑到眼科手术的风险大、精度要求高，能够结合医生丰富临床经验的带有触觉反馈的主从控制的眼科手术机器人是主要的发展方向。

在关键技术方面，眼科手术机器人除了具备手术机器人的共性关键技术外，还应特别关注眼组织生物力学的分析技术和多维度眼组织微力感知与控制技术，以使得机器人能够对眼组织进行更加精准的操作。

（2）眼科手术机器人分类

按照控制方式的不同，眼科手术机器人可以分为主从式和人机协同式两类。在主从控制中，主操作器的运动经缩放后映射到从机器人的运动空间，医生的操作尺度被放大，有助于医生实施更为精密的手术操作，目前大多数眼科机器人均采用主从控制方式，如 Preceyes、IRISS 等。与主从控制方式不同，人机协同控制方式允许医生直接把持安装在机器人末端的手术器械，医生的操作意图通过力传感器传递给机器人，从而对机器人进行控制。在人机协同控制方式下，医生的手部颤抖可以被有效地滤除，医生也能获得更为直观的操作环境。表 7-14 所示为近些年眼科手术机器人的代表应用。

表 7-14　典型眼科手术机器人

研发时间	系统名称	研发机构	主要特点	适用部位
1997	RAMS	MicroDexterity（美国）	采用遥操作平台	暂无
1997	Stewart	西北大学（美国）	采用 Stewart 基准平台	
1998	血管注药机构	西澳大学（澳大利亚）	采用球形 RCM 机构	
2007	双臂眼科机器人	哥伦比亚大学（美国）	采用并联机械臂和末端操作器	视网膜
2007	SHER	霍普金斯大学（美国）	采用人机协同式操作方式及平行四杆 RCM 构型	视网膜
2009	显微机械臂	东京大学（日本）	采用球形导轨构成 RCM 机构	视网膜
2011	Preceyes	埃因霍温大学（荷兰）	采用同构构型，通过配重实现机构静平衡	视网膜
2011	HSS	洛杉矶分校（美国）	采用并联操作器，安装在达·芬奇手术机器人末端	眼外
2012	角膜移植机器人	北京航空航天大学（中国）	采用直角坐标构型，新型环钻机构	角膜（移植）
2013	IRISS	洛杉矶分校（美国）	采用球形导轨构成 RCM 机构，腕、肘关节运动可达 120°	白内障、玻璃体

续表

研发时间	系统名称	研发机构	主要特点	适用部位
2013	视网膜手术机器人	天主教鲁汶大学（比利时）	主、从手采用同构构型，主操作器采用丝驱动	视网膜
2014	视网膜手术机器人	北京航空航天大学（中国）	采用虚拟约束运动控制	视网膜

（3）典型眼科手术机器人

① 7 自由度遥操作眼科手术机械臂（SMOS）。1989 年，法国的 Guerrouad 等开发了一台用于眼科手术的 7 自由度的遥操作机械臂（SMOS），是最早的眼科手术机器人，如图 7-41（a）所示。该机器人由 3 自由度的三维直线移动平台和 4 自由度的腕部机构组成，这种结构可以使其在球面坐标系下工作。使用该机器人进行了人工和机器人辅助的对比实验，虽然机器人辅助手术花费的时间长，但操作精度得到了提高。

② SHER 眼科手术机器人。2007 年，美国约翰·霍普金斯大学的学者们研发了 SHER 眼科手术机器人，并面向眼球空间的约束特点，首次提出了远程运动中心（RCM）机构的概念。该机器人如图 7-41（b）所示，其工作原理是，通过双平行四边形机构来约束器械使其可以绕眼球内某一定点旋转，进而可以围绕该点进行手术操作。此外，该机器人采用人机协同操作的控制方式，医生的操作更加直观。2014 年，该机器人在眼球模型上完成了视网膜囊膜剥离试验。

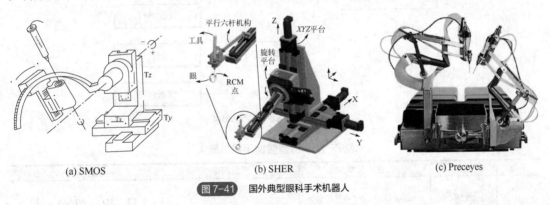

(a) SMOS　　　　　　　　　　(b) SHER　　　　　　　　　　(c) Preceyes

图 7-41　国外典型眼科手术机器人

③ Preceyes 眼科手术机器人。荷兰埃因霍温大学在 2011 年研发了主从式的 Preceyes 机器人，如图 7-41（c）所示，主要用于进行视网膜手术。该机器人的主手和从手采用相同的平行四边形构型，并通过增加配重的方式实现了机构的静平衡。当医生操作主手时，从手可根据霍尔传感器来检测关节的转动进而复现医生的操作。2016 年，医生使用 Preceyes 机器人进行辅助手术，成功从一位病人的视网膜表面摘掉了 0.01mm 厚的再生膜，成为全球第一个使用机器人辅助完成的视网膜手术。

7.3.3.5　腔镜手术机器人

（1）腔镜手术机器人概述

腔镜手术机器人是目前技术最成熟和使用最广泛的手术机器人，其可令外科医生的视线延伸至病人的体内,辅以数倍放大的 3D 腔镜视野,完成各种复杂的微创手术,具备创伤小、精细度高和灵活性高等显著优势,主要应用于泌尿外科、妇科、心胸外科和普通外科,是当今外科领域最先进的高科技产品之一。该类型机器人能够提高手术精准度及安全性,其出现显著改变了微创伤手术的格局。在保持标准腔镜手术的益处的同时,腔镜手术机器人可提供更强的灵活性、更大的活动范围、过滤震颤、三维高清视觉及更精准的控制能力,这些优势在手术部位深窄及需要切开细小组织的情况下有极大价值。近年来,一批先进的腔镜手术机器人伴随着机器人技术的飞速发展应运而生,其研究成为国内外医疗技术的研究热点。

(2)腔镜手术机器人分类

根据产品类型的不同,腔镜手术机器人可分为多孔腔镜、单孔腔镜和无孔腔镜机器人三类;也可根据应用领域的不同分为泌尿外科腔镜机器人、妇科腔镜机器人和普通外科腔镜机器人等。腔镜手术机器人的分类如图 7-42 所示。表 7-15 列举了腔镜手术机器人的代表应用。

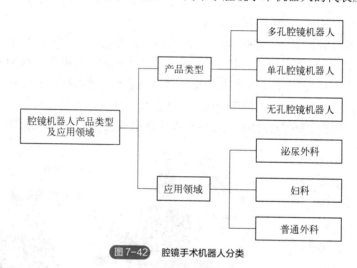

图 7-42　腔镜手术机器人分类

表 7-15　典型腔镜手术机器人

序号	国家	企业简称	产品简称	认证情况
1	美国	Intuitive Surgical（直觉外科）	达·芬奇手术机器人 Da Vinci Si、Xi	CE、FDA、NPMA 认证
2	美国	Medtronic（美敦力）	Hugo RAS	CE、FDA 注册中
3	美国	Asensus Surgical	Senhance	CE、FDA 认证
4	英国	CMR Surgical	Versius Surgical Robot	CE 认证
5	德国	Avatera Medical	Avatera System	CE 认证
6	韩国	Meere company	Revo-I	韩国注册
7	加拿大	Titan Medical	Enos	在研-临床
8	中国	微创机器人	图迈	获 NMPA 批准
9	中国	威高手术机器人	妙手 S	获 NMPA 批准
10	中国	康多	康多系统	在研-临床

（3）典型腔镜手术机器人

① Da Vinci 系列手术机器人。由 Intuitive Surgical 公司研发的 Da Vinci（达·芬奇）外科手术机器人是目前最先进的机器人手术辅助系统之一，现已广泛用于泌尿外科、普通外科等手术领域。它借助智能化机械臂辅助系统及高清 3D 显像系统等设备，通过 4～6 个钥匙孔样的操作通道进行手术精细操作，实现了外科手术微创化、功能化、智能化和数字化，是新一代微创外科技术的代表。美国食品药品监督管理局（FDA）批准达·芬奇手术机器人可用于超过 10 个科室的手术，50%集中在前列腺切除术和子宫切除术。达·芬奇机器人一共有 4 代产品，如图 7-43 所示，当下广泛应用于临床的是第三代产品 Da Vinci Si，主要由手术机械臂系统与医生控制台系统组成，如图 7-43（c）所示。

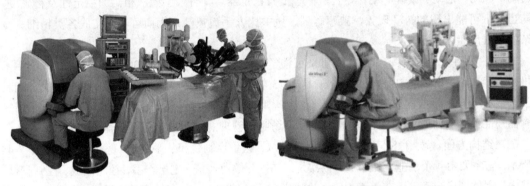

(a) Da Vinci系统机器人　　　　　　　　　　　　　(b) Da Vinci S系统机器人

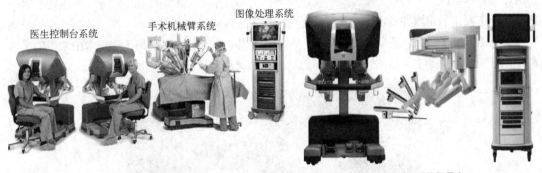

(c) Da Vinci Si系统机器人　　　　　　　　　(d) Da Vinci Xi系统机器人

图 7-43　手术机器人 Da Vinci

Da Vinci Si 的手术机械臂系统由安装于一个移动平台上的多个机械臂组成，包括 2～3 个 7 自由度工作臂和 1 个持镜臂。工作臂可做沿垂直轴 360°和水平轴 270°的旋转，且每个关节活动度均大于 90°，用于完成术中的各种操作。外科医生可通过操作手柄控制其连续运动，它比人手具有更高的灵活性。同时，医生在术中可更换末端执行装置（手术器械），并借助其上安装的力反馈装置完成高精度的操作任务。持镜臂用于术中握持腹腔镜物镜，与传统人工握持相比，可提供更加稳定的图像，避免术中因疲劳导致手部抖动而出现视野不稳定的问题。

医生控制台系统是达·芬奇系统的控制核心，由计算机系统、监视器、操作手柄及输出设备等组成。在手术中，医生坐在无菌区外的控制台前，通过手柄控制机械臂来完成各种操作，并可通过声控、手控或踏板等多种方式来控制腹腔镜。同时，Da Vinci Si 还安装了图像处理系统，可将人体组织图像实时传送至高分辨率图像处理设备上。与传统的腹腔镜技术仅能反馈二维平面图像相比，Da Vinci Si 的 3D 高清影像系统可以提供更真实的视野，利于术中辨认组织关系，准确观察患者体腔内的图像。

截至 2023 年 3 月 31 日，全球已经有数十个国家的 5000 多家医院正在使用 Da Vinci 系统，达·芬奇手术系统总安装量达到 7779 台，相比去年（尽管受到疫情的影响）仍增长了 12%，每年完成的机器人手术量以 18% 左右的增幅逐年增长。外科手术机器人 Da Vinci 突破了人眼的局限，可以进入人体内部的机器镜使手术视野放大 20 倍；机械手臂灵活性高，同时能将控制柄的大幅度移动按照比例转换成患者体内的精细动作，大大提高了手术医师的操作能力。同时，它也突破了人手的局限，在原来手伸不进的区域，机械手可以在 360° 的空间内灵活穿行，完成转动、挪动、摆动、紧握等动作，且机械手上有稳定器，具有人手无法相比的稳定性及精确度，防止人手可能出现的抖动现象，狭窄解剖区域中比人手更灵活，因而可辅助完成各类精细、复杂的高难度手术。

② "妙手"机器人。天津大学机械工程学院王树新院士团队从 2008 年开始进行微创手术机器人相关研究，目前在进行商业化的是 2013 年完成研发的"妙手 S"系统（由中南大学湘雅三医院和天津大学共同研发）。其团队与威高集团联合推进产业化，于 2017 年 9 月通过了国家食品药品监督管理总局（2018 年改为国家市场监督管理总局）的创新医疗器械特别审批。

在结构方面，"妙手 S"系统由两大部分组成：医生控制台和从手台车。医生控制台如图 7-44 所示，它主要由 4 个功能模块组成，依次是：立体图像观察窗、主操作手、控制面板、控制脚踏。其中，立体图像观察窗可在手术中给医生提供高清立体图像，具有较高的组织辨识精度，用于观察病灶和手术器械，是术中的唯一显示反馈单元；主操作手是手术动作指令单元，医生在手术中握持 2 个主操作手末端并发出运动指令，利用力反馈装置实现较高的操作精度；控制面板用于调整术前机器人手术参数，诸如内窥镜角度、缩放比例等；5 个控制脚踏用于调整术中常用的手术动作，分别是：断开主从运动映射、内窥镜运动控制、启动机器人、电凝、电切。

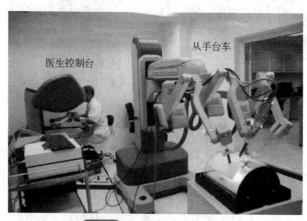

图 7-44　医生控制台及从手台车

从手台车主要由被动调整臂、旋转关节、从操作手三个功能模块组成。其中，被动调整臂和旋转关节分别用于调整从操作手的高度和方向，以适应不同的术式，如图 7-45 所示。3 个从操作手中，2 个用来操作手术器械，第 3 个用于控制内窥镜。从操作手如图 7-46 所示，包含 3 个主动关节和 2 个自由活动的正交被动关节，自由关节完全顺应外界力进行运动，实际手术中由病人皮肤戳卡提供约束力。同时，2 个自由关节上安装有传感器，用于术前标定戳卡和机器人的相对位置，以及术中进行安全监测，一旦实时计算的戳卡位置和术前标定的戳卡位置有较大偏差，机器人会停止运行。

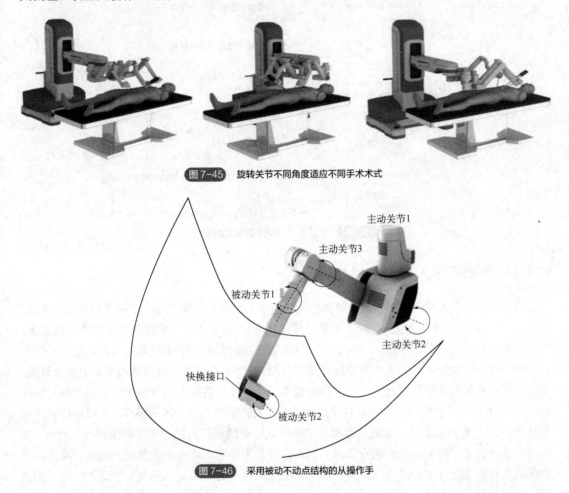

图 7-45　旋转关节不同角度适应不同手术术式

图 7-46　采用被动不动点结构的从操作手

　　"妙手 S" 在结构上一个突出的优点是其从操作手采用了被动不动点机构（不动点机构指通过特殊的机构构型，在机构本身关节和杆件约束下，机构末端杆件能够绕空间一点做转动，而该点与机构本身并无实际运动副连接），相比于机器人 Da Vinci 的主动不动点机构，被动不动点机构减少了关节数量、机构尺寸和术前调整时间，但由于病人皮肤较为柔软，机器人末端运动精度会受到一定的影响。

　　在控制系统方面，"妙手 S" 控制策略采用了常见的"位置型"单边遥操作策略，含有直观控制、增量控制、比例控制三个要素：直观控制是通过器械末端和主操作手末端在显示器下的运动一致来保证；增量控制是指从操作手接收到的运动指令是主操作手端每次运动的增量叠加；比例控制是指医生主操作手和"妙手 S"从操作手的运动经过比例映射，以此来提高医生操作的精度。该机器人主要特点如图 7-47 所示。

　　自 2014 年 4 月开展了第一例手术以来，截止到 2019 年 1 月 15 日，中南大学湘雅三医院已使用"妙手 S"手术机器人完成了一百例手术，其中 90% 为三级以上手术。它已经成功运用于肝胆胰外科、胃肠外科、泌尿外科、妇科、胸外科，证明了该机器人临床应用的安全性及有效性。

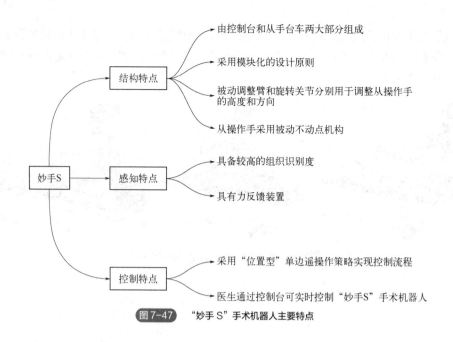

图 7-47 "妙手 S"手术机器人主要特点

7.3.4 手术机器人未来发展趋势

虽然手术机器人种类繁多,但是随着技术的进步和医学的不断发展,使手术机器人的"眼"更亮、"手"更准、"脑"更聪、"体"更微已然成为必然趋势。"眼"更亮指的是随着表面重建、荧光和多光谱成像、共聚焦显微内镜、增强现实等技术的发展,手术机器人可以给医生提供更加清晰、直观的视野,辅助医生更好地完成治疗操作;"手"更准是通过增加夹紧力感知系统、操作力感知系统和多感知信息人机交互控制技术,医生使用机器人的过程中可实现更精准的控制;"脑"更聪是通过借助人工智能技术,全面取代人工劳动力进行术中操作,实现治疗全流程自动化;"体"更微指的是研制更加微型化的机器人如微纳机器人进一步推动医疗的无创化。实际上,手术方式、微创工具和医疗技术的创新之路从未停止。未来更加智能、高效、精准的手术机器人将极大地降低患者痛苦,进一步降低医疗风险,为人民追求的美好生活作出更大的贡献、提供更坚强的保障。总的来说,未来手术机器人系统的发展将呈现出以下趋势。

(1)医生水平仍是机器人医疗的基础,机器人的工具属性不会改变

手术机器人只是医护人员的一个工具,而不是一名医生,更不是一名指挥官。它可以部分实现医生的治疗目的,但它无法全程决定治疗的指征、治疗的时机、治疗的方案等,更无法处理治疗过程中出现的意外情况和实时变化,这些都需要一名临床医生来牢牢掌握。此外,对于治疗过程前后各种情况的处理、治疗计划的制定,均需临床医生根据患者情况综合判断。

(2)多学科交叉发展更快,医生理念和技能需不断更新

临床医学与计算机科学、机械科学、光学、力学、生物学、材料学等专业的合作日趋紧密,必将带来交叉领域的快速发展。例如医疗过程中遇到的难题通过与相关专业的研究人员进行交流与探讨,就会产生新的理念和新的技术,甚至新的产品,为临床难题带来新的解决方案。随着新产品、新技术的日新月异,对外科医生的要求也不断提高,医生需要不断提升研究能力,

不断应对新理念转变，不断掌握新的技能。

（3）机器人的功能更加丰富和集成

手术机器人将借助人工智能技术的不断进步，不断提升其诊断和治疗能力。通过学习大量的医学数据和经验，手术机器人不仅可以准确地分析疾病的特征和趋势，辅助医生进行更精准的诊断，还可以通过智能算法提供基础性建议和制定个性化的治疗方案，以提高治疗效果和患者的康复速度。同时，未来的手术机器人将更加集成化，与各种医疗设备和系统实现无缝连接。它们可以与医院信息系统进行互联，实现医疗数据的共享和交流，提高医疗工作的协同性和效率。此外，手术机器人还可以与个人健康监测设备和移动应用程序进行互动，提供个性化的健康管理和预防措施。

（4）手术机器人应用的门槛更低，应用的范围更广

应用性高的机器人应该是最简单实用、操作最方便的机器人，而不是操作复杂、耗时耗力的机器人。未来手术机器人的操作会更加便携，医生经过简单培训就可以操作和使用，应用门槛更低。这也意味着，不仅在三级甲等医院等大型医院，在区县级医院也可能引入手术机器人并且广泛使用。

（5）产品的人机交互、感知认知能力更加精确

手术机器人与用户之间的交互方式正在变得更加智能和逼真。触觉和视觉反馈的应用使得交互过程更加真实和自然，增加了用户与机器人之间的情感联结。通过多模式下的人机交互、三维传感和其他先进技术手段，机器人能够更精确地识别和解释用户的指令和需求，加之结合增强现实（AR）技术，手术机器人可以识别物体和环境，并做出相应的动作和反应，进一步增加了交互的真实感和有趣性。此外，手术机器人的认知能力和学习能力也在不断进步。它们能够通过大数据和机器学习算法不断积累和分析医疗知识，从而实现对复杂病例的认知和解决方案的推理。同时，手术机器人还具备语态识别和态势感知能力，能够更好地理解和判断患者的情感状态和需求。通过不断学习和适应，手术机器人可以提供更加智能化和个性化的医疗服务，提升患者的体验和治疗效果。这对于促进医疗行业的发展和改善全球医疗服务的质量具有重要意义。

（6）医生与产业的结合将更加深入

医生是手术机器人的直接使用者，应该在手术机器人研发过程中发挥更加重要的作用。手术机器人的研发人员应与医生深度沟通功能需求、安全性要求及手术的方式与过程，在明确需求后确定设计输入、规划实现方式、形成工程语言。双方结合设计方案进行论证，不断修改、迭代与完善。形成设计方案后，医生也参与技术测试、评价与修改。

（7）产品监管将不断优化

手术机器人作为医疗设备产品，面临非常严格的医疗产品准入机制。一方面认证时间较长，如一款手术介入治疗机器人临床试验至少需要 2～3 年时间；另一方面认证不具有跨区域通用性，国际、国内各地区均有不同的本地化认证体系（美国 FDA、中国 CFDA 等），这极大地提

高了手术机器人产业化的难度。目前部分地区对一些创新性强、安全度高的手术机器人产品敞开了认证绿色通道。未来各国应不断优化监管机制，更好地平衡手术机器人的安全性与市场性，提高产业转化效率。

7.4 康复机器人

7.4.1 康复机器人概述

随着我国经济水平的提高，康复阶段越来越得到重视。传统康复治疗方法主要是治疗师对患者进行一对一的徒手操作，或借用简单的器械工具帮助患者完成康复训练，以实现促进神经系统的重塑等目的。但存在以下问题：康复效果较大程度依赖于治疗师的经验水平；徒手操作会消耗治疗师大量的精力和体力，难以保证康复训练的强度、频率、时长和一致性；训练过程枯燥乏味，患者得不到直观的视觉反馈，主动参与的积极性不高，康复效果大大降低；不能实时记录训练过程中的运动参数，训练后缺乏客观评估数据。此外，在我国，康复治疗师的数量严重不足。以脑卒中为例，我国脑卒中患者至少需要40多万的康复治疗师，但是目前只有两万左右，缺口巨大。很多患者得不到及时而规范的康复治疗，错过了康复黄金期，从而增加了家庭负担。因此，采用康复机器人辅助人工进行康复是一个必然趋势。康复机器人是康复医学和机器人技术的结合，主要用于辅助功能障碍患者的日常生活、帮助患者进行康复治疗。相比传统徒手康复手段，康复机器人具有如下优点：

① 持久性：相较于人工康复方式，康复机器人可以提供更大的力量，其良好的持久性非常适合高体力消耗、重复规范性的活动。

② 稳定性：康复机器人具有高度准确的运动控制和稳定性，可以在康复过程中提供一致的力量和运动，避免人为误差。这有助于最大限度地降低患者的风险，减少康复过程中的不良事件。

③ 趣味性：康复机器人通过情景互动或晋级式游戏模式提高患者的主动性和参与度，通过内置智能传感器，采集训练数据、量化训练强度、实现即时直观反馈和科学客观评估，从而提高康复效果和效率。

④ 个性化：康复机器人可以根据患者的具体情况制定个性化和定制化的康复计划。机器人可以根据患者的需求，提供准确的力量、运动和角度控制，以最大程度地促进患者的恢复。

⑤ 可控性：康复机器人可以精确控制运动范围、速度和力量，以满足患者特定的康复需求。此外，机器人的运动可以被记录和重现，这使得康复过程更加可控，在评估康复进展和调整康复计划时提供有价值的数据。

⑥ 实时反馈和监测：康复机器人可以通过传感器实时监测患者的状态和康复进展，并提供即时反馈。这有助于患者和康复专业人员了解康复过程中的进展情况，并及时调整康复计划。

⑦ 节省人力资源和时间：康复机器人可以降低康复专业人员的工作负担，节省人力资源和时间。机器人可以自主完成一部分康复程序，减轻康复人员的工作量，使其能够更好地关注患者的个别需求和治疗规划。

近年来康复器械市场不断扩大，尤其是养老机构的康复器械和家庭用的康复器材市场快速增长。康复机器人已经成为国际机器人领域的一个研究热点，这不仅促进了康复医学的发展，也带动了相关领域的新技术和新理论的发展。

7.4.2　康复机器人关键技术

康复机器人涉及的关键技术如下：

① 基于人机相容性的机构设计技术。康复机器人是典型的人机一体化系统，人机之间的作用力会影响使用者的舒适性，甚至对使用者造成不必要的伤害。因此，需要突破基于人机相容性的机构设计技术，通过设计新型机构避免机器人与使用者之间非功能方向上的消极作用力，从而提高康复训练的安全性与舒适性。

② 脑电/肌电信号精确采集与分析技术。脑皮层的脑电信号反映了人体的运动控制信息，身体肌肉组织的肌电信号反映了肌肉对大脑控制的响应信息，通过突破脑电/肌电信号精确采集与分析技术，可以更加准确地判断使用者的运动意图、身体机能与康复状态，从而更好地改善康复训练效果。

③ 机器人自适应运动控制技术。康复机器人的目标对象具有用户群体多样性、康复阶段差异性等特点，因此，需要突破自适应运动控制技术，在外部条件发生变化时能够动态调整控制参数以实现个性化的运动控制，以满足不同人群在不同康复阶段的不同需求，并达到最佳的康复训练效果。

④ 高功率密度动力源技术。康复外骨骼机器人，尤其是移动式下肢康复外骨骼机器人，需要能够满足使用者长时间自由移动的需求。因此，需要研发高效、长久、轻便、安全的高功率密度动力源，实现可靠、长续航时间的动力能源供应，使得康复机器人能够在不便于提供外部能源的场所中使用。

⑤ 高强度轻量化新型材料技术。现阶段，康复机器人通常采用金属作为结构材料，因而存在质量大、惯量大等问题，这会对患者产生很大负担。需要突破高强度轻量化新型材料技术，利用高强度碳纤维材料、铁电体聚合物等新型材料及气动人工肌肉、高分子聚合物人工肌肉等新型驱动元件，使康复机器人具有质量小、强度高、驱动力大等优点。

7.4.3　康复机器人的分类及应用

现阶段康复机器人的种类庞杂且应用范围十分广泛，包括了各种康复训练和治疗，如物理治疗、运动训练、语言康复、神经康复等。按照身体部位的不同，将康复机器人分为上肢康复机器人和下肢康复机器人两类，其分类及代表应用如图 7-48 所示。

7.4.3.1　上肢康复机器人

（1）上肢康复机器人概述及分类

按康复方式的不同，上肢康复机器人可分为末端引导式和外骨骼穿戴式两类。末端引导式机器人辅助患者康复训练时，患者的手部抓握或绑定于机器人上，机器人通过驱动人体手部运动，进而实现上肢各关节的康复训练，如图 7-49（a）所示。外骨骼穿戴式机器人整体结构与人体手臂相似，可穿戴在人体上肢上，对各关节进行精确控制，以实现单关节独立运动和多关节复合运动，如图 7-49（b）所示。国内外代表应用如表 7-16 所示。

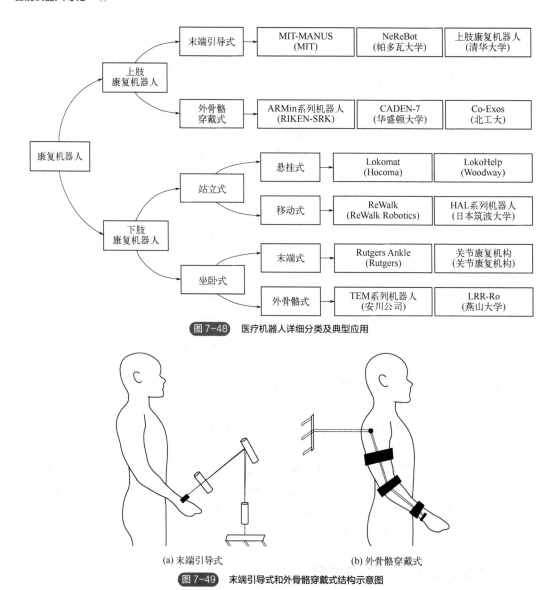

图 7-48　医疗机器人详细分类及典型应用

图 7-49　末端引导式和外骨骼穿戴式结构示意图

(a) 末端引导式　　(b) 外骨骼穿戴式

表 7-16　典型上肢康复机器人

构型种类	名称	国家	团队	自由度
末端引导式	MIT-MANUS	美国	MIT	2
	GENTLE/S	英国	雷丁大学	2
	上肢康复机器人	中国	清华大学	2
	NeReBot	意大利	帕多瓦大学	3
外骨骼穿戴式	ARMin	瑞士	苏黎世联邦理工学院	6
	CADEN-7	美国	华盛顿大学	7
	CAREX	美国	特拉华大学	
	Harmony	美国	得克萨斯大学奥斯汀分校	12
	Co-Exos	中国	北京工业大学	6

（2）典型上肢康复机器人

下面分别介绍末端引导式和外骨骼穿戴式上肢康复机器人典型的研究成果。

1）末端引导式

① MIT-MANUS 上肢康复机器人。20 世纪 80 年代末，美国麻省理工学院 Hogan 教授开发了第一台上肢康复机器人 MIT-MANUS，如图 7-50 所示。其采用 SCARA 串联式五连杆结构，末端具有 2 自由度，可通过带动手部运动，辅助患者进行肩关节、肘关节的康复训练。Hogan 教授首次提出阻抗控制算法，以提高康复训练过程中人机交互的柔顺性。患者可根据自身病情选择被动训练模式，在机器人的牵引下，以预设轨迹完成被动康复训练；也可通过增加适当的阻尼，辅助患者进行肌力训练。MANUS 内置的传感器可实时采集训练过程中的位置、速度、力等各类数据，并将数据传输至上位机界面进行可视化，有效帮助患者和医生进行临床评价。在 MANUS 的基础上，该团队进一步增加了对手腕关节的辅助训练装置，并开展了初步的临床试验。MIT-MANUS 作为上肢康复机器人的鼻祖，从结构形式、控制算法、传感监测等方面对于后期学者开展的康复机器人研究具有很好的导向作用。

② NeReBot 上肢康复机器人。2007 年，意大利帕多瓦大学 Rosati 团队设计了一款 3 自由度的 NeReBot 机器人，如图 7-51 所示。该机器人设计有三条尼龙线，尼龙线的一端连接在电机上，另一端通过矫正器固定到患者的手臂上，通过 3 个独立电机进行绳索驱动，实现上肢的末端牵引。该驱动方式阻尼小，控制灵活性高，在使用过程中，医护人员可以根据预先设定的三维轨迹移动患者的前臂，同时也允许患者进行自发的移动。患者并不会感到机器人限制了他们的活动，大大降低了运动中惯性所带来的影响。临床试验表明，在接受过康复治疗后，患者的肢体活动能力大幅度增强，并无不良反应发生。

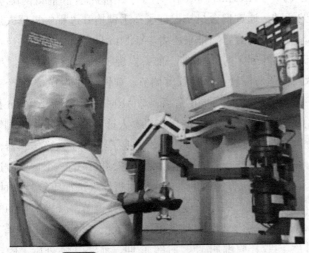

图 7-50　MIT-MANUS 上肢康复机器人

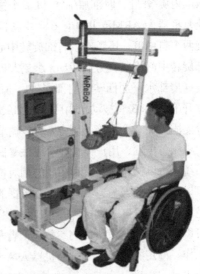

图 7-51　NeReBot 上肢康复机器人

2）外骨骼穿戴式

① ARMin 系列上肢骨骼康复机器人。瑞士苏黎世联邦理工学院研制出了 ARMin 系列上肢康复机器人，如图 7-52 所示。其中，图 7-52（a）～（e）分别表示 ARMin 系列第一代机器人 ARMin Ⅰ 至第五代机器人 ARMin Ⅴ，图 7-52（f）为 ARMin 的商用版本 Armeo Power。

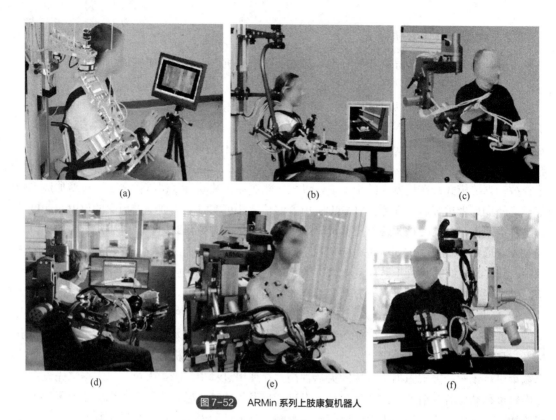

图 7-52 ARMin 系列上肢康复机器人

第一代上肢康复机器人 ARMin Ⅰ 具有 4 个主动自由度（肩部高度调节、肩部水平面回转、肩部内旋/外旋、肘部屈/伸）和 2 个被动自由度（肩部外展/内收、肩部抬高/压低）。第二代上肢康复机器人 ARMin Ⅱ 具有 6 个主动自由度，与 ARMin Ⅰ 相比，增加了腕部屈/伸和前臂内旋/外旋两个自由度，还考虑了肩部旋转中心的运动，通过耦合机构保证了在手臂抬升过程中机器人肩部旋转中心沿竖直方向运动，避免人机运动不匹配给肩部带来压力。ARMin Ⅲ 具有 7 个主动自由度（肩部水平面回转、肩部屈/伸、肩部内旋/外旋、肘部屈/伸、前臂内旋/外旋、腕部屈/伸、手掌开/闭）和 3 个被动自由度（肩部矢状面自适应回转、上臂长度调节、前臂长度调节），整个外骨骼固定在一个升降装置上，可以调节初始高度以适应不同的患者。与 ARMin Ⅱ 相比，ARMin Ⅲ 对机械鲁棒性、用户体验、可靠性等做了进一步改进。ARMin Ⅳ 在机器人框架上增加了水平脚轮系统，可以调整机器人和患者的相对位置，同时对软件进行了扩展，更换了新的力/力矩传感器，可以提高机器人与患者之间交互数据的测量精度。与之前的版本相比，ARMin Ⅴ 的一个重要改进是增加了在线自适应补偿，可以提高机器人在整个工作空间的性能，同时机器人进行康复治疗时，可以针对不同患者所需的参数（上臂和前臂的长度、肩部角度等）自动进行调节，减轻治疗师的工作。商用版本上肢外骨骼机器人 Armeo Power 是基于神经功能可塑性理论开发而成的，具有 7 个主动自由度（肩部内旋/外旋、肩部外展/内收、肩部屈/伸、肘部屈/伸、前臂内旋/外旋、腕部屈/伸、手掌开/闭），机械手臂可根据软件设定的动作或治疗师提供的动作流程带动患者的上肢在三维空间内做多关节同步或分离的持续被动运动，整个装置初始高度同样是可调节的。Armeo Power 拥有大量激励性的 VR 游戏练习，可对患者日常生活中常见的伸展和抓取动作加以训练，并对抓持力等信息进行实时反馈，可通过不断评估和反馈刺激，激励患者在整个康复过程中持续保持高强度训练，不断提升治疗效果。经神经病学研究表明，利用 Armeo Power 进行机器人训练治疗的患者恢复运动功能比进行常规治疗速度更快，且严重损伤患者从 Armeo Power 辅助治疗中获益最大。

目前，ARMin 系列上肢康复机器人虽然经历了几代的更新与发展，但是在性能、安全性和控制模式上还需要进一步提高。例如，虽然在机器人设计中通过耦合机构、被动关节等方式提高机器人轴线与人体关节的匹配程度，但仍然存在一定的差异，限制了使用者的某些运动，从而给患者造成不适。

② CADEN-7 上肢康复机器人。华盛顿大学的 Perry 等开发了一种 7 自由度的上肢康复机器人 CADEN-7，如图 7-53 所示。机器人的 7 个自由度分别为肩部的屈/伸、内/外旋，大臂旋转，肘屈/伸，前臂转动，腕关节屈/伸及外展/内收。多自由度的设计使得机器人能够更准确地模拟人体上肢的运动。除了大、小臂转动外，其他关节运动都采用绳索驱动方式，将绝大部分驱动器与减速装置放在肩部，可以实现远距离传递，使得机器人全臂结构简单、轻巧方便，大幅减小了齿轮传动带来的冲击与

图 7-53　7 自由度的上肢康复机器人 CADEN-7

摩擦。然而，由于绳索驱动的关节需要 2 根绳索来驱动使其正反转，且为保证运动的连续性，绳索在运动中要始终与绳轮接触并处于张紧状态，这就需要复杂的绳索缠绕装置，整个驱动系统较为复杂。此外，绳索的弹性使得机器人运动精度难以保证。

③ Co-Exos 上肢康复外骨骼。北京工业大学李剑锋教授团队与中国科学院自动化所合作设计并研制了上肢康复外骨骼 Co-Exos，其三维结构和实物图分别如图 7-54（a）、（b）所示。该机器人主要由升降柱、可调转盘、转臂和外骨骼机构等组成。外骨骼机构安装在转臂的末端下方，转臂和外骨骼绕可调转盘转动，以适应不同患者的身高和肩宽。外骨骼机构本体与上臂和前臂连接，采用主被融合的方式，除了包含的 5 个主动关节外，在人机连接处增加了被动移动副，缓解人机之间的附加约束力，大大提高了康复训练的舒适程度。在临床方面，其已在国家康复辅具中心完成 20 例试验，并取得了十分显著的康复效果。

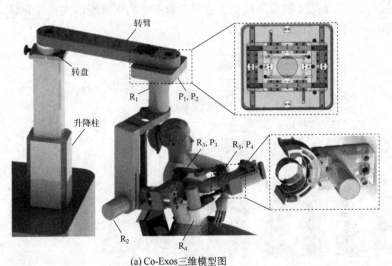

(a) Co-Exos 三维模型图

(b) Co-Exos 实物图

图 7-54　Co-Exos 系列外骨骼式上肢康复机器人

除了上述上肢康复机器人外，部分研究人员还对手功能康复机器人进行了研究，其又可分为刚性手功能康复机器人、柔性手功能康复机器人和刚柔耦合手功能康复机器人。国内外典型的手功能康复机器人如图 7-55 和图 7-56 所示。

  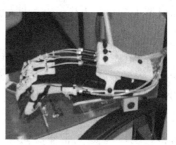

(a) 比萨圣安娜大学的康复机器人　　(b) 哈佛大学的康复机器人　　(c) 布雷西亚大学的康复机器人

图 7-55　国外典型手功能康复机器人

  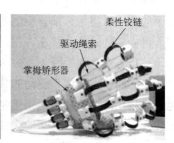

(a) 山东大学的康复机器人　　(b) 南京邮电大学的康复机器人　　(c) 上海理工大学的康复机器人

图 7-56　国内典型手功能康复机器人

7.4.3.2　下肢康复机器人

（1）下肢康复机器人概述及分类

按照患者不同的训练姿态，下肢康复机器人可分为站立式与坐卧式两类。站立式下肢康复机器人又可分为移动式和悬挂式；坐卧式下肢康复机器人也可以再细分为末端驱动式和外骨骼式。具体分类如图 7-57 所示，代表应用如表 7-17 所示。

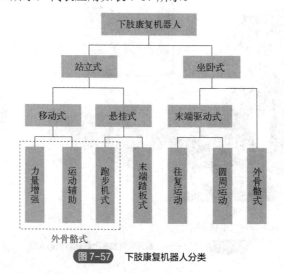

图 7-57　下肢康复机器人分类

表 7-17　典型下肢康复机器人

Ⅰ类	Ⅱ类	名称	国家	团队
站立式	移动式	ReWalk	以色列	Argo Medical
		HAL-5	日本	筑波大学
	悬挂式	Lokomat	瑞士	Hocoma
		LokoHelp	德国	Woodway
坐卧式	末端驱动式	TEM LX2	日本	庆应义塾大学
		First Mover	瑞士	REHA
		MOTOmedletto2	德国	RECK
	外骨骼式	Motion Maker	瑞士	SWORTEC
		对称式下肢康复机器人	美国	密歇根大学
		LRR-Ro	中国	燕山大学

（2）典型下肢康复机器人

① 站立式，分为移动式和悬挂式。其中典型移动式下肢康复机器人有以下几种。

a．ReWalk 下肢外骨骼康复机器人。以色列 ReWalk Robotics 公司研发的可穿戴式下肢外骨骼康复机器人 ReWalk 如图 7-58 所示。ReWalk 下肢外骨骼康复机器人系统主要由两侧对称的机械腿、腰部支架、平衡拐杖和背包构成。每条机械腿具有 2 个旋转自由度，分别对应髋关节和膝关节的屈伸运动；腰部支架用于两侧机械腿与背包的连接，并承担背包的大部分质量；背包内集成了可充电电池与控制系统，保证机器人不依附其他装置协助人体独立运动；平衡拐杖用于维持身体平衡和动作设定，起到间接辅助的作用。ReWalk 机器人在髋关节和膝关节采用独立电机控制，踝关节采用弹簧辅助被动控制。启动时，ReWalk 使用倾角传感器与患者穿戴的腕带检测上肢的前倾，以微调重心位置的方式加以控制，通过电机驱动使机械腿按照预设模式模仿人体正常步态，以合适的速度辅助患者运动。在训练过程中，机器人通过腕部传感器和体感技术实时分析下肢的运动状态，对步速进行实时优化，调整运动姿态。ReWalk 机器人仅提供被动训练模式，依靠外骨骼机器人提

图 7-58　ReWalk

供驱动力带动人体运动，可以协助下肢瘫痪患者完成站立、行走、转弯和上下楼梯等任务。2014 年，该产品获得美国食品和药品管理局（FDA）认证，成为美国第一批医用外骨骼机器人，如今已经在美国、加拿大和欧洲等地区得到广泛的使用。

b．HAL 可穿戴下肢外骨骼康复机器人。2001 年，由日本筑波大学研制的可穿戴下肢外骨骼康复机器人 HAL（hybrid assistive limb）首次亮相，并由日本公司 Cyberdyne 实现产品化。该系列机器人可以帮助下肢运动功能障碍者完成直立行走、起立、坐下以及上下楼梯等日常动

作。2013 年，HAL 成为世界上首个获得全球安全认证的外骨骼机器人。目前，该机器人已包含多种版本，如单腿外骨骼 HAL、下肢外骨骼 HAL-3 和下肢外骨骼 HAL-5，分别如图 7-59（a）～（c）所示。下面以 HAL-5 为例展开介绍。

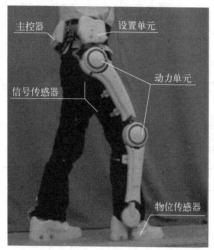

(a) 单腿HAL   (b) HAL-3   (c) HAL-5

图 7-59   不同版本的 HAL 系列下肢康复机器人

  HAL-5 系列下肢外骨骼康复机器人质量约 15kg，其完整系统可以承受 140～220kg 的质量。该机器人主要由执行机构、无线局域网系统、电动驱动系统、传感系统（足底压力传感器、表面肌电传感器、角度传感器）组成。HAL-5 机器人采用独有的生物意识控制算法和自主控制算法，利用贴附于人体皮肤表面的传感器实时采集人体运动时的肌电信号，并配合下肢关节力矩计算穿戴者的运动意图，以此输出驱动指令控制外骨骼机器人的运动；通过不断地将驱动指令送回中枢神经系统，刺激神经回路，重建神经-肌肉关联，使患者的运动能力得到提高。考虑到人的腿部肌肉具有黏性和弹性，研究人员还针对 HAL-5 机器人开发了阻抗控制算法，该算法可以提高患者的穿戴舒适度。HAL-5 将驱动装置、测量装置、动力装置等全部集成在背包中，集成程度较高，使整个装备紧凑方便，更好地辅助了穿戴者的运动。经研究发现，利用 HAL 机器人对脊髓损伤、脑瘫等患者进行康复训练，均可使其步态得到明显改善。

  典型悬挂式下肢康复机器人有以下几种。

  a. Lokomat 悬吊式下肢外骨骼康复系统。瑞士 Hocoma 医疗器械公司与苏黎世 Balgrist 医学院康复中心在 1999 年合作研发出第一台搭载全自动步态评估训练系统的悬吊式下肢外骨骼康复系统 Lokomat，如图 7-60（a）所示。它也是第一台基于跑步机的外骨骼式下肢步态矫正驱动装置。该系统主要由下肢步态矫正驱动装置、智能减重系统、医用训练跑步机及控制系统和软件等组成。

  下肢步态矫正驱动装置是训练系统的核心部分。患者双侧髋、膝关节分别配备有一个驱动模块，由电机驱动一套丝杠螺母机构带动髋、膝关节在矢状面内旋转，从而推动机械腿完成步行动作。智能减重系统通过固定支架把患者的部分体重悬吊起来，并且可以为不同体重的患者提供合适的减重训练方案。减重绑带与步态驱动器连接，减小步态驱动器对患者的压力负担。医用训练跑步机的主要作用包括部分体重支持和步态训练，与下肢步态矫正驱动装置一起辅助患者进行协调运动。控制系统和软件用于确保步态驱动装置、智能减重系统和医用训练跑步机的协调工作，为康复训练提供实时监测、远程遥控、评价反馈、紧急停止和情景互动等功能。

临床测试表明：Lokomat 对脑卒中和脊髓损伤患者的下肢运动能力和肌力恢复、心肺功能以及新陈代谢等具有良好的康复疗效。

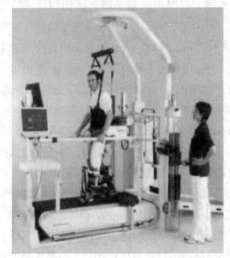
(a) Hocoma公司的Lokomat

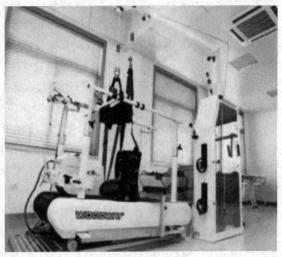
(b) Woodway公司的LokoHelp

图 7-60　国外典型悬吊式康复机器人

b. LokoHelp 下肢康复训练机器人。2006 年，德国 Woodway 公司在 LokoStation 下肢康复训练机器人的基础上，研发了 LokoHelp 机器人系统，如图 7-60（b）所示。LokoHelp 由跑步机、学步机（Pedago）和悬挂减重装置三部分组成。跑步机表面设计有减震功能，可以减少对关节、肌肉、软组织 90%的冲击力。Pedago 学步机的腿部矫形装置起到了固定步距、离地距离、步速、步幅半径及左右对称性的作用。Pedago 作为核心康复单元，通过跑步机驱动人体踝部沿着固定轨迹行进，促进双腿进行生理学上的自主运动。通过周期性地训练使用者的肌肉记忆，刺激大脑皮质，完成对大脑运动功能区的重建，最终恢复使用者的运动能力。LokoHelp 是一个高度模块化的产品，具有易于组装、拆卸和调整的优点。它独特的设计还可以在不同坡度情况下进行运动训练。该机器人系统在训练模式上加入了主动、被动模式下的可调节上下坡训练、侧步训练等，为患者提供了更具针对性的训练模式。但 LokoHelp 下肢康复机器人只能生成固定的步态轨迹，设备普适性较低。

Lokomat 和 LokoHelp 系统均存在适配不同身形用户的调节时间过长；康复师工作量大；悬吊捆绑对胸部压迫严重，影响患者呼吸等问题。表 7-18 所示为上述两款康复机器人的对比数据，通过对比可以发现 Hocoma 公司的 Lokomat 康复机器人更具实用性。

表 7-18　Lokomat 和 LokoHelp 康复机器人比较

名称	Lokomat	LokoHelp
原理	训练时膝伸、髋伸达到最大范围，股四头肌受履带反作用力而得到最大刺激	步态矫形器引导足、膝、髋关节运动
训练方式	主动/被动，向前/后退，并为侧步留下升级空间	被动、向前
系统操作	简单，不需陪护	复杂，需要陪护
准备时间	5～7min	>40min
价格与维护	较便宜	昂贵
侧重于瘫痪类型	脑损伤的左右瘫痪	脊椎损伤下的下位瘫痪
能否同机	能，更换步行器即可	不能

② 坐卧式，分为末端式和外骨骼式。其中典型末端式下肢康复机器人有以下几种。

a．Nustep 康复训练器。最具有代表性的脚踏板坐卧式康复机器人是美国的 Nustep 四肢联动全身功能康复训练器，包括基座、旋转座椅、可调手柄、脚踏板、紧急停止按钮和显示屏等部分，如图 7-61 所示。患者以坐姿通过手脚配合运动完成下肢关节的训练动作。为了适应不同身高与腿长的患者使用，旋转座椅和基座的下方专门设计了长度可调滑轨。Nustep 训练器以患者的主动意识为主导，可以给患者提供助力功能或阻抗作用，主要应用在患者康复的中、后期，也可以设置训练目标竞速模式，通过调整训练目标速度锻炼患者运动控制能力。经过密歇根大学的临床测试，结果证明，Nustep 康复训练器是一种可行的运动障碍患者治疗设备，能够满足康复训练需求。

b．THERA-vital 智能下肢训练器。德国的 THERA-vital 智能下肢训练器如图 7-62 所示，该系统主要由脚踏装置、扶手、彩色智能显示器组成。其中，脚踏装置包括足托、衬垫、腿部支撑和弹簧锁。在固定足部时，将足部放入足托中并轻压足部固定装置；结束训练时，再次轻压便可触发弹簧锁，解除固定。扶手用于辅助患者保持身体平衡。智能显示器提供多种情景训练模式，增加康复过程的趣味性。该康复训练器通过检测生物反馈信号提供可调阻力，以实现主动训练、被动训练、助力训练、痉挛缓解训练和心率控制训练等多种训练模式。特别在痉挛缓解训练模式下，传感器感知肌肉痉挛阻抗并驱动电机自动改变运动方向，使肢体伸展从而缓解患者痉挛现象。心率控制模式下通过心率与脉搏监视器保证患者在安全的心脏负荷下运动。THERA-vital 通过彩色显示器详细记录每次训练的功率、距离、阻力、痉挛次数与时间等数据并做出训练评估，使训练进程与效果可视化，为患者的后续训练计划提供有价值指导。临床治疗结果表明，利用 THERA-vital 康复训练器对患者进行肌力训练有助于提高脑卒中偏瘫患者的运动功能，康复效果良好。

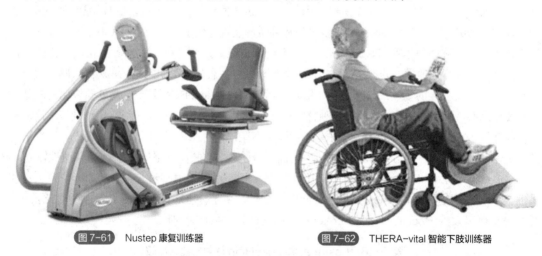

图 7-61　Nustep 康复训练器　　　　图 7-62　THERA-vital 智能下肢训练器

典型外骨骼式下肢康复机器人有以下几种。

a．Motion Maker 坐卧式下肢康复机器人。最具有代表性的外骨骼型坐卧式下肢康复机器人是由瑞士洛桑联邦理工学院机器人系统实验室开发、由 SWORTAC 公司产品化的 Motion Maker，如图 7-63（a）所示。该机器人主要由两条 3 自由度的机械腿、倾斜度可调的座椅、控制单元以及闭链功能电刺激模块组成。机械腿对称安装在座椅两侧，各个关节处均通过直流电机驱动丝杠螺母机构，进而推动连杆运动实现髋、膝、踝关节在矢状面内的屈伸运动。丝杠螺母处安装有力传感器，连杆旋转中心安装有绝对式角度传感器，传感器的反馈信息作为控制单元的连续输入，实时调控功能电刺激模块产生肌肉电刺激，使患者模拟自然运动。这是全球第一台使用功能性电刺激与控制锻炼协同治疗的下肢康复机器人。Motion Maker 同时配有痉挛检测与疲劳检测模块，能够识别和控制痉挛的发生，检测肌肉疲劳，防止运动过度等。由于患者体重主要由座椅承担，通过调整座椅倾斜角度为患者提供最佳的坐卧位置，可以减缓肌肉疲劳，提高康复训练的效率。此外，根据患者的不同康复阶段可以选择被动训练模式或主动训练模式。临床应用结果表明，Motion Maker 采用的电刺激联合肌肉运动的方式不仅对脊髓损伤的下肢失能人群的运动功能恢复有显著疗效，而且对提高中枢神经受损患者的自主运动能力也有帮助。

 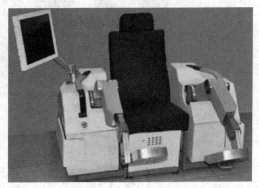

(a) 瑞士Motion Maker　　　　　　　　(b) 燕山大学坐卧式下肢康复训练机器人

图 7-63　国内外典型坐卧式外骨骼下肢康复训练机器人

b. LRR-Ro 下肢康复机器人。由燕山大学研发的坐卧式下肢康复机器人 LRR-Ro，如图 7-63（b）所示，同样能够实现患者在坐卧姿态下髋、膝、踝关节的协调训练。该机器人主要由对称安装的左右两条机械腿，一个触摸显示屏，一个"靠背"角度可自动调节的座椅以及内部的多个控制、采集及测量元件构成。在座椅的两侧安装有髋关节驱动机构，通过同步带传动驱动机械腿的髋关节转动。在大腿的后部安装了膝关节驱动及减速机构，同样通过同步带传动驱动机械腿的膝关节转动。该机器人具有三种运动控制模式，即被动训练、主动辅助训练和主动阻抗训练。三种模式既可以单独训练某个关节，又可以协调训练多个关节。燕山大学研制的该款下肢康复训练机器人较适用于早期康复病人在坐卧姿态下的康复训练，而对于后期的站立康复训练情况并不适用。

除了上述下肢康复机器人外，部分研究人员还对单一关节的康复机器人开展了研究，重点集中在踝关节的康复上。该类康复机器人的结构形式以并联机构为主，典型的机器人如图 7-64 所示。

 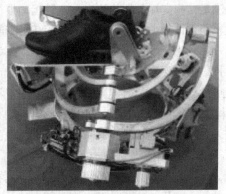

(a) 美国罗格斯大学的康复　　　(b) 意大利工业技术与自动化研究所的
机器人(3-SPS)　　　　　　　　康复机器人(3-RRR)

图 7-64

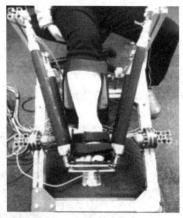

(c) 奥克兰大学的康复机器人(AARR)　　(d) 河北工业大学的康复机器人(3-RSS/S)

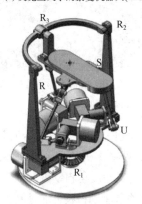
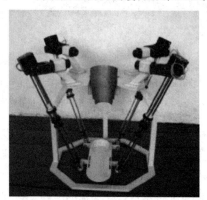

(e) 北京交通大学的康复机器人(3-RUS/RRR)　　(f) 燕山大学的康复机器人[4-UP(Pe)S/S]

图7-64　国内外典型踝关节康复机器人

7.4.4　康复机器人未来发展趋势

康复机器人的未来发展趋势如下：

① 从传统材料向新型轻质材料发展。目前康复机器人的结构本体多以金属、合金等传统材料为主，在满足结构支撑条件的情况下，其运动惯性、重力阻尼大，影响系统响应时间，导致机器噪声及不稳定性增大。过于笨重的体积还会影响患者的舒适感，对康复治疗不利，更会造成意外情况，影响患者的使用安全。因此，应以新型的轻质材料代替传统材料，同时进行轻量化、高可靠性设计，保证机械结构的支撑强度，又可降低系统惯性阻尼。

② 从刚性结构向刚柔耦合结构发展。现有康复机器人的刚性结构与人体关节的融合程度不高，运动过程中易产生刚性冲击。刚柔耦合结构能够更好地拟合康复机器人同人体的运动轨迹。同时，采用弹性体等柔性材料能够有效吸收冲击时的能量，减少对人体的损伤。

③ 从单一训练向评估与训练一体化发展。目前临床评估大都基于量表，存在效率低、主观性强等问题。此外，现阶段大多数康复机器人不具备真正运用于临床的评估系统。因此，随着康复机器人的深入应用，康复机器人正朝着训练与评估一体化发展，不仅作为治疗师的训练工具，还要提供智能化客观评估工具，通过建立可用于临床的评估系统，为治疗师制定精准康复

方案提供依据。

④ 从传统控制方法向人工智能控制发展。传统控制方法主要以机电系统的控制为主，信号种类及获取方式少，控制算法及控制方式单一。随着人工智能技术的发展，基于表面肌电信号、脑电信号控制的多信息融合技术不断发展，实现高效准确的人机信息交互；智能控制算法不断取得突破，实现个性化、智能化的训练方式。结合虚拟现实技术的应用，患者的训练积极性会大大提高。

7.5　本章小结

目前，智能服务机器人领域的相关技术取得了显著进展，相关机器人的应用也取得了突出的成果。护理机器人、手术机器人、康复机器人等各类服务机器人的出现给服务行业带来了巨大的变革，为目标用户提供了更优质的服务。一方面，服务机器人的应用极大地缓解了服务行业劳动力不足、工作强度大的问题；另一方面，服务机器人可以提供更加精准的个性化服务，满足不同人群的需求。然而，由于服务机器人直接与人进行接触，其应用过程中的安全性、可靠性以及对于隐私的保护，还是需要解决的问题。随着技术的不断进步和创新，未来智能服务机器人将进一步向着智能化、集成化、精细化、定制化以及拟人化发展，最大限度地发挥机器人在护理、手术、治疗、康复等领域中的潜力，为服务行业带来更多的创新和突破，使得人们更好地享受智能科技带来的便利。

 练习题

1. 护理机器人所涉及的关键技术有哪些？
2. 简述患者转运机器人的主要功能及分类。
3. 简述手术机器人所涉及的关键技术及分类。
4. 神经外科手术机器人主要用于哪些疾病的治疗？
5. 对于康复机器人而言，基于人机相容性的机构设计技术是指什么？
6. 简述 ReWalk 下肢外骨骼康复机器人的主要功能及技术特点。
7. 简述康复机器人未来发展趋势。

参考文献

[1]　王娟娟, 薛召, 马锋, 等. 护理机器人的临床应用研究进展[J]. 护理学报, 2023, 30(02): 39-43.
[2]　熊安迪. 消毒配送机器人：以钢铁之躯阻断病毒传输通道[J]. 机器人产业, 2020(02): 41-45.
[3]　刘红彦, 闻智. 智能导诊机器人在综合性医院门诊的应用[J]. 中国卫生产业, 2017, 14(26): 55-57.
[4]　Mukai T, Hirano S, Nakashima H, et al. Development of a nursing-care assistant robot RIBA that can lift a human in its arms[C]//2010 IEEE/RSJ International Conference on Intelligent Robots and Systems. IEEE, 2010: 5996-6001.
[5]　Ding J, Lim Y J, Solano M, et al. Giving patients a lift-the robotic nursing assistant (RoNA)[C]//2014 IEEE International Conference on Technologies for Practical Robot Applications (TePRA). IEEE, 2014: 1-5.
[6]　于凌涛. 6-PTRT 型并联机器人关键技术及其在正骨手术中的应用[D]. 哈尔滨：哈尔滨工业大学, 2007.
[7]　Jiang C, Ueno S, Hayakawa Y. Optimal control of non-prehensile manipulation control by two

cooperative arms[C]//2015 International Conference on Advanced Mechatronic Systems (ICAMechS). IEEE, 2015: 533-537.

[8] 刘玉鑫, 郭士杰, 陈贵亮, 等. 仿人背抱式移乘护理机器人背负运动轨迹规划与舒适性分析[J]. 机械工程学报, 2020, 56(15): 147-156.

[9] Kochan A. HelpMate to ease hospital delivery and collection tasks, and assist with security[J]. Industrial Robot: An International Journal, 1997, 24(3): 226-228.

[10] Bloss R. Mobile hospital robots cure numerous logistic needs[J]. Industrial Robot: An International Journal, 2011, 38(6): 567-571.

[11] Broadbent E, Kerse N, Peri K, et al. Benefits and problems of health-care robots in aged care settings: A comparison trial[J]. Australasian Journal on ageing, 2016, 35(1): 23-29.

[12] Leipheimer J M, Balter M L, Chen A I, et al. First-in-human evaluation of a hand-held automated venipuncture device for rapid venous blood draws[J]. Technology, 2019, 7(03n04): 98-107.

[13] Perry T S. Profile: Veebot drawing blood faster and more safely than a human can[J]. IEEE SPECTRUM, 2013, 50(8): 23-23.

[14] 陈禹, 任重远, 曹旭. 机器人技术实现"无接触"医疗采血[J]. 上海信息化, 2021(02): 32-34.

[15] LI S Q, GUO W L, LIU H, et al. Clinical application of an intelligent oropharyngeal swab robot: Implication for the COVID-19 pandemic[J]. European Respiratory Journal, 2020, 56(2).

[16] 赵琛, 曹煜桢, 徐凯. 手术机器人的前世今生[J]. 世界科学, 2023(02): 35-38.

[17] 郑长万, 陈义国, 匡绍龙, 等. 骨科手术机器人的发展现状分析[J]. 中华骨与关节外科杂志, 2021, 14(10): 872-877.

[18] 田伟, 范明星, 张琦, 等. 中国骨科手术机器人的发展[J]. 应用力学学报, 2023, 40(01): 1-6.

[19] LI J, HUANG L, ZHOU W, et al. Evaluation of a new spinal surgical robotic system of Kirschner wire placement for lumbar fusion: A multi-centre, randomised controlled clinical study[J]. The International Journal of Medical Robotics and Computer Assisted Surgery, 2021, 17(2): e2207.

[20] Thai M T, Phan T, Hoang T T, et al. Advanced intelligent systems for surgical robotics[J]. Advanced Intelligent Systems, 2020, 2(8): 1900138.

[21] Shatrov J, Murphy G T, Duong J, et al. Robotic-assisted total knee arthroplasty with the OMNIBot platform: a review of the principles of use and outcomes[J]. Archives of Orthopaedic and Trauma Surgery, 2021: 1-11.

[22] 夏润之, 童志成, 张经纬, 等. 国产"鸿鹄"膝关节置换手术机器人的早期临床研究[J]. 实用骨科杂志, 2021, 27(02): 108-113+117.

[23] 史刚, 张肖在, 祁富贵, 等. 长骨骨干骨折复位机器人研究现状与展望[J]. 医疗卫生装备, 2019, 40(01): 93-99.

[24] 孙立宁, 杨东海, 杜志江, 等. 遥操作正骨机器人虚拟手术仿真系统研究[J]. 机器人, 2004(06): 533-537.

[25] Füchtmeier B, Egersdoerfer S, Mai R, et al. Reduction of femoral shaft fractures in vitro by a new developed reduction robot system'RepoRobo'[J]. Injury, 2004, 35: S-A113.

[26] Maeda Y, Sugano N, Saito M, et al. Robot-assisted femoral fracture reduction: Preliminary study in patients and healthy volunteers[J]. Computer Aided Surgery, 2008, 13(3): 148-156.

[27] Du H, Hu L, Li C, et al. Advancing computer-assisted orthopaedic surgery using a hexapod device for closed diaphyseal fracture reduction[J]. The International Journal of Medical Robotics and Computer Assisted Surgery, 2015, 11(3): 348-359.

[28] Wang J, Han W, Lin H. Femoral fracture reduction with a parallel manipulator robot on a traction table[J]. The International Journal of Medical Robotics and Computer Assisted Surgery, 2013, 9(4): 464-471.

[29] 张剑宁, 刘嘉霖. 手术机器人推动神经外科进入新时代[J]. 四川大学学报(医学版), 2022, 53(4): 554-558.

[30] Pereira V M, Cancelliere N M, Nicholson P, et al. First-in-human, robotic-assisted neuroendovascular intervention[J]. Journal of neurointerventional surgery, 2020, 12(4): 338-340.

[31] 崔萌, 马晓东, 张猛, 等. 神经外科开颅手术机器人研究进展[J]. 解放军医学院学报, 2019 (1): 95-97.

[32] Eggers G, Wirtz C, Korb W, et al. Robot-assisted craniotomy[J]. Min-Minimally Invasive Neurosurgery, 2005, 48(03): 154-158.

[33] Bast P, Popovic A, Wu T, et al. Robot-and computer-assisted craniotomy: resection planning, implant modelling and robot safety[J]. The International Journal of Medical Robotics and Computer Assisted Surgery, 2006, 2(2): 168-178.

[34] Au S, Ko K, Tsang J, et al. Robotic endovascular surgery[J]. Asian Cardiovascular and Thoracic Annals, 2014, 22(1): 110–114.

[35] Bismuth J, Duran C, Stankovic M, et al. A first-in-man study of the role of flexible robotics in overcoming navigation challenges in the iliofemoral arteries[J]. Journal of Vascular Surgery, 2013, 57(2): 14S–19S.

[36] 何昊, 叶子健, 舒畅. 血管介入手术机器人系统关键技术及研发现状[J]. 普通外科杂志, 2022, 30(12): 1477–1484.

[37] Xian Qiang, Shu Xiang, et al. A cooperation of catheters and guidewires-based novel remote-controlled vascular interventional robot[J]. Biomedical Microdevices, 2018, 20: 1–19.

[38] 王坤东, 陆清声, 陈冰, 等. 血管介入手术机器人的临床设计及技术实现[J]. 机器人外科学杂志(中英文), 2020, 1(04): 243–249.

[39] 郑江涛. 面向眼科手术的多自由度并联执行器优化设计与力位混合双向控制[D]. 长春: 中国科学院大学(中国科学院长春光学精密机械与物理研究所), 2022.

[40] 冷亭玉. 输尿管软镜手术机器人的研究与开发[D]. 杭州: 浙江大学, 2020.

[41] 杨丽晓, 侯正松, 唐伟, 等. 近年手术机器人的发展[J]. 中国医疗器械杂志, 2023, 47(01): 1–12.

[42] Chen Y Q, Tao J W, Li L, et al. Feasibility study on robot-assisted retinal vascular bypass surgery in an ex vivo porcine model[J]. Acta Ophthalmologica, 2017, 95(6): e462–e467.

[43] Hongo K, Kobayashi S, Kakizawa Y, et al. NeuRobot: Telecontrolled micromanipulator system for minimally invasive microneurosurgery—preliminary results[J]. Neurosurgery, 2002, 51(4): 985–988.

[44] Patel T M, Shah S C, Pancholy S B. Long distance tele-robotic-assisted percutaneous coronary intervention: a report of first-in-human experience[J]. EClinicalMedicine, 2019, 14: 53–58.

[45] Takasuna H, Goto T, Kakizawa Y, et al. Use of a micromanipulator system (NeuRobot) in endoscopic neurosurgery[J]. Journal of Clinical Neuroscience, 2012, 19(11): 1553–1557.

[46] 朱纯煜, 李素姣, 喻洪流. 穿戴式上肢外骨骼康复机器人发展现状分析[J]. 生物医学工程与临床, 2021.

[47] 范泽峰. 床式下肢康复训练机器人结构研究[D]. 苏州: 苏州大学, 2015.

[48] 张静. 化疗药物配置机器人的机械臂视觉系统研究[D]. 哈尔滨: 哈尔滨工业大学, 2012.

[49] 贺昌岩, 杨洋, 梁庆丰, 等. 机器人在眼科手术中的应用及研究进展[J]. 机器人, 2019, 41(2): 265–275.

[50] 张江华, 邹宝健, 马小芬, 等. 基于笛卡儿坐标型机器人的负压吸入式中药自动配药机结构设计[J]. 山东工业技术, 2022(01): 3–8.

[51] 李博. 静脉采血穿刺力建模与采血针植入轨迹规划研究[D]. 杭州: 中国计量大学, 2021.

[52] 付雪奇, 李国春, 杜海, 等. 配药机器人主要技术方案及临床使用[J]. 现代制造技术与装备, 2021, 57(11): 127–129.

[53] 徐勐. 转运机器人移动底盘定位算法与实验研究[D]. 北京: 北京石油化工学院, 2021.

[54] 姜云. 注射用药物自动配置装置的设计研究[D]. 青岛: 青岛大学, 2016.

[55] 侯宇杰. 主从式咽拭子采样机器人控制系统研究[D]. 郑州: 河南工业大学, 2022.

[56] 徐东, 徐晗, 李益斌, 等. 上肢康复机器人研究进展综述[J]. 现代信息科技, 2020, 4(16): 142–144.

[57] 杨启志, 曹电锋, 赵金海. 上肢康复机器人研究现状的分析[J]. 机器人, 2013, 35(5): 630–640.

[58] 左伟龙. 一种新型上肢康复机器人的运动学分析与实验研究[D]. 郑州: 郑州大学, 2018.

[59] 赵杰前. 混联式肘腕关节康复机构的设计与性能分析[D]. 太原: 中北大学, 2021.

[60] 刘瑞平, 欧阳钧. 下肢外骨骼康复机器人的发展和应用[J]. 中山大学学报(医学科学版), 2023, 44(02): 354–360.

[61] 杜妍辰, 张鑫, 喻洪流. 下肢康复机器人研究现状[J]. 生物医学工程学进展, 2022, 43(02): 88–91.

[62] 刘林. 下肢康复机器人的分析与研究[D]. 沈阳: 沈阳工业大学, 2015.

[63] 李静, 朱凌云, 苟向锋. 下肢外骨骼康复机器人及其关键技术研究[J]. 医疗卫生装备, 2018, 39(08): 95–100.

[64] 李薇, 郑鹏远, 耿树莉, 等. 基于临床应用的下肢康复机器人设计[J]. 电子技术, 2023, 52(03): 398–400.

[65] 张文瑞. 可穿戴式下肢外骨骼康复机器人研究[D]. 唐山: 华北理工大学, 2022.

[66] 丁逸苇, 涂利娟, 刘怡希, 等. 可穿戴式下肢外骨骼康复机器人研究进展[J]. 机器人, 2022, 44(05): 522–532.

[67] 盛文涛. 基于肌肉激活特性的外骨骼非直线步态主动助力策略研究[D]. 哈尔滨: 哈尔滨工业大学, 2022.

[68] 陈川. 健患侧融合踝关节康复机器人研究[D]. 广州: 华南理工大学, 2018.

[69] 陈天聪. 卧式下肢康复训练机器人控制系统研究[D]. 洛阳: 河南科技大学, 2014.

第8章

智能特种机器人

思维导图

扫码获取配套资源

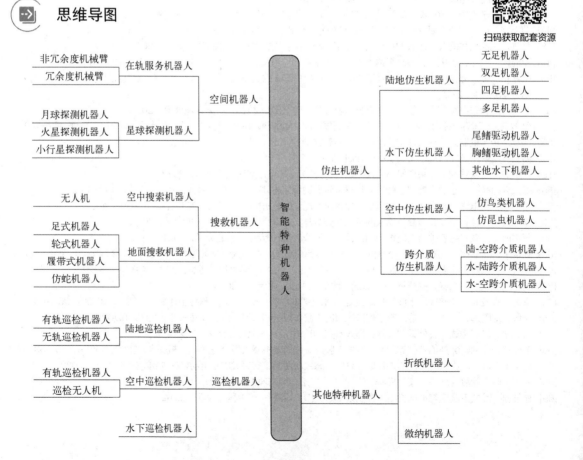

- 在轨服务机器人
  - 非冗余度机械臂
  - 冗余度机械臂
- 星球探测机器人
  - 月球探测机器人
  - 火星探测机器人
  - 小行星探测机器人

空间机器人

- 空中搜索机器人
  - 无人机
- 地面搜救机器人
  - 足式机器人
  - 轮式机器人
  - 履带式机器人
  - 仿蛇机器人

搜救机器人

- 陆地巡检机器人
  - 有轨巡检机器人
  - 无轨巡检机器人
- 空中巡检机器人
  - 有轨巡检机器人
  - 巡检无人机
- 水下巡检机器人

巡检机器人

智能特种机器人

- 仿生机器人
  - 陆地仿生机器人
    - 无足机器人
    - 双足机器人
    - 四足机器人
    - 多足机器人
  - 水下仿生机器人
    - 尾鳍驱动机器人
    - 胸鳍驱动机器人
    - 其他水下机器人
  - 空中仿生机器人
    - 仿鸟类机器人
    - 仿昆虫机器人
  - 跨介质仿生机器人
    - 陆-空跨介质机器人
    - 水-陆跨介质机器人
    - 水-空跨介质机器人

- 其他特种机器人
  - 折纸机器人
  - 微纳机器人

1. 掌握智能特种机器人共性关键技术。
2. 理解空间机械臂、搜救机器人、巡检机器人、仿生机器人以及其他特种机器人的分类、主要研究成果及未来发展趋势。

8.1　智能特种机器人概述

国家标准 GB/T 36239—2018 将特种机器人定义为：应用于专业领域、由经过专门培训的人员操作或使用的、辅助和/或代替人执行任务的机器人，一般指除工业机器人、公共服务机器人和个人服务机器人以外的机器人。特种机器人的出现，改变了人们的工作方式，大大提高了人们的工作效率，减少了事故的发生，极大程度上保障了人民的生命财产安全。特种机器人的"特殊性"主要体现在能够进入高风险的环境中完成特殊任务，如高海拔地区、高辐射地区、化学污染地区、高寒或高温环境等。

特种机器人种类繁多。例如，空间机器人可在太空中协助航天员完成物品抓取、实验操作等复杂任务；军用机器人可以代替战士完成战场环境侦测并执行相关任务；搜救机器人可以在地震、塌方、泥石流等自然灾害发生后代替救援人员进入复杂现场，完成环境勘探、生命搜寻、预警等相关工作。不同类型的特种机器人的技术特点也各不相同，需要根据具体的应用环境和需求进行个性化设计。

未来，随着人工智能技术的快速发展，特种机器人的应用领域将会越来越广泛，不断提升人类在各个领域的劳动生产力和安全系数。本章将从空间机器人、搜救机器人、巡检机器人、仿生机器人以及其他特种机器人等方面对智能特种机器人进行详细介绍。

8.2　共性关键技术

特种机器人的共性关键技术主要包含以下几点：

① 专用结构设计技术。由于特种机器人在设计上需要考虑特殊的工作环境与任务需求，其结构设计时应重点考虑结构可靠性、地形适应性、运动灵活性、运输便捷性等因素。需要重点突破专用移动底盘及执行机构设计技术、模块化设计技术、轻量化设计技术等，以满足特殊任务的需要。

② 特种材料技术。特种材料是具有特定性能和特征的材料，如面对恶劣环境时机器所需要具备的高强度、耐磨损、耐腐蚀和耐高温材料，其应用可以确保机器人能够在极端条件下执行任务。此外，材料的轻量化和柔性化也是研究的重点。轻质材料可以降低机器人的重量，提高能源利用效率；柔性材料则可以增加机器人的适应性。特种材料技术的进步扩大了智能特种机器人的应用领域，为救援、勘测、军事等领域提供更好的解决方案和工具。

③ 机器视觉与图像处理技术。智能特种机器人应用环境复杂，如人流量较大的城市街道、

地震后的废墟环境等。其需要能够分析和理解复杂环境场景，完成目标识别和定位，甚至进行环境三维建模。为此，需要突破面向复杂场景的机器视觉与图像处理技术，利用摄像头、激光雷达和其他传感器获取环境图像，通过图像处理算法进行特征提取、目标检测和识别，使得机器人能够自主地感知和理解周围环境，实现目标跟踪、障碍物避让、环境建模和地图构建等功能。

④ 智能控制技术。特种机器人应能对复杂任务进行决策并实施有效的自主控制和运动规划，使其能够在各种任务环境下执行准确、平稳和安全的操作。此外，机器学习等人工智能技术应逐步得到应用，使特种机器人学习和适应不同环境，提高其识别、感知和规划能力，从而在各种任务中展示出更高的效率、准确性和自适应性。

⑤ 电源和能量管理技术。特种机器人通常需要在长时间或远距离任务中工作，因此需要可靠而高效的电源和能量管理系统。在电源系统设计方面，固态电池、氢燃料电池、太阳能电池等高性能电池被研发，在满足机器人功耗需求的同时，充分考虑充电时间和维护成本。能量管理技术涉及机器人的能源利用、节能和能量回收。通过智能的能源管理算法对机器人的功耗进行控制，如决定何时启动、休眠或关闭无用的部件，以最大程度地延长机器人的运行时间。同时，能量回收技术可通过回收和利用机器人运行中产生的能量来增加续航能力。特种机器人的电源和能量管理技术的进步将推动特种机器人的应用范围扩大，并为各类任务提供可靠的电力支持。

⑥ 机器人安全技术。特种机器人的安全技术涉及机器人的安全感知、安全控制和安全规划等方面。安全感知技术是特种机器人安全运行的基础，通过各类传感器对障碍物、火源等不同类型的危险信息进行感知及判断。安全控制技术是确保机器人在操作过程中保持安全的关键，包括机器人的动作限制、速度控制、碰撞检测和避让等功能，以保护机器人自身和周围的人员免受潜在伤害。安全规划技术可使得机器人安全风险最小化并确保任务的顺利执行。特种机器人安全技术的不断发展，将确保机器人在危险环境场景中安全可靠地运行。

⑦ 多任务分配及协作技术。特殊场景下资源有限且任务类型复杂，在多机协同过程中，应充分考虑机器人的能力、任务紧急性和环境因素等，突破多任务调度和资源规划算法，通过共享信息和协同决策，使机器人高效利用有限的资源并能够自主分配任务，确保各个机器人能够有序地协同工作，避免冲突和重复执行。

⑧ 智能人机交互技术。特种机器人的人机交互技术可以确保人类操作员能够有效地与特种机器人进行沟通和控制。常见的人机交互技术包括用户界面设计、手势识别与语音控制、触觉反馈、虚拟现实与增强现实、远程操控等。人机交互技术的发展将受益于人工智能、虚拟现实、感知技术和通信技术等领域的进展，成熟的人机交互技术将为操作员提供更高效、安全和便捷的操控体验。

8.3　空间机器人

空间机器人在卫星维修和制造、空间探索、国际空间站建设和维护、卫星部署和回收以及太空垃圾清理等方面具有广泛应用，为探索宇宙和科学研究提供了重要支持。按照应用场景的不同，空间机器人可分为在轨服务机器人和星球探测机器人两大类。在轨服务机器人以空间机械臂为主。按照人类"踏足"的天体，星球探测机器人可分为月球探测机器人、火星探测机器人和小行星探测机器人。空间机器人的分类以及典型的机器人实例如图 8-1 所示。

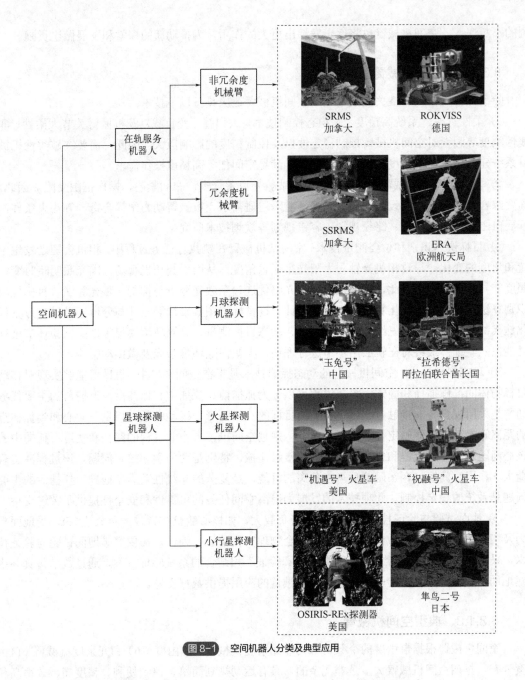

图 8-1 空间机器人分类及典型应用

8.3.1 空间机械臂

8.3.1.1 空间机械臂概述

空间机械臂是一种具有多自由度的先进机械手臂,可以安装在空间航天器、卫星和空间站等设备上,完成航天器组装、维修和搬运等任务,已成为航天领域重要的载荷工具和支援手段。空间机械臂具有高精度、可重复性操作、可靠性高、灵活性强等特点,且由于操作环境极端恶劣,耐热耐寒、防辐射、防尘、高密闭性也是空间机械臂设计过程中的重要目标。随着深空探测的不断深入，空间机械臂也将逐步发挥出更大的作用，为推动新的探索和发展做出贡献。

8.3.1.2 空间机械臂关键技术

除了特种机器人共性关键技术外，空间机械臂还应具备以下技术。

① 柔性机械臂系统高精度、高稳态控制技术。大惯量、变负载以及机械臂关节大柔性、非线性刚度等因素对空间机械臂控制稳定性以及控制精度的影响巨大。因此，需要突破柔性机械臂系统建模仿真与高精度高稳态控制技术，满足空间任务高精度操作需求。

② 多约束下的机械臂规划技术。空间站舱外设备众多，空间紧凑，操作范围受限，因此，需要综合考虑舱外布局设计、负载特性、避障避碰需求、机械臂动力学耦合奇异等约束条件，开展自主避障运动规划、路径规划、容错规划等规划技术研究。

③ 目标快速识别和位姿测量技术。空间站机械臂在轨执行任务过程中，相机会随之发生位置和角度的变化，导致相机光轴与太阳光呈任意角度，从而引起相机视场范围光照明暗时变、照度差异大等难题。因此，需从相机镜头光路优选、杂散光分析与抑制、曝光算法、目标检测识别算法、位姿测量优化算法、相机热设计、视觉标记图案设计等设计与分析环节进行方案优化迭代；从相机标定、三维位姿精度测试、动态目标测量、光照环境模拟等地面试验环节进行功能性能验证；最终对在轨应用环节进行评估，大幅消除环境杂光及微振动影响。

④ 动态抓捕技术。空间机械臂的动态抓捕技术是指在空间环境中，机械臂能够实现对移动目标物体的准确抓捕和固定。抓捕过程可以分为抓捕前、抓捕中和抓捕后。抓捕前的主要任务通常是采用视觉等非接触方式确定被抓捕目标的几何外形、运动参数、惯量、质心和到抓捕点的距离等参数，以便确定合适的抓捕位置，规划空间机器人作业过程的路径和轨迹。抓捕中的核心问题是工作航天器和目标航天器间的接触碰撞，特别是动力学和控制问题。该过程冲击载荷大、作用时间短、存在碰撞后再次分离的可能，是复杂的非线性动力学问题。抓捕后的主要问题是系统的稳定控制。此项技术的发展为提高空间任务的可靠性和安全性提供了关键支持。

⑤ 地面试验与验证技术。空间机械臂负载大，如核心舱机械臂最大负载达 25t，受地面重力及工装影响，空间机械臂难以实现地面全物理实验验证。因此，需要突破地面试验与验证技术，采用"物理验证+半物理验证+数字仿真验证"相结合的系统验证方案，通过数字仿真并搭建地面卸载平台进行实验验证，为空间机械臂的应用提供数据支撑。

8.3.1.3 典型空间机械臂

空间机械臂根据自由度的个数可分为非冗余度机械臂（自由度≤6）和冗余度机械臂（自由度≥7）。早期空间机械臂大多是非冗余的，具有运动规划简单、控制便利、精度高、效率高和成本较低等优点。然而这类空间机械臂的操作能力有限，难以适应日益复杂的环境和任务。近年来，各国开发了各种类型的冗余度空间机械臂，并将其应用于在轨任务中。与传统的非冗余度机械臂相比，冗余度机械臂具有独特的自运动特性，其具有灵活性高、能够避免奇异、容错性好、避障能力强等优点，在复杂环境下具有广阔的应用前景。下面对几类典型空间机械臂进行介绍。

（1）非冗余度机械臂

① 日本 ETS-Ⅶ机械臂。日本的 ETS-Ⅶ机械臂是国际上最早进行空间试验的机械臂。ETS-Ⅶ

卫星 1997 年 11 月发射升空，其配备了两个具有遥操作和在轨自主控制能力的机械臂。一个机械臂有 6 个自由度，长度为 2.4m，主要负责将销钉插入孔中、更换轨道可更换单元和捕获目标卫星任务；另一个机械臂有 5 个自由度，长度为 0.7m，负责松开和拧紧螺栓以及插入电气元件等精细动作。该机械臂于 1999 年 11 月被带回地面。ETS-Ⅶ机械臂在空间成功进行了末端捕获工具的更换、目标卫星的捕获等任务，同时验证了机械臂在地面延时操作下的工作性能，为新一代空间机械臂的研制提供了充分的试验数据。

② 日本 JEMRMS 机械臂。JEMRMS（Japanese Experiment Module-Remote Manipulator System）是日本安装在国际空间站日本舱段上的空间机械臂，于 2008 年发射至国际空间站，具体结构如图 8-2 所示。JEMRMS 采用宏/微结构，由大小两个机械臂组成。其中，主臂 MA（main arm）是一个 6 自由度、10m 长的机械臂，由三个臂杆、一个末端执行器和两个视觉设备（一个安装在腕关节上，另一个安装在肘部）组成，它可以处理高达 7000kg 的大负载；小型精细操作臂 SFA（small fine arm）是一个 6 自由度、2.2m 长、180kg

图 8-2　JEMRMS 机械臂

的机械臂，一侧连接到 MA 的末端执行器，另一侧主要完成一些精细的、主臂无法完成的在轨操作。在控制方面，JEMRMS 的 MA 和 SFA 可根据任务载荷的质量和大小，选择通过航天员舱控制台或地面远程操作进行控制，实现目标物的安全转移和实验的精确实施。

典型非冗余度空间机械臂如表 8-1 所示。

表 8-1　典型非冗余度空间机械臂

名字	SRMS	ROTEX	ETS–Ⅶ	JEMRMS
国家	加拿大	德国	日本	日本
发射时间	1981	1993	1997	2008
自由度	6	6	6/5	6/6
质量/kg	410	—	320/60	780/190
长度/m	15.2	1.3	2.4/0.7	10/2.2
最大有效载荷质量/kg	14515	—	—	7000/300
位置精度/mm	50.8	20	—	50/10
姿态精度/(°)	0.1	0.1	0.1/0.5	1/1
最大线速度/(m/s)	0.06～0.6	0.06	0.3～0.5/0.03～0.2	0.02～0.06/0.025～0.05
最大角速度/[(°)/s]	—	0.55	0.3～1/0.02～0.2	0.5～2.5/—

（2）冗余度机械臂

① Canadarm2 机械臂。Canadarm2 是加拿大空间局（CSA）研制的第二代空间机械臂，它是国际空间站的主要机械臂，也是当今最先进的太空机械臂之一，如图 8-3 所示。Canadarm2 机械臂长为 17m，质量为 1497kg，具有 7 个自由度，分别为肩部 3 个自由度、肘部 1 个自由度、腕部 3 个自由度。整个机械臂可以沿着国际空间站的轨道移动。Canadarm2 是一种高度灵活的机械臂，具有多项先进技术和特点：

- 可靠性高：Canadarm2 的设计遵循着高可靠原则，几乎可以在任何天气条件下运行。机械臂能够工作多年而不需要过多的维修。

- 高精度：Canadarm2 的定位系统具有很高的精度，可以将机械臂精度控制到毫米级。

- 多模式控制：Canadarm2 可以在自主控制模式、自动控制模式和手动控制模式等多种模式下进行工作。

Canadarm2 主要用于协助太空舱和货物飞船对接，协助航天员实现对组件的检查、维修，甚至替换不需要人员作业的组件，还可以承载货物进行运输和所需搬运。总之，Canadarm2 是一种非常高效、先进和灵活的空间机械臂，为国际空间站的维护和运作做出了重大贡献。

② 欧洲机械臂 ERA。欧洲机械臂 ERA（European robotic arm）是欧洲成功开发出的第一代空间机械臂，如图 8-4 所示，也被称为欧洲机械臂、欧洲配套机器人和欧洲俱乐部臂等。ERA 长 11m，可以操纵 8t 的有效载荷，远程操作精度为 5mm。其具有 7 个自由度，两个臂杆相对肘部关节对称，两端各有一个末端执行器，其中一个末端执行器起固定作用，另一个末端执行器进行操作，两个末端可交替在舱体的基点间移动。ERA 机械臂在太空环境下拥有高精度的控制能力，能够执行任务而不产生振动。同时，其具有良好的抗振性能，系统也具有出色的自我诊断和维护功能，确保它在太空环境的持续可靠性。

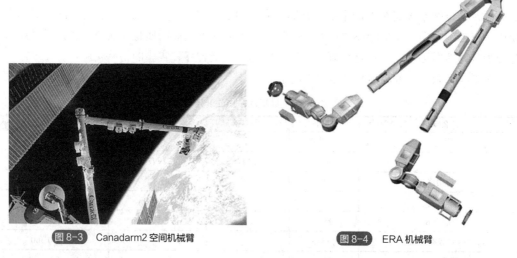

图 8-3　Canadarm2 空间机械臂　　　　　　图 8-4　ERA 机械臂

ERA 机械臂主要用于国际空间站的维护和运营工作，例如，科学实验设备的安装、维修和管理，以及卫星维修、加装其他设备、运输物资和人员等。此外，ERA 机械臂在空间站空间姿态的控制和修正、对接任务等方面起着关键作用。总之，欧洲机械臂 ERA 是一个极为重要的空间机器人系统，它为国际空间站的运营和维护工作提供了非常宝贵的技术支持和服务。

③ 中国核心舱机械臂。中国空间站核心舱上的机械臂如图 8-5 所示，是我国目前智能程度最高、规模与技术难度最大、系统最复杂的空间智

图 8-5　中国空间站核心舱上的机械臂

能制造系统，主要用于空间站组装建造、维护维修、辅助航天员出舱活动等任务，是中国空间

站在轨建造能力水平的重要标志。核心舱机械臂展开长度 10.2m，质量约 700kg，负载能力 25t，末端定位精度 45mm，设计寿命 15 年。该机械臂具有 7 个自由度，包括肩部 3 个关节、肘部 1 个关节和腕部 3 个关节，可实现大范围、大负载操作以及局部精细化操作。特别地，为了扩大任务触及范围，该机械臂还具备爬行功能，通过末端执行器与目标适配器对接与分离，同时配合各关节的联合运动，从而实现在舱体上的爬行转移。机械臂在后续任务中还将承担舱段转位、悬停飞行器捕获和辅助对接、舱外货物搬运、空间环境试验平台照料等重要任务。

④ 中国实验舱机械臂。中国空间站实验舱上的机械臂是目前精度最高的空间机械臂，如图 8-6 所示，其长度为 5m，承载能力为 3t。实验舱机械臂也是一个 7 自由度机械臂系统，其中，2 个腕关节分别具有 3 个自由度，肘关节有 1 个自由度。其两端分别安装有末端执行器，并配置有末端执行器手眼相机和肘部相机。相比于核心舱配备的机械臂，实验舱的机械臂要显得更"短小精悍"。这个"小臂"的设计目的就是抓握中小型设备，进行更为精细化的操作。小机械臂可以单独使用，也可与大机械臂形成组合机械臂，两臂组合后对接长度可达 15m，扩大机械臂触及范围与距离。实验舱机械臂能够支持航天员出舱活动、舱外状态检查、舱外货物转移及安装、舱外维护维修、载荷照料、光学设施维护等 6 项应用任务。

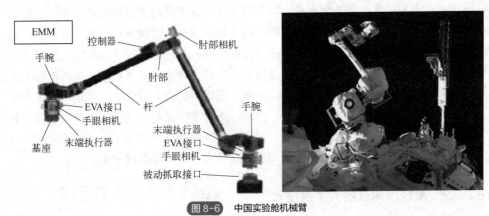

图 8-6　中国实验舱机械臂

典型冗余度空间机械臂如表 8-2 所示。

表 8-2　典型冗余度空间机械臂

名称	SSRMS	SPDM	CMM	EMM	ERA
机构	CSA	CSA	CASC	CASC	ESA
发射时间	2001	2008	2021	2022	2021
自由度	7	15	7	7	7
质量/kg	1800	1710	738	350	619
长度/m	17.6	3.5	10.37	5.6	11.3
刚度/(N·m/rad)	1.0×10^6	—	1.0×10^6	—	1.0×10^5
最大有效载荷/kg	116000	600	25000	3000	8000
位置精度/mm	45	6	15	10	40
姿态精度/(°)	0.71	—	0.26	1	1
最大线速度/(m/s)	0.012～0.36	—	0.05～0.6	0.03～0.2	0.01～0.2
最大角速度/[(°)/s]	0.15～3.0	—	0.04～4.0	0.15～3.0	0.15～3.0

8.3.1.4　空间机械臂发展趋势

空间机械臂技术是实现空间操控自主化和智能化的关键技术之一。随着人工智能的发展和计算机性能的不断提高，空间机械臂有望在复杂、非结构化环境中的感知、规划和控制，以及处理突发、复杂情况等方面获得突破，同时实现长期可靠服役。然而，目前空间机械臂在环境适应性、智能化等方面还有待提升。未来，空间机械臂将进一步突破多智能体与多臂协同、自适应控制、良好的人机交互等关键技术，在空间在轨服务当中发挥越来越重要的作用。

8.3.2　星球探测机器人

8.3.2.1　星球探测机器人概述

星球探测机器人是指用于在行星表面、大气层或轨道上执行探测和勘测任务的机器人。这些机器人通常会在日地系以外运行数月甚至数年。星球探测机器人的任务可以概括为：适应目标天体表面的各种环境；携带科学仪器开展移动探测活动；将探测数据回传及实施采样，甚至原位分析；并在未来还将担负基地建造、运营等任务。其主要功能包括适应任务全过程的力学环境和空间环境；着陆后安全到达星球表面；通过环境感知了解探测器周围环境信息，规划路径并运动至目标位置；对感兴趣的科学目标进行就位探测、筛选、取样、存储及转移；建立测控与通信链路，接收指令，并将探测数据及分析结果传回地面。平台移动类探测机器人还应具备与地形条件相匹配的前进、后退、转向、爬坡、越障等能力。相应地，上述功能需求使得星球探测机器人在移动、能源、感知与导航、控制、热控等方面与其他航天器有着不同的特点。总之，星球探测机器人是现代太空探测的关键部分，能够为人类挖掘出许多有关宇宙和行星的历史、气候、地质特征和化学成分的有用信息，助力人类更好地了解宇宙。

8.3.2.2　星球探测机器人关键技术

星球探测机器人除了涉及特种机器人共性关键技术外，还应包含以下关键技术。

① 复杂环境强适应技术。星球探测机器人应具备在行星极端环境中重复着陆、连续行走和原位采样分析等能力。考虑到探测任务中星球探测机器人将面临极区低太阳高度角、永久阴影坑内极低温环境、永久阴影坑内光照条件恶劣等任务难点，因此需要在极低温环境驱动传动、鲁棒行走控制、极弱光照条件下感知规划等方面取得技术突破，从而支撑行星表面复杂环境下的巡视与采样探测任务。

② 弱引力附着固定与采样技术。小行星表面引力微弱，固定区域岩石的起伏状态、微观形貌、力学特性均无法准确获知，这将对星球探测机器人的固定与采样功能的设计与验证带来较大挑战。特别是针对硬度高、粗糙度小的岩石表面尚无有效固定手段，且地面试验中目标模拟物的设计也缺乏可参照的标准和经验，同时还存在着因微重力模拟时长有限导致的采样、固定试验无法进行连续和全面验证等诸多挑战。因此，需要在星球探测机器人的设计方面，尤其是在其固定与采样装置的创新设计、装置与星球表面接触力学分析、采样概率仿真、地面微重力模拟试验与评估等方面实现技术突破，以支撑小行星采样探测任务的顺利实施。

③ 稳定充足能源供应技术。能源问题一直是星球探测机器人需要解决的难题，也是未来星球基地建设所要面临的重要挑战。由于星球探测任务通常在远离地球的环境中进行，无论是当

前的星球探测机器人还是未来的星球基地，必须有稳定充足的能源动力供应，才能为各类仪器设备、采样作业工具以及通信导航等提供保障。

④ 热控技术。星球探测机器人常面临着地外星体表面昼夜外热流变化较大的问题，也常常会面临各种极端的温度条件，例如极度寒冷或极度高温的环境，这种外热流变化和极端温度会对机器人的电子元件、电池、传感器和其他关键部件产生负面影响，甚至导致设备故障或无法正常工作。如月球车即面临月昼高温下热排散问题和月夜没有太阳能可利用情况下温度环境保障问题，而这一问题在月面极区低太阳高度角及永久阴影坑内的探测过程中尤为突出。通过热控技术，希望可以实现温度调节、温度隔离、热能利用等目标，保护设备免受损坏，延长机器人的寿命，并提高任务的成功率和数据采集质量。

8.3.2.3 典型星球探测机器人

星球探测机器人根据其原理和功能主要分为两大类：地面探测机器人和飞行器。地面探测机器人用于在行星或卫星的表面进行探测，包括行走、爬行或滚动等运动方式。飞行器通常被设计为在行星大气层中进行飞行或悬停，以完成空中观测和采集数据。下面分别以月球、火星、小行星等目前人类探测器涉足过的地外天体为例，介绍几种典型的星球探测机器人。

（1）月球探测机器人

中国嫦娥三号探测器搭载"玉兔号"月球车于 2013 年 12 月 2 日发射成功，主要用于开展月面巡视勘察。"玉兔号"月球车如图 8-7 所示，质量 136kg、长 1.5m、宽 1m、高 1m，是中国首个月球巡视器。"玉兔号"月球车搭载有多个设备，包括太阳能板、电池组、摄影设备、温度探测器、测量仪器等，行驶速度仅为每小时 0.2m。它可以对月球表面的地形进行探测，分析地质构成，以及测试月球表面的样品。在其探测任务中，"玉兔号"月球车还拍摄了一系列月表景观的高分辨率图像。"玉兔号"月球车的成功探测工作为中国航

图 8-7　"玉兔号"月球车

天探索史留下里程碑般的一页，也在人类对月球的探索中发挥了重要的作用。在此基础上，嫦娥四号探测器搭载"玉兔二号"月球车于 2018 年 12 月 8 日发射成功。"玉兔二号"的尺寸和质量与"玉兔号"相同，其已在月球上工作了几年，超过其设计寿命的 12 倍，成为目前工作时间最长的月球车。此外，嫦娥五号探测器携带采样机械臂于 2020 年 11 月 24 日发射，完成地外天体采样，于 12 月 17 日携带月球样品着陆地球。

（2）火星探测机器人

① "勇气号"/"机遇号"火星车。2003 年 6 月和 7 月，NASA 先后发射了火星探测漫游车（Mars Exploration Rover, MER）"勇气号"（MER-A, Spirit）和"机遇号"（MER-B, Opportunity）。两辆火星车是一对"孪生兄弟"，均是六轮太阳能动力车，如图 8-8 所示，高 1.5m、宽 2.3m、长 1.6m、质量 180kg。六个轮子上有锯齿状的凸出纹路来适应地形，每个轮子都有自己的电机，

最高车速是 5.08cm/s，平均速度为最高车速的五分之一。"机遇号"车体上的电脑使用了一个 20MHz 的 RAD6000 中央处理器、128MB 的 DRAM、3MB 的 EEPROM 以及 256MB 的快闪存储器。车上由放射性同位素热电机提供基本的温度控制，一个黄金薄膜和一层二氧化硅气凝胶用于隔热，车体作业温度介于−40～40℃之间。"机遇号"和地球之间既可以通过一架低增益天线以低传输速度进行沟通，也可以通过一架高增益天线进行通信。同时，低增益天线也用来向环绕火星的轨道器传输资料。两辆车上

图 8-8 "勇气号" / "机遇号" 火星车

均装有全景相机、导航相机、微热放射光谱仪（Mini-TES）和危险回避相机等。车体上的机械臂均装有穆斯堡尔光谱仪（MIMOS Ⅱ）、阿尔法粒子 X 光光谱仪、磁铁、显微图像器和岩石摩擦工具等。

"勇气号"于 2004 年 1 月 4 日于 Gusev Crater 区域着陆火星，"机遇号"于 2004 年 1 月 25 日于 Meridiani Planum 区域着陆火星。2009 年，"勇气号"被困在沙土中后，于 2010 年 3 月 22 日失去联系，自此地面再未收到任何消息；2011 年 5 月 25 日，NASA 宣布"勇气号"任务正式结束，总行驶里程 7.73km。2018 年 6 月 10 日，"机遇号"遭遇沙尘暴，在其与地球通信后随即转入休眠模式，自此地球再未收到其来自火星的回应；2019 年 2 月 14 日，NASA 在最后一次尝试唤醒无果后，宣布"机遇号"任务完成，"机遇号"以 45.16km 的总行驶里程打破了地外天体移动纪录。"机遇号"原计划设计寿命为 90 个火星日，却运行了近 15 年之久，为人类外星球探索事业贡献着自己的力量。

② 中国"祝融号"火星车。中国自 2011 年起开启火星探测方案论证和关键技术研究。2020 年 7 月 23 日，天问一号探测器搭载的"祝融号"火星车发射，如图 8-9 所示，是我国首个在火星表面开展巡视勘察任务的探测器。2021 年 2 月 10 日，天问一号探测器进入环火轨道并于 5 月 15 日成功着陆火星。5 月 22 日，"祝融号"火星车驶抵火星表面，在火星表面开展了区域巡视探测，实施了对碎石、沙丘、浅坑等多地形探测任务，传回了大量科学数据。"祝融"号火星车高 185cm，质量 240kg，由移动机构、GNC（guidance,

图 8-9 "祝融号"火星车

navigation, control）、数管、热控、电源、测控和有效载荷等分系统组成。其中，GNC 分系统承担着环境感知与障碍识别、路径规划、导航定姿定位、协调运动控制以及安全监测与健康管理等自主功能，是火星车驶离着陆平台以及火星表面巡视勘察过程中，保障火星车安全并提升自主探测能力的关键分系统之一。此外，其还搭载了激光诱导击穿光谱仪（LIBS）、短波红外光谱显微成像仪（SWIR）、微成像相机、多光谱相机、导航地形相机、火星车次表层探测雷达、火星表面磁场探测仪和火星气象探测仪等仪器。"祝融号"巡视探测了 358 个火星日，累计巡视

1921m，远远超出服役期（设计寿命90个火星日）。2021年9月中旬到10月下旬，受太阳电磁辐射干扰，器地通信中断50天。2022年5月18日，太阳光强度变弱，沙尘暴发生频次增多，"祝融号"进入自我休眠状态，等到光照和气象条件达到唤醒标准时，"祝融号"才会醒来继续工作。

（3）小行星探测机器人

① 美国OSIRIS-REx探测器。2016年9月8日，美国发射了OSIRIS-REx（origins spectral interpretation resource identification security regolith explorer）探测器，如图8-10所示，是美国发射的首个小行星采样返回探测器。2018年12月3日，OSIRIS-REx抵达近地小行星贝努（Bennu），12月31日进入环贝努轨道，绕飞高度距贝努约1.6 ～2.1km。绕飞期间，OSIRIS-REx通过相机拼接了贝努的全表面影像图，并通过可见光与近红外光谱仪发现了贝努表面广泛分布着水合矿物和含碳物质。2020年10月20日，OSIRIS-REx成功到达贝努表面夜莺（Nightingale）采样区，使用其携带的TAGSAM机械臂（touch-and-go sample arm mechanism）获取了小行星表面风化层

图8-10　OSIRIS-REx探测器

样品。2020年10月27日，OSIRIS-REx顺利完成样品封装工作并返航，其样品返回舱于2023年9月返回地球。

② 日本隼鸟2号。隼鸟2号（Hayabusa2）是由日本宇宙航空研究开发机构（JAXA）设计和制造，于2014年12月3日成功发射升空的一枚小行星探测器，如图8-11所示。隼鸟2号的任务是在太空中探测一颗叫作"龙宫"的小行星，并采集样本返回地球，旨在让人类更加深入地了解太阳系的形成和演化过程。隼鸟2号搭载了多种科学仪器，包括高分辨率相机、近红外光谱仪、紫外光谱仪、激光测距仪、温度计等。它还带有

图8-11　隼鸟2号

4个小探测器，包括一个着陆器、一个移动探测器、一个小型采样器和一个影像探测器，这些探测器的任务是帮助隼鸟2号更全面地了解小行星的物理、化学和地质特征，从而帮助人类更好地理解太阳系的形成和演化。2019年7月，在飞行约4亿英里的路程之后，隼鸟2号成功抵达了小行星"龙宫"，并在1年多的时间里执行了多项探测任务，包括对小行星的地形、形态、组成、磁场、重力场等进行了详细的勘测。随后，隼鸟2号成功完成了两次降落，分别使用球形采样器和弹射式采样器采集了样本。2020年12月，隼鸟2号顺利完成了任务，返回地球并成功投放样本。隼鸟2号的成功执行为人类深入探索太阳系提供了新的重要数据和信息，也标志着日本在太空技术领域的重大突破，同时也为后续的太空探测任务打下了坚实的基础。

8.3.2.4　星球探测机器人发展趋势

现阶段，星球探测机器人在深空探测任务中的作用愈发明显，其任务已逐渐扩展到不同地外天体表面的着陆、附着、巡视与数据收集、样品采集与存储等活动，这也对未来星球探测机

器人的发展提出了更高的要求。一方面，星球探测机器人的移动方式应从单一的移动机构向复合式移动机构方向过渡，本体从简单的折叠机构向更强变形能力的机构发展。具有复合移动方式和具有一定变形能力的星球探测机器人将是未来研究的一个重要方向。另一方面，星球探测机器人的智能化程度将会越来越高，导航定位以及地图构建的能力将越来越精确，其自身携带的仪器设备的功能也越来越强，能源使用效率也将越来越高，探测能力也将越来越优秀。同时，星球探测机器人根据任务不同，会出现专用、通用的星球探测机器人组成一个机器人群体，这种机器人群体能力的增强并不是单个机器人能力的简单叠加，一定程度上呈现指数倍增趋势，在星球探测与开发中会具有突出优势。

8.4 搜救机器人

搜救机器人是指灾害发生后可代替营救人员进入地形复杂的灾害现场完成环境监测、生命搜索、道路清理等任务，在实施救援的过程中协助救援人员对被困者实施营救、保障救援人员自身安全的一类机器人。它们的应用不仅能够保护救援人员的生命安全，还可以提高救援任务的效率和准确性，为救援行动提供前沿技术支持，具有广阔的应用前景。

8.4.1 搜救机器人分类

按照应用场景的不同，搜救机器人可分为两大类：空中搜索机器人和地面搜救机器人。空中搜索机器人能够利用空中优势迅速反馈灾后现场情况，为如何进入灾区并确定重点搜救区域提供可靠参考。地面搜救机器人以轮式机器人、履带式机器人等为主，可完成复杂环境下的人员搜寻、废墟物品搬运等任务，同时可以携带救援物资，增加被困人员获救的概率。搜救机器人的分类如图 8-12 所示。

8.4.2 空中搜索机器人

8.4.2.1 空中搜索机器人概述

空中搜索机器人通常使用无人机（无人驾驶飞行器）技术，具备飞行能力并搭载各种传感器和设备，如摄像机、雷达、红外线传感器、声呐等，用于收集数据、进行目标识别、图像捕捉和实时监测等。它们高效、灵活、具备高空视角，能够快速覆盖大面积地区，并提供关键的情报和数据支持。

8.4.2.2 典型空中搜索机器人

① "御" Mavic 2 无人机森林灭火。大疆研发的 "御" Mavic 2 无人机在我国应急救援领域得到应用，其主要参数如表 8-3 所示。在城市消防救援方面，其可进行环境侦察，并通过回传视频实现前后方协同指挥；在森林防火灭火方面，其可自动巡逻并通过高空视角助力精准灭火；在野外走失救援方面，其不受地形与光线限制，能够完成多维度搜索，快速定位走失人员位置；在自然灾害救援方面，其能够第一时间获取灾区全局信息，辅助快速搭建应急网络，并

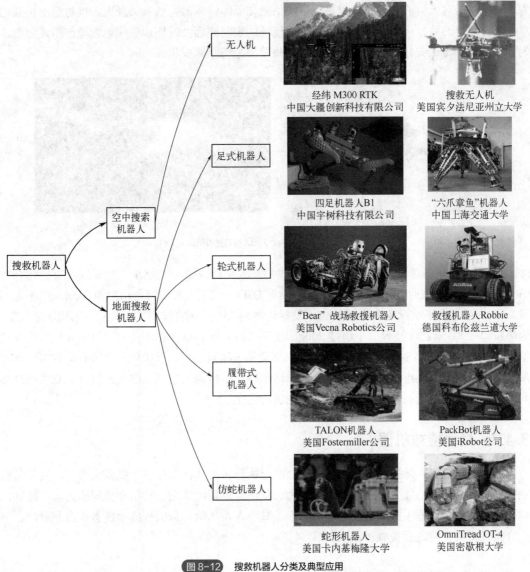

图 8-12 搜救机器人分类及典型应用

表 8-3 "御" Mavic 2 无人机数据

名称		数据	名称		数据
尺寸/mm		折叠：214×91×84	最大水平飞行速度		72km/h（S 模式）
		展开：322×242×84			50km/h（P 模式）
感知系统		全方向感知	最大可抗风速		5 级风
红外相机	传感器	非制冷氧化钒微测辐射热计	可见光相机	影像传感器	1/2.3in[①]CMOS
	传感器分辨率	160×120		录像分辨率	2.7k：2688×1512 30p
	录像分辨率	640×360@8.7fps			FHD：1920×1080 30p

① 1in=2.54cm。

进行高效消毒防疫。2019 年 12 月，佛山市高明区荷城街道凌云山荫岗水库附近突发山火，"御" Mavic 2 无人机借助红外相机进行火情监测，如图 8-13 所示，使得地面人员快速确定火场位置，为消防指战员对火情的态势感知提供高效的信息化保障。同时，借助大疆无人机与消防指战信息化平台兼容的数据接口与视频流，可使得现场的实时画面及时同步到应急管理部指挥中心，为各级部门参与火灾扑救全程评估和灾害事故发展趋势预判提供保障。

(a)"御"Mavic 2行业双光版无人机   (b) 火场热成像检测

图 8-13   "御"Mavic 2 无人机森林消防灭火实例

② 无人机采样工业挥发性有机物。辅英科技大学研发了一款用于工业挥发性有机化合物（VOC）采样的小型四旋翼无人机（Mavic Pro，DJI）。该无人机的对角轴距为 335mm（不包括螺旋桨），最大水平航行速度为 65km/h，发射质量为 734g，采样装置的总质量（包括迷你气泵、丙烯腈-丁二烯-苯乙烯架等）不超过 200g，使用 3.11V 的锂电池作为能源。该无人机携带有微型针捕集采样器（NTS），可应用在氯气、二氧化硫、氮氧化物、有机化合物等有毒有害气体泄漏场合，快速准确确定泄漏源；亦可应用在地震等灾后搜索天然气、煤气、沼气、石油类产品和酒精类产品等易燃易爆气体，避免二次危害的发生。

8.4.3　地面搜救机器人

地面搜救机器人是指专门设计用于在地面上执行救援和搜索任务的机器人系统，其具备自主操作和智能控制的能力、多功能操作能力、复杂地形适应能力、通信和协同能力等，能够在地质灾害等救援过程中提高救援行动的效率，减少人员风险，最大程度地挽救生命和财产。下面介绍几类典型的地面搜救机器人。

（1）Gemini-Scout 救援履带车

具有代表性的履带式搜救机器人有美国桑迪亚实验室 2010 年研制的 Gemini-Scout 救援履带车，如图 8-14 所示。Gemini-Scout 整车长 1.2m，总高 0.7m，质量 190 磅（1 磅≈0.45kg），移动速度约为 5.6km/h。该机器人的行走机构采用分节式履带，机动性能较好，有较强的跨越台阶、沟槽的能力，可以原地旋转并可以轻松爬过 45°斜坡。在控制方面，其采用无线控制方式，并装有视频采集摄像机、红外线测距仪、多功能气体浓度传感器及导航仪。在负载能力方面，该机器人可以携带额外 50lb（1lb=0.454kg）的救援物资，从而增加了被困人员获救的概率。

（2）RXR-M40D 消防灭火侦察机器人

近年来，常有公安、消防人员在各类灭火抢险行动中因公殉职，为此亟须研发消防机器人，以代替救援人员完成各种复杂环境下的灭火任务。目前，我国部分消防机器人已经得到实际应用，其中的典型代表是中信重工开诚智能公司研制的 RXR-M40D 型消防机器人，如图 8-15 所示。

图 8-14　Gemini-Scout 救援履带车

图 8-15　RXR-M40D 型消防灭火侦察机器人

在结构方面，消防机器人由行走机构和执行机构组成。由于消防机器人在喷水作业时会产生较大后坐力，因此行走机构选择履带式的移动方式。履带内部设计了多层帘布和钢骨结构，外部材料为阻燃橡胶，因而增强了履带的强度、韧性以及防火能力。为了保证行走平稳，消防机器人设计有独立悬挂减振系统，主要由承重轮、导向轮、张紧轮、弹簧减振装置以及驱动轮组成。消防机器人的执行机构主要为消防水炮，其关节处分别安装有水柱/水雾/射流电机、俯仰运动电机和左右摆动运动电机。水柱/水雾/射流电机能够实现从射流状态到水柱、水雾的连续变化调节；俯仰电机能够实现水炮在垂直方向上的姿态调节；左右摆动运动电机能够实现水炮在水平方向上的姿态调节。为了使得机器人更好地适应高温环境，还为该机器人设计了喷淋装置，消耗少量的水就能对机器人本体进行一定的降温。消防水炮的炮体材质为 304 不锈钢，炮头材质为硬质氧化铝合金，工作压力为 1.2~1.5MPa，最大流量为 120L/s，最大射程为 150m。

在传感系统方面，该款机器人搭载了摄像头、温度传感器和避障传感器。摄像头有标准模式和红外模式两种，分别在光线强和光线弱的时候工作；温度传感器和避障传感器可实时监测机器人工作温度和周围的障碍物情况。

在控制系统方面，该机器人设计有手持遥控终端，以便通过无线遥控来对机器人进行指挥。机器人手持遥控终端由摇杆、显示屏、控制按钮、无线接口等构成。遥控终端两侧各设置了一个操作摇杆，左侧操作摇杆可以控制机器人本体的行走，如前进、后退、转弯；右侧操作摇杆控制消防水炮的喷射角度。显示器为 10in（25.4cm）触摸屏，可实现屏幕和按键双操作。图传天线采用频率为 420~450MHz 的图像传输系统，控制数据采用频率为 902~928MHz 的传输系统。

该消防机器人具有灭火性能良好、行动快捷灵敏、实用性强等优点，已在全国多地参加了消防灭火实战演练和实际灭火任务，并在全国多个消防支队完成列装，参与到日常消防演练中，能够替代消防员进入火灾现场进行侦察并执行灭火任务，最大限度地降低了人民的生命财产损失，同时也可保证消防员的生命安全。

（3）双臂轮履复合式救援机器人

八达重工牵头研发的 BDJY42 型双臂轮履复合式救援机器人如图 8-16 所示。该产品是目前世界上投入实际地震、滑坡等救援作业的最大型救援机器人。该救援机器人质量 42t，双手协调作业最大可提起 8t 重物，全身共有 26 个控制动作，可以根据不同的地面状况选择轮胎或履带切换行驶。在控制方式方面，其既可以通过人员在司机室进行操作，也可无线遥控操作双臂手实施救援作业（遥操作距离不大于 500m，抗无电线干涉），其由一个人便可完成剪切、破碎、切割、扩张、抓取等不同的救援作业功能。不同型号机器人具体技术参数如表 8-4 所示。

图 8-16 BDJY42 型双臂轮履复合式救援机器人

表 8-4 双臂轮履复合式救援机器人技术参数

内容	小型/20T	中型/40T	大型/60T
单/双臂最大负荷/t	4/8	8/16	10/20
额定起重力矩/（t·m）	30	50	70
最高行驶速度/（km/h）	15～20（轮式）；3～5（履带式）		
最大爬越坡度	≥27%（轮式）；≥40%（履带式）		
最大转台回转速度/（r/min）	5		
臂展作业半径/m	8	10	12
质量/t	≈20	≈40	≈60
可配工作机具种类	≥10		

（4）斯坦福大学蛇形搜救机器人

2017 年，斯坦福大学研究了一款仿蛇形软体搜救机器人，如图 8-17 所示。其长 72m，并能够以 32km/h 的速度前行。软体机器人的身体由 3 个气囊组成，可通过控制每个气囊改变其运动方向，或是通过放掉部分气体，使其通过狭窄空间。机器人的一端安装有一个微型相机，可进行环境的监测。为了试验蛇形机器人的可行性，研究团队设置了一系列障碍试验，如让机器人穿过粘蝇纸、胶水、钉子阵、狭窄通道等。在实验过程中，机器人可以像藤蔓一样生长并寻找生长空间，轻而易举地穿过看起来不可能穿过的地带，最终毫发无伤地通过了全部考验。除了搜索功能以外，机器人还拥有较强的操作能力，可在地面上提起 100kg 的箱子，也可以开关阀门。软管内部的填充也可以用加压液体替代空气，为被困险境中的幸存者输送水源，应用范围广阔。

（5）日本东北大学蛇形搜救机器人

针对超强大规模地震后，在倒塌的建筑物内快速定位被困人员位置的难题，日本东北大学科研团队研发了一款蛇形救援机器人，如图 8-18 所示。该蛇形救援机器人全长约 8m，直径约 5cm，使用柔软材料制成软管状，质量约 3kg，由振动电机轻轻振动覆盖表面的尼龙纤毛驱动前进，最大可跨越 20cm 的台阶。蛇形机器人前端装有空气喷嘴，根部采用压缩机输送压缩空气，可以通过空气喷射浮起，穿越较高障碍物，从而在废墟内部展开搜索，也可通过空气喷射浮起获得高视点，宽广地眺望瓦砾内部。救援人员可以通过顶部摄像头拍摄并回传的画面，快速发现被困人员并确定具体位置，展开营救。

图 8-17　斯坦福大学蛇形机器人

图 8-18　日本东北大学蛇形机器人

现阶段，大部分搜救机器人还处于实验研究阶段，少部分在火灾、地震等灾后救援中得到了应用。已经得到应用的典型搜救机器人及其应用场景如表 8-5 所示。

表 8-5　典型搜救机器人及应用场景

研究单位	机器人名称	主要用途	应用场景
施密茨公司	陆虎 60	灭火救火	2016 年江苏某车库火灾
瑞琦公司	F6A 排爆机器人	处理爆炸物	2014 年 APEC 排爆任务
美国军方	蓝鳍-21	水下救援	2014 年马航 MH370 事故
东京工业大学	Anchor Diver Ⅲ	水下搜索幸存者	2011 年日本大地震
日本千叶工业大学	Qulnce 系列机器人	核辐射监测	2011 年日本福岛核事故
iRobot 公司	Warrior 710 机器人	核辐射监测	2011 年日本福岛核事故
	Packbot	搜索幸存者	2001 年 "9·11" 事件
中国科学院	灵蜥-HW55 型	排爆防爆	2015 年第 13 批维和部队
八达重工公司	双臂救援机器人	大型废墟清理	2013 年四川雅安地震
中国科学院沈阳自动化研究所	可变形搜救机器人	搜索幸存者	2013 年四川雅安地震
	旋翼无人机	获取灾后现场	

8.4.4　搜救机器人发展趋势

目前，搜救机器人在技术和应用方面取得了显著进展，并在部分灾后救援过程中发挥出重要的作用。随着机器人技术的进步，搜救机器人将向着以下方向发展：在结构方面，模块化、高机动、可变形、自逃逸、执行机构的高灵活性是发展趋势，以保证搜救机器人具有远距离投送、快速移动及高效操作的能力；在感知方面，搜救机器人应能够在三维环境下准确识别灾后废墟环境及被困人员,对于不同环境下的各类目标物具有较高识别精度及准确性,特别是要能够准确辨别人与动物;在控制方面,搜救机器人应能够实现不同类别机器人的集群式控制,并具有宏/微结合的操作模式,结合大功率小型化蓄电池技术,大幅提高救援效率;在通信方面,新型小型移动基站应被研发出来,机器人应能够在跨介质条件下实现多类信息的稳定传输;在人机交互方面,搜救机器人应能够与不同救援人员实现良好的人机交互,具有操作便捷性的优点。最终,搜救机器人应能够在救援任务中承担主要救援任务,实现快速、准确、机动化救援。

8.5 巡检机器人

8.5.1 巡检机器人概述

巡检机器人是一种具备自主导航和巡视能力的机器人系统,通常通过搭载各种传感器(视觉摄像头、激光雷达、红外线传感器等)实时获取环境信息,并进行数据采集、分析和远程操作,以实现及时监测和检查各种设备和环境。巡检机器人应用于存在高温高压或有害气体等危险环境或人工巡检工作量或难度较大的场合,例如,可以应用于监测生产线设备的故障、损坏或异常声音等工业制造领域;应用于大型桥梁、风力发电塔等基础设施检测;定期巡视检测空气质量、温度、湿度等环境质量。特别地,用于灾害现场进行环境监测的机器人也可以认为是巡检机器人的一种。

8.5.2 巡检机器人分类

根据工作环境的不同,智能巡检机器人通常可以将其分为陆地巡检机器人、空中巡检机器人和水下巡检机器人。陆地巡检机器人又可以分为无轨巡检机器人和有轨巡检机器人,其主要应用于电力、石化、轨道交通等领域;空中巡检机器人主要指巡航无人机,主要应用于电力输电线路巡检、森林防控巡检、交通应急巡检等,也包含有轨和无轨两类;水下巡检机器人主要解决人体无法长时间进行水下作业的问题,进一步拓展巡检范围,如图8-19所示。

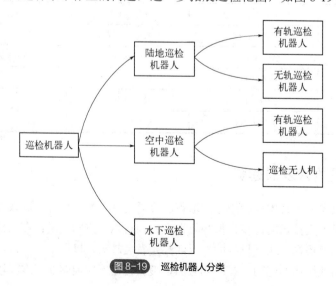

图8-19 巡检机器人分类

8.5.3　典型巡检机器人

（1）陆地无轨巡检机器人

北京智优语机器人科技有限公司研制了多代巡检机器人，具有代表性的第三代室外巡检机器人如图 8-20 所示。该机器人最大外形尺寸为 850mm×650mm×1120mm，质量 80kg，技术参数如表 8-6 所示。机器人采用四轮四驱方式，四轮独立悬挂减震，越障能力高达 60mm。在环境感知与控制方面，机器人装有各类监测设备，如烟雾探测、热成像等，可进行人像识别、车辆识别、夜间行人检测、异常检测（如摔倒、特定通道被堵等）。此外，机器人能够在复杂或大型环境下完成地图构建及定位，定位精度可达到厘米级。结合上述技术，机器人可完成监测预警、巡逻执勤、智能识别以及 360° 全景监控等任务。

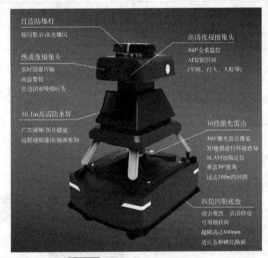

图 8-20　第三代室外巡检机器人

表 8-6　巡检机器人参数说明

尺寸	850mm×650mm×1120mm	最小转弯半径	原地转向
驱动电机	350W×4	转向电机	50W×4
轴距	550mm	前、后轮距	360/390mm
驱动轮径	8in	运动模式	四驱四转向
越障高度	60mm	质量	80kg
爬坡角度	15°	减震	四轮独立悬挂
最大自主导航速度	2m/s	最大遥控速度	15km/h
系统内部通信	RJ45/CAH	电池	48V/30AH
工作温度	−10℃～ 40℃	巡航时间	6～8h
标配传感器	16 线激光雷达	可搭载传感器	GPS/IMU/毫米波雷达/超声波雷达/碰撞检测等
防护等级	可定制/IP55	可配置外部通信	Wi-Fi/4G

其他典型陆地无轨机器人如表 8-7 所示。

表8-7　典型陆地无轨机器人

图示	具体信息	图示	具体信息
	年份：2012 单位：新西兰国家电网 应用场景：电网等		年份：2023 单位：北京智优语机器人科技有限公司 应用场景：公共场合
	年份：2017 单位：深圳朗驰公司 应用场景：变电站等		年份：2014 单位：浙江国自机器人技术有限公司 应用场景：变电站等
	年份：2012 单位：重庆大学 应用场景：变电站等		年份：2008 单位：上海交通大学 应用场景：电力管廊等

（2）陆地有轨巡检机器人

与无轨巡检机器人相比，有轨巡检机器人的巡检路径固定，但可靠性更高，主要用于环境相对简单的固定化环境。例如，英国剑桥大学研制出一种低成本的有轨巡检机器人系统，如图 8-21 所示。该机器人系统安装在包含减震器的导轨上，可沿导轨灵活运动。机器人的旋转装置中安装了消费级数码相机和大功率 LED，可利用双摄像头进行环境信息获取，并通过数据处理生成隧道地图。该机器人被用于完成英国伦敦直径 3.2m 的高压电缆

图 8-21　轨道式巡检车

导轨和减震器
电机驱动
电池
旋转装置和控制装置
同步光源和高分辨率相机

隧道中的数据收集任务，使用两台相机总共拍摄了 70 万张图像，覆盖了 2.9km 的总距离。

其他典型的陆地有轨巡检机器人如表 8-8 所示。

表8-8　典型陆地有轨巡检机器人

图示	具体信息	图示	具体信息
	年份：2016 单位：伊朗希曼大学 应用场景：变电站等		年份：2009 单位：欧洲核子研究中心 应用场景：隧道等

图示	具体信息	图示	具体信息
	年份：20 世纪 80 年代末 单位：日本 应用场景：管道等		年份：2016 单位：深圳市朗驰欣创科技股份有限公司 应用场景：城市管廊等
	年份：2012 单位：沈阳自动化研究所 应用场景：变电站等		年份：2012 单位：沈阳自动化研究所 应用场景：变电站等

（3）空中有轨巡检机器人

加拿大魁北克水电研究院（IREQ）的第三代巡检机器人 LineScout 如图 8-22 所示。该机器人质量为 115kg，长度为 1.37m，宽度为 0.85m，机身有两组摆臂，交替前行可以带动机器人以 1.0m/s 的速度沿导线行走，最大续航时间为 9h。该机器人可以运行的导线直径为 12～60mm，输电线电压高达 735kV。摆臂式的行走方式使得该机器人具有良好的越障能力，可以跨越一些常见的线路金具，如防震锤、耐张线夹等。在通信方面，该机器人使用两个

图 8-22　LineScout

射频收发器实现 5km 内的数据传输与通信。LineScout 巡检机器人的执行器采用模块化设计，通过安装不同的模块实现对导线进行摄像监测、对破损的导线进行临时修补以及对松动的螺栓进行加固等不同任务。然而，该机器人的质量和尺寸较大，导致运输和携带都不方便，因此适用范围受到限制。

其他典型空中有轨机器人如表 8-9 所示。

表 8-9　典型空中有轨机器人

图示	具体信息	图示	具体信息
	年份：2012 单位：夸祖鲁-纳塔尔大学 应用场景：输电线等		年份：2010 单位：日本关西电力 应用场景：高压电线等
	年份：2008 单位：巴西圣保罗大学 应用场景：变电站等		年份：2017 单位：哈尔滨工业大学 应用场景：高压电线

续表

图示	具体信息	图示	具体信息
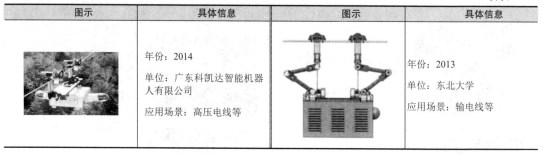	年份：2014 单位：广东科凯达智能机器人有限公司 应用场景：高压电线等		年份：2013 单位：东北大学 应用场景：输电线等

（4）巡检无人机

国家电网公司研制了一整套无人机巡检系统，主要应用在输电线路的巡检中，以提高巡线的效率。无人机巡线系统分为无人直升机平台和检测系统两部分。无人直升机平台负责完成飞行任务，包括无人直升机和飞行控制系统，主要参数如表 8-10 所示，飞行控制系统如图 8-23 所示。其中，飞行控制系统地面站主要用于规划飞行任务、显示无人机状态、控制监测设备、显示监测结果等。检测系统主要是利用可见光和红外相机对输电线路和塔杆做检测，巡检对象包括导线、引流线、绝缘子、防震锤、线夹、塔身、金具等。巡检内容包括设备破损、部件丢失、设备热缺陷等。检测系统的核心是检测控制计算机，通过 RS-232、RJ-45、USB 等接口控制检测终端、云台、存储器，并通过无线通信系统与地面站通信。实验表明，巡检无人机在可见光图像中可发现大部分塔和线上的物理缺陷；在红外图像上能明显发现发热点和热缺陷。

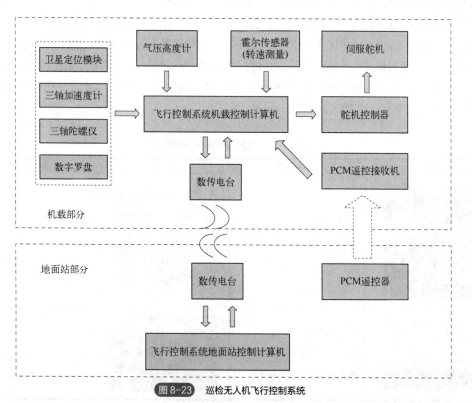

图 8-23　巡检无人机飞行控制系统

表 8-10　无人直升机平台主要参数

参数名	参数值	参数名	参数值
飞行高度	海拔 2000m	巡航速度	70km/h
最大有效载荷	20kg	抗风等级	5 级
续航能力	1.5h	飞行控制模式	全自主模式
导航	GPS	工作环境温度	−20～50℃
水平控制精度	±2.5m	垂直控制精度	±2.0m

其他典型巡检无人机如表 8-11 所示。

表 8-11　其他典型巡检无人机

图示	具体信息	图示	具体信息
	年份：2019 单位：巴西能源系统部 应用场景：变电站等		年份：2019 单位：美国明尼苏达大学 应用场景：苹果果园等
	年份：2017 单位：美国 SkySpecs 公司 应用场景：风电叶片等		年份：2010 单位：国家电网有限公司 应用场景：输电线路等

（5）水下巡检机器人

葡萄牙波尔图大学设计的具备自主航行和检测功能的混合动力水下机器人 TriMARES 如图 8-24 所示，主要用于进行水库大坝检测。TriMARES 的机械布置遵循模块化设计思路，每个主体尺寸为 1.3m×0.2m×0.2m，三个主体通过轻型机械结构连接，总体尺寸为 1.3m×0.8m×0.5m，质量为 70kg，具有较好的结构稳定性。在驱动方面，TriMARES 的动力由七个独立的推进

图 8-24　TriMARES

器提供，其中，水平推进和方向由位于船尾的四个独立推进器控制，另一组推进器在垂直方向上控制垂直速度和俯仰角。TriMARES 前进速度可达到 1m/s，可以进行水下 100m 检测作业，能源由位于下舱的可充电锂离子电池提供，总能量为 800Wh，续航时间可达 10h。TriMARES 携带有 IMU、压力传感器和声学定位系统等，可通过多传感器信息融合进行定位与导航。实验表明，TriMARES 的设计满足了应用要求。

其他典型水下巡检机器人如表 8-12 所示。

表 8-12　典型水下巡检机器人

图示	具体信息	图示	具体信息
	名称：爬行式水下机器人 年份：2014 单位：巴西南圣保罗联邦大学 应用场景：浮式液化天然气生产储卸等		名称：RG-Ⅲ 年份：2013 单位：佛罗里达理工学院 应用场景：水下考古等
	名称：ABISMO 年份：2009 单位：日本海洋地球科学技术厅 应用场景：马里亚纳海沟取样等		名称：水下检测机器人 年份：2017 单位：武汉力博物探公司 应用场景：清淤检测等

8.5.4　巡检机器人发展趋势

随着智能传感、精准控制、人工智能等技术的深度应用，智能巡检机器人功能不断改进，成本持续优化，产品市场普及加速推进，应用场景从常规巡检向智能抄表、线路监控、复杂环境检测等方面发展。然而，现有巡检机器人工作时需要多种不同工作原理的传感器和摄像头同时工作，造成机器人本体过重、控制复杂。在满足巡检要求的前提下，研发轻量化、小型化的巡检机器人具有重要意义。随着智能机器人技术的不断发展，巡检机器人的应用领域正在不断扩展，除了传统的电力、石化、制造业等工业场景，巡检机器人也逐渐开始应用于交通、建筑、农业等领域。

8.6　仿生机器人

当今世界上存在的千万种生物，都是经过亿万年的适应、进化、发展而来，这使得生物体的某些部位巧夺天工，生物特性趋于完美，具有了最合理、最优化的结构特点，灵活的运动特性，以及良好的适应性和生存能力。自古以来，丰富多彩的自然界不断激发人类的探索欲望，一直是人类产生各种技术思想和发明创造灵感的不可替代、取之不竭的知识宝库和学习源泉。道法自然，向自然界学习，采用仿生学原理，设计、研制新型的机器、设备、材料和完整的仿生系统，是近年来快速发展的研究领域之一。仿生机器人是仿生学与机器人领域应用需求的结合产物。生物特性为机器人的设计提供了许多有益的参考，使得机器人可以从生物体上学到如自适应性、鲁棒性、运动多样性和灵活性等一系列良好的性能。仿生机器人同时具有生物和机器人的特点，已经逐渐在反恐防暴、探索太空、抢险救灾等行动中不适合由人来承担任务的环境中凸显出良好的应用前景。特别地，仿生机器人在前面章节所述的搜救、巡检等领域也得到了应用，但由于仿生机器人种类繁多，故在此采用单独章节对其进行详细介绍。

8.6.1 仿生机器人分类

根据应用环境的不同，仿生机器人可以分为陆地仿生机器人、水下仿生机器人、空中仿生机器人以及跨介质仿生机器人四大类，如图 8-25 所示。

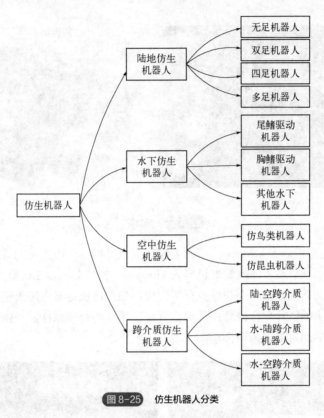

图 8-25 仿生机器人分类

8.6.2 陆地仿生机器人

8.6.2.1 陆地仿生机器人概述

陆地仿生机器人是模仿陆地动物的生理结构和行为特征制造的一类机器人，通过模拟陆地动物的运动稳定性、适应性和机动性，有望应用于勘探、监测、清洁、救援、太空探索等领域。根据机器人腿的数量，陆地仿生机器人可以分为无足机器人、双足机器人、四足机器人以及多足机器人。

8.6.2.2 典型陆地仿生机器人

（1）无足机器人

① 卡内基梅隆大学机器蛇。2012 年，卡内基梅隆大学研发了一款由 16 个关节组成的机器蛇，如图 8-26（a）所示。该机器蛇直径 5.1cm，长 94cm，总质量 2.9kg。单个模块的结构如图 8-26（b）所示，质量为 0.16kg。机器蛇包含 16 个关节，具有极高的灵活性，可以通过按键

来控制其完成波浪状运动或缠住大树等一系列动作。机器蛇的每一个模块中都安装有多个传感器，包括三轴加速度计、陀螺仪、温度传感器、湿度传感器、电机电流传感器、模块位置传感器等，用于感知自身及环境状态。研究人员曾在墨西哥地震之后将其带到灾区，搜索倒塌建筑中的幸存者，这对未来蛇形机器人在搜救中的应用具有重大意义。

(a) 实物图   (b) 单个模块

图 8-26   机器蛇

② 哈佛大学蛇形机器人 kirigami。哈佛大学研究人员通过运用传统的剪纸技术来模拟蛇爬行时鳞片的运动方式，研发了一款蛇形机器人 kirigami。初代 kirigami 机器人如图 8-27（a）所示，其由一张扁平的剪纸以及一个弹性执行器构成，当弹性执行器内注入空气时，机器人身体拉伸，剪纸上切割出的鳞片便会张开；释放空气时，鳞片闭合成原样。一张一合交替中，鳞片产生的摩擦力便会驱动机器人向前挪动。

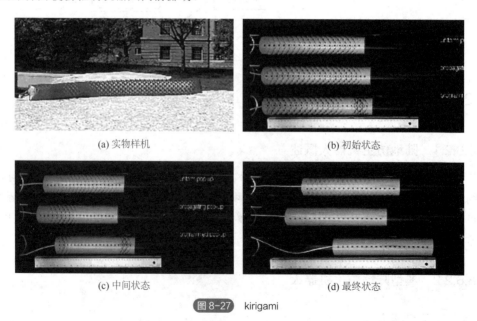

(a) 实物样机   (b) 初始状态

(c) 中间状态   (d) 最终状态

图 8-27   kirigami

在此基础上，研究人员通过改变鳞片的收缩方式，研发了新一代蛇形机器人。图 8-27（b）所示为初代 kirigami 机器人全身鳞片同时收缩的运动方式，图 8-27（c）所示为鳞片从尾部到头部依次收缩的运动方式，图 8-27（d）所示为新一代 kirigami 所采用的分段收缩方式，即前端某一段同时收缩，后半部分依次收缩。研究结果表明，新一代 kirigami 所采用的运动方式速度最快，爬行距离更远。

特别地，不仅是鳞片收缩方式会对机器人产生影响，鳞片形状也会对机器人的爬行效率产生影响。研究人员对圆形、三角形和梯形鳞片进行了比对，实验表明，梯形鳞片会使机器人产生更大的位移，而这种形状的鳞片也与蛇鳞最为相似。

其他典型无足仿生机器人如表 8-13 所示。

表 8-13　典型无足仿生机器人

图示	具体信息	图示	具体信息
	名称：仿珊瑚蛇机器人 时间：2020 年 单位：密歇根大学		名称：仿蛇软体机器人 时间：2013 年 单位：麻省理工学院
	名称：仿毛毛虫机器人 时间：2011 年 单位：塔夫斯大学		名称：GMD-Snake2 时间：20 世纪末 单位：德国国家信息技术研究中心
	名称：仿蚯蚓机器人 时间：2018 年 单位：哈尔滨工程大学		名称：蛇形机器人 时间：2008 年 单位：中国科学院沈阳自动化研究所
	名称：巡视者Ⅱ 时间：2004 年 单位：中国科学院沈阳自动化研究所		名称：NUDT 时间：2001 年 单位：国防科技大学

（2）双足机器人

双足机器人的种类有很多，例如仿袋鼠机器人、仿猴子机器人、仿跳鼠机器人等，但是最典型的是人形机器人。

① 波士顿动力人形机器人。波士顿动力是一家美国工程和机器人设计公司，成立于 1992 年，在研制人形机器人方面处于世界领先地位。波士顿动力公司于 2009 年首次发布人形机器人 Petman，如图 8-28（a）所示，它为美军士兵特种防护服提供测试原型。该机器人关键技术继承自前期开发的四足机器人 Big Dog，其腿部结构和液压驱动系统均与 Big Dog 相似。2011 年，该公司正式发布了人形机器人 Petman 优化版，如图 8-28（b）所示，这是当时第一台动态运动行为逼近真人的人形机器人。其具有较好的平衡能力，并且可以完成自由运动、行走、下蹲等动作。

2013 年，波士顿动力发布了机器人 Atlas 原型，如图 8-28（c）所示，其设计目的是用于不同类型的搜索与救援任务。Atlas 有很高的机动能力，既可以应对户外崎岖的路面，也可以在自由行走的同时，完成双臂自由抬举、搬运等操作任务。Atlas 高 183cm，质量为 150kg，双手、双臂、双腿、双脚以及躯干共包含 28 个自由度，通过液压驱动。此外，其头部装有立体摄像机和激光雷达，可以实现环境感知。2016 年，该公司公布了新一代 Atlas，如图 8-28（d）所示。该版本机器人身高 175cm，通过控制算法的不断优化，其运动能力不断得到提升，可以完成很多对于旧版机器人来说不可能的任务，包括在有雪覆盖的崎岖地面行走、被撞倒后快速起身等。此外，其动力系统集成于体内，实现了驱动的无缆化。2017 年 11 月，波士顿动力公布的视频显示，新版本的 Atlas 可经过跳跃跨过复杂障碍物，并在高台上完成 360° 后空翻后稳定地站在地面上，跳跃序列如图 8-28（e）所示。新版本的 Atlas 已经超越一般人类的运动能力，达到了体操运动员的水平，展示了出色的角动量控制和机器人关节的爆发力。2018 年 5 月，波士顿动力公司公布的视频显示，Atlas 既可以在草地上自如地奔跑，还可以识别地上的木桩等障碍物并通过跳跃方式实现跨越，展现了较好的敏捷性和稳定性。

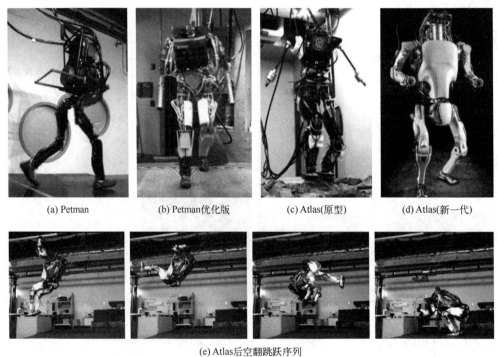

(a) Petman   (b) Petman优化版   (c) Atlas(原型)   (d) Atlas(新一代)

(e) Atlas后空翻跳跃序列

图 8-28   波士顿动力人形机器人

波士顿动力公司在液压技术上的突破是其所研制的人形机器人具有优异表现的重要基础。足够高的功率密度和力矩密度使得该机器人运动控制的空间更大，从而具备更强的适应性。除此之外，机器人高精密陀螺仪等感知元件的使用大幅度提高了机器人的感知能力。还有，它精确的数学模型和自学习能力，也是其实现良好运动性能的基础。波士顿动力研制的系列化人形机器人是理论与工程的完美结合，从性能上将人形机器人的能力向前推进了一大步，这对社会进步有重要的意义。

② 日本本田人形机器人"阿西莫"。Honda 公司从 1986 年开始研制人形机器人"阿西莫"，在国际上具有较好的代表性。2000 年，Honda 公司推出的第一代"阿西莫"人形机器人如图 8-29

（a）所示。该机器人拥有 26 个自由度，其中，颈关节拥有 2 个自由度，每条手臂具有 6 个自由度，每条腿拥有 6 个自由度，各个关节安装了吸震材料用来吸收行走过程中产生的关节冲击力。机器人身高为 1.3m，质量 48kg。为了进一步提高机器人的灵活性，第二代"阿西莫"机器人拥有 34 个自由度，拥有了较强的行走能力、操作能力以及信息交流能力。在行走能力方面，该机器人既可以实现在平地上自由行走、8 字轨迹行走以及上下台阶，还能以 6km/h 的速度奔跑，并在奔跑过程中改变运动方向。在操作能力方面，该机器人上的机械手搭载了多种触觉和压力传感器，并且每根手指可以单独运动以实现多种手上的复杂动作。例如，可以捡起地上的玻璃瓶并通过手指将其瓶盖慢慢拧开，或者可以手持一个纸杯去接另一只手侧倾所倒出的液体，并可确保纸杯不发生挤压形变，如图 8-29（b）所示。在信息交流方面，该机器人拥有声音识别、姿势和动作识别、面部功能识别等功能。"阿西莫"人形机器人还拥有强大的平衡和协调能力，可以完成随音乐翩翩起舞、推车前进、托盘搬运、利用工具与人协调合作等工作。在此基础上，Honda 公司还研制出第三代"阿西莫"机器人，该机器人拥有 57 个自由度，灵活性得到进一步提升。"阿西莫"机器人在人形机器人发展史上具有里程碑意义。其最终目标是成为可以在人的生活空间里自由移动，具有像人一样的极高移动能力和高智能的类人机器人，并在未来进入千家万户，为人们提供日常生活服务。

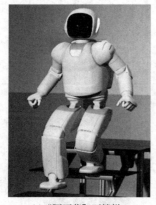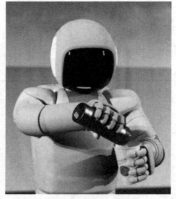

(a)　"阿西莫"下楼梯　　　　　　　(b)　"阿西莫"倒水

图 8-29　"阿西莫"人形机器人

其他典型人形机器人如表 8-14 所示。

表 8-14　典型人形机器人

图示	具体信息	图示	具体信息
	名称：HRP-2+ 时间：2015 年 单位：Nimbro Rescue 身高：150cm 体重：60kg		名称：WALK-MAN 时间：2015 年 单位：意大利 身高：185cm 体重：120kg

续表

图示	具体信息	图示	具体信息
	名称：THORMANG 时间：2013 年 单位：ROBOTIS 身高：160cm 体重：60kg		名称：Chimp 时间：2012 年 单位：Tartan Rescue 身高：150cm 体重：201kg
	名称：HRP-2+ 时间：2002 年 单位：AIST-NEDO 身高：170cm 体重：65kg	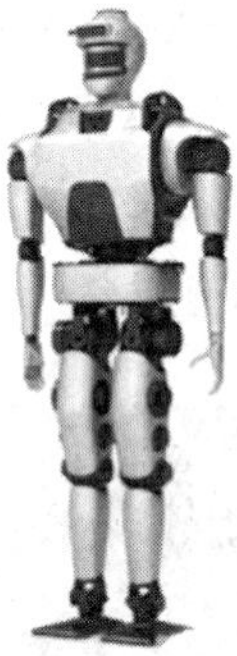	名称：BRH-7 时间：2023 年 单位：北京理工大学 身高：170cm 体重：55kg
	名称：H1 时间：2023 年 单位：宇树科技有限公司 身高：180cm 体重：47kg	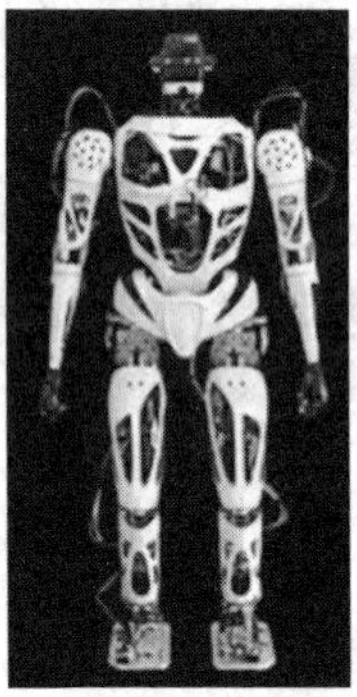	名称：DaQiang 时间：2023 年 单位：纯米科技（上海）股份有限公司 身高：170cm 体重：65kg
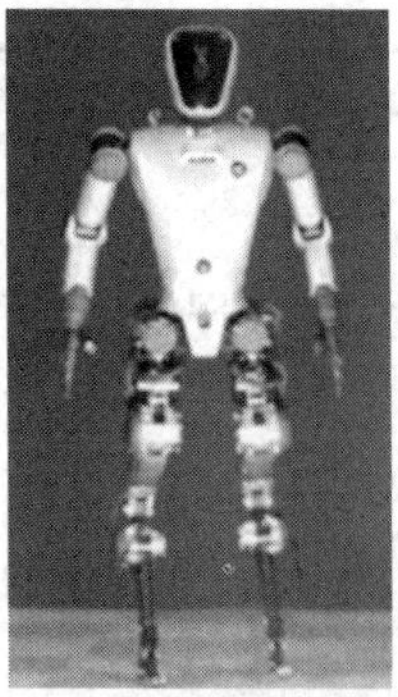	名称：远征 A1 时间：2023 年 单位：华为技术有限公司 身高：175cm 体重：53kg		名称：CyberOne 时间：2022 年 单位：小米科技有限责任公司 身高：177cm 体重：52kg

图示	具体信息	图示	具体信息
	名称：悟空 时间：2016 年 单位：浙江大学 身高：160cm 体重：65kg		名称：刑天 时间：2014 年 单位：智慧先驱 身高：160cm 体重：70kg
	名称：汇童 5 时间：2011 年 单位：北京理工大学 身高：160cm 体重：63kg		名称：先行者 时间：2000 年 单位：国防科技大学 身高：140cm 体重：20kg

（3）四足机器人

① 波士顿动力公司四足机器人。自 2005 年以来，波士顿动力相继推出了 Big Dog、LS3、Cheetah、Wildcat 等一系列四足机器人，表现出了优异的性能。Big Dog 是一款液压驱动机器人，如图 8-30（a）所示，专为美国军队研制。其具有 16 个自由度，高度约为 1m，质量约为 109kg，可以背负 45kg 的有效负载进行自由行走或奔跑，最快移动速度可达 6.4km/h，最大爬坡角度可达 35°。Big Dog 具有良好的复杂环境适应性，可以在山地、沼泽地、雪地等路面行走，就算有人在其侧面施加外力，Big Dog 也能快速调整四足动作，以保持身体稳定，避免摔倒。Big Dog 搭载诸多传感器，能够实时反馈自身参数，感知环境数据，协助完成机器人运动规划及路径选择。此后，波士顿动力以 Big Dog 为基础，于 2011 年发布了 LS3，如图 8-30（b）所示。作为 Big Dog 的升级版，LS3 具有 12 个自由度，高度约为 1.7m，质量约为 509kg，可以背负 181kg 的有效负载进行自由行走和奔跑（在一次平地测试中，LS3 曾创下背负 500kg 负载进行自由行走的记录），最快移动速度可达 45km/h，在燃料充足的情况下，LS3 可运行 24h，最远行驶里程达 32km。与 Big Dog 相比，LS3 的稳定性能、负载性能有了进一步提高，在摔倒后能原地自主恢复站立，运动过程中噪声明显减小，并增加了静音功能。

后续推出的 Cheetah 与 Wildcat 分别模仿了猎豹和野猫，如图 8-30（c）和图 8-30（d）所示。两款机器人背部采用"仿生柔性脊柱"结构，提高了机器人步幅和奔跑速度。Cheetah 在实验室条件下最高速度为 52.6km/h，是当时世界上拥有最快奔跑速度的四足机器人。Wildcat 是 Cheetah 的"无线版本"，其具有 14 个自由度，由一台甲醇发动机提供动力。它高度约为 1.17m，质量约为 154kg，最快移动速度可达 32km/h。Wildcat 可以适应多种地形，在复杂路况条件下也能以 16km/h 左右的速度保持前行，此外，Wildcat 还能够实现快速跳跃和快速转身等动作，相较于 Big Dog 和 LS3 而言，灵活性有了大幅提升。

| (a) Big Dog | (b) LS3 | (c) Cheetah | (d) Wildcat |

图 8-30　波士顿系列四足机器人

② 浙江大学机器人"绝影"。2019 年 11 月 1 日，浙江大学研究人员在原有产品的基础上，发布新一代四足机器人"绝影"，如图 8-31 所示。新一代的"绝影"身长 85cm，站立时身高 65cm，质量约 40kg。凭借仿生腿部设计以及强大的关节驱动能力，"绝影"原地起跳高度为 70cm，立定跳远距离可达 1.5m，最大速度可以达到 7km/h，可以越过约 40cm 的障碍物。

图 8-31　新一代"绝影"机器人

同时，新"绝影"可以顺利地找到自己的充电桩并进行自主充电。"绝影"系列机器人具有激光感知（自主导航、动态避障）、视觉感知（视觉定位、环境重构）、语音交互（语音唤醒、语音识别、声源定位）、深度学习和强化学习（运动生成、物体识别、人体跟随）的能力，在该机器人上可搭载激光雷达、惯性导航、红外摄影等功能设备，应用于安防巡检、勘测探索、运输保障、公共救援、教育科研、展览演示等领域。

其他典型四足仿生机器人如表 8-15 所示。

表 8-15　典型四足仿生机器人

图示	具体信息	图示	具体信息
	名称：Spot Mini 时间：2017 年 单位：波士顿动力公司		名称：ANYmal 时间：2016 年 单位：苏黎世联邦理工学院
	名称：HyQ 时间：2010 年 单位：意大利理工学院		名称：Big Dog 时间：2005 年 单位：波士顿动力公司

图示	具体信息	图示	具体信息
	名称：Jamoca 时间：2020 年 单位：深圳市腾讯计算机系统有限公司		名称：绝影 时间：2019 年 单位：浙江大学
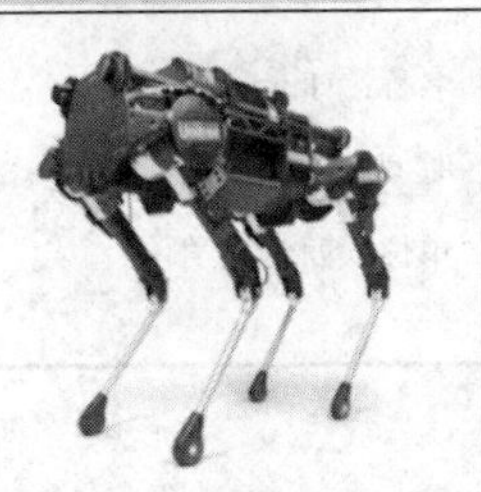	名称：Laikago 时间：2017 年 单位：宇树科技有限公司	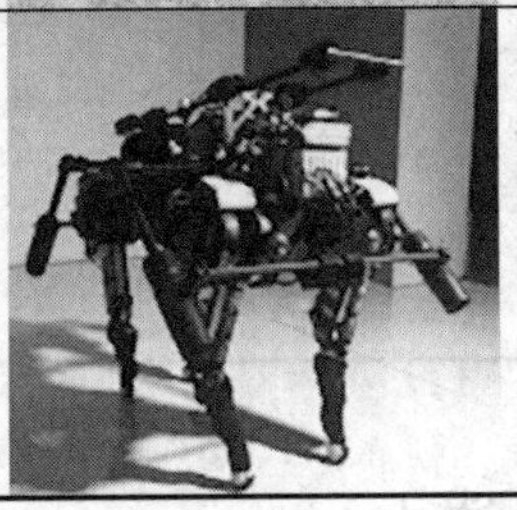	名称：X Dog 时间：2015 年 单位：上海大学

（4）多足机器人

对于多足仿生机器人，模仿对象主要包括蜘蛛、蜈蚣、螃蟹等。典型多足仿生机器人如表 8-16 所示。

表 8-16　典型多足仿生机器人

图示	具体信息	图示	具体信息
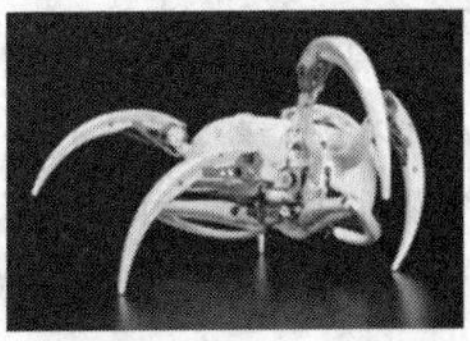	名称：BionicWheelbot 时间：2018 年 单位：Festo 公司		名称：HECTOR 时间：2011 年 单位：比勒菲尔德大学
	名称：SILO-6 时间：2009 年 单位：西班牙工业自动化研究所		名称：DLR-Crawler 时间：2008 年 单位：德国宇航中心
	名称：Asterisk 时间：2005 年 单位：日本大阪大学	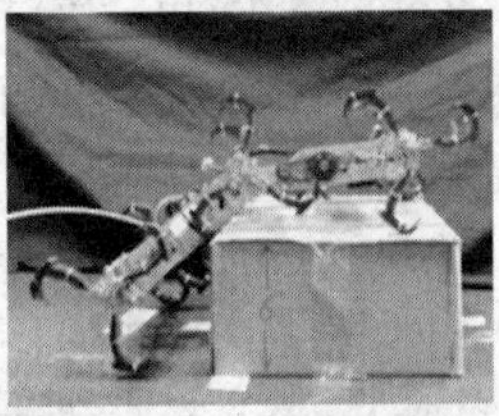	名称：仿蟋蟀机器人 时间：2005 年 单位：美国凯西储大学
	名称：SpiderPi 时间：2023 年 单位：幻尔科技	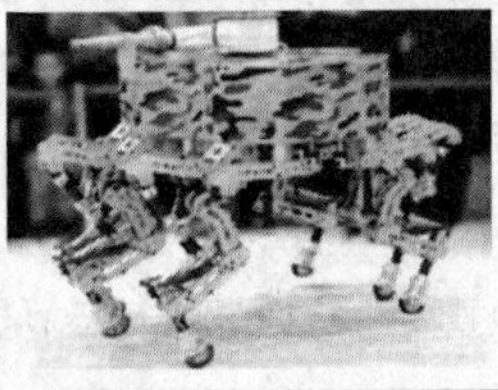	名称：Hexbot IV 时间：2018 年 单位：上海交通大学

续表

图示	具体信息	图示	具体信息
	名称：HITCR Ⅱ 时间：2014 年 单位：哈尔滨工业大学		名称：HITCR-Ⅱ 时间：2012 年 单位：哈尔滨工业大学
	名称：仿昆虫机器人 时间：2011 年 单位：浙江大学		名称：Hamlet 时间：2000 年 单位：西兰大学

8.6.3　水下仿生机器人

8.6.3.1　水下仿生机器人概述

水下仿生机器人是受鱼类等水下生物启发而研发的机器人，用于完成深水区域的水下考古、石油和天然气探测、寻找和研究生物群落等任务。水下仿生机器人在现代海洋科技中扮演着非常重要的角色，可以有效地帮助我们更好地理解海洋环境及其生态系统、监测海洋环境污染、开发和管理天然资源以及进行搜救任务，应用前景广阔。就其技术而言，除了特种机器人共性关键技术，水下仿生机器人的研发还应突破高可靠性密封技术，兼顾耐腐蚀性、耐压性和耐温性等要求，防止水和其他杂质进入机器人的内部，保证水下复杂环境下运行的可靠性。

按照驱动方式的不同，水下仿生机器人可分为尾鳍驱动机器人、胸鳍驱动机器人和其他类型水下仿生机器人三类。

8.6.3.2　典型水下仿生机器人

（1）尾鳍驱动水下仿生机器人

① 德国 Festo 公司仿生鱼。德国 Festo 公司研制了一款仿生鱼 Airacuda，如图 8-32 所示。Airacuda 长 100cm，宽 28cm，高 45cm，质量约 4kg，所有的电子和气动元件都安装在防水头部内，通过尾鳍驱动实现游动。Airacuda 安装有四个气动肌腱，具有重量轻、灵活性高等优点。机器人仅用两个气动肌腱就可以使其实现 S 形运动，推动机器人前进；额外的两个气动肌腱可以辅助机器人实现转向。此外，Airacuda 还设计有一个空腔，可通过控制空腔内的气体使得其在水中保持平衡。实验表明，Airacuda 可在水中实现加速前进、转弯等运动，应用前景广阔。

② 哈工程仿金枪鱼机器人。金枪鱼的推进力主要来自脊椎的波动，可以视为从头部和颈部到尾部的行波，并且振幅逐渐增大。哈尔滨工程大学针对金枪鱼快速游动时尾部高频摆动的特点，设计了一款电磁驱动的仿金枪鱼机器人，长 450mm，宽 120mm，高 60mm，质量小于 1kg，如图 8-33 所示。机器人由头部、摆动关节和尾鳍三部分组成。头部为一个封闭的隔间，用于安装控制电路板；摆动关节由三个电磁驱动关节串联而成；尾鳍呈月牙形，最大摆动角度在 25°～

35°之间。此外，其还设计有胸鳍，辅助机器人在水中上升和下潜。该机器人采用基于 CPG（central pattern generators）的仿生控制方法，通过控制关节之间的摆动频率、幅度、相位差等，以实现机器人的快速游动。实验结果表明，仿金枪鱼机器人可实现不同的游动速度，最大速度为 0.16m/s，具有较好的运动能力。

图 8-32　Airacuda

图 8-33　仿金枪鱼机器人

其他典型尾鳍驱动水下仿生机器人如表 8-17 所示。

表 8-17　典型尾鳍驱动水下仿生机器人

图示	具体信息	图示	具体信息
	名称：仿生机器鱼 时间：2019 年 单位：代尔夫特大学		名称：仿生机器鱼 时间：2018 年 单位：麻省理工学院
	名称：G9 机械鱼 时间：2005 年 单位：英国 Essex 大学		名称：水下仿生机器鱼 时间：2001 年 单位：日本船舶技术研究所
	名称：Robo Pike 时间：1995 年 单位：麻省理工学院		名称：SPC-Ⅱ仿生机械鱼 时间：1999 年 单位：北京航空航天大学

（2）胸鳍驱动水下仿生机器人

① 北航仿牛鼻鲼机器人。北京航空航天大学以牛鼻鲼为仿生对象，研发了一款仿牛鼻鲼机器人，

如图 8-34 所示。研究人员建立了牛鼻鲼胸鳍的运动学模型并进行了推进机构的优化设计。实验结果表明，机器人的最高游动速度达到 0.68m/s，原地转向速度为 69°/s，实现了高速和机动性的有机结合。

② 浙江大学仿狮子鱼机器人。浙江大学等团队提出机电系统软-硬共融的压力适应原理，成功研制了无须耐压外壳的仿狮子鱼机器人，如图 8-35 所示，首次实现了在万米深海自带能源的自主游动。仿狮子鱼机器人长约 22cm，两个鳍尖之间的长度是 28cm。电驱动"肌肉"位于躯干和鱼鳍的交界处，肌肉收缩会使鳍相对于身体向下拉伸，模拟鱼鳍的自然扇动。2019 年 12 月，仿狮子鱼机器人随深海着陆器在马里亚纳海沟下潜到约 10900m 的海底后，在 2500mA 锂电池的驱动下，按照预定指令拍动胸鳍，运动长达 45min，成功实现了电驱动软体机器鱼的深海驱动。

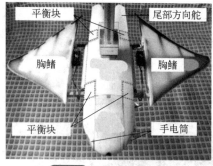

图 8-34　仿牛鼻鲼机器人

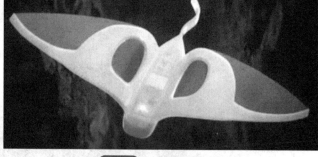

图 8-35　仿狮子鱼机器人

其他典型胸鳍驱动水下仿生机器人如表 8-18 所示。

表 8-18　典型胸鳍驱动水下仿生机器人

图示	具体信息	图示	具体信息
	名称：Bionic Fin Wave 时间：2018 年 单位：德国 Festo 公司		名称：Ro Man-Ⅱ 时间：2009 年 单位：南洋理工大学
	名称：Aqua_ray 时间：2009 年 单位：德国 Festo 公司		名称：Manta Robot 时间：2007 年 单位：日本大阪大学
	名称：波动鳍机器鱼 时间：2002 年 单位：日本大阪大学		名称：牛鼻鲼机器人 时间：2011 年 单位：北京航空航天大学
	名称：仿波动鳍机器人 时间：2009 年 单位：国防科技大学		名称：Cownose Ray I 时间：2009 年 单位：国防科技大学

（3）其他类型水下仿生机器人

由于水下生物种类繁多，除了常见的尾鳍驱动和胸鳍驱动的水下仿生机器人外，还有很多其他类型的水下仿生机器人，如仿水母机器人、仿乌龟机器人、仿海狸机器人等，如表 8-19 所示。

表 8-19　其他类型典型水下仿生机器人

图示	具体信息	图示	具体信息
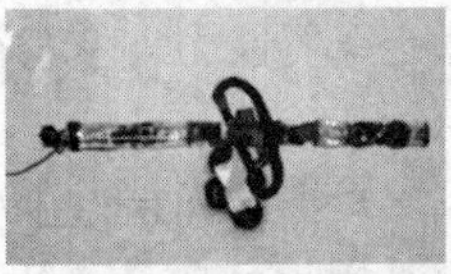	名称：仿蛇机器人（HUMRS） 时间：2021 年 单位：卡内基梅隆大学	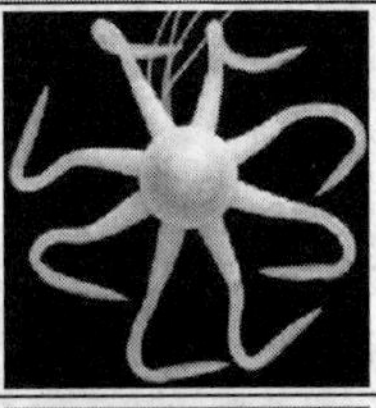	名称：仿章鱼机器人 时间：2018 年 单位：英国伦敦大学
	名称：仿生水母机器人 时间：2018 年 单位：佛罗里达亚特兰大学	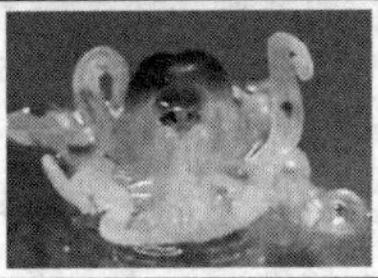	名称：仿章鱼机器人（Octobot） 时间：2016 年 单位：哈佛大学
	名称：仿章鱼机器人 时间：2015 年 单位：意大利生物机器人研究所		名称：仿螃蟹机器人（CR200） 时间：2012 年 单位：韩国海洋系统工程研究部
	名称：仿水母机器人（Jetsum） 时间：2010 年 单位：弗吉尼亚理工大学	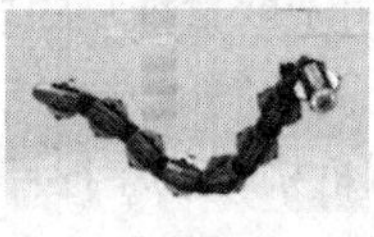	名称：仿蛇机器人（ACM-R5） 时间：2009 年 单位：日本东京工业大学
	名称：仿水母机器人（Aquajelly） 时间：2008 年 单位：德国 Festo 公司	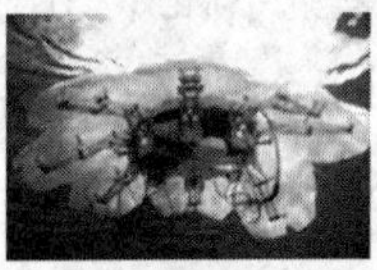	名称：仿水母机器人（Cyro） 时间：2005 年 单位：美国弗吉尼亚理工大学
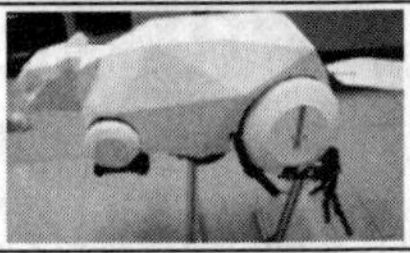	名称：仿海狸机器人 时间：2023 年 单位：浙江理工大学	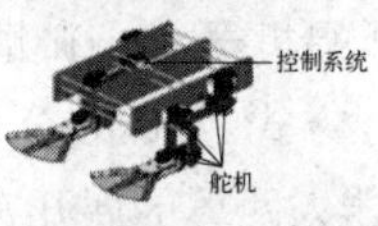	名称：仿河狸机器人 时间：2022 年 单位：浙江理工大学
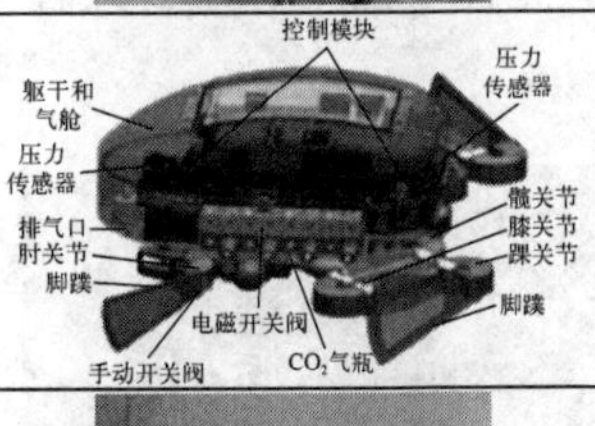	名称：仿青蛙机器人 时间：2019 年 单位：哈尔滨工业大学	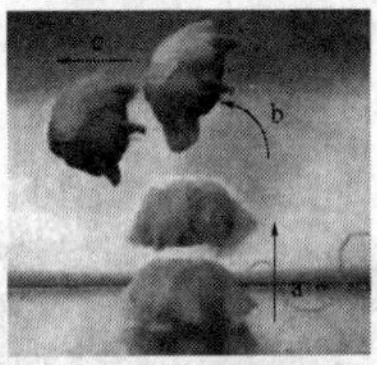	名称：仿水母机器人 USTC-I 时间：2016 年 单位：中国科学技术大学
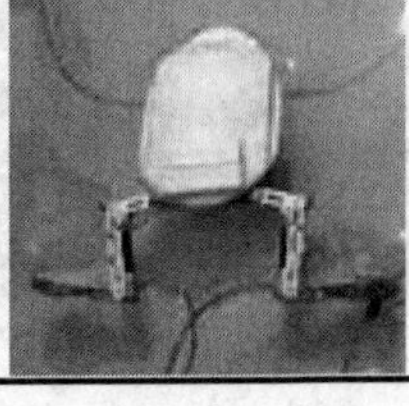	名称：仿青蛙机器人 时间：2015 年 单位：哈尔滨工业大学	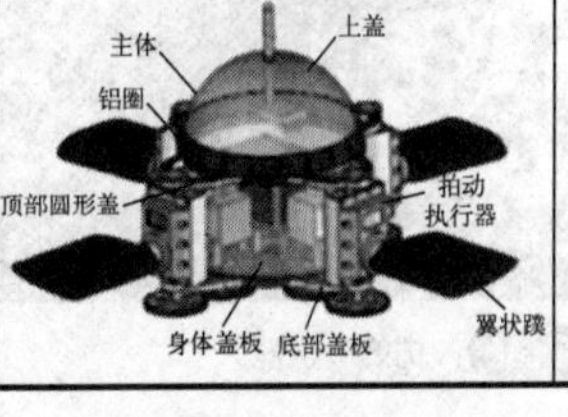	名称：仿海龟机器人 时间：2008 年 单位：北京大学

8.6.4 空中仿生机器人

8.6.4.1 空中仿生机器人概述

空中仿生机器人设计灵感主要来自鸟类或昆虫，通过翅膀的摆动、热气运动、脉冲喷射等运动方式，实现悬停、快速起飞和降落。在关键技术方面，除了特种机器人共性关键技术外，空中仿生机器人还应突破抗风技术，即能够在有风的天气条件下保持稳定飞行能力，使其在各种气候和风力环境下都能安全、高效地运行。

根据飞行方式以及仿生对象的不同，空中仿生机器人可以分为仿鸟类机器人和仿昆虫机器人。实际上，随着空中仿生机器人应用需求的不断扩展，其形态的多样化不断提升，分类界限也相对模糊。

8.6.4.2 典型空中仿生机器人

（1）仿鸟类机器人

① 普渡大学仿蜂鸟机器人。蜂鸟与其他鸟类飞行方式不同，是鸟类中唯一可以向后飞行的种类。普渡大学研究人员受蜂鸟启发，研究了仿蜂鸟机器人，如图 8-36 所示。该机器人翼展只有 15.8cm，质量 12g，机身采用 3D 打印技术制成，机翼采用碳纤维框架支撑，并结合激光切割膜制成，具有很高的灵活性和弹性。机器人的扑翼系统由无刷直流电机、一对用于高效扭矩传递的减速齿轮、一个用于能量恢复的扭转弹簧以及一个能够进行 2 自由度运动的外倾翼组成。两个机翼的电机采用分离控制的方式，既可实现两侧翅膀以相同的动作与频率拍打，也满足运动差异性的需求。扑翼机构可以在行程平面内实现任意机翼轨迹，从而获得良好的机动性。此外，这款机器人目前并未装配摄像头，但它可以通过感知翅膀载荷的变化来识别环境的变化，识别出地面、墙壁、楼梯甚至阵风，因此具备了在黑暗狭小环境中执行搜索和救援任务的能力，并且还使机器人节省了一个摄像头的载荷，降低了设计难度和工艺的复杂度。通过学习算法进行训练，仿蜂鸟机器人可以像蜂鸟一样悬停、盘旋，能够在倒塌狭窄建筑物空间和其他杂乱的环境执行任务。

② Festo 公司仿狐蝠机器人。狐蝠是蝙蝠的一种，是可以飞行的哺乳动物，但是其具有和鸟类一样优秀的飞行方式。Festo 公司研发了一款仿狐蝠飞行机器人，具有较高的代表性，如图 8-37 所示。该机器人两翼的展开宽度为 228cm，体长为 87cm，整体质量仅 580g，具有良好的飞行性能。

图 8-36　仿蜂鸟机器人

图 8-37　仿狐蝠机器人

仿狐蝠飞行机器人的翅膀包括主翼和次翼两部分，主翼和次翼机构的联动可防止运动中出现死点。其两翼由 9g 的无刷直流电动机驱动；折叠机构通过两个小型线性驱动器驱动，实现主翼和次翼的延展与收缩。狐蝠的一个典型特征是具有精细且富有弹性的翼膜，从前掌骨与指骨一直延伸至脚关节。在飞行时，狐蝠能有针对性地控制翼膜的曲率，从而以符合空气动力学的方式在空中灵活飞行，这样可保证在慢速飞行时也能获得最大升力。为此，仿狐蝠飞行机器人两翼上也覆盖有一层有弹性的翼膜，该翼膜由两片气密薄膜和一块氨纶织物组成，通过约 45000 个连接点紧密地连接在一起，具有极薄、超轻、韧性强的特点。翼膜具有足够的弹性，即使在收起双翼时，也几乎没有褶皱。此外，翼膜的蜂窝结构防止了翼膜上可能出现的小裂纹进一步扩大，即使翼膜出现轻微损伤，机器人仍能继续飞行。翼膜从两翼一直延伸至后肢，这使得仿狐蝠飞行机器人两翼的面积相对较大，并具有一定的负载能力。

仿狐蝠飞行机器人具有半自主的控制模式。人可以手动控制其起飞与降落；当需要自主飞行时，机器人的运动追踪系统能够实时对位置进行监测，并对飞行轨迹进行规划，同时进行高效决策。

其他典型仿鸟类机器人如表 8-20 所示。

表 8-20　典型仿鸟类机器人

图示	具体信息	图示	具体信息
	名称：Bionic Swift 时间：2020 年 单位：Festo 公司		名称：RoboRaven 时间：2013 年 单位：马里兰大学
	名称：仿生海鸥机器人 时间：2010 年 单位：德国 Festo 公司		名称：仿凤凰机器人 时间：2022 年 单位：哈尔滨工业大学
	名称：双关节扑翼飞行器 时间：2022 年 单位：北京航空航天大学		名称："云鸮" 时间：2022 年 单位：西北工业大学
	名称：X 型扑翼飞行器 时间：2019 年 单位：哈尔滨工业大学		名称："信鸽" 时间：2013 年 单位：西北工业大学

（2）仿昆虫机器人

① Festo 公司仿蜻蜓机器人。Festo 公司通过模仿蜻蜓的飞行能力和行为，开发了一种能够

实现稳定飞行、灵活机动的仿蜻蜓机器人。该仿蜻蜓机器人的翼展为 63cm，体长为 44cm，质量只有 175g，如图 8-38 所示。该机器人的骨架由弹性聚酰胺和三元共聚物制成，使得整个骨架弹性高、重量轻，同时又十分坚固。翅膀由碳纤维框架构成，并覆盖着一层薄箔，每一只翅膀都可独立运动，频率最高可达 20 次/s，且每只翅膀最高能旋转 90°。通过控制翅膀拍动频率和单个翅膀的旋转，可使得仿生蜻蜓可以向任意方向飞行，不仅可以实现减速和急转弯，还能做到悬停和倒退。同时，在飞行过程中，软件可以不断记录机器人的传感器数据并进行实时评估。

图 8-38　仿蜻蜓机器人

　　② 哈佛大学扑翼机器人。2012 年，哈佛大学教授 Robert Wood 团队所研发的第一代微小型扑翼机器人 RoboBee 问世，其总尺寸只有一只普通苍蝇大小，质量仅 80mg，如图 8-39（a）所示。其翅膀上有由压电致动器组成的"飞行肌肉"，在通电后能够令翅膀更灵活地张开和收合，翅膀每秒可以拍动 120 次，不仅能够平稳起飞，还可以完成悬停和路径追踪的动作。在首次试飞中，RoboBee 只用了 19mW 的电能，相等于大多数昆虫的能量消耗。2016 年，第二代 RoboBee 机器人问世，如图 8-39（b）所示。与第一代 RoboBee 相比，第二代 RoboBee 头上戴了一个类似于"草帽"的电极，机器人可以依靠静电倒悬吸附在木头、玻璃，甚至柔软的草叶等一系列不同材质的物体表面，吸附静止时消耗的能量只有飞行状态的千分之一。一旦切断电源，静电力立马消失，机器人又可以轻松地重新起飞。2020 年，该研究团队研发了第三代微小型扑翼机器人，如图 8-39（c）所示。此机器人长 5cm，翼展约 3.5cm，质量仅 259mg，其中本体的质量只有 90mg，其余为电池和电子设备的质量。与之前两代相比，新一代 RoboBee 不需要额外电源，采用质量约为 10mg 的微型太阳能电池供电，太阳能板能提供大约 120mW 的电能，足以驱动这个只有 259mg 的飞行系统。该机器人主体结构为四扑翼系统，瘦长的结构既能将重心保持在翅膀所在的中部，又能够让太阳能电池板远离翅膀所带起的气流。它能够从自然灾害、作物病害甚至战争地区中收集图像和数据，用于环境探索、搜索和救援任务等。

(a) 第一代RoboBee　　(b) 第二代RoboBee　　(c) 第三代RoboBee

图 8-39　RoboBee 系列机器人

其他典型仿昆虫机器人如表8-21所示。

表8-21 典型仿昆虫机器人

图示	具体信息	图示	具体信息
	名称：仿昆虫机器人 时间：2021年 单位：麻省理工学院		名称：KUBeetle-S 时间：2019年 单位：韩国建业大学
	名称：Delfly-Nimble 时间：2018年 单位：代尔夫特理工大学		名称：DragonflEye 时间：2017年 单位：德雷珀实验室
	名称：仿生蝴蝶机器人 时间：2015年 单位：Festo公司		名称：电磁驱动FMAV 时间：2018年 单位：上海交通大学

8.6.5　跨介质仿生机器人

8.6.5.1　跨介质仿生机器人概述

跨介质仿生机器人是能够在陆地、水下、空中等不同介质中进行运动的机器人，与只能在单一介质中运动的仿生机器人相比，其结构更加复杂、控制难度更高。在关键技术方面，除了特种机器人共性关键技术外，跨介质仿生机器人还应该具有以下关键技术。

① 多种推进技术。如何实现仿生机器人在不同介质中的运动推进是一个重要问题。以两栖机器人为例，目前两栖机器人常用的推进方式仍然是各种简单的推进方式的组合，其虽然能完成水陆两栖运动和作业，但结构相对复杂，控制难度较高。因此，应突破结构更加紧凑、驱动能力更强的推进技术，实现高效运动推进。

② 系统的理论建模技术。跨介质仿生机器人的工作环境包括海滩、湿地、沙滩、水下、空中等多种环境，现有的理论建模很难实现所有需求。尽管学者们已经确立了 Serpenoid 曲线理论、抗力理论、细长体理论、波动板理论等理论模型，但这些模型大多数只适用于简化的实验室静态环境，并不能对机器人在复杂环境下的动态特性进行有效预测，目前仍没有一套成熟的理论为跨介质机器人设计提供支撑。

③ 多种介质下的自主控制技术。动物在不同介质中活动时，能够根据其所处的环境来调节自身运动模式。跨介质仿生机器人作业时，也需要根据不同环境对运动控制模式进行切换。然而，运动模式的频繁切换会破坏机器人的运动确定性，因此，需要突破多种介质下的自主控制技术，以提升仿生机器人的运动能力。

8.6.5.2　典型跨介质仿生机器人

根据运动介质的不同，跨介质仿生机器人可分为三大类：陆-空跨介质仿生机器人、水-陆跨介质仿生机器人和水-空跨介质仿生机器人。典型实例如表 8-22 所示。

表 8-22 典型跨介质仿生机器人

分类	图示	具体信息	图示	具体信息
陆-空跨介质仿生机器人		名称：仿蝙蝠机器人 时间：2015 年 单位：洛桑理工学院		名称：仿壁虎机器人 时间：2022 年 单位：南京理工大学
	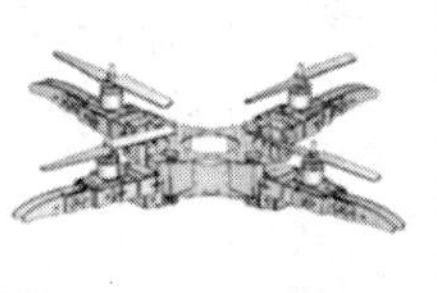	名称：小型陆空两栖机器人 时间：2015 年 单位：北京理工大学		名称：陆空两栖侦查机器人 时间：2015 年 单位：长春工业大学
水-陆跨介质仿生机器人		名称：仿蝾螈机器人 时间：2016 年 单位：以色列本古里安大学	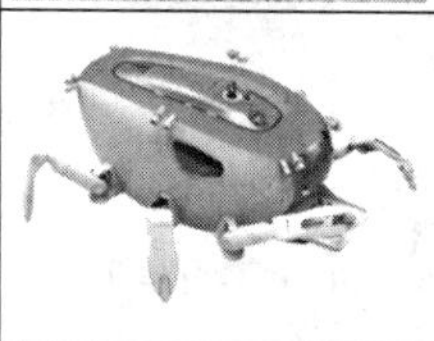	名称：CRABSTER 时间：2016 年 单位：韩国海洋系统工程研究部
		名称：AQUA 时间：2013 年 单位：麦吉尔大学	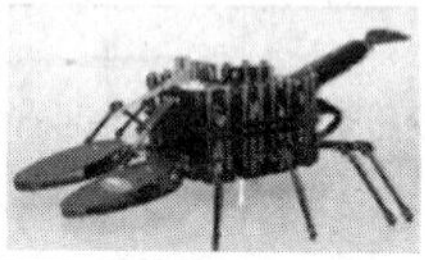	名称：仿龙虾机器人 时间：2008 年 单位：美国东北大学
		名称：仿乌龟机器人 时间：2019 年 单位：北京理工大学		名称：两栖机器人 时间：2012 年 单位：中国科学院实验室
水-空跨介质仿生机器人		名称：RoboBee 时间：2017 年 单位：哈佛大学		名称：仿鲣鸟机器人 时间：2016 年 单位：帝国理工学院
		名称：仿飞鱼机器人 时间：2011 年 单位：麻省理工学院		名称：水-空无缝跨越机器人 时间：2022 年 单位：北京航空航天大学
		名称：仿鲣鸟机器人 时间：2013 年 单位：北京航空航天大学		名称："飞鱼" 时间：2009 年 单位：北京航空航天大学

8.6.6 仿生机器人发展趋势

目前，随着生物结构和功能逐渐被认知和掌握，仿生机器人技术已逐渐应用于军事、生产生活、康复医疗等诸多领域。然而，现有仿生机器人的功能特性仍然与被模仿的生物存在很大差距，这都限制了仿生机器人的应用。在未来，仿生机理研究将由宏观向微观发展，仿生结构将由刚性结构向刚柔一体化结构发展，仿生材料将由传统材料向结构、驱动、材料一体化方向发展，仿生控制将由传统控制方式向神经元精细控制发展，生物能量将由低效的机械能转换向高效的生物能转换发展，最终实现结构仿生、材料仿生、功能仿生、控制仿生和群体仿生的统一，以达到与生物更加近似的性能，适应复杂多变的环境，最终研制出宏观和微观相结合的仿生机器人系统，从而实现更加广阔的应用。

8.7　其他特种机器人

8.7.1　折纸机器人

8.7.1.1　折纸机器人概述

折纸是指在不破坏二维纸张的完整性的条件下，只通过翻折弯曲等动作形成三维立体结构的过程。折纸术最早起源于中国，理论上折纸可以产生无数形状，为设备和结构的制造、组装和变形提供了新的思路，并为解决复杂工程问题提供了新的方法。相对于传统机器人而言，折纸机器人采用纸片、塑料薄膜、金属薄片等可折叠材料，通过改变其身体的形状适应复杂任务和环境，表现出了更好的适应性，同时可降低机器人自身质量，大大降低了制造成本。这些优势使得折纸机器人在废墟搜索、管道检测、医疗和太空探测方面具有广阔的应用前景。

8.7.1.2　折纸机器人关键技术

除了具有特种机器人共性关键技术外，折纸机器人还应具备以下关键技术。

① 折纸机器人的折痕设计技术。根据折纸机器人的功能需求，突破折纸结构折痕设计技术，合理地设计机器人折痕，通过沿预定折痕的折叠实现在不同状态之间的连续运动，高效利用其良好的折叠特性和大折展比的特点。

② 折纸机器人结构-材料一体化技术。折纸机器人通过折叠实现形态的变化，功能的实现高度依赖于结构与材料，具有典型的结构-材料一体化特征。因此，需进一步突破结构-材料一体化技术，合理地设计折纸结构的同时，研发可实现该折叠功能的特殊材料，有利于提升折纸机器人的性能。

③ 折纸机器人驱动技术。相比于其他类型的驱动器，用于折纸机器人的驱动器需要能够适应其轻薄化、小型化的特征。因此，需进一步突破折纸结构驱动技术，使得驱动器具有结构微小、制造简单、响应快、承载能力大等特点，并能够实现伸缩、弯曲、扭转等多种驱动方式。

8.7.1.3　折纸机器人分类

根据折纸结构在机器人中起到的作用不同，折纸机器人可分为骨架型折纸机器人、驱动型折纸机器人和外壳型折纸机器人。骨架型折纸机器人是指在设计过程中将折纸结构作为其整体或部分身体骨架。驱动型折纸机器人是指折纸结构在其中充当驱动器作用，实现了结构、材料、驱动的一体化。该类驱动器具有加工制造简单、响应快、承载能力大等特点，可完成线性伸缩、弯曲、扭转等多种运动形式。外壳型折纸机器人是一类将折纸结构作为保护壳的机器人，折纸外壳作为机器人本体的附加部分，其在起到保护作用的同时不会影响机器人的运动。具体分类如图 8-40 所示。

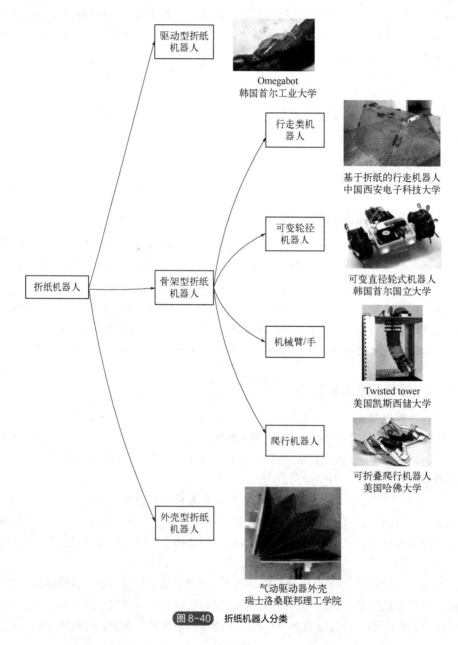

图 8-40　折纸机器人分类

8.7.1.4　典型折纸机器人

（1）磁力驱动微型折纸机器人

斯坦福大学研发了一款应用于医疗领域的磁力驱动的微型折纸机器人。该机器人由

Kresling 折纸结构和附着的磁盘构成，直径仅有 7.8mm，如图 8-41 所示。Kresling 折纸结构由 0.05mm 厚的聚丙烯薄膜切割而成，并通过处理使得其内外表面分别具有亲水性和疏水性，满足医疗应用需求。磁盘由 Ecoflex-0030 硅胶制成，嵌入了 10%体积的硬磁颗粒（NdFeB，平均尺寸为 100μm）和 20%体积的玻璃气泡（K20 系列）。在功能方面，该机器人可利用其折展结构完成滚动、翻转和旋转等运动，实现复杂环境中的全向

图 8-41　无线两栖折纸微型机器人

移动，可应用于水上、水面、水下，甚至是充满黏液的胃里等场合；同时，其还具有运送能力，可将药物、仪器或相机携带到体内，从而改变医疗检测及治疗模式。

（2）可变轮径机器人

韩国首尔国立大学研究人员研发了一款基于折纸结构的可变轮径机器人，如图 8-42（a）所示。机器人车轮的设计灵感来自一种球形折展结构（spherical waterbomb tessellated pattern），如图 8-42（b）所示，其可在长椭球体和扁椭球体之间转换。车轮的最小直径为 30mm，最大直径为 68mm，其采用了特殊的柔性材料，质量仅为 9.7g，但可承受其自身 400 倍以上的质量。可变形的轮子使得机器人具有了良好的环境适应性，不仅能够通过 50mm 的台阶，还能够通过 50mm 宽的缝隙。同时，该机器人具有了良好的抗冲击性，为日后执行特种作业奠定了基础。

(a) 机器人样机

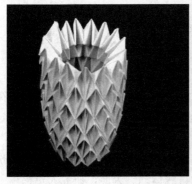

(b) 球形折纸结构

图 8-42　可变轮径机器人

（3）可折展抓持手

麻省理工学院基于 Magic-ball 构型设计了一款空心半球形抓持手。抓持手的结构原理及实物分别如图 8-43（a）和（b）所示，其利用折纸结构易变形的特点，采用气动驱动的方式，通过对具有复杂外形物品的包络实现抓取，且具有良好的柔顺性。实验结果如图 8-43（c）所示，其能够抓取不同形状的物品，包括质量近 2kg 的瓶子，抓取和提升物体的最大直径为 7cm，且还具有足够的鲁棒性（允许抓取时高达 40%的轴向偏移）和较大的抓取力（在-60kPa 下保持载荷高达 120N，是其自身重力的 120 倍以上）。

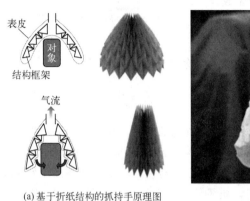

(a) 基于折纸结构的抓持手原理图　　　　(b) 抓持手实物图

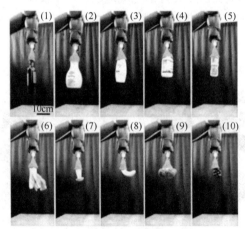

(c) 抓持手对不同物品的抓持效果

图 8-43　可折展抓持手

（4）可折展微型爬行机器人

斯坦福大学根据蠕虫运动的特点，研发出一款基于 Kresling 折纸结构的磁驱动微型爬行机器人，通过分布式磁化设计和磁场控制可以实现灵巧的运动，可用于狭窄空间内的定向送药，在医疗领域具有广阔的应用前景。

Kresling 折纸结构具有耦合旋转-收缩的结构特征，其收缩时两端的相对旋转将造成机器人的侧向位移［图 8-44（a）］，使其难以实现标准的直线运动。为此，研究人员提出一种四单元 Kresling 爬行机器人，通过采用双 Kresling 结构抵消单个 Kresling 收缩时结构两端的相对位移

[图 8-44（b）]，并进一步将两个相同的双 Kresling 结构以中心对称的方式连接，使得机器人中心及两端平面在收缩时不会发生旋转 [图 8-44（c）]。为了保证机器人的四个单元能够同步收缩，研究人员对转矩分布进行了设计，如图 8-44（d）所示，并通过理论与仿真相结合的方式验证得出各转矩之间的关系。在此基础上，将分布式磁驱动器加载到机器人指定位置 [图 8-44（e）]，并通过动态磁化分布设计，机器人各单元可以在磁场驱动下实现同步收缩（磁场方向与磁化分布的合矢量方向一致），如图 8-44（f）所示。

由于 Kresling 单元为单稳态结构，撤除磁场后，机器人即可展开恢复初始状态。利用该原理，研究人员通过设计使得机器人的双脚在收缩/展开过程中与地面产生不对称摩擦，当施加周期性磁场时，机器人可以通过往复地收缩/展开变形沿直线向确定方向爬行。特别地，当改变磁场的方向时，机器人可以迅速通过刚体转动实现转向，从而沿任意路径进行运动。

在应用方面，Kresling 爬行机器人具有内部空腔结构，可应用于药品的输送 [图 8-44（g）]，且药品不会影响机器人正常运动 [图 8-44（h）]。当机器人到达指定位置，储存在机器人内的药品会逐渐溶解并释放到目标位置。此外，机器人内部还可以考虑集成微型摄像头或医用钳，用于胃肠环境下的内窥镜检查或生物活检，应用范围广阔。

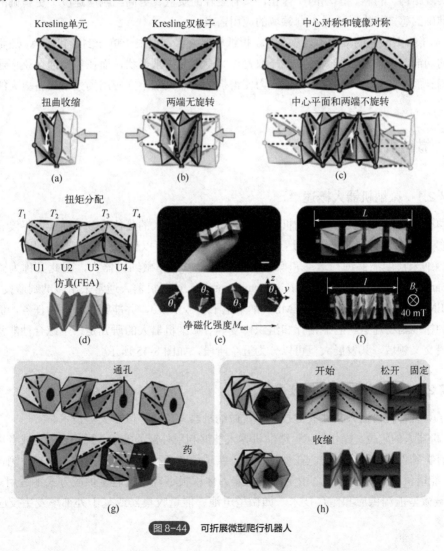

图 8-44　可折展微型爬行机器人

8.7.1.5 折纸机器人发展趋势

精细化动力学建模方法：针对刚性可折条件无法严格满足、折面折痕厚度无法忽略的折纸结构和折纸超材料，应探索第一性原理和数据驱动方法融合的动力学建模方法。动力学模型不仅需要包含折痕和折面的几何特征、惯性、弹性和阻尼等因素，还需要具备处理折面、折痕间的接触，碰撞和摩擦等问题的能力，同时保持较高的计算效率，服务于动力学设计和优化。

① 折纸结构微型化设计技术。除了大尺寸的折纸机器人，研究人员还在探索纳米和微尺度的折纸机器人。这些微型机器人可以在微观或纳米级别上实现形状转换和功能实现，具有在医学、生物学和纳米技术领域的应用潜力。

② 长时间周期性动疲劳降低技术。针对折纸机器人长时间工作情况，研究折纸机构和折纸超材料的动疲劳降低技术，研究疲劳破坏的发生和传播过程，防止某些折痕经历长时间的快速和大幅度折叠变形后出现明显动疲劳问题，导致结构发生损坏。

③ 结构-材料-驱动一体化技术。未来，随着新材料、新驱动、新感知系统的研发，折纸机器人将实现结构、材料、驱动的一体化，具有更轻的质量、更高的响应速度、更精确的控制精度、更准确的感知能力，满足不同领域的应用需求。

④ 基于折纸结构的多模态转换技术。折纸机器人将不仅限于单一的形状转换，还将具备多种模态的功能。例如，机器人可以在抓取物体时变形为夹爪形状，而在需要通过狭窄通道时能够变形为长而细的形状。多模态转换能力使得折纸机器人在不同应用场景下具备更大的灵活性和适应性。

8.7.2 微纳机器人

8.7.2.1 微纳机器人概述

微纳机器人是一种极小尺寸的机器人系统。微纳机器人的具体尺度目前学术界没有严格的定义，通常机器人至少有一个维度达到了微/纳米尺度，就可以称为微纳机器人。从广义上来讲，只要在微纳米尺度能够进行运动和操作的系统都可以叫作微纳机器人，因此又称为微纳机器（micro/nanomachine）、微纳马达（micro/nanomotor）。这些机器人通常采用微纳制造技术制造，比如 MEMS（微机电系统）和 NEMS（纳米电子机械系统），并能够执行各种任务，例如在医疗领域的精准药物递送、癌症治疗和组织修复等。微纳机器人的研究是一个综合性非常强的多学科前沿交叉领域，其发展大概可以分为五个阶段，如图 8-45 所示。

8.7.2.2 微纳机器人关键技术

除了具有特种机器人共性关键技术外，微纳机器人还具有以下关键技术。

① 机器人的定位、操作技术。微纳机器人能够利用外部的能场、磁场、电场或者声场来操控其具有特殊性质的微小结构，在视觉导航下实现精密运动，具备自驱动、感知、测控能力。

② 能量供应与储存技术。由于微纳机器人体积极小，传统能量供应方式不适用。因此，需要突破微型能源供应和储存技术，如微型电池、能量收集器或基于外部场发生反应的动力系统等。

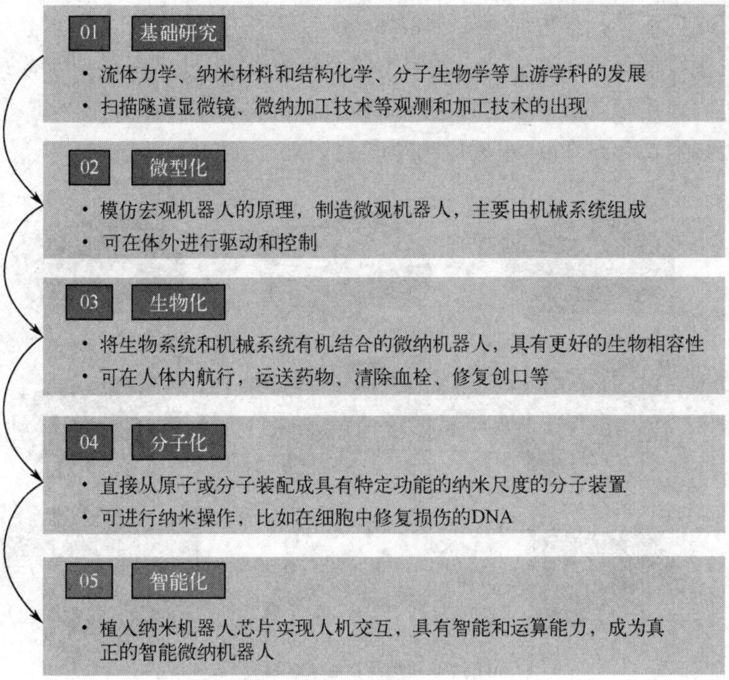

图 8-45　微纳机器人发展阶段

③ 新型驱动技术。为了实现微纳机器人在工作环境中的正常运动，需要利用化学驱动、光驱动、超声驱动、电场驱动、磁场驱动等多种驱动方式，实现微纳机器人在特殊环境中具有持续的驱动力。

④ 耐受性与生物相容性技术。微纳机器人针对医疗应用，需要确保微纳机器人的材料和表面涂层对人体组织无毒、无害，以及能在体内稳定运行。因此，微纳机器人需要具备较高的耐受性与生物相容性。

8.7.2.3　典型微纳机器人

（1）纳米催化火箭

纳米催化火箭是李隆球教授与加州大学圣地亚哥分校的 Joseph Wang 教授共同研发的一种利用化合物分解产生推进力的桶状结构的纳米级推进器，可以在低雷诺数液体中为纳米物品的有效运输提供动力。该机器人在未来的医学和新材料领域有很大的应用前景。

在结构方面，纳米催化火箭是由硅晶片制备而来，其外壳被 TiO_2 薄膜覆盖，Pt 薄膜覆盖在内层。火箭一端置有 Pt 纳米反应器，用于产生动力。纳米催化火箭采用嵌段式共聚物光刻技术与原子层沉积技术相结合的方式，在晶片尺度上制备超微小的同轴型 TiO_2/Pt 纳米管作为催化火箭的发动机，其制备原理如图 8-46（a）所示。其长度小于 150nm，管状反应器直径仅为 20nm。在驱动系统方面，为了实现高效的自动推进过程，纳米催化火箭主要采用了过氧化氢溶液作为燃料。当纳米火箭被放置于过氧化氢中，过氧化氢在 Pt 的作用下加速分解产生氢气和氧气，从而在桶状结构封闭的一端产生推进力，推动纳米火箭前进，而气体则从没封闭的一侧逸出。Pt 内层的高催化性能够使纳米反应器内发生快速反应，实现火箭的高效推进。通过调节过氧化氢的梯度可以定向控制该纳米火箭的方向。同时，利用大量的纳米火箭可以推动比纳米火箭大得多的物体进行定向运动，推进原理如图 8-46（b）所示。其他燃料，如联氨、葡萄糖和尿素，也可以与适当的生物催化剂一起使用，发生类似的化学反应，从而产生动力实现运动。纳米催化火箭的运动追踪是用暗场显微镜的粒子跟踪和动态光散射检查实现的。当雷诺数小于 10^{-5} 时，纳米催化火箭可以获得超过 $35\mu m/s$ 的运动速度。

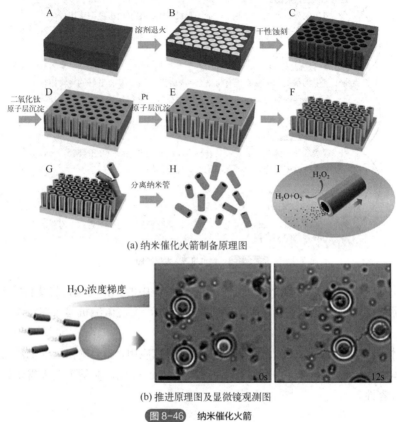

(a) 纳米催化火箭制备原理图

(b) 推进原理图及显微镜观测图

图 8-46 纳米催化火箭

（2）手性胶体推进器

面向靶向药物输送或显微外科手术等生物医学领域，开发一种能够在流体环境中通过无线控制实现推进运动的微纳机器人具有重要意义。2009 年，哈佛大学的 Ambarish Ghosh 和 Peer Fischer 教授研发了一种手性胶体推进器，它可以利用均匀磁场在水中以微米级的精度进行运动。

在结构方面，手性胶体推进器由头部的纳米棒和尾部的螺旋桨构成，如图 8-47 所示。螺旋桨结构通常宽度为 200～300nm，长 1～2μm，由二氧化硅制成。该团队采用了掠射角沉积的阴影生长方法制造二氧化硅纳米螺旋桨，即首先用直径为 200～300nm 的硅珠覆盖在硅晶片上，在一定压力下，通过气相沉积在硅晶片上生长玻璃螺旋桨，并通过超声波处理将螺旋桨从晶片上剥离。在此基础上，将铁磁性材料（钴）的薄层通过热蒸发沉积在螺旋桨表面，从而形成完整的螺旋桨。

在驱动方面，手性胶体推进器在磁场作用下会产生旋转与平移的耦合运动，即每绕自身轴线旋转一周，都会向前移动一个螺距的距离。由于磁场产生的扭矩比环境产生的黏性阻力更强，因此在亥姆霍兹线圈（亥姆霍兹线圈用于产生均匀磁场，旋转频率可达 170Hz，可在三维空间内实现控制）的频率范围内，该推进器旋转与施加的旋转磁场的旋转频率相匹配。对于 150Hz 左右的频率，手性胶体推进器可以以大约 $40\mu m/s$ 的速度推进。根据驱动原理，可通过控制磁场力的大小和方向，从而得到手性胶体推进器的预设轨迹，如图 8-48 所示。根据实验对比，手性胶体推进器不仅在大小上与细菌细胞类似，而且它们的移动速度也相似。

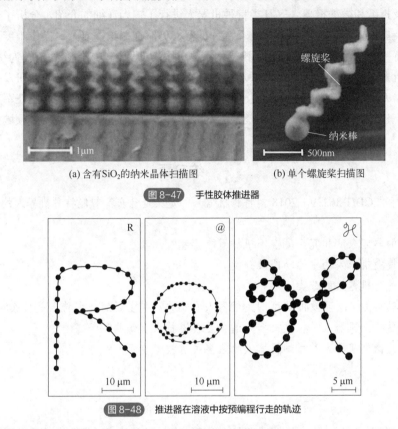

(a) 含有 SiO_2 的纳米晶体扫描图　　　(b) 单个螺旋桨扫描图

图 8-47　手性胶体推进器

图 8-48　推进器在溶液中按预编程行走的轨迹

手性胶体推进器可以利用多种材料来进行制造，并且适合大规模生产。由于可以通过均匀磁场来控制推进器的旋转，因此其可以实现远程驱动，并能够在三维空间内对其进行控制。该手性胶体推进器在未来用于实现化学物质在体内的输送。

8.7.2.4　微纳机器人发展趋势

微纳机器人具有体积小、推重比大等优点，被广泛应用于疾病诊断与治疗等领域。随着实际需求的不断增长，微纳机器人应进一步突破装配技术、无线驱动和感知技术，实现结构、驱动和感知的一体化，并具有全新的能量转换机制；突破精确控制技术，实现高精度集群控制。同时，通过对新材料及其应用开展研究，进一步提高微纳机器人的环境适应性。最终，跨过科学研究和临床应用之间的鸿沟，使得微纳机器人更加面向市场。未来，微纳机器人将会由智能材料组成，同时兼具反馈控制和智能控制，集多种功能于一体，且类生命微纳机器人将成为该类机器人的主要发展方向。

8.8　本章小结

近年来，全球特种机器人需求持续提升。随着自身性能及对环境的适应性的不断增强，特种机器人在极端环境、危险作业等场景下的操作能力大幅度增强，促进了其在太空探索、深海探索、应急救援等应用领域的快速发展。本章对空间机器人、搜救机器人、巡检机器人、仿生机器人，以及折纸和微纳机器人等几类特种机器人进行了较为详细的介绍，分析了其所涉及的关键技术以及典型应用场景。然而，由于特种机器人仍然存在结构复杂、操作难度高、可靠性及稳定性有待提升、环境适应性不足、智能化水平有限等问题，其应用还处于较为初级的阶段。未来，随着机器人技术的不断发展，以及相关科研机构及企业对特种机器人的研发投入不断增加，特种机器人的综合能力将会得到进一步提升，应用领域将会进一步拓展，在军事、防暴、消防、采掘、建筑、交通运输、安防监测、空间探索、防爆、管道建设等众多领域得到应用。

练习题

1. 国家标准 GB/T 36239—2018 对特种机器人的定义是什么？智能特种机器人的共性关键技术有哪些？
2. 典型的非冗余度和冗余度空间机械臂有哪些？
3. 简述搜救机器人的主要功能及分类。
4. 简述仿生机器人的分类。
5. 波士顿动力公司研发的典型四足机器人有哪些？其主要的技术特点是什么？
6. 什么是折纸机器人？折纸机器人的主要关键技术有哪些？
7. 什么是微纳机器人？微纳机器人的主要关键技术有哪些？

参考文献

[1] 王友渔，胡成威，唐自新，等. 我国空间站机械臂系统关键技术发展[J]. 航天器工程，2022, 31(06): 147-155.
[2] 胡成威，高升，熊明华，等. 空间站核心舱机械臂关键技术[J]. 中国科学：技术科学，2022, 52(09): 1299-1331.
[3] 石进峰. 空间机械臂热控制关键技术研究[D]. 长春：中国科学院研究生院(长春光学精密机械与物理研究所)，2014.
[4] 陈钢，高贤渊，赵治恺，等. 空间机械臂智能规划与控制技术[J]. 南京航空航天大学学报，2022, 54(01): 1-16.
[5] 薛智慧，刘金国. 空间机械臂操控技术研究综述[J]. 机器人，2022, 44(01): 107-128.
[6] 于登云，潘博，马超. 星球探测机器人研究现状与发展展望[J]. 宇航学报，2023, 44(4): 633-643.
[7] Ahmad R, Yuerou Z, Bangyuan L, et al. Kirigami skins make a simple soft actuator crawl[J]. Science Robotics, 2018, 3(15).
[8] Huang C, Liu Y, Wang K, et al. Land-air-wall cross-domain robot based on Gecko landing bionic behavior: System design, modeling, and experiment[J]. Applied Surface Science. 2022, 12, 3988.
[9] Chen X, Li J, Hu S, et al. Study on the design and experimental research on a bionic crab robot with amphibious multi-modal movement[J]. Journal of Marine Science and Engineering. 2022, 10(12): 1804.
[10] Liu G, Wang S, Xu W. Flying state sensing and estimation method of large-scale bionic flapping wing flying robot[J]. Actuators. 2022, 11(8): 213.
[11] 丁婧. 高越障性仿生机器人机构设计及其关键技术[D]. 合肥：合肥工业大学，2019.
[12] Bo J, Cheng C, Wei L, et al. Design and Configuration of a Hexapod Walking Robot[C]//Third International Measuring Technology and Mechatronics Automation. 2011. DOI: 10.1109/ICMTMA. 2011. 216.
[13] 赵荞荞，张立川，刘禄，等. 水下仿生机器人集群节能关键技术综述[J]. 西北工业大学学报，2022, 40(03): 576-583.
[14] Chen L, Bi S, Cai Y, et al. Design and experimental research on a bionic robot fish with tri-dimensional soft pectoral fins inspired by cownose ray[J]. Journal of Marine Science and Engineering. 2022, 10(4): 537.
[15] Chen G, Peng W, Wang Z, et al. Modeling of swimming posture dynamics for a beaver-like robot[J]. Ocean Engineering, 2023, 279, 114550.
[16] Wang Z, Wang L, Wang T, et al. Research and experiments on electromagnetic-driven multi-joint

bionic fish[J].　Robotica.　2022, 40(3), 720–746.

[17] Tu Z, Fei F, Zhang J, et al. An at–scale tailless flapping–wing hummingbird robot. I. Design, Optimization, and Experimental Validation[C]. In IEEE Transactions on Robotics, 2020, 36(5), 1511–1525.

[18] 张建, 周俊杰, 苑士华, 等. 水陆两栖仿生机器人构形、运动机理及建模控制综述[J]. 机器人, 2023, 45(03): 367–384.

[19] Chen Y F, Wang H Q, et al. A biologically inspired, flapping–wing, hybrid aerial–aquatic microrobot[J]. Science Robotics. 2017, 2(11).

[20] Cheng W, Yuan C. Identification of emission source using a micro sampler carried by a drone[J].　Drones. 2022, 6(5): 116.

[21] 王智泉, 邹希岳, 胡斌. 陆上风电检测机器人综述[J]. 设备监理, 2021(09): 10–16.

[22] 冯晨光. 高压输电线路巡检机器人机构设计及作业性能仿真研究[D]. 南京: 东南大学, 2020.

[23] 李清天. 面向车场日巡检机器人的路径规划研究[D]. 秦皇岛: 燕山大学, 2022.

[24] 严正罡, 甄军平. 巡检机器人应用综述及在机场应用前景展望[J]. 现代计算机, 2022, 28(02): 50–55.

[25] 张涛, 丁宁, 蔡晓坚, 等. 综合管廊巡检机器人综述[J]. 地下空间与工程学报, 2019, 15(S2): 522–533.

[26] 陶广宏. 多单元串联式输电线巡检机器人结构设计及其越障特性研究[D]. 沈阳: 东北大学, 2018.

[27] 何宇. 巡检机器人全方位获取柑橘果实表面信息方法研究与试验[D]. 重庆: 重庆理工大学, 2020.

[28] Cipolla R. A low–cost robotic system for the efficient visual inspection of tunnels[C]. In Proceedings of the 32nd International Symposium on Automation and Robotics in Construction and Mining (ISARC 2015), 2015.

[29] 张伟峰. 高压输电线巡检机器人设计与研究[D]. 哈尔滨: 哈尔滨工程大学, 2020.

[30] 厉秉强, 王骞, 王滨海, 等. 利用无人直升机巡检输电线路[J]. 山东电力技术, 2010(01): 1–4.

[31] Crua N A, Matos A C, Almeida R M, et al. TriMARES – A hybrid AUV/ROV for dam inspection[C]. OCEANS'11 MTS/IEEE KONA, Waikoloa, HI, USA. 2011, 1–7.

[32] 冷莹. 基于折纸结构的可重构机器人技术研究[D]. 南京: 南京航空航天大学, 2021.

[33] Lee D Y, Kim S R, Kim J S, et al. Origami wheel transformer: A variable–diameter wheel drive robot using an Origami Structure[J]. Soft Robot. 2017, 4(2): 163–180.

[34] Li I S, Stampfli J J, Xu H J, et al. A Vacuum–driven Origami "Magic–ball" Soft Gripper[C]. 2019 International Conference on Robotics and Automation(ICRA), 2019, 7401–7408.

[35] Ze Q, Wu S, Dai J, et al. Spinning–enabled wireless amphibious origami millirobot[J]. Nature Communications, 2022, 3118.

[36] Zhang C C, Zhou J M, Sun L N, et al. Pillbot: a soft origami robot inspired by pill bugs[C]. In Proceedings of the 2019 International Conference on Robotics, Intelligent Control and Artificial Intelligence (RICAI '19). Association for Computing Machinery, New York, NY, USA, 673–678.

[37] 方虹斌, 吴海平, 刘作林, 等. 折纸结构和折纸超材料动力学研究进展[J]. 力学学报, 2022, 54(01): 1–38.

[38] 刘政鑫, 孙立宁. 微纳机器人实现智能制造[J]. 机器人产业, 2023(03): 38–41.

[39] 李梦月, 杨佳, 焦念东, 等. 微纳米机器人的最新研究进展综述[J]. 机器人, 2022, 44(06): 732–749.

[40] 赵京, 张自强. 机器人工程概论[M]. 北京: 国家开放大学出版社, 2022.

第9章

群体机器人

 思维导图

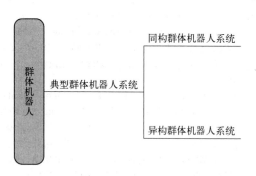

扫码获取配套资源

学习目标

1. 掌握群体机器人的主要优势及关键技术。
2. 理解典型群体机器人主要研究成果。
3. 了解群体机器人的未来发展趋势。

9.1 群体机器人概述

群体机器人技术是一种协调多个机器人的方法，它由大量简单物理机器人组成，通过自组织与协同控制，可完成单个机器人通常无法胜任的复杂任务，具有效率高、经济性好等优点，是现阶段机器人领域研究的热点。然而，由于机器人硬件平台的复杂性和成本问题，目前对群体机器人的研究还处于起步阶段。

与单个机器人比较，群体机器人技术的优势如下：

① 并行性。群体机器人的数量通常相当大，且该群体能在一个任务中处理多个目标，可执行分布在环境中大范围内的多目标任务。

② 可扩展性。群体中的相互作用是局部的，这就允许个体在任何时候加入或放弃当前任务，而不打扰整个群体。这个群体通过内部任务重新分配体系，不需要任何外部操作的帮助就能适应数量的改变。

③ 稳定性。群体机器人因不可抗因素导致群体中的部分机器人无法工作时，虽然系统的行动能力会不可避免地降低，但仍然能够利用有限的机器人来完成任务。

④ 经济性。群体机器人在设计、构造和日常维护方面的花费较低，整个系统即使包含成百上千个机器人，也要比复杂的单个机器人便宜。

⑤ 低能耗性。群体机器人里的个体的能耗远远小于大型机器人，因此在能源受限的环境中，群体机器人具有更为明显的优势。

9.2　群体机器人关键技术

群体机器人系统所涉及的关键技术如下：

① 通信与协调。群体机器人中，通信技术包括无线通信、局域网、蓝牙等，用于传递信息和指令。协调技术包括分布式算法和协议，用于决策和调度机器人的行动。通信与协调技术的有效应用可以使群体机器人系统具备良好的合作能力。

② 多机器人定位与感知。群体机器人需要准确地感知每个机器人自身和周围环境的状态，包括位置估计、环境地图构建、障碍物检测等，为任务执行提供可靠的信息，以便做出合适的行动决策。

③ 合作与共享机制。群体机器人需要建立合作与共享机制，以实现信息的共享和资源的合理利用。合作与共享机制包括任务分配算法、资源调度算法等。通过合作与共享机制，机器人系统可以更好地协调各自的行动，避免冲突，提高效率，并能够灵活地利用共享资源。

④ 容错及自调整。由于群体机器人由大量个体组成，应突破容错及自调整技术，使得个别个体出现故障或感知与通信能力减弱时，群体能够准确判断并自主做相应调整，不影响整体的运动能力，从而具有良好的容错性。

⑤ 异构机器人融合。群体机器人系统通常由不同种类的机器人组成，具有不同的功能和特点。异构机器人融合技术可以使得不同类型的机器人协同工作，充分发挥各自的特长。这涉及传感器融合、决策融合、行动融合等技术，以实现更复杂和多样化任务。

9.3　典型群体机器人系统

根据系统中机器人功能结构的不同，可将群体机器人系统分为同构系统和异构系统。同构系统是指系统中每个机器人的结构相同、功能相同，而异构系统中每个机器人的结构和功能不尽相同。

9.3.1 同构群体机器人系统

同构机器人通常具有相同的硬件配置，包括传感器、执行器和处理器等。这种硬件一致性使得机器人之间的通信和信息共享更加简化，加快了协作和决策过程。同构机器人系统在多个领域有广泛的应用，例如无人机编队飞行、自主车队驾驶等。下面对典型的同构群体机器人系统进行介绍。

（1）机器人 Kilobot

机器人 Kilobot 是由哈佛大学的 Radhika Nagpal 等人设计的群体机器人，如图 9-1（a）所示。它是仿照自然界生物的群体性，通过集体控制算法实现群体性能的一种机器人系统，可以实现自然界中常见的觅食、编队控制、趋光性、同步性等群体性行为。单个机器人的直径为 3.3cm，制造成本为 14 美元，是一种简单且成本较低的开源机器人。

在结构方面，单个机器人采用了小型电路板和 3 个刚性支撑腿作为主体结构，使用两个密封的振动电机来驱动其移动。两个振动电机采用偏置的方式，如图 9-1（b）所示，其中一个电机的振动会使机器人绕其垂直轴旋转，而另一个电机的振动则会使机器人绕其水平轴旋转。通过差分驱动方式独立地控制两个电机的振动幅度，该机器人可以实现顺时针和逆时针转动及直线移动。单个机器人的移动速度可以达到 1cm/s，旋转速度可以达到 45 °/s。相比于传统的轮式差分驱动，这种方式不仅简单高效，更有利于降低成本。然而，该运动的精度难以保证，只能依靠个体之间相互测量的距离作为反馈来纠正机器人运动中的错误。

在传感与通信系统方面，每个机器人都有一个光传感器，可以感知到机器人周围的环境光。为了与邻近的机器人通信，每个机器人上都安装有一个红外 LED 发射器和一个红外光电二极管接收器（位于底部的中心），如图 9-1（b）所示。发射器和接收器都具有各向同性的发射或接收模式，可接收与机器人垂直轴的夹角为 60°所覆盖的范围内的信号，这使得机器人能够平等地接收来自各个方向的信息。当发射器处于活动状态时，附近的任何机器人都可以接收到机器人发射出的光，光经过桌子反射后，传输到每个机器人的光传感器上。通过这种方式可实现群体机器人之间的相互协作交流，并能对邻近机器人进行距离感知。

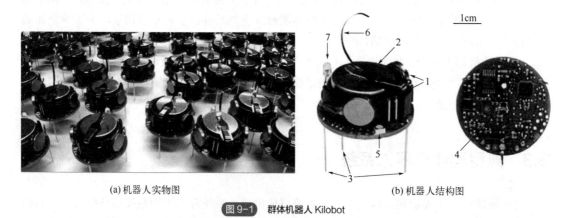

(a) 机器人实物图　　　　　　　　　　　　　　　　(b) 机器人结构图

图 9-1　群体机器人 Kilobot

1—振动电机；2—锂电池；3—刚性支撑腿；4—红外发射器/接收器；5—三色 LED 灯；6—充电标签；7—环境光传感器

在控制系统方面，单个机器人采用 Atmega 328 微处理器，该处理器的运行频率为 8MHz，并且具有 32KB 的内存，有足够的空间运行 SDASH 控制器。其中，两个脉冲宽度调制（PWM）通道用于振动电机的速度控制，数模转换器用于衡量传入的红外线强度，内存用于更新机器人的程序并实现低功耗睡眠模式。该机器人程序是用 C 语言编写的，研究人员可以快速地进行机器人的开发。

（2）浙江大学无人机群

现阶段，无人机在茂密森林等高度杂乱的环境中飞行难度较大，无人机群的多机系统进一步增加了控制的难度。为此，浙江大学研究团队对该类问题开展了研究。其采用的无人机如图 9-2 所示，总质量不到 300g。每个机器人都有完整的感知、定位、规划和控制功能，相互之间用高保真无线通信来共享轨迹。

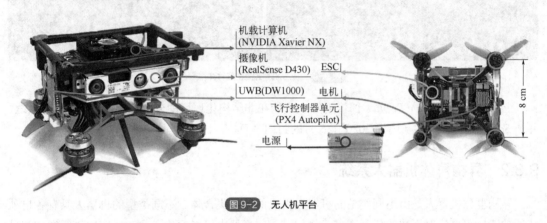

图 9-2 无人机平台

在群体轨迹规划算法上，该科研团队突破了未知复杂环境下机器人单机与群体的智能导航与快速避障方法等一系列核心技术。在杂乱环境飞行过程中，如果只考虑空间因素会影响机器人集群间的配合，如通过狭窄空间时会拥堵，导致后面的机器人必须绕路。为此，研究团队同时对时间和空间做轨迹规划，利用稀疏参数优化（sparse parametric optimization）和约束转录（constraint transcription）方法提升速度，做到实时计算。在穿越高密度竹林时，这种算法可以让多个机器人先后通过狭窄缝隙，避免碰撞。图 9-3 所示为机器人运动规划框图，图 9-4 所示为十架无人机飞过茂密的竹子。

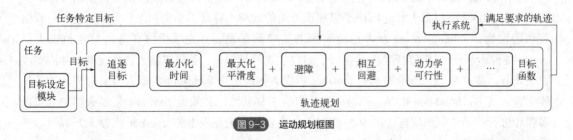

图 9-3 运动规划框图

除了轨迹规划外，研究团队还改进了视觉-惯性里程计（visual-inertial odometry）做群体的定位。为了避免长距离积累的微小误差最终造成相互碰撞，开发了分布式漂移校正算法。在 10 个机器人密集飞行实验中，研究人员关闭了 GPS 信号、临时增加障碍物，以及进行了主动干扰，在上述情况下，无人机群都没出现碰撞。

图 9-4 无人机穿越高密度竹林

上述成果被 *Science Robtics* 评价为第一个能在非结构化环境中分散、自主飞行的集群系统，并被 *Science Robtics* 期刊选为 2020 年 5 月的封面文章。

9.3.2 异构群体机器人系统

异构群体机器人是由不同类型的机器人组成的一个集合体。不同类型的机器人具有各自独特的功能，可以应对不同的任务需求。例如，一些机器人可能擅长在复杂环境中进行感知和导航，而另一些机器人可能专注于完成特定的操作任务。由于异构群体机器人系统涉及不同类型机器人的协同，其设计和实施面临一些挑战，如任务分配和调度、信息交流与共享、冲突解决等。然而，通过克服这些挑战，异构群体机器人系统可以呈现出高度智能和灵活性的特点，以应对多样化的任务需求。

（1）Swarmanoid 群体机器人系统

布鲁塞尔自由大学的 Marco 等提出了 Swarmanoid 群体机器人系统，由三种不同类型的机器人组成：foot-bot 机器人是专门在平坦和不平坦的地形上移动的小型自主机器人，能够自我组装和运输物体；hand-bot 机器人是能够爬上某些垂直表面并完成操纵任务的自主机器人；eye-bot 机器人是可以附着在室内天花板上的自主飞行机器人。三种机器人协作配合，共同完成相关任务。图 9-5（a）所示为三个 foot-bot 机器人围绕一个 hand-bot 机器人组装起来，准备集体运输。其中，hand-bot 机器人在地面上没有自主移动性，必须由 foot-bot 机器人携带到可以攀爬和进行物品抓取的位置。图 9-5（b）所示为安装在天花板上的 eye-bot 机器人，其可以鸟瞰环境并将信息传达给地面上的机器人。

foot-bot 机器人如图 9-6 所示，其采用了模块化的设计概念，高 28cm，直径 13cm。它由包含在基础模块中的 3.7V、10A·h 锂聚合物电池供电。该机器人安装有两个电机，每个电机为橡胶履带和轮子提供动力，并采用差动驱动运动控制，最大速度为 30cm/s。夹持器模块安装在基础模块上方，用于 foot-bot 机器人之间及 foot-bot 机器人和 hand-bot 机器人之间的自组装。

距离扫描仪模块包含四个红外距离传感器,用于短距离(40～300mm)和长距离(200～1500mm)的距离感知。

(a) foot-bot 与hand-bot 的结合

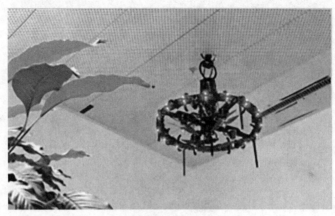

(b) eye-bot 固定在天花板上

图 9-5　Swarmanoid 群体机器人系统

图 9-6　foot-bot

　　hand-bot 机器人高 29cm,最宽配置(手臂完全缩回)宽 41cm,最长配置(手臂完全伸展)长 47cm,能够攀爬垂直结构和操纵物体,还能够通过相互连接,形成更大的机器人系统,如图 9-7 所示。hand-bot 机器人包含抓持手和攀爬辅助装置。抓持手采用了平行四边形结构,并安装有夹具,可提供 25N 的抓持力。每个抓持手都安装有一个嵌入式 VGA 摄像头和 12 个距离传感器,用于定位及感知环境中的物体。攀爬辅助装置包括用于附着在铁磁天花板上的磁铁、用于切换磁场并取消附着力的电机、控制系统的处理器、红外接收器等。

　　eye-bot 机器人如图 9-8 所示,是一种自主飞行机器人。eye-bot 机器人使用四旋翼式推进配置,在 9V 时提供约 5N 推力(在 12V 时提供约 7.5N 推力),顶部设计有天花板固定装置。

　　在应用过程中,eye-bot 机器人完成对整体空间环境的快速探索,foot-bot 机器人提供对地面环境的探索。当机器人发现目标物时,信息会通过 eye-bot 机器人和 foot-bot 机器人的异构网络传回部署区域。在此基础上,foot-bot 机器人和 hand-bot 机器人进行自组装,并完成目标物的运送。实验过程如图 9-9 所示。

图 9-7　hand-bot

图 9-8　eye-bot

(a)

(b)

(c)

(d)

图 9-9　Swarmanoid 应用过程示意图

（2）subCULTron 群体机器人系统

2018 年，萨格勒布大学研究团队研发了一种用于水下勘探的异构群体机器人系统 subCULTron。该群体机器人系统由三种类型的机器人组成：

① aMussel。aMussel 机器人如图 9-10 所示，主要包括控制系统、浮力系统、摄像单元、灯光系统、传感器系统等，用于充当水下传感节点，是实现分布式水下监测和数据收集的关键。

aMussel 机器人具有上下浮动的单一自由度，由活塞进行控制。当活塞完全推出时，aMussel 机器人的体积和浮力最大；当活塞完全收回时，aMussel 机器人的体积最小，浮力也最小。aMussel 机器人的设计深度可达 20m。aMussel 机器人的通信模块包括水上通信和水下通信两部分，水上通信包括 Wi-Fi、GSM 以及蓝牙低功耗模块。水下通信包括声学通信和短距光通信。aMussel 配备了各种能够监测不同环境变量的传感器，包含用于测量水浊度和环境光量的传感器、温度传感器、用于测量深度的压力传感器、惯性测量单元（IMU）等。此外，aMussel 机器人还安装有一个带 LED 灯的相机，能够在 aMussel 位于海底时拍照。

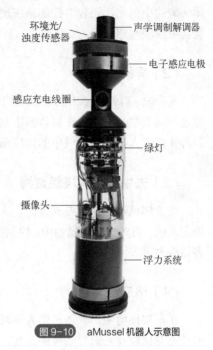

图 9-10　aMussel 机器人示意图

② aPad。如图 9-11 所示，aPad 是一种自主水面车辆（ASV），其安装有四个 X 形推进器，具有较高的灵活性。aPad 主要作为能源与信息共享中心：一方面，其可以为 aMussel 机器人进行充电；另一方面，其可实现机器人系统与地面操作人员进行通信。对于水上通信，aPad 配备了 Ubiquiti UniFi Mesh 无线路由器。路由器在两个不同的频段（2.4GHz 和 5GHz）上运行，每个频段使用一个单独的天线。对于水下通信，aPad 安装有与 aMussel 机器人相同的通信装置。

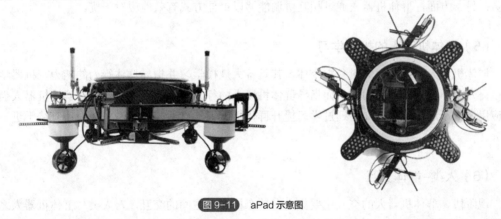

图 9-11　aPad 示意图

③ aFish。subCULTron 系统中最活跃的是 20 到 25 个 aFish 机器人。这些机器人的自由下潜深度可达 15m，并同样具有良好的感知和通信能力，可用于 aMussel 和 aPad 之间的信息传输。

该系统在克罗地亚比奥格勒纳莫鲁完成了相关实验。实验表明，该异构群体机器人系统能够对水下压力、温度、水面波等海洋信息进行长期监测，应用前景广阔。

9.4　群体机器人展望

（1）硬件小型化

群体机器人的目标之一是设计和控制数以千计的简单机器人，通过简单个体行为及其交互完成复杂任务。其中，微小型化是群体机器人的主要发展方向之一。硬件的小型化不仅包括整体结构的小型化，还包含控制系统硬件、感知系统硬件的小型化，使得机器人在微小尺度下具有自主控制与感知能力。

（2）异构性

现阶段，群体机器人仍然以同构类型为主，但异构性已经逐渐成为群体机器人的研发目标。通过不同类型的机器人在群体当中发挥不同的作用，机器人系统可以具备更强大的功能，这将为群体机器人在不同领域中的应用奠定基础。

（3）去中心化和层级结构

在群体机器人控制方式方面，无论是采用去中心化还是采用层级结构，抑或是采用混合的控制系统，仍然处于研究当中。控制结构应该在特殊任务中充分发挥群体机器人在多目标协同、容错能力等方面的优势。

（4）适应性

在现实环境中，群体机器人面对的主要挑战是如何适应意外事件的发生，如环境中障碍物的动态变化以及光照等条件的改变，这都可能影响到群体机器人正常运行。为此，群体机器人必须具有高度的适应性。一方面，少数察觉到环境变化的个体的反应可以传播到集群中的其他成员；另一方面，群体机器人通过相互协调能够以最佳方式有效地应对干扰。

（5）群体机器人的机器学习

群体机器人由于包含大量独立个体，其具备大规模学习并指导群体行为的能力。机器学习可以提升个体机器人的能力，从而指导群体机器人的行为。然而，机器学习在群体机器人当中的应用还处于起步阶段，如何通过学习提升群体机器人的自适应性及操作能力还有待于进一步研究。

（6）人类–群体交互

现阶段，群体机器人的交互主要集中在单个机器人之间的交互，对人类与群体机器人之间的交互方式的研究相对较少。人类的参与可能会引导机器人更加快速高效地完成任务，同时避免少数恶意机器人控制整个机器人集群。

9.5 本章小结

群体机器人是机器人领域一个重要的研究方向。在群体系统当中，每个机器人都具有自主性、感知能力和行动能力，通过群体机器人技术，可以实现多个同构或异构机器人之间的信息共享、任务分配与协同控制，从而完成单个机器人难以完成的任务。本章在对群体机器人关键技术进行介绍的基础上，分别对同构群体机器人系统和异构群体机器人系统进行了举例介绍，分析了其主要应用场景及优势。同时对未来发展趋势进行了展望。在未来，群体机器人将能够在更加复杂的环境中得到应用，满足环境监测、搜索救援等领域的特殊需求。

 练习题

1. 群体机器人的技术优势有哪些？
2. 群体机器人的研发涉及哪些关键技术？
3. 什么是异构群体机器人系统？
4. 群体机器人未来发展趋势有哪些？

参考文献

[1] 顾俊，张宇，樊东，等. 群体机器人研究综述[J]. 化工自动化及仪表，2018,45(2)：95-99.

[2] Dorigo M, Trianni V, Şahin E, et al. Evolving self-organizing behaviors for a swarm-bot [J]. Autonomous Robots, 2004, 17(2-3), 223-245.

[3] Mondada F, Gambardella L M, Floreano, et al. The cooperation of swarm-bots: physical interactions in collective robotics [J]. IEEE Robotics & Automation Magazine, 12(2): 21-28.

[4] Rubenstein M, Ahler C, Hoff N, et al. Kilobot: A low cost robot with scalable operations designed for collective behaviors [J]. Robotics and Autonomous Systems, 2014, 62(7): 966-975.

[5] Zhou X, Wen X Y, Wang Z P, et al. Swarm of micro flying robots in the wild [J]. Science Robotics, 2022, 7(66): 5954.

[6] Dorigo M, Dario F, Luca M G, et al. Swarmanoid: A novel concept for the study of heterogeneous robotic swarms [J]. IEEE Robotics & Automation Magazine, 2013, 20(4): 60-71.

[7] Loncar I, Babic A, Arbanas B, et al. A heterogeneous robotic swarm for long-term monitoring of marine environments [J]. Applied Sciences, 2019, 9(7): 1388.

[8] Dorigo M, Theraulaz G, Trianni V. Swarm robotics: Past, present, and future[J].Proceedings of the IEEE, 2021, 109(7): 1152-1165.

第 10 章

智能机器人发展趋势

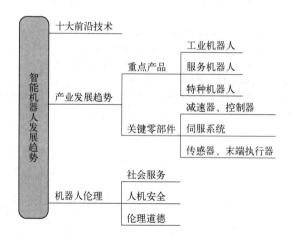

扫码获取配套资源

学习目标

1. 了解智能机器人未来发展的典型前沿技术。
2. 了解智能机器人产业发展趋势。
3. 了解智能机器人伦理的相关知识。

10.1 智能机器人发展概述

现阶段，智能机器人正在深刻改变着人类的生产和生活方式，"机器人化"的智能工具已无处不在。机器人在促进科技创新、推动产业升级、保障国家安全、守护人民健康等方面发挥着愈加重要的作用，已成为衡量一个国家创新能力和产业竞争力的重要标志。

我国在《"十四五"机器人产业发展规划》中明确提出机器人产业的发展目标：到 2025 年，我国成为全球机器人技术创新策源地、高端制造集聚地和集成应用新高地。一批机器人核心技术和高端产品取得突破，整机综合指标达到国际先进水平，关键零部件性能和可靠性达到国际同类产品水平。机器人产业营业收入年均增速超过 20%。形成一批具有国际竞争力的领军企业及一大批创新能力强、成长性好的专精特新"小巨人"企业，建成 3～5 个有国际影响力的产业集群。制造业机器人密度实现翻番。到 2035 年，我国机器人产业综合实力达到国际领先水平，机器人成为经济发展、人民生活、社会治理的重要组成。

为落实《"十四五"机器人产业发展规划》重点任务，工信部等十七个部门于 2023 年联合印发《"机器人+"应用行动实施方案》，并提出机器人应用的主要目标：到 2025 年，制造业机器人密度较 2020 年实现翻番，服务机器人、特种机器人行业应用深度和广度显著提升，机器人促进经济社会高质量发展的能力明显增强。聚焦十大应用重点领域，突破 100 种以上机器人创新应用技术及解决方案，推广 200 个以上具有较高技术水平、创新应用模式和显著应用成效的机器人典型应用场景，打造一批"机器人+"应用标杆企业，建设一批应用体验中心和试验验证中心。推动各行业、各地方结合行业发展阶段和区域发展特色，开展"机器人+"应用创新实践。搭建国际国内交流平台，形成全面推进机器人应用的浓厚氛围。

围绕国家在机器人领域的总体布局，各地也相继出台了机器人的发展规划。例如，北京市发布了《北京市机器人产业创新发展行动方案（2023—2025 年）》，河北省发布了《河北省支持机器人产业发展若干措施》，这都有力地推动了智能机器人技术的发展与应用。

我国拥有广阔的机器人应用市场，随着机器人技术的不断突破、应用领域不断拓展、机器人生态不断完善，智能机器人将在新能源汽车、医疗手术、电力巡检、光伏、应急救援、社会服务等众多领域发挥出越来越重要的作用，有力支撑行业数字化转型、智能化升级。

10.2 智能机器人关键技术

中国电子学会在 2023 世界机器人大会上发布了《机器人十大前沿热点领域（2023—2024年）》，归纳出 2023—2024 年机器人十大前沿技术。

（1）具身智能与垂直大模型

具身智能是指拥有自主感知、交互和行动能力的智能体，能够与环境进行实时互动，从而实现对环境的理解和适应。

"大模型"是指在深度学习和人工智能领域中，使用大量参数和数据进行训练的复杂神经网络模型。在一些垂直领域，如医疗领域、法律咨询、金融分析等领域具有重要的潜在应用。

将大模型与具身智能相结合，与文本、图像、音频等多模态数据的联合分析，可创造更强大、更智能的机器人系统；在人机交互领域，结合知识性和适合标准化的场景与大模型紧密融合，在机器人聊天、陪护、助理、科教等领域，使得机器人更好地应对各种情境和复杂的环境，有望获得规模化良好应用。

核心技术包括：智能体环境感知与建模、智能体自主决策与规划、人机交互、群控协作、机器学习与强化学习等技术。

（2）人形与四足仿生机器人

"仿生机器人"是指受生物学原理和生物体结构启发，设计和制造的机器人，以模仿生物的运动、行为和外貌，实现更自然、更适应性强的性能。包括四足机器人、人形机器人、仿鱼水下机器人、仿生扑翼机器人等。

伴随着高性能关节驱动器、运动算法、机器视觉、灵巧操作以及大模型等技术快速发展，使得四足、人形等仿生机器人落地成为现实。

随着特殊服役、工业生产、商业服务、家庭服务等领域的潜在需求，相关技术攻关和新品发布十分活跃。

（3）三维感知模型与多模态信息融合

三维感知模型与多模态信息融合将来自不同传感器和数据源的多种信息进行整合，可更全面、准确地理解环境的特征。融合信息涵盖图像、点云、声音等不同类型的数据。

多模态信息融合可克服单一传感器存在的局限性，提供更全面、鲁棒的信息，有助于在机器人导航、人机交互、环境监测、自动驾驶等取得更好性能；同时，面临传感器不一致性、数据同步、信息不完整等挑战。

三维感知模型与多模态信息融合与具身智能、垂直大模型的协同和融合，将进一步扩大机器人应用范围。

核心技术包括：结构光和立体视觉、三维物体检测和分割、多模态特征提取、融合模型设计等。

（4）机器人新型核心零部件与灵巧操作

减速器、伺服电机及驱动器、控制器作为传统机器人的三大核心零部件，我国已基本实现国产化，并呈现从中低端逐步向高端零部件发展的趋势。

伴随着 MEMS、传感器等技术的快速发展，视觉、力觉传感器、高速/高功率的微小型电机/液压驱动器作为机器人实现智能化、数字化、柔性化的"敲门砖"，逐渐成为新一代机器人重要核心零部件。

机器人模块化趋势不断凸显，近些年刚柔耦合的灵巧手、微小执行器、微型伺服电缸、移动模组等不断出现，有望成为新一代机器人的重要核心零部件。

（5）脑机接口、生机电一体化与微纳机器人

脑机接口是一种直接连接人类或动物大脑与外部设备，实现脑与设备之间信息交流的技术。将机器人与脑部认知相结合，应用于残障、医疗、航空航天、教育、娱乐等领域，具有广泛的应用前景。

生机电一体化是近年来快速发展的前沿科学技术，通过将生物体的神经信息获取、处理和传递的机制与电子技术相结合，创造出更紧密连接人体和机器的交互模式。

微纳机器人：具备微小、精准、靶向、低损伤、超高精度可控等优点，被认为是未来对抗人体疾病的理想武器之一。在生物医学、组织工程、微电子技术等领域具有广阔应用前景。

核心技术包括：DNA 折纸技术、微纳操作、亚微米级微操作台、智能化细胞克隆、新材料与微电子技术等。

（6）医疗与康复机器人

医疗机器人通过结合机器人技术和医疗专业知识，为医生提供更精确、稳定和精细的手术控制，从而改善手术过程，减少创伤和恢复时间，同时也为医生提供更多的信息。在骨科手术、脑外科手术、穿刺介入、牙科、眼科、可穿戴式等医疗操作中得到广泛运用。

康复机器人凭借先进的传感技术和精确的运动控制，可协助偏瘫患者恢复运动能力，或满足永久性损伤患者日常生活需求，提升人们的生活质量。

随着智能图像导航、机器人力位控制、高精度运动控制、遥操作等技术快速发展，医疗与康复机器人将变得更加智能化、自主化。

（7）商业服务机器人

室外商业服务机器人主要应用于无人配送、无人巴士/出租、道路清洁、无人巡检等服务场景，具有智能化程度高、运维成本低、可靠性高等特点。

室内商业服务机器人主要应用于室内环境中的导航服务、商业清洁、餐饮配送、无人售货、无人餐厅等服务场景。

伴随着激光雷达、伺服电机等零部件的价格下降，自主导航技术的成熟，在庞大市场需求下，无人配送成为发展热点，无人配送机器人呈现由室内向室外转变的趋势。

核心技术包括：环境感知、地图构建、定位与路径规划、动态识别、实时避障、机器视觉、柔顺抓取、人机交互、智能决策与控制等。

（8）机器人操作系统/云平台

机器人操作系统包括硬件抽象、底层设备控制、常用功能实现、进程间消息和数据包管理等功能。根据不同行业需求，衍生出不同场景的机器人操作系统，如面向教育科研、商业服务、无人驾驶、工业智能等场景的操作系统或平台。

机器人操作系统的发展推动机器人标准化、模块化，实现物理空间和数字空间的数字孪生，促进机器人大规模应用。

云服务机器人是指将机器人的核心计算和智能部分部署在云端服务器，借助云计算技术提供更大的计算能力和资源，以实现更强大、更高效的数据处理和应用。"云端大脑+本地机体"或"云端服务"机器人将成为规模化推广与应用的重要模式之一。

核心技术包括：机器人操作系统内核及通信协议栈、机器人运动控制与动态轨迹规划、机器人自学习、分布式计算、服务化架构、服务器监控与管理等。

（9）群体机器人技术

群体机器人技术是指多台机器人在一个团队或群体中协同工作、交流和协作的技术。机器人可通过相互通信、信息共享和协同行动，实现集体智能，以完成复杂任务和目标。

群体机器人技术的发展受益于多领域的知识，包括分布式系统、协同算法、Agent 技术、通信技术等，促进机器人之间实时交流、协调行动，并在不同环境下适应变化。

群体机器人技术的应用领域广泛，包括但不限于军事、交通、巡检、无人机等领域。随着人工智能的发展，集群智能作为人工智能的分支，将得到越来越多的应用，有望在机器人等领域创造出新的应用和创新。

核心技术包括：群体动力学建模、群体仿真、感知和信息共享、定位与导航、通信协议和拓扑、任务分配与协作等。

（10）特殊场景服役机器人——军事、消防、农业、核工业、太空等领域

特殊场景服役机器人是指在特定环境或情况下执行任务的机器人。这些机器人被设计和配置用于应对特殊的工作环境、任务需求或挑战。

在消防救援、电力勘测、农业、建筑、核工业、反恐防暴、国防安全、空间探测等领域具有巨大需求。

特殊场景服役机器人的设计和应用，需考虑特殊环境下的安全性、稳定性、通信能力以及适应性。

核心技术包括：特种材料、防水、防爆、防辐射、极压适应、水下通信、生物相容性、极端温度适应、威慑和防卫等。

10.3 智能机器人产业发展

《〈中国制造 2025〉重点领域技术创新绿皮书——技术路线图（2017）》对智能机器人产业发展目标进行了详细介绍，包括以下主要内容。

10.3.1 重点产品

（1）工业机器人

实现多关节工业机器人、并联机器人、移动机器人的本体开发及批量生产，使国产工业机器人在焊接、搬运、喷涂、加工、装配、检测、清洁生产等方面实现规模化集成应用。

国产机器人智能作业技术普遍应用。国产搬运机器人实现柔性控制与碰撞检测及人机协同作业，整体小型化、灵活化；国产喷涂机器人具备实时检测、自主规划喷涂路径的能力，能够实现工件的无人化、绿色化涂装生产；国产智能加工机器人在制造业实现打磨、抛光、钻削、洗削等工序的广泛应用；智能装配、协作装配技术取得突破，国产装配机器人在航空航天、仪器制造等行业占有率达到60%；国产洁净机器人及成套洁净传输生产线占国内市场的一半以上。

（2）服务机器人

重点开发助老助残、家庭服务、公共服务、教育娱乐、医疗康复等个人/家庭和社会服务领域机器人。

家庭服务机器人具备移动与多功能手臂结合、灵活安全作业、自主学习、初步自然语言理解等功能，可代替人从事比较复杂的家务劳动；多功能手臂与智能轮椅、护理床等结合，可实现生理信号监测、初步自然语言理解，逐步实现规模化应用，可穿戴智能假肢开始实用化；手

术机器人实现多模态融合指导下的精准治疗，实现批量应用，康复机器人进入临床示范应用；公共服务机器人形成完整解决方案，在商场、银行、博物馆、酒店等场景实现大规模应用；教育教学型机器人教学体系形成并产业化应用。

（3）特种机器人

重点开发空间机器人、救援机器人、能源安全机器人、国防机器人、无人驾驶车、无人机等特种机器人。

反恐防暴、消防、救援救灾机器人实现工程化应用及服务；无人驾驶汽车、无人机等无人系统核心关键部件突破，建立关键技术、应用环境、安全法规等体系，实现有效应用。

10.3.2　关键零部件

（1）机器人用高精密摆线针轮减速器

传动精度和回差在全生命周期保持小于 1 角分，在额定工况下的传动效率大于 80%，噪声小于 75dB，温升小于 45℃，寿命大于 6000h，额定输出转矩达到 100～6000N·m，加速度转矩达到 200～12000N·m，瞬时加速转矩达到 500～30000N·m。

（2）机器人用高精密谐波减速器

传动精度和回差在全生命周期保持小于 1′，在额定工况下的传动效率大于 80%，允许最高输入转速 6000r/min，寿命大于 10000h，额定输出转矩达到 4～500N·m，加速度转矩达到 8～1100N·m，瞬时加速度转矩达到 16～2200N·m。

（3）高速高性能机器人控制器

通信方式：高速总线接口，控制轴数为 8 轴，插补周期小于 1ms。

（4）伺服驱动器

供电电压为 220～380V，连续输出电流为 1～50A。过载能力：承受 2 倍过载的持续时间为 2s、3 倍过载的持续时间为 1s、5 倍过载持续时间为 0.3s。空载速度环带宽：1000Hz 以上。通信方式：CAN、EtherCAT、PowerLink 总线接口。

（5）高精度机器人专用伺服电机

供电电压为 220～380V，功率为 0.1～15kW。过载能力：承受 2 倍过载的持续时间为 2s、3 倍过载的持续时间为 1s、5 倍过载持续时间为 0.5s。转速为 1500～6000r/min，额定输出转矩 0.32～32N·m，峰值转矩为 1.6～160N·m。

（6）传感器

重点开发关节位置、力矩、视觉、触觉、光敏、电子皮肤、高频测量、激光位移等传感器，满足国内机器人产业的应用需求。

（7）末端执行器

重点开发装在机器人手腕前端，用于直接执行工作任务，能够实现灵巧作业、重载抓起、柔性装配、快速更换的末端执行器。

10.4　智能机器人伦理

自机器人伦理学正式提出以后，国内外关于机器人伦理问题的研究主要集中在社会服务、人机安全以及伦理道德等几个方面。机器人伦理学的研究不只是局限于伦理学家和哲学家，也为机器人领域专家的研究提供了广阔空间。在技术可控的范围内，如何赋予机器人合理的权利和责任，如何让机器人不突破人类社会的固有道德和法律约束，都需要不同领域的专家共同讨论和解决。

10.4.1　社会服务方面

机器人在融入人类社会的同时，将不可避免地闯进私人生活及公共领域。那么人们在和这些机器人互动的时候会发生什么，仅这件事本身就值得思考。尽管机器人在家庭、工业、公共领域的作用越来越大，但不得不承认，这种不同以往的变化正在给社会的传统问题（如就业问题、思维与观念问题等）带来强烈的冲击。同时，机器人的公众接受度对机器人融入社会的进展也起着重要的参考价值。

（1）就业方式的影响

机器人不仅能够替代人类的体力劳动，而且还可以替代各种脑力劳动，这将会使一部分人不得不改变他们的工作方式，甚至使他们失去工作。最新研究表明，2030年机器人或将取代全球8亿个工作岗位，电话推销员、打字员、会计、保险业务员、银行职员、前台和客服等职位首当其冲。欧盟产业发展指导委员会委员罗仁权表示，机器人掀起的劳动力竞争是全球性的挑战，最大的冲击就是底层劳动阶级。然而，目前机器人尚且无法具备人类的创造力，并不能完全替代人类工作，而只是可用于协助人类提高工作效率。机器人就相当于是第一次工业革命时的机器一样，不会造成失业，而是改变人类的就业方式。换句话说，机器人将改变许多人现在的工作模式。

在迎接机器人时代到来之际，人们也不得不转变传统的就业观念。由于机器人擅长执行单调沉闷的重复性工作，因此其必将替代人类部分岗位。在一定程度上，这会解放我们并督促我们从事更加富有创造性、互动性的工作，提升学习能力和创造力，同时学会与机器人共融和合作。

（2）思维与观念的改变

2017年5月，人工智能机器人AlphGo以3比0的总比分战胜了世界排名第一的围棋冠军柯洁，该事件直接引发了普通大众对人工智能新一轮的思考。未来，机器人必将改变我们的思维方式，并将不断冲击人类的传统观念。传统的知识获取观念也将发生改变，一些整理和综述性的工作可能由机器人替代，而人类将腾出更多的时间来进行更高级的思维方式。同时，机器人也将加剧人类的错位竞争。人工智能也会对人类其他方面产生深远的影响，例如语言和文化生活。机器人索菲娅、微软小冰、Facebook 聊天机器人都可以像人一样侃侃而谈，这无疑在扩充着现有的人类语言。与此同时，各类娱乐机器人也已经在改变着我们的娱乐方式。

（3）自主决策权的矛盾

自主决策机器人是可以基于外部环境的变化和自己状态的改变，根据时间的推移和环境的改变来调整自己的行为。现如今，随着机器人使用和需求的持续增加，需要机器人做出自主决策的时刻也越来越多。在某些人类无法生存的极端恶劣环境下，同时要求机器人自主做出决策和判断的时候，我们只能寻求能够做出"自主决策"的机器人的帮助。

与此同时，人们也在对给予机器人"自主决策权"而感到担心。由机器人自主判断进行决策并采取行动，不由得让人联想起科幻片中的智能机器人对人类的攻击和反控制。霍金曾郑重地告诫社会，机器人在并不遥远的将来也许会变为一个真正的威胁。以自主机器人为代表的人工智能的发展是无法预测的，但我们必须确定的是，机器人是为人类服务的，不能因为设计的失误，而让自主机器人背离人类的初衷。

10.4.2　人机安全方面

机器人伦理设计的一个最基本的问题就是保证人机安全。根据安全性要求，可靠性是最重要的行为准则。安全设计是指鼓励产品设计师在开发过程中设计出既健康又能规避安全风险的一个概念。安全设计可以分为"两条防线"："第一条防线"在于构建安全风险中恰当的工程解决方案；"第二条防线"作为"第一条防线"的补充，是一种旨在减少各种风险的安全文化（主要包括管理程序、防护措施等）。"两条防线"相结合可以培养一个人预知安全威胁和建立预防措施的能力。

早期导致机器人安全事故的原因主要有以下几类：一是操作人员操作失误；二是人员的异常闯入；三是机器人自身的故障。前两条是人为因素，最后一条是机器人的因素。人机工程学对导致机器人事故的人为因素进行了分析，给出机器人设计的安全准则、操作和维修规范，从而避免事故的发生。进入 2000 年以后，人机友好的机器人安全设计方法得到广泛的研究，包括采用弹性材料设计机器人主体、应用被动式的机器人移动平台、采用电磁离合器抑制碰撞力等方法来降低机器人对人类可能造成的伤害。设计人机友好的接口和安全机制也是避免机器人伤害人类的有效方法，如采用基于视觉的接口技术，实时识别用户面部特征和凝视点并设计安全准则，实现机器人与人的安全共处。

对于更高级的智能机器人，仅仅按照安全准则，或者基于安全的设计并不能完全解决安全问题，需要赋予机器人伦理决策的能力。对于是否应该赋予机器人伦理决策和拥有权利一直是机器人伦理学的焦点，也存在着很多的争议。普通大众或许可以接受赋予机器人伦理道德上的权利，但赋予机器人法律上的权利却很难得到认可。RomanV. Yampolskiy 提出了一种针对人工智能体的安全工程的新学科，命名为人工智能安全工程。RomanV. Yampolskiy 同时也提出了 AI 限制协议的概念，呼吁科研人员致力于智能安全研究，开展相关的 AI 安全实验研究。

10.4.3　伦理道德方面

随着智能机器人在社会各领域的普及，机器人的发展必然会面临机器人的道德问题。在军用、服务和医疗等领域中，机器人都面临着理解道德并根据道德准则来决策其行为的问题。例如，杀伤性军用机器人如何区分平民、伤者、投降者以及恐怖分子，在同时存在大量恐怖分子和少许人质的情况下，机器人是否选择主动攻击；家庭服务型机器人在照顾家庭成员的过程中，如何正确区分伤害与救助，如何与家庭成员保持和谐的关系；医疗型机器人在手术过程中对病人造成的"伤害"或者"治疗"，何时、何种程度才能被认为是不道德的？

机器人道德研究的目的是在当前机器人发展已经进入到一个不可逆转的形势的前提下，正确把握好机器人与人之间、人与社会之间、人与人之间的关系，达到机器人与人的和谐共融。机器人伦理的研究也要建立在不同文化的基础上。根据机器人所处的国家不同、地域不同、环境不同，机器人所要遵守的伦理道德也应有所不同，在机器人道德构建的问题上应该采用的是多文化、多层次、多角度的融合办法。

10.5　本章小结

智能机器人已成为当今科技领域的重要发展方向之一，逐渐融入人们的生产生活当中。无论是在制造业、医疗保健、农业、服务行业，还是应急救援、极地探索、军事作战等领域，智能机器人都能够自动执行繁重、危险或重复性的任务，且具有更快的执行速度和更高的准确性，从而提高生产力和生产效率。近年来，随着人工智能、材料科学、控制科学、机械工程等相关技术的发展，智能机器人发展迅猛，各类机器人功能逐渐完善、智能化程度不断提升，应用领域不断拓展。然而，智能机器人还面临一些挑战。一方面，智能机器人除了关注自身能力的提升外，还应该关注与人和环境的交互及共存，从而在人类社会中发挥更大的作用；另一方面，安全性和隐私问题是智能机器人未来发展需要重点考虑的因素，以确保其能够更好地完成复杂任务。总之，在智能化水平的推动下，智能机器人的功能将不断完善，自主控制及决策能力不断提升，从而延伸或拓展人类的能力；同时适应更加复杂多变的环境，在资源环境受限的条件下实现长寿命、高强度的可靠运行。我们可以预见，智能机器人在未来将在更多领域中发挥更重要的作用，为人类带来更多便利，更好地服务人类社会。

练习题

1. 简述中国电子学会发布的 2023—2024 年机器人十大前沿技术。
2. 简述智能机器人产业发展的重点产品及关键零部件。
3. 简述智能机器人在社会服务方面所带来的冲击和挑战。

参考文献

[1]　赵京，张自强. 机器人工程概论[M]. 北京：国家开放大学出版社，2022.
[2]　路甬祥.《中国制造 2025》重点领域技术创新绿皮书——技术路线图（2017）[M]. 北京：电子工业出版社，2018.